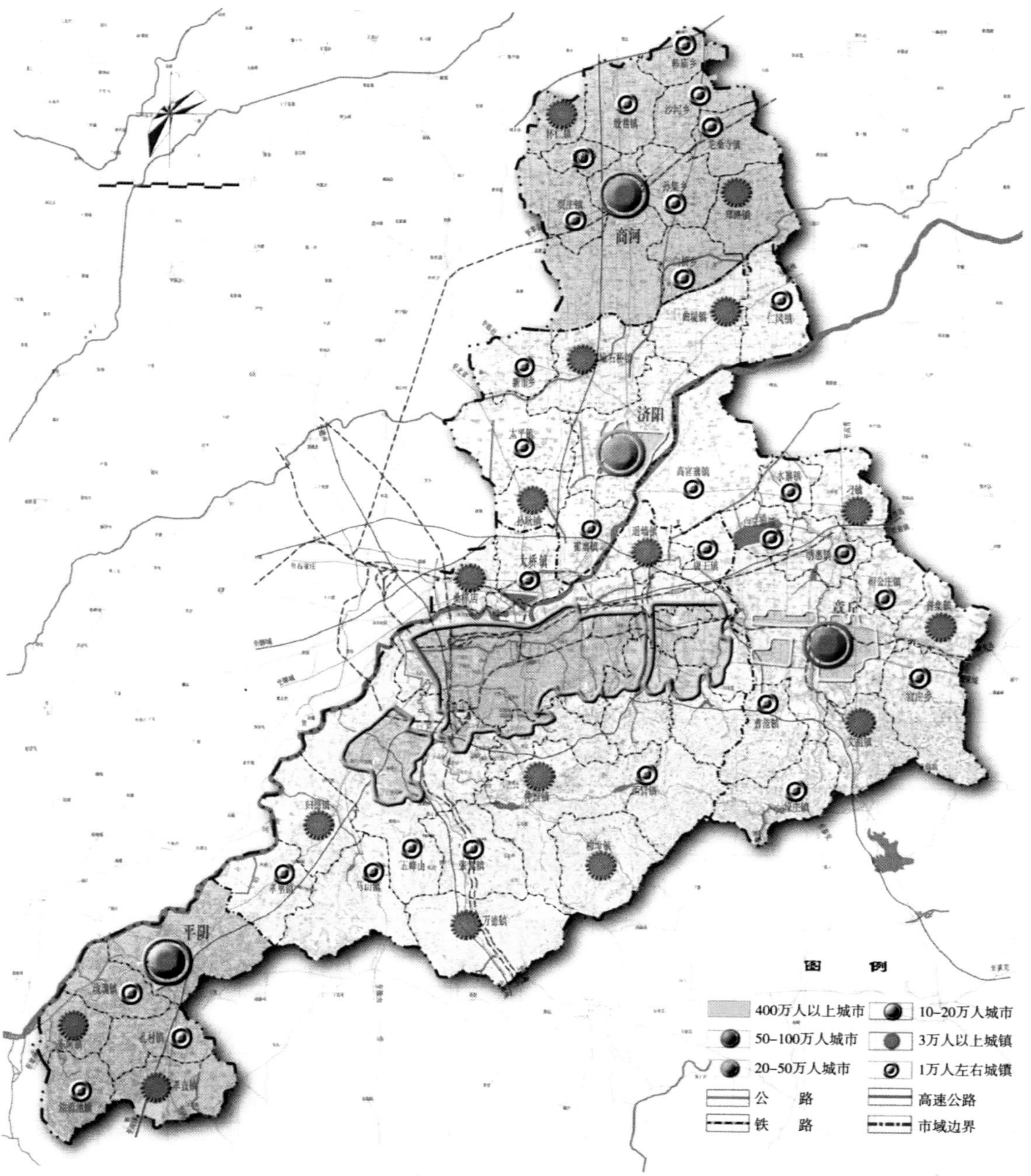

图4-2　济南市市域城镇规模结构规划图

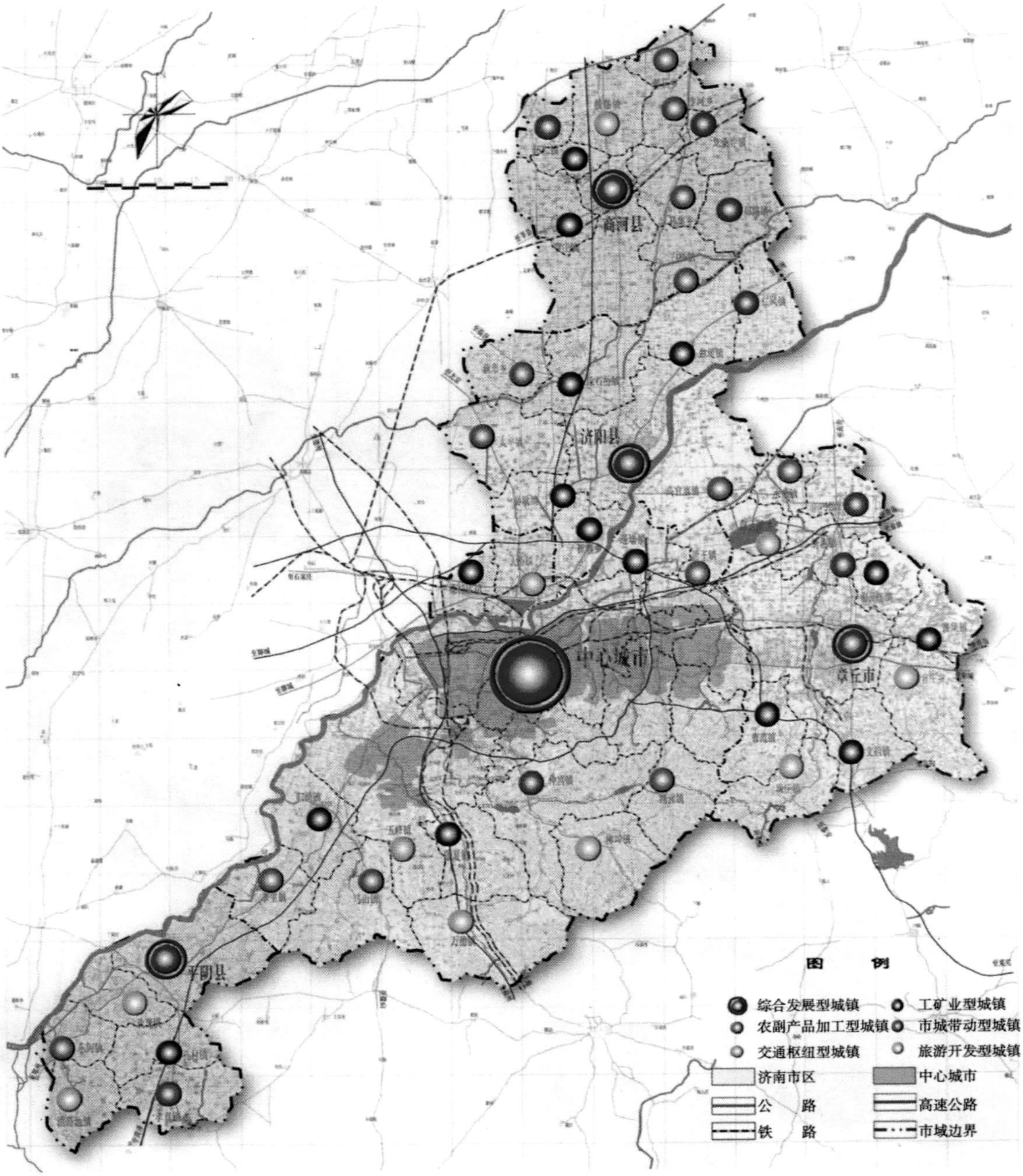

图4–3 济南市市域城镇职能结构规划图

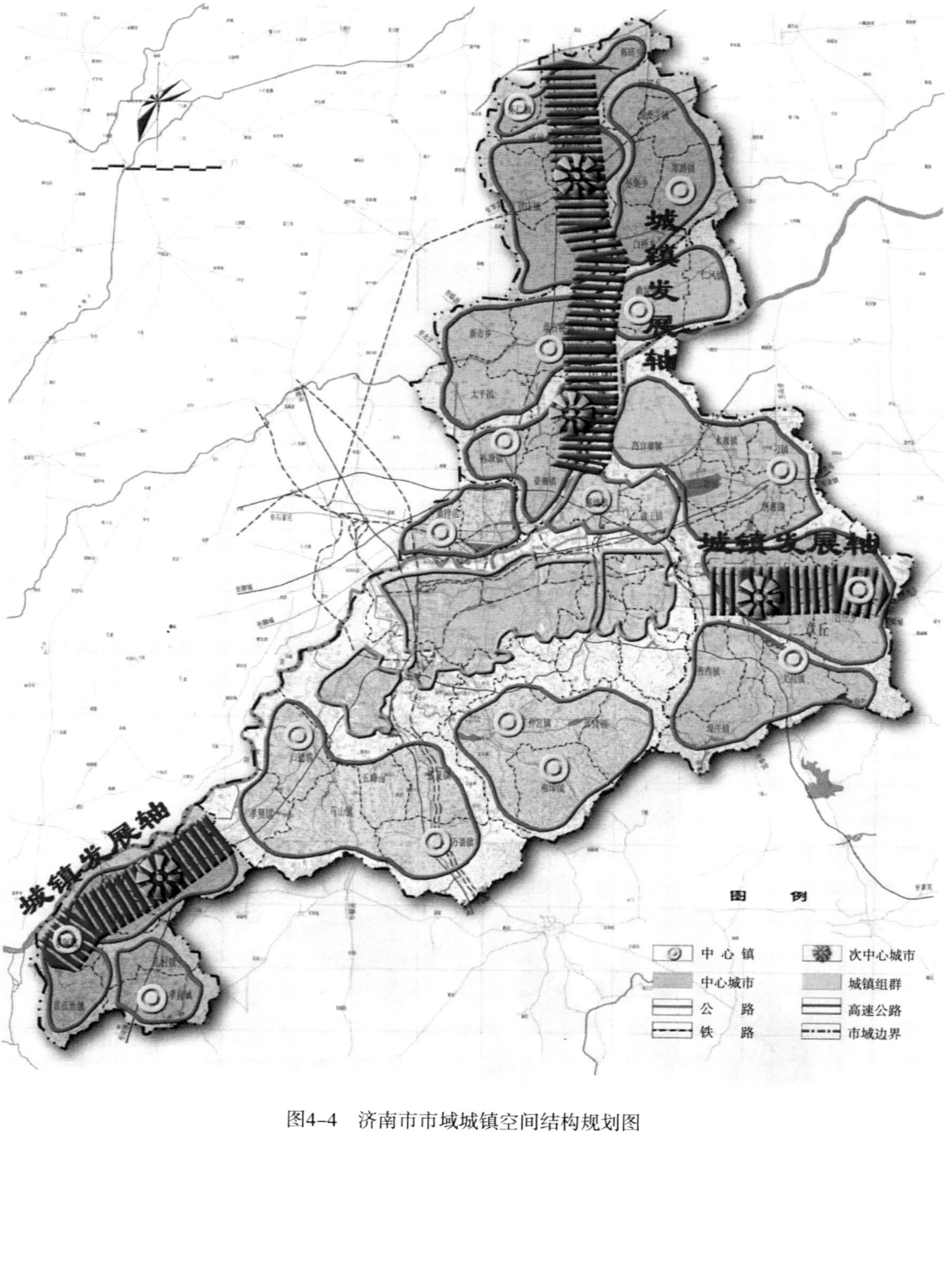

图4-4　济南市市域城镇空间结构规划图

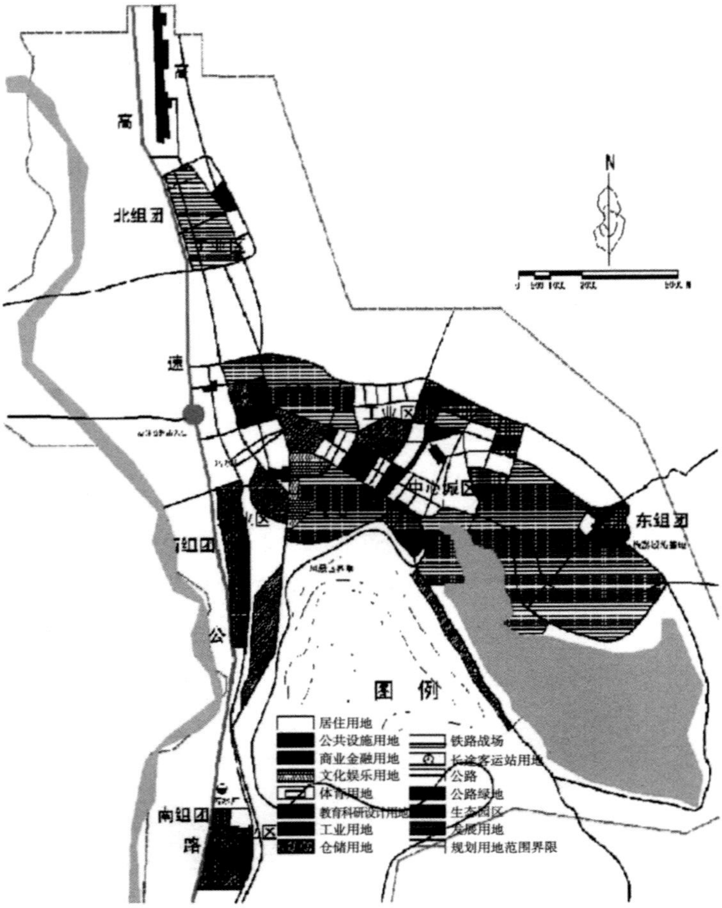

图5-6　某城市总体规划用地规划图

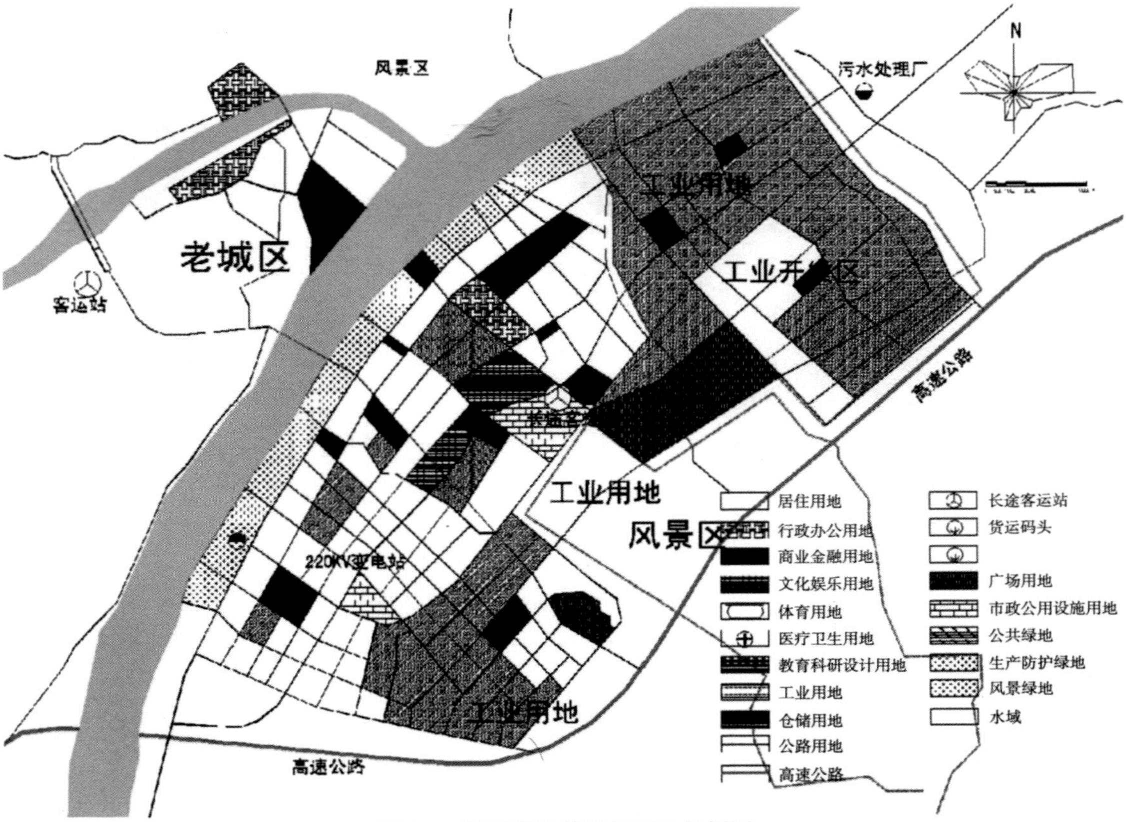

图5-7　某城市总体规划用地规划图

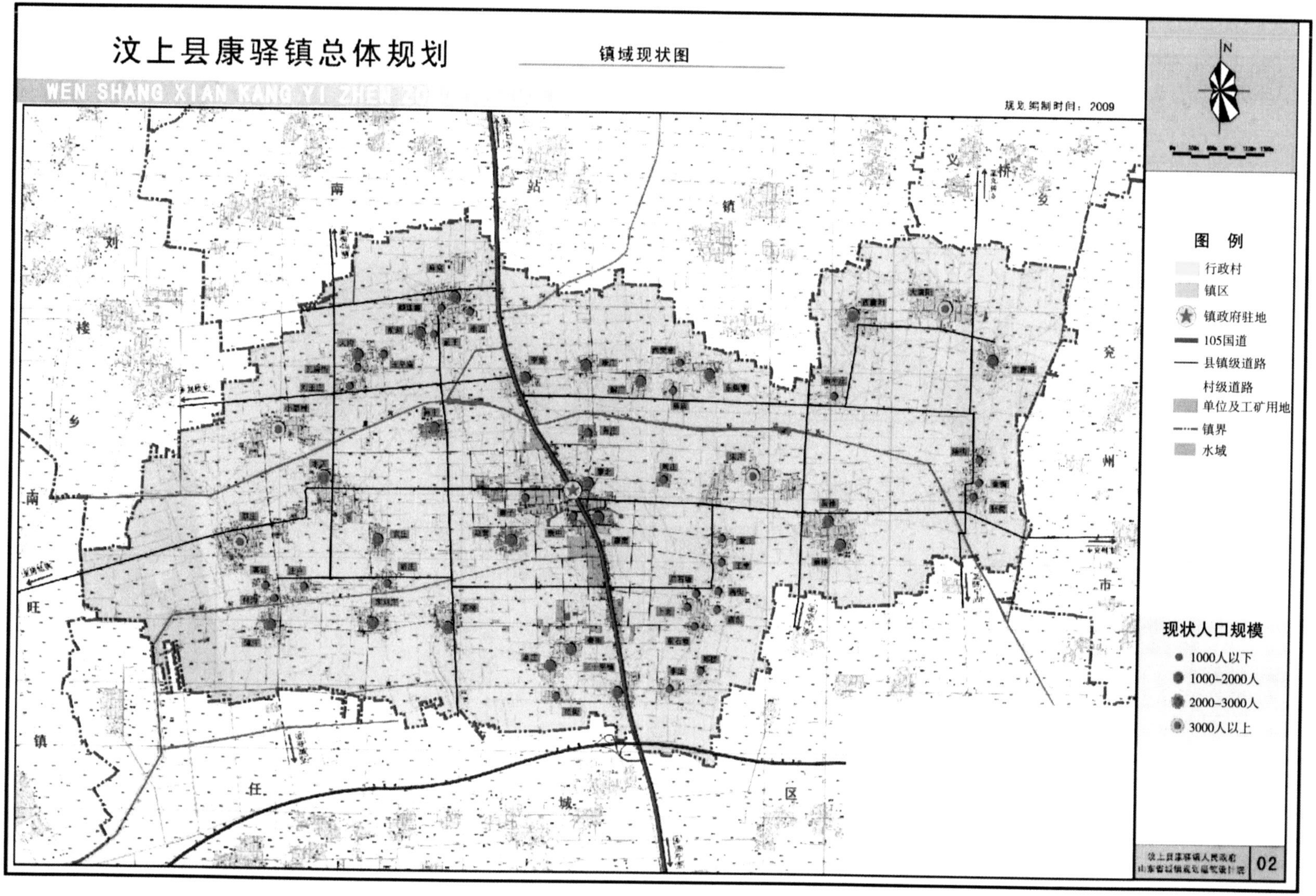
汶上县康驿镇总体规划
镇域现状图
WEN SHANG XIAN KANG YI ZHEN
规划编制时间：2009
N
南
站
镇
义
桥
乡
刘
楼
乡
南
旺
镇
任
城
区
兖
州
市
图 例
行政村
镇区
镇政府驻地
105国道
县镇级道路
村级道路
单位及工矿用地
镇界
水域
现状人口规模
1000人以下
1000–2000人
2000–3000人
3000人以上
02

图8-2　镇域现状图

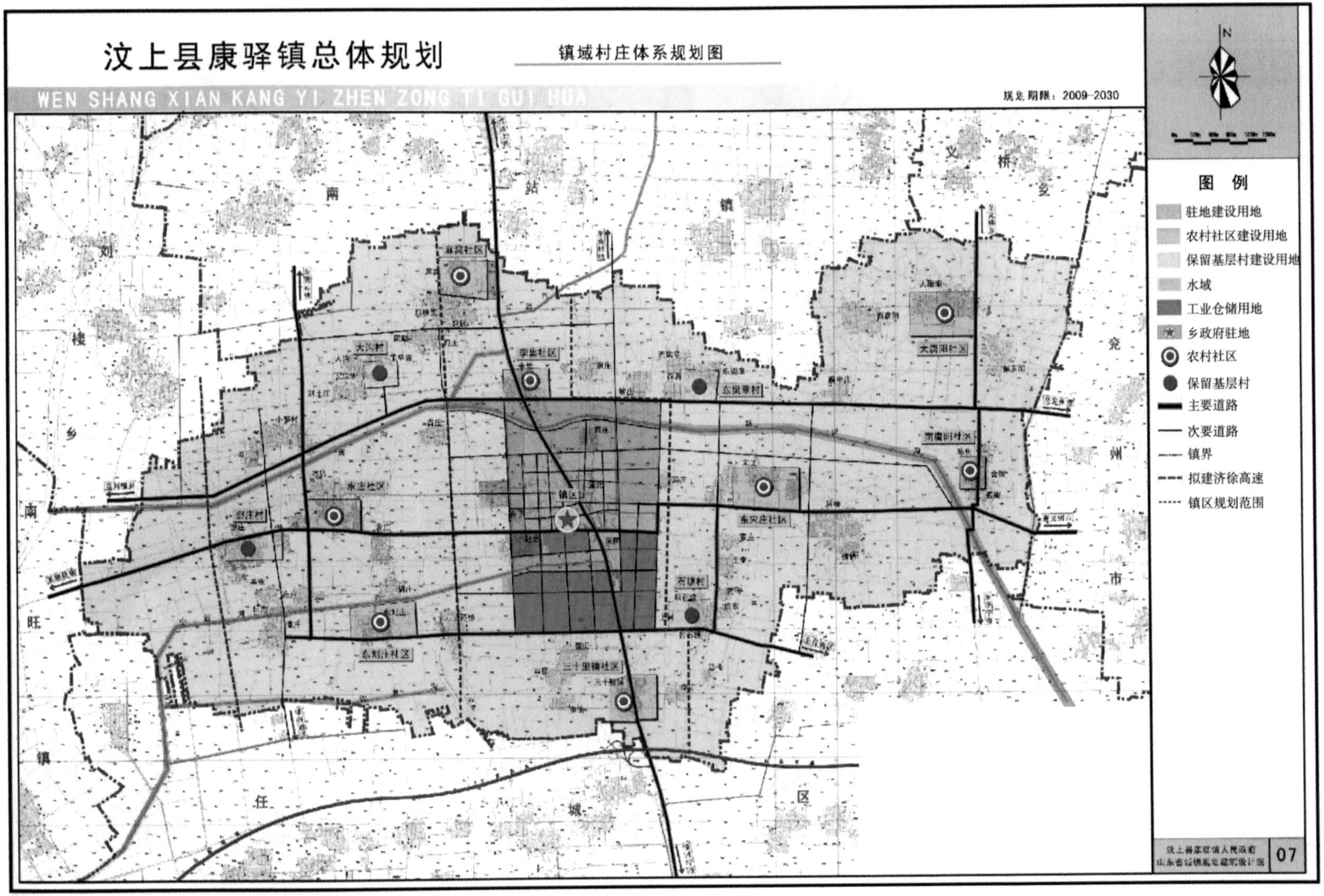

图8-3　镇域村庄体系规划图

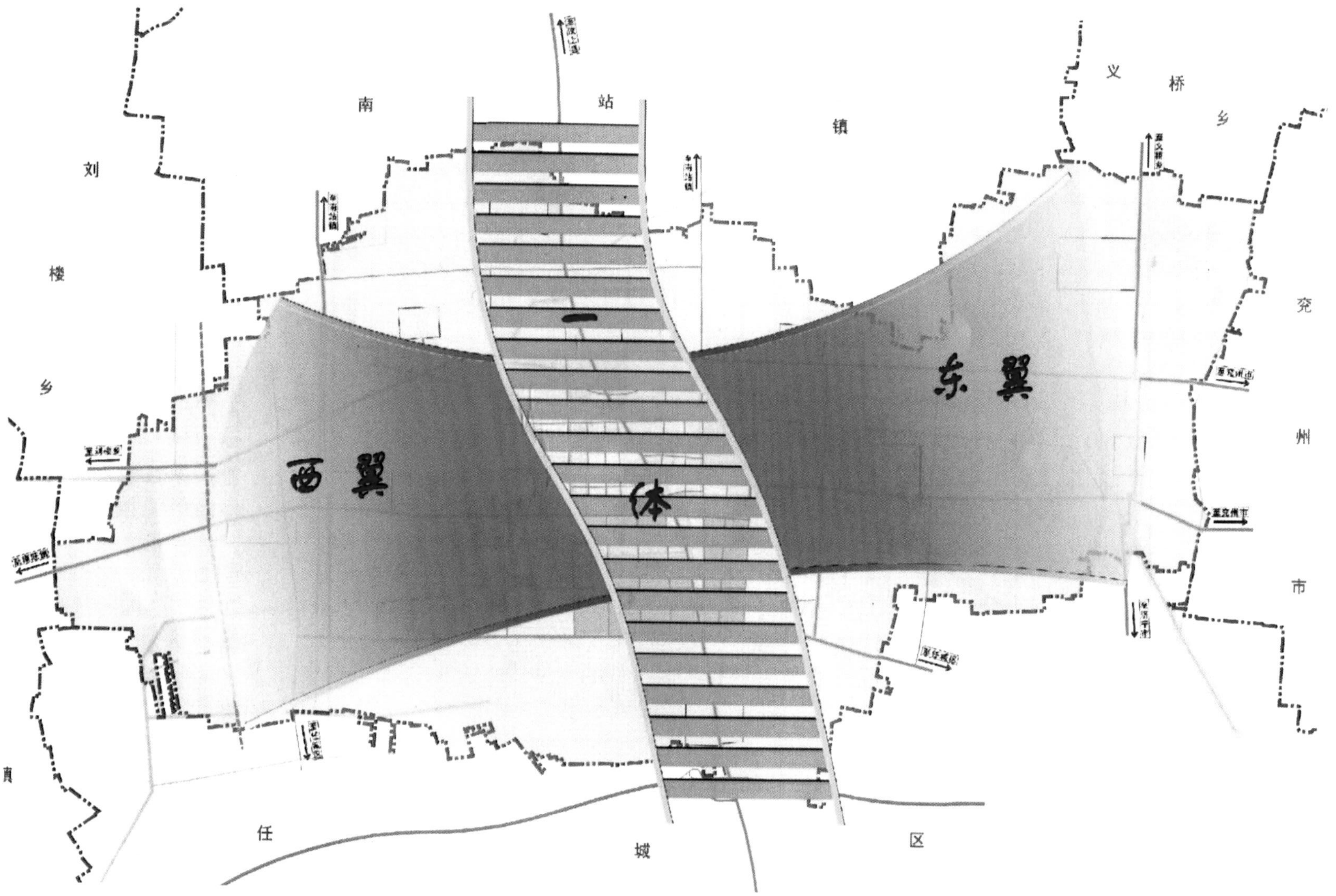

图8-4　镇域职能空间结构分析图

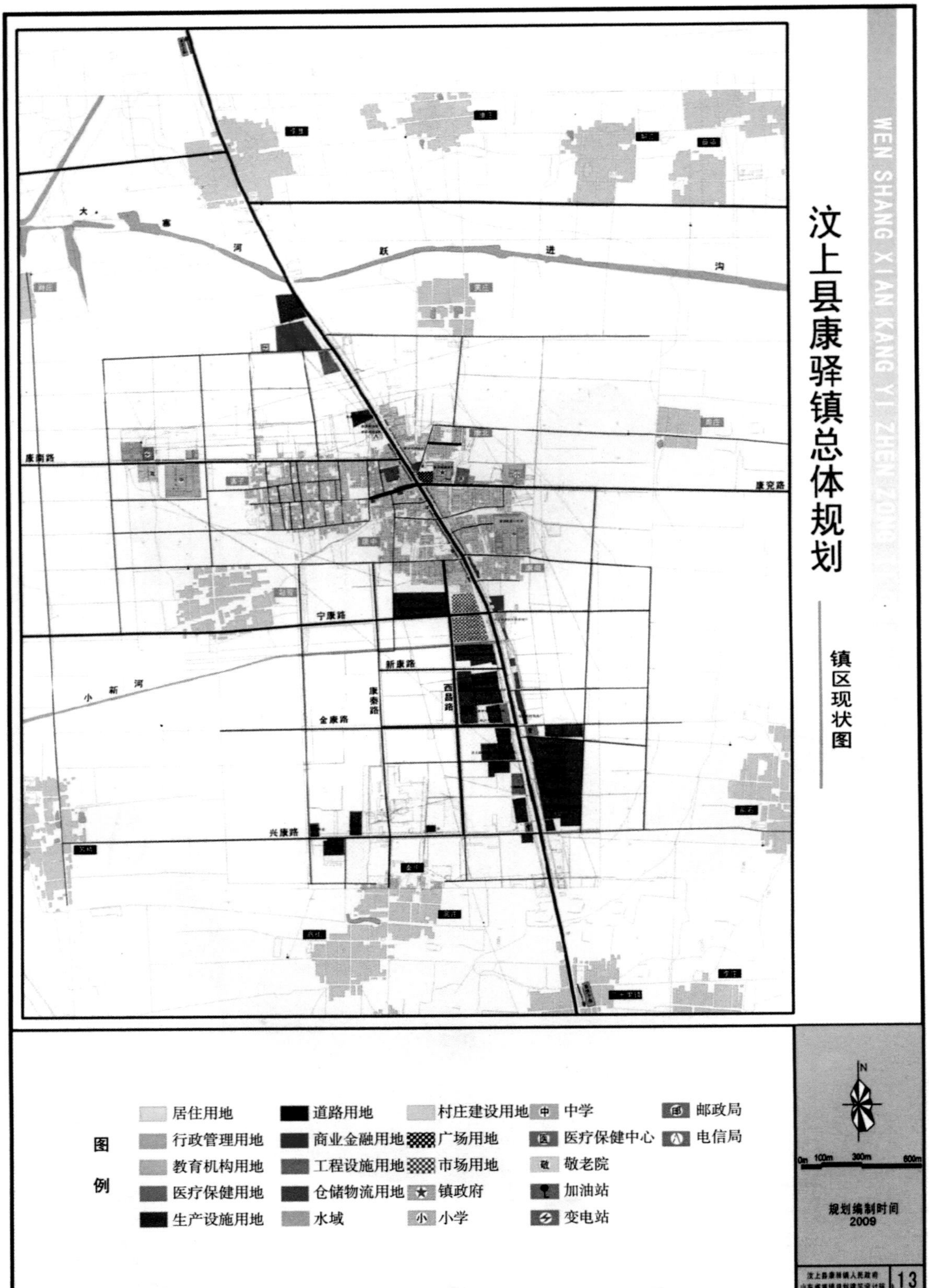
汶上县康驿镇总体规划
镇区现状图
WEN SHANG XIAN KANG YI ZHEN
大 寨 河 跃 进 沟
小 新 河
康衢路
康兖路
宁康路
新康路
康衢路
西昌路
金康路
兴康路
图例
居住用地
行政管理用地
教育机构用地
医疗保健用地
生产设施用地
道路用地
商业金融用地
工程设施用地
仓储物流用地
水域
村庄建设用地
广场用地
市场用地
镇政府
小学
中学
医疗保健中心
敬老院
加油站
变电站
邮政局
电信局
N
0m 100m 300m 600m
规划编制时间
2009
13

图8-5 镇区现状图

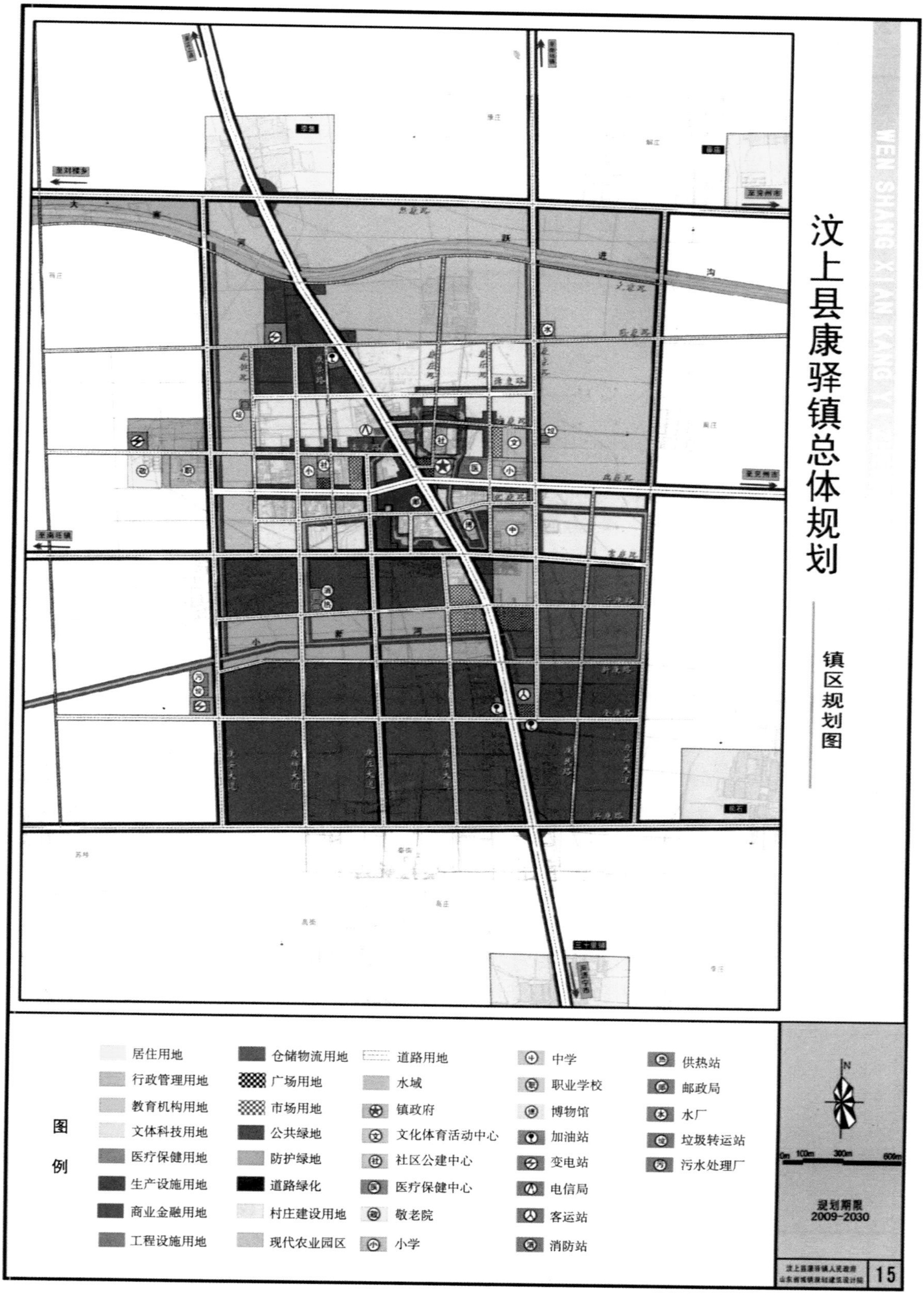

汶上县康驿镇总体规划
镇区规划图
WEN SHANG XIAN KANG YI
图例
居住用地
行政管理用地
教育机构用地
文体科技用地
医疗保健用地
生产设施用地
商业金融用地
工程设施用地
仓储物流用地
广场用地
市场用地
公共绿地
防护绿地
道路绿化
村庄建设用地
现代农业园区
道路用地
水域
镇政府
文化体育活动中心
社区公建中心
医疗保健中心
敬老院
小学
中学
职业学校
博物馆
加油站
变电站
电信局
客运站
消防站
供热站
邮政局
水厂
垃圾转运站
污水处理厂
N
0m 100m 300m 600m
规划期限
2009-2030
15

图8-6 镇区规划图

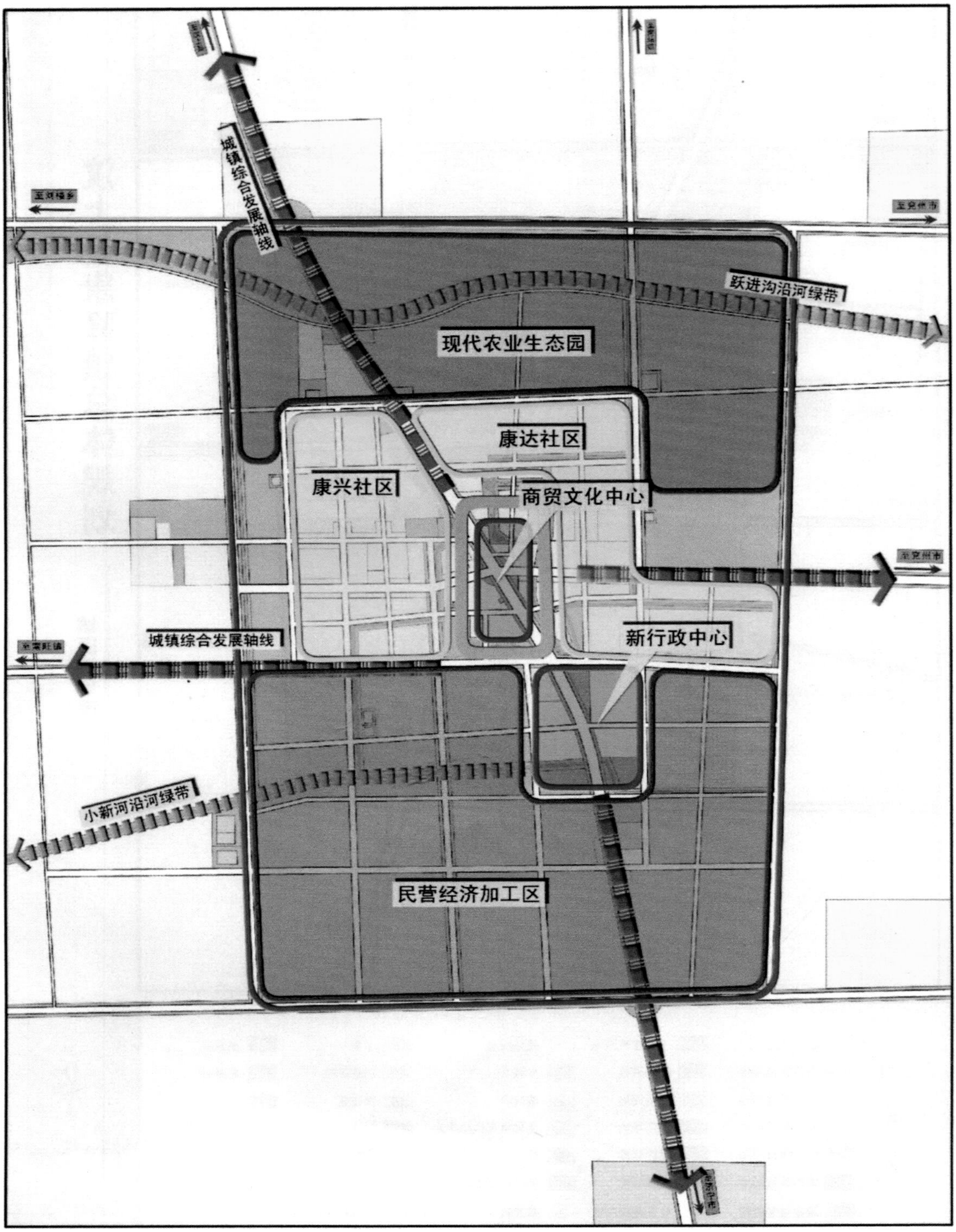

图8-7　镇区规划结构分析图

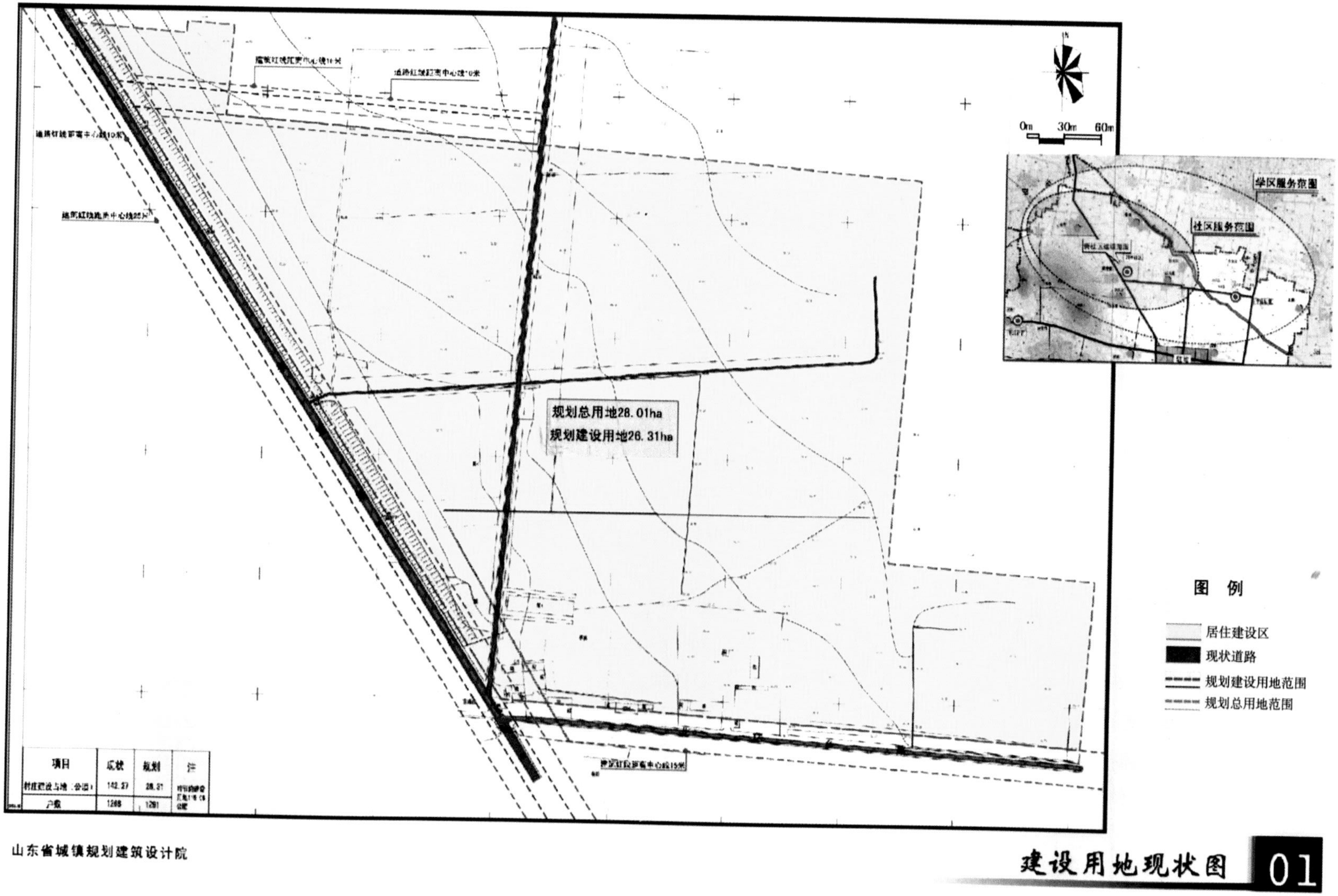
0m 30m 60m
学区服务范围
社区服务范围
规划总用地28.01ha
规划建设用地26.31ha
图 例
居住建设区
现状道路
规划建设用地范围
规划总用地范围
山东省城镇规划建筑设计院
建设用地现状图
01

图8-8 建设用地现状图

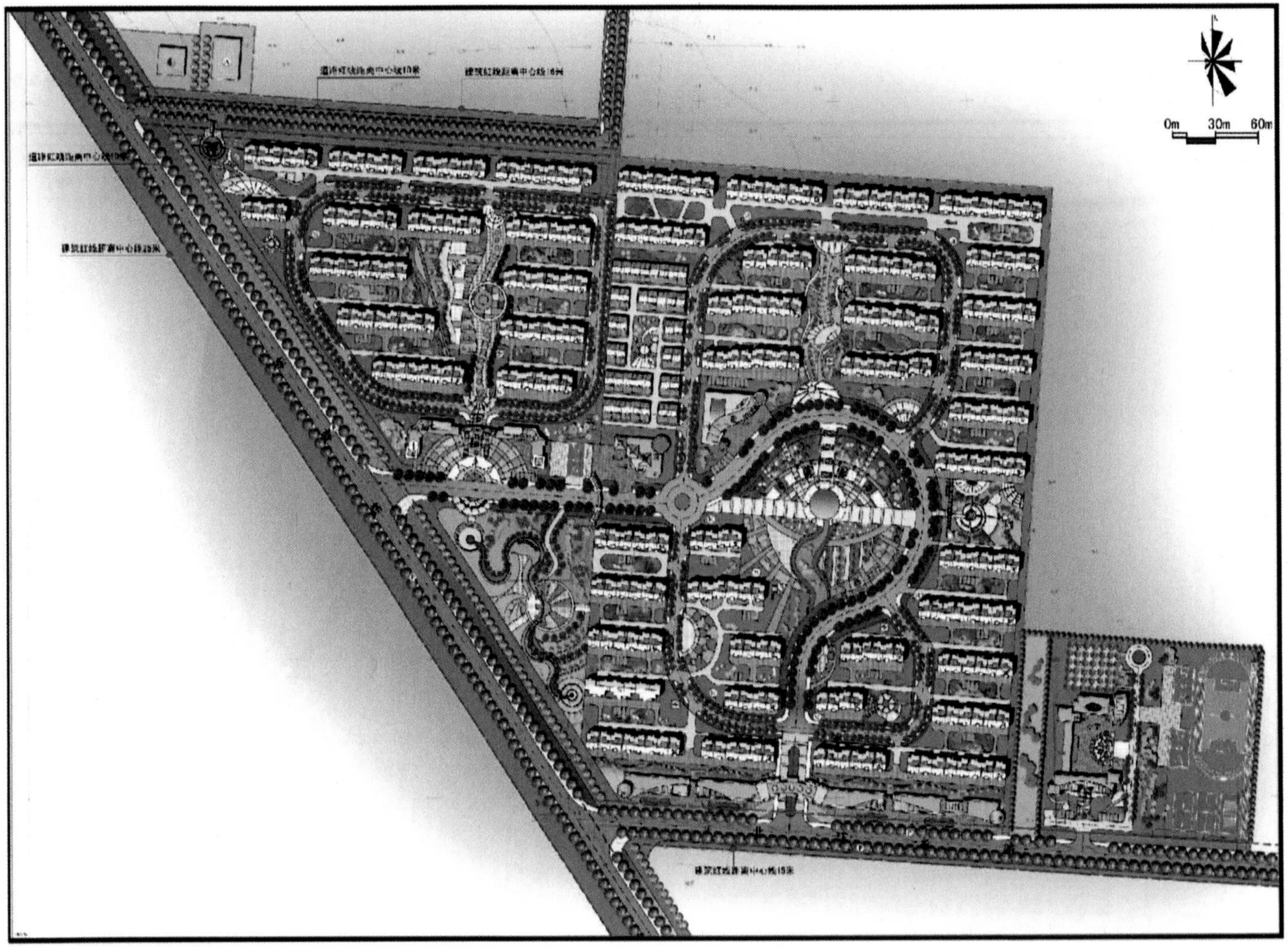

主要技术经济指标

项目		计量单位	数值
规划建设用地		ha	26.31
居住户数		户	1291
其中	多层居住户数	户	1254
	老年居住户数	户	37
居住人数		人	4518
户均人口		人/户	3.5
总建筑面积		万m²	22.35
其中	住宅建筑面积	万m²	15.53
	公共建筑面积	万m²	1.82
	车库与阁楼面积	万m²	5.00
人口密度		人/ha	172
建筑密度		%	18.7
地面停车位		个	191
绿地率		%	41.5
容积率		——	0.85

规划用地平衡表

项目	面积（ha）	所占比例（%）	人均面积（m²/人）
一、规划建设用地(R)	26.31	100	58.2
1、住宅用地(R21)	16.09	61.2	35.6
2、公建用地(R22)	3.27	12.4	7.2
3、道路用地(R23)	2.98	11.3	6.6
4、绿化用地(R24)	3.97	15.1	8.8
二、其它用地(E)	1.70	——	——
规划总用地	28.01	——	——

图 例

- 多层居住建筑
- 老年户型
- 公共建筑
- 规划道路
- 地面停车
- 变电室
- 公厕
- 垃圾收集点
- 中水处理站
- 公交停靠站
- 供热站
- 供水站
- 卫生室
- 规划建设用地范围
- 规划总用地范围

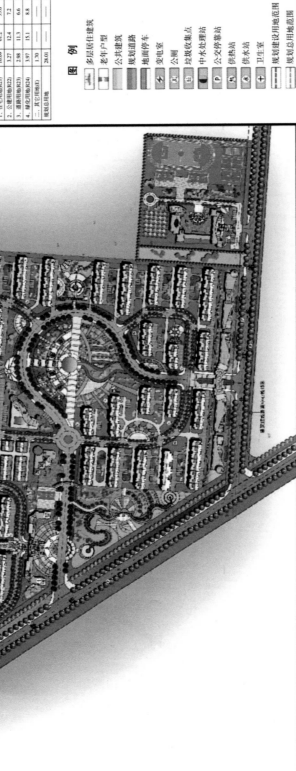

山东省城镇规划建筑设计院

规划总平面图 02

图8-9 规划总平面图

高等职业教育“十一五”系列教材
（建筑设计类、城镇规划专业适用）

城　乡　规　划

主　编　解万玉
副主编　邱朝红　薛　雷
参　编　张战锋　潘欣民　张荣辰　郭忠云
主　审　刘仁忠

机 械 工 业 出 版 社

本书在对城乡规划基本知识与基本理论介绍的基础上，重点阐述城乡规划项目编制与管理的内容、方法与实务。全书内容共分九个单元，包括认识城乡与城乡规划，城乡规划体系及工作内容，城乡规划的调查研究与发展战略，城镇体系规划，城市总体规划，城市详细规划，城市规划的主要专项规划，镇、乡和村庄规划，城乡规划实施与管理。

本书及时体现《中华人民共和国城乡规划法》等最新法律法规的内容，充分适应高职教育建筑类课程“城乡规划”对教材的亟需及教学特点，以工学结合、行动导向、项目教学等最新高职教育理论为指导，充分体现先进性、针对性、实践性、实用性的特点。

本书是高职建筑类城镇规划、建筑设计技术、园林工程技术、环境艺术设计、城市管理与监察等专业的教学用书，也可供建筑、规划、园林类相关专业及从事城市规划、园林景观和建筑设计等工程技术人员与管理人员参考。

图书在版编目（CIP）数据

城乡规划/解万玉主编. —北京：机械工业出版社，2010.8（2023.9重印）

高等职业教育“十一五”系列教材

ISBN 978-7-111-31540-7

Ⅰ.①城… Ⅱ.①解… Ⅲ.①城乡规划-高等学校：技术学校-教材 Ⅳ.①TU984

中国版本图书馆CIP数据核字（2010）第155858号

机械工业出版社（北京市百万庄大街22号 邮政编码100037）
策划编辑：覃密道 李俊玲 责任编辑：李 莉
版式设计：霍永明 责任校对：李锦莉
责任印制：邓 博
北京盛通商印快线网络科技有限公司印刷
2023年9月第1版·第7次印刷
184mm×260mm·19.25印张·6插页·486千字
标准书号：ISBN 978-7-111-31540-7
定价：46.50元

电话服务
客服电话：010-88361066
010-88379833
010-68326294

网络服务
机 工 官 网：www.cmpbook.com
机 工 官 博：weibo.com/cmp1952
金 书 网：www.golden-book.com
机工教育服务网：www.cmpedu.com

前　言

PREFACE

城乡规划原理与设计类课程教学现缺少高等职业教育专用教材，本教材力求避免学科理论性与系统性过强、内容过于繁杂、缺乏实用性与实践性的问题，以适应高职教育基于工学结合人才培养模式的教学要求，有利于学生职业能力的训练。编者通过校企合作，开发适用于高职教育的基于工学结合、项目实训过程、工作过程导向的《城乡规划》教材，充分体现以能力为目标、以项目为载体、以学生为主体的课程整体与单元教学设计要求，是不断深化高职专业建设、改革课程教学、提高教育教学质量的亟需。

2008年《中华人民共和国城乡规划法》的颁布实施，标志着我国城乡规划进入了城乡统筹协调发展的新时期。本书从2006年开始着手已几易其稿，以力求在教材中充分体现最新颁布的《中华人民共和国城乡规划法》、《城市规划编制办法》、《镇规划编制办法》等法律、规范与标准的相关要求。

本教材开发基于校企合作，充分结合职业岗位能力要求，结合实际城乡规划项目；参加开发编写的人员充分结合工程实践和长期从事城乡规划课程教学的丰富的高职教学经验和理论方法，力求充分结合和反映我国的城乡规划实践。全书由山东城市建设职业学院解万玉主编，山东省城乡规划设计研究院刘仁忠主审；由解万玉编写第1单元；张荣辰编写第2单元；邱朝红编写第3单元、第5单元；张战锋编写第4单元、第9单元；薛雷编写第6单元、第7单元第2、3节；潘欣民编写第7单元第1节、第8单元；山东省城镇规划建筑设计院郭忠云编写第7单元第4节~第7节。

城乡规划学科发展迅速，高职教育教学改革不断深化。由于编者理论和实践水平所限，书中难免有许多不当之处，恳请使用本书的师生和读者提出宝贵意见，以便今后进一步修改完善。

编　者

目 录

CONTENTS

第1单元　认识城乡与城乡规划

【能力目标】

（1）具有分析认识城乡居民点形成与发展过程、城市与乡村的概念及其基本特征的能力。

（2）认识城乡发展现状，理解城乡统筹发展的重大意义，树立城乡统筹的科学发展观。

（3）具有分析城镇化特点及其进程，正确认识我国城镇化发展道路的能力。

（4）具有分析借鉴古代城市规划思想与现代城市规划学科发展主要理论的能力，认识当代城市规划面临的新形势。

（5）初步培养通过报刊、网络、案例、实地考察等方式方法收集城乡居民点发展、城乡规划资料的能力，能够分析城乡居民点、城乡规划现状特点与发展趋势，掌握理论联系实际分析问题与解决问题的方法。

【教学建议】

（1）布置项目训练任务书，课程力求遵循以能力为目标、以项目为载体、以学生为主体的“三原则”，以规划项目训练任务书内容要求展开教学。

（2）以培养对城乡居民点形成与发展的认识和分析能力、城市规划学科的产生与发展的认识和理解能力为基本出发点。

（3）以城乡居民点及城乡规划项目案例为载体展开教学，具体适宜项目需要教师做好搜集和准备工作。

（4）在对城乡与城乡规划的认识、思考、解读、考察、讨论、分析的“教、学、做”一体化学习过程中，以学生（个人或小组）为主体，教师引导其对城市或乡村及城乡规划项目的考察调研、分析讨论、撰写报告等活动。

【训练项目】

（1）熟悉规划项目（城镇总体规划、详细规划、乡村规划等）训练任务书，明确城乡规划等具体项目训练任务的内容与要求。

（2）认识城乡。以城乡规划训练项目实际或模拟工作过程为导向，对城乡居民点进行实地考察调研、资料搜集，了解所考察调研的城乡居民点的概况，初步了解和分析其形成、发展与演变，了解城乡居民点规模与结构形态、各类功能布局及特点。认真做好记录，可借助音像设备等工具，写出城乡调研认识报告。

（3）认识城乡规划。按照城乡规划项目训练任务书的内容与要求，实地考察城乡规划建设项目，走访城乡规划与管理单位，了解城乡规划行业的基本状况，收集城乡规划编制图纸资料。认真做好考察记录，可借助音像设备等工具，并写出城乡规划调研认识报告。

1.1 城乡居民点的形成与概念

1.1.1 城乡居民点的形成

城乡居民点是人类社会发展到一定阶段的产物，是社会生产力水平不断提高的结果。人类的聚居地先出现乡村居民点，后来随着人口的聚居和生产力的发展，才出现城市居民点。世界上最古老的城市多诞生于埃及、印度和中国等文明古国，这些国家在历史上曾是世界农业发达的国家，由此既说明早期城市的形成与农业发展的密切关系，又说明了城市居民点与乡村居民点的本质区别，非农业活动是城市的显著标志和根本性特征。

有了剩余产品就产生私有制，原始社会的生产关系也就逐渐解体，出现了阶级分化，人类开始进入奴隶社会。所以也可以说，城市是伴随着私有制和阶级分化，在原始社会向奴隶制社会过渡时期出现的。世界上几个古代文明的地区，城市产生的时期有先有后，但都是这个社会发展阶段中产生的。

从我国文字的字义来看，“城”是以武器守卫土地的意思，是一种防御性的构筑物。“市”是交易的场所，即“日中为市”、“五十里有市”的市。有防御墙垣的居民点并不都是城市，有的村寨也有设防的墙垣，城市应具有商业交换的职能。

1.1.2 城乡居民点的概念与特征

1. 乡村的概念与特征

（1）乡村的概念。乡村是以农业和农业人口聚集为主要特征的居民点。在我国是指按国家行政建制设立的乡和村庄。

（2）乡村的特征。乡村是一个历史的、动态的概念。传统乡村同城市相比具有如下特征。

1）经济活动的分散性。乡村是以农业生产为主体的地域，受农业生产自然条件约束的影响，乡村经济活动呈分散布局状态，展现出空间上的分散性。

2）村落群体的分散性。经济活动的分散性决定了其村落群体的分散性，农业生产特点与生产力水平是决定性因素，一定的农业生产耕作半径决定了乡村居民点的空间位置分布的分散状态。

3）社会文化的传统性。农村社会文化行为的标准比较单一，职业分工不复杂，家庭、血缘、地缘关系浓厚，风俗、道德、习惯势力较大，生活方式、风俗具有传统特色。

4）生态景观的开敞性。乡村以农业为主的土地利用形式，使地域空间较为开阔，聚落规模较小，人口密度较低，使生态景观呈开敞性特征。

现代乡村在保留传统乡村特性的基础上，已发生了很大的变化，尤其是在发达国家和发展中国家的发达地区。在发达国家，由于交通、通讯设施、文化场所等基础设施的完善，乡村社会文化结构尽管同城市有差别，但其发展水平同城市很接近；乡村农业活动的组织结构尽管与城市工业有区别，但其产业化的管理同城市是一致的；乡村生态景观的开敞性成为乡村最大的优势。在发展中国家的发达地区，乡村亦经历着结构的剧变：乡村工业兴起、乡村社区建设、小城镇发展、社会阶层分化、地域景观巨变，这一切都使得传统乡村的概念正在成为历史。也正是乡村的动态演进性、与城市相互作用的复杂性和乡村要素的不整合性，导致了定义现代乡村的困难。

在人们的用语中，习惯于将“乡村”与“农村”等同使用。一个完整的农村社会须包括一群农民家庭、数个至十余个的村、一个集镇及集镇与其周围各村所形成的集镇区。这样一个农村社会就是“乡村社区”，它“以家庭为单位，以村为中坚，而以集镇区为其范围。”在这里，“乡村”是与城市相对应的，而与“农村”是一致的。

2. 城市的概念与特征

（1）城市的概念。城市是以非农产业和非农业人口聚集为主要特征的居民点。在我国是指按国家行政建制设立的市和镇。

从城市的概念中我们可以理解以下四个方面的内涵：①城市以人为主体，是人类文明的载体；②城市以自然为依托，是人与自然关系的反映；③城市经济以非农业经济活动为主体，是社会经济有机整体的体现；④城市的发展与演变是社会生产力发展的结果。

（2）城市的基本特征。城市的基本特征主要有如下几个方面：

1）城市的概念是相对存在的。城市由乡村孕育而来，是乡村地域发展到一定水平的产物。城市与乡村是人类聚落的两种基本形式，两者的关系是相辅相成、密不可分的。

2）城市是以要素聚集为基本特征的。城市不仅是人口聚居、建筑密集的区域，它同时也是生产、消费、交换的集中地。城市的集聚效益是其不断发展的根本动力，也是城市与乡村的一大本质区别。城市各种资源的密集性使其成为一定地域空间的经济、社会、文化辐射中心。

3）城市的发展是动态变化和多样的。从古代拥有明确空间限定（如城墙、壕沟等），到现代成为一种功能性的地域，再到郊区化、逆城镇化、再城镇化等一系列现象的出现，到现今经济全球一体化，城市传统的功能、社会、文化、景观等方面都已经发生了重大转变。随着信息网络、交通、建筑等技术的发展，可以预见城市的未来将会继续发生变化。

4）城市具有系统性。城市是一个综合的大系统，它包括经济子系统、政治子系统、社会子系统、空间环境子系统以及要素流动子系统，它们互相交织重叠，共同发挥作用。

（3）当今城市地域的新类型

1）大都市区。大都市区是一个大的城市人口核心，以及与其有着密切社会经济联系的、具有一体化倾向的邻接地域的组合，它是国际上进行城市统计和研究的基本地域单元，是城镇化发展到较高阶段时产生的城市空间组织形式。

2）大都市带。由许多都市区连成一体，在经济、社会、文化等各方面活动存在密切交互作用的巨大的城市地域叫做大都市带。如以上海为中心的宁沪杭城市密集地区。

3）全球城市区域。全球城市区域既不同于普通意义上的城市范畴，也不同于仅因地域联系形成的城市群或城市辐射区，而是在全球化高度发展的前提下，以经济联系为基础，由全球城市及其腹地内经济实力较为雄厚的二级大中城市扩展联合而形成的一种独特空间现象。这些全球城市区域已经成为当代全球经济空间的重要组成部分。

1.2　城乡的发展

1.2.1　城乡的差别与联系

1. 城市与乡村的基本区别

城市和乡村作为两个历史形成又不断变化的概念，在发展的过程中存在着一些基本的区别，有些区别在城乡的发展中又在不断改变。

(1) 集聚形态的差异。城市与乡村的首要差别主要体现在空间要素的集聚形态程度（也可以说成分散形态程度）上。乡村群体布点数量、布点密度远大于城市，而每个乡村人口等集聚规模则远小于城市，城市的人口、道路、建筑、居住、交通、通信等要素布局集聚密度高。

(2) 产业结构的差异。传统的乡村经济以农业为主，城市则以非农业（第二、三产业）为主；城市是以非农业人口为主的居民点，乡村是以农业人口为主的居民点。这也造成了城乡生产力结构的根本区别。

(3) 职能差异。城市一般是工业、商业、交通、文教的集中地，是一定地域的政治、经济、文化的中心，在职能上是有别于乡村的。

(4) 生产效率的差异。城市的经济活动是高效率的，是一种社会化的生产、消费、交换的过程，它充分发挥了工商、交通、文化、军事和政治等机能，属于高度组织的高级生产或服务性质；相反的，乡村经济活动则还依附于土地等初级生产要素。

(5) 物质形态差异。城市具有比较健全的市政设施和公共设施，而乡村市政设施和公共设施亟需改善。

(6) 文化观念差异。城市与乡村不同的社会关系，使得两者之间产生了很多文化内容、意识形态、风俗习惯、传统观念等差别，这也是城乡差别的一个方面。

2. 城市与乡村的基本联系

尽管城市与乡村有着很多不同之处，但它们是一个统一体，并不存在截然的界限（图1-1）。尤其是随着社会经济的发展及各种交通、通讯技术条件的支撑，城乡一体发展的现象愈发明显。

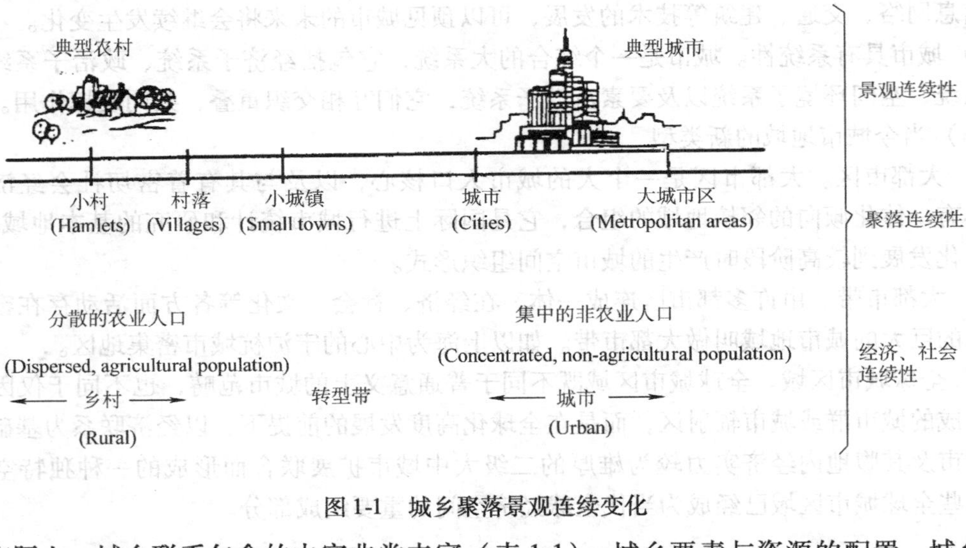

图 1-1 城乡聚落景观连续变化

实际上，城乡联系包含的内容非常丰富（表 1-1）。城乡要素与资源的配置、城乡联系方式的选择是多样的，对于具体不同城乡联系模式的选择，完全取决于不同国家、地区的具体情况和城乡发展的基本战略。

表 1-1 城乡联系分类与要素

联系类型	要素
物质联系	公路网、水网、铁路网、生态相互联系
经济联系	市场形式、原材料和中间产品流、资本流动、生产、消费和购物形式、行业结构和地区间商品流动

（续）

联系类型	要　素
人口移动联系	临时和永久性人口流动、通勤
技术联系	技术相互依赖、灌溉系统、通信系统
社会作用联系	访问形式、亲戚关系、仪式、宗教行为、社会团体相互作用
服务联系	能量流和网络、信用和金融网络、教育培训、医疗、职业、商业和技术服务形式、交通服务形式
政治、行政组织联系	结构关系、政府预算流、组织相互依赖性、权力——监督形式、行政区间、交易形式、非正式政治决策联系

1.2.2　城乡划分与建制体系

1. 城乡聚落的划分

在日常生活中，区别城乡聚落似乎是轻而易举的事。而实际上，目前还没有为定义城市和乡村找到一个统一的标准。要真正在城市和乡村之间划出一条有严格科学意义的界线绝非易事。首先这是因为从城市到乡村是渐变的，有的是交错的。这中间并不存在一个城市范围消失和乡村开始的明显的标志点，人们在城乡过渡带或城乡交接带划出的城乡界线必然带有一定的任意性和主观性。第二个原因是城市本身是一定历史阶段的产物，城市的概念在不同的历史条件下，发生着不断的变化。世界各国处在不同的历史发展阶段，甚至在一个国家的不同地区，所处的发展阶段也不尽相同，这也给城乡划分带来困难。城市，尤其是大城市与周围地区的联系在空间上日趋广泛，在内容上日益复杂，使划分城乡界线又增加了难度。

2. 我国城乡建制体系

城乡建制体系在我国包括按国家行政建制设立的市、镇、乡和村。中国的城乡设置主要基于两个方面的标准：①聚集人口规模；②城乡居民点的政治经济地位。城乡的政治经济地位往往是市镇设置中的重要考虑内容，如首都、直辖市、省会城市、建制镇、建制乡、建制村等。此外，中国对城乡的设置标准还有经济、社会等方面一系列指标的要求。

3. 我国城乡建制基本特点

（1）多层次。包括市、镇、乡和村多层次。如城市从地域类型上划分，包括了直辖市、省辖设区市、不设区市三个层次，目前我国有北京、上海、天津、重庆四个直辖市；从行政等级上划分，包括了省级市、副省级市、地级市、县级市四个等级。

（2）城乡区域联系的双重性。市既有自己的直属辖区——市区，又管辖了下级政区（县或乡镇）。因此，中国实行的是城区与地域相结合的行政区划建制模式。

1.2.3　我国城乡发展的总体现状

1. 中华人民共和国成立后我国城乡关系演变的基本历程

中华人民共和国成立后，我国的城乡关系经历了大大小小数次变迁，这个过程是和国家政策、生产力发展水平等因素密切相关的。

1949—1978 年中国最根本的问题就是如何解决农业快速发展并为工业化奠定基础和提供保障。当时普遍认为只有工业化才能最终解决中国的贫穷落后，才能最终解决农民问题。因此，在快速推进工业化的过程中，逐渐采取了苏联的社会主义工业化模式，即依靠建立单一的公有制和计划经济来推行优先快速发展重工业的战略。由此逐步建立起农业支持工业、农村支持城市和城乡分隔的“二元经济”体制，城镇化进程相当缓慢。农民主要是通过提供农副产品而不进入城市的方式，为工业和城市的发展提供农业剩余产品和降低工业发展成本。

1978年党的十一届三中全会后，城乡关系进入了一个新的历史时期，过去完全由政府控制的城乡关系开始越来越多地通过市场来调节，但是农业支持工业、乡村支持城市的趋向并没有改变。农民和农村主要是通过直接投资（乡镇企业）、提供廉价劳动力（大量农民工）、提供廉价土地资源三种方式，为工业和城市的发展提供强大的动力。

近年来，城乡统筹、建设社会主义新农村成为新时期城乡工作的基本方向。2005年，中央政府对城乡关系做出具有历史性转折的重大调整，在我国延续了2600多年的农业税退出了历史舞台。中央政府还利用公共财政加大对农村教育、基础设施、医疗卫生等方面的投入，我国的城乡关系进入了一个新的历史阶段。

2. 我国城乡差异的基本现状

城乡关系是我国国民经济和社会发展系统中最重要的一对关系。中国的城乡发展的历程表明：城乡之间的良性互动和相互开放，必然推动国民经济的全面发展；相反，城乡之间的隔离甚至对立，则必然导致国民经济发展的失衡，甚至使国民经济发展的进程停滞不前或倒退。长期以来，我国呈现出城乡分割，人才、资本、信息单向流动，城乡居民生活差距拉大，城乡关系呈现不均等、不和谐等发展状况。

（1）城乡结构“二元化”。长期以来，我国一直实行“一国两策，城乡分治”的二元经济社会体制和“城市偏向，工业优先”的战略和政策选择。改革开放以后，尽管这种制度有所松动，但要根本消除二元结构体制还需一个相当长时期的过程。

（2）城乡收入差距大。农民收入增长缓慢，不仅直接影响国内需求，而且成为制约整个国民经济实现良性循环的障碍。

（3）优势发展资源向城市单向集中。由于我国城乡差距大，城市一直是我国各类生产要素聚集的中心，而人才、技术、资金等向农村流动量少、进程慢，城乡资源流动单向化、不均衡现象十分明显。

（4）城乡公共产品供给体制的严重失衡。各级政府为增进自身绩效都尽可能地上收财权、下放事权，下级政府得到的财权与事权相比明显失衡。失衡的分配体制决定了失衡的义务教育、基础设施和社会保障等公共产品供给体制，农村公共服务体系尚未建立，农民与城市居民享受的公共服务的差距依然很大。

我国目前正处在一个从城乡二元经济结构向城乡一体化发展阶段迈进的历史转折点上，综合运用市场和非市场力量，积极促进城乡产业结构调整、人力资源配置、金融资源配置和社会发展等各个领域的良性互动和协调发展，具有长远而重要的战略意义。

3. 统筹城乡发展

统筹城乡发展是贯彻和落实科学发展观和构建和谐社会的一项重要内容。统筹城乡发展，就是要充分发挥城市对农村的带动作用和农村对城市的促进作用，实现城乡发展一体化。统筹城乡经济社会发展，实质就是把城市和农村的经济和社会发展作为整体统一规划，通盘考虑；把城市和农村存在的问题及相互关系综合起来研究，统筹加以解决。从而实现扭转城乡二元结构、解决“三农”难题、推动城乡经济社会协调发展的根本目标。面对我国市场经济体制建设和改革开放过程中出现的日益严重的城乡分割和城乡差别状况，必须大力实施统筹城乡发展战略，加快推进城乡一体化。

统筹城乡经济社会发展的主体应该是政府，统筹城乡经济社会发展的重点是对农村社会政治、经济、文化等各领域进行战略性调整和深层次变革。

（1）统筹城乡经济资源，实现城乡经济协调增长和良性互动。平等的市场主体应该享有平等地接近和享用经济要素的权利，统筹城乡经济资源，保证农民平等地享用经济资源，是统筹城乡经济社会发展的关键。

（2）统筹城乡政治资源，实现城乡政治文明共同发展。必须统筹城乡政治资源，使农民具有与城镇居民平等的政治地位，使其真正地参与国家、社会事务的管理，体现和维护自身利益。统筹城乡政治资源最为重要的是体制和政策的转换问题。

（3）统筹城乡社会资源，实现城乡精神文明共同繁荣。努力实现城乡社会资源的统筹安排、有序使用，促进城乡精神文明的共同进步。

2010年中共中央国务院提出了关于加大统筹城乡发展力度进一步夯实农业农村发展基础的若干意见，这是新世纪以来的连续第7个关注城乡发展、“三农”问题的中央一号文件。进一步明确统筹城乡发展、解决好“三农”问题是工作的重中之重，突出强化农业农村的基础设施建设，建立健全农业社会化服务的基层体系，夯实打牢农业农村发展基础，协调推进工业化、城镇化和农业现代化，努力形成城乡经济社会发展一体化新格局。破解“三农”发展难题，根本出路在于坚持统筹城乡发展，当务之急是要夯实农业农村发展基础。2010年一号文件以加大统筹城乡发展力度、进一步夯实农业农村发展基础为主题，这是具有战略和全局高度的重大决策。

1.2.4 城乡的物质、社会和产业构成

1. 城乡的物质构成

城乡的物质构成可以分为公共和非公共两种领域。公共领域指社会公众所共享的那部分物质环境，主要是公共设施和市政基础设施，通常是公共投资和建设开发的范畴。非公共领域指社会个体所占用的那部分物质环境，一般是非公共投资和建设开发的范畴。

在城乡物质环境中，公共领域的建设开发起着主导作用，为非公共领域的建设开发既提供了可能性，也规定了约束性。因此，在城乡发展过程中，物质环境的公共领域和非公共领域的建设开发在时间上和空间上都应该保持协调。

2. 城乡社会的基本特征

现代城市的生活方式以复杂的劳动分工为特征，城市社会的人际关系是以社会分工为基础的，不同经济文化背景的社会群体在聚居方式和空间分布上表现出多样性；而在乡村社会，地缘关系和乡土意识则是十分重要的社会认同基础。

随着我国城乡一体化、城乡统筹发展战略的实施，在经济高速增长的同时，我国城乡正经历着社会快速演化的进程，城乡社会的基本特征也表现共同的发展趋势，在人口老龄化、家庭核心化和生活闲暇化方面日益明显。

（1）人口老龄化。人口老龄化是全球性的发展趋势。按照联合国的有关规定，60岁以上老年人口的比重达到10%以上或者65岁以上老年人口的比重达到7%以上的人口形态就属于“老年型人口”。呈现“老年型人口”的城镇或乡村社区就称为“老年型城镇”或“老年型社区”。根据预测，在以后几十年中，我国将成为人口老龄化速度最快的国家之一。据民政部和全国老龄办等部门的数据显示，我国人口老龄化呈持续加剧之势，截至2008年年底全国60岁以上老年人口已达1.69亿，占总人口的12.79%。

日益庞大的老年群体具有特殊的生理和心理状况，对于城乡住区和服务设施提出了特殊的需求。尽管我国提倡“家庭养老”，但是在人口老龄化进程不断加速的情况下，相当一部分老年人的生活需求必须通过社会化方式来解决。因此，住区中应设置老人服务设施（如敬老院和乐龄中心等），主要考虑体力和智力都还基本健全或者已经有所衰退的老年群体，满足他们的生活、保健、社交和文化方面的日常需求。

(2) 家庭核心化。从农业社会向工业社会的演变过程中，一个重要的趋势是家庭核心化，即由父母与未婚子女组成的“核心家庭”成为家庭结构的主要类型，小户型家庭逐步增加。上海市 1983 年平均每户人口为 4.0，1990 年下降到 3.3，1998 年进而下降到 2.8。山东省 2008 年家庭户规模以小型户为主，平均家庭户规模为 2.94 人。

核心家庭在居住服务设施需求上具有某些特点，幼托和小学占有格外重要的地位。随着社会的整体知识水平的提高和面对未来社会的日益激烈竞争，加上我国实行计划生育政策，孩子教育已成为家庭在选择住区时最为关注的一个问题，教育设施是居住环境品质的一个重要组成部分。

(3) 生活闲暇化。随着我国人民生活水平的日益提高，消费结构正在发生根本性的变化，食品支出占家庭全部消费支出的比例（恩格尔系数）在逐年下降，用于教育、文化、娱乐和旅游方面的消费比重在逐年增加。这种消费结构的变化表明了家庭消费模式正在从温饱型向小康型转化。在经济发达国家，食品开支只占家庭全部消费开支的四分之一左右。

家务社会化和人口老龄化，加之节假日、公休日制度，全社会的闲暇时间将会显著增加。这种生活闲暇化的趋势导致住区的休闲服务设施的需求会日益增强，对于促进社区居民之间的交往，从而增强社区的归属感和凝聚力，具有积极的意义。

3. 城乡的产业构成

经济活动一般分为三种产业类型，产品直接来源于自然界的部类称为第一产业，对初级产品进行再加工的部类称为第二产业，为生产和消费提供服务的部类称为第三产业。这样的产业分类已为世界各国所采用，尽管各个产业的内部构成有所不同。

人类社会的演进过程一般划分为农业社会、工业社会和后工业社会三个历史时期，经济结构分别以第一产业、第二产业和第三产业为主导。研究表明，经济发达国家已经进入后工业社会，第三产业成为经济结构的主导部分。在工业革命以后相当长的一段历史期间，第二产业是大部分城镇经济的主导部分，由于各种原因形成的比较优势，许多城镇的工业发展往往集中在一个或几个行业，成为城镇经济的主导产业。一般来说，小城镇的主导产业较为单一，大城市的主导产业往往是多样化的。乡村一般以第一产业为主，随着经济社会的发展，乡村产业在经历由单一到复合、由第一产业向各产业综合发展的过程。我国当前处于工业化加速发展过程，城乡经济结构也处于动态发展过程中。

1.2.5 “乡村发展”概念

对“乡村发展”这一概念，世界银行所下的定义是：乡村发展是指改进乡村贫穷人民的社会经济生活。它很强调乡村发展的目标在增加生产、提高生产力、增加就业、动员可用的土地、劳力及资本，同时也注重消灭贫穷及所得的不均等。

乡村发展整合性的观念包括：①改善乡村大众的生活水准，保障其基本安全及对食、衣、住、行以及就业等的基本需求；②增加乡村地区的生产力，免受自然的灾难，并改进与其他部门的互惠关系；③提出自立的发展计划，并使大众都参与发展的计划；④保障地方的自立性及减少对传统生活方式的干扰。

在国外，人们一般是用“乡村发展”或“乡村变迁”之词而非“乡村建设”。在美国乡村社会中，有七个方面的转变直接冲击了乡村社会制度。即①人均农业生产能力提高，农业人口下降。②农业部门和非农业部门的联系加强。③农业生产趋向专业化。④乡村和城市价值观的差距正在逐渐缩小。⑤随着大众传播和交通运输的改善，地方群体的重组，农民的社会关系更加开放。⑥乡村制度中出现集权化趋势。⑦乡村社会组织的变迁还包括初级关系重要性在降低，而次级关系的重要性在提高。

在亚洲国家，最常用的一个有关乡村发展的定义是：提升乡村人民控制环境的能力并借以增进益处。其重要的发展指标约有七项：①生产力的改变，如每亩土地的产量；②就业及失业的改变；③收入及财富分配的改变；④权力结构的改变，特别是指乡村人民对地方性及全国性政府决策的影响力的改变；⑤地方阶层结构的改变；⑥对控制较大环境的价值、信仰及态度的改变；⑦对接近福利服务的改变。

“乡村发展”不同于其他的发展概念。就地域范围而言，其发展计划实施与受惠地区主要在乡村，广泛的乡村覆盖及所有非都市的地区，包括村落、集镇及其外围的开放土地。发展内容的范围则更广泛，包括社会性的、经济性的、政治性的、文化性的、教育性的、娱乐性的、宗教性的等各种不同生活层面的发展等。

1.3 城镇化及其发展

1.3.1 城镇化的基本概念

1. 城镇化的基本概念与内涵

城镇化（又叫城市化）是一个过程，是乡村人口转化为城镇人口、乡村地域转化为城镇地域、农业活动转化为非农业活动的过程。

2. 城镇化水平

一定地域内城镇人口占总人口比例，称为“城镇化水平”或“城镇化率”，这一指标既直接反映了人口的集聚程度，又反映了劳动力的转移程度。

需要强调的是，对一个地区城镇化发展水平的衡量应该从多个角度进行考察，应该至少包括了城镇化发展的数量水平和质量水平这两个基本的方面，而且反映城镇化真正发展水平的更重要的是质量指标。

1.3.2 城镇化的机制与进程

1. 城镇化的基本动力机制

（1）农业剩余贡献。城市是农业和手工业分离后的产物，这就意味着农业生产力的发展及农业剩余贡献是城市兴起和成长的前提。城市率先在农业发达地区兴起，农产品的剩余刺激了人口劳动结构的分化，进而在社会中出现了一批专门从事非农业活动的人口来支持城市的进一步发展。这个过程不断往复、叠加、上升，城镇化也就随之得到了发展。

（2）工业化推进。城镇化进程是随着生产力水平的发展而变化的。工业化的集聚要求促成了资本、人力、资源和技术等生产要素在有限空间上的高度组合，从而促进了城市的形成和发展，并进而启动了城镇化的进程。

(3) 比较利益驱动。城镇化发展的规模与速度受到城乡间比较利益差异的引导和制约。

(4) 制度变迁促进。就中国的城镇化的历史进程而言，户籍管理制度、城乡土地使用制度、住房制度等，都从不同方面影响或推动了中国城镇化的发展。

(5) 市场机制导向。市场的一个重要自发作用就是推动资源利用效益的最大化配置，由于城市相比于乡村对要素具有巨大的增值效应，所以在市场力的作用下，城镇化的进程也就得到了不断的推进。

(6) 生态环境诱导与制约的双重作用。生态环境对于城镇化的影响包括诱导作用与制约作用两个基本的方面，它们常常是同时叠加于一个地区的城镇化过程之中。一方面，随着城镇化的推进和城市的过度集聚，一些生态环境优良的郊区开始吸引高品质居住、休闲旅游和先进产业的发展；另一方面，有限的生态环境的容量将会很大程度上制约城镇化的进程。

(7) 城乡规划调控。合理运用城乡规划调控手段，可以实现空间等要素资源的集约利用，引导区域城镇合理布局，这些不仅将对城镇化起到积极的推动作用，而且可以从根本上提升城市与区域的竞争力与可持续发展能力。

2. 城镇化的基本阶段

(1) 按城镇化发展速度大体分为三个阶段：

1) 初期（缓慢）阶段——生产力水平尚低，城镇化的速度较缓慢，较长时期才能达到城市人口占总人口的30%左右。

2) 中期（加速）阶段——由于经济实力明显增加，城镇化的速度加快，在不长的时期内，城市人口占总人口的比例就达到60%或以上。

3) 稳定阶段——农业现代化的过程已基本完成，农村的剩余劳动力已基本上转化为城市人口。城市中工业的发展、技术的进步，一部分工业人口又转向第三产业。这样的历史进程各个国家是不一致的。英国在19世纪末即进入稳定期，美国在20世纪初城镇化进程最快，现已稳定。我国至20世纪末尚处在初期阶段，进入21世纪城镇化速度加快。城镇化的发展历程可以用S形曲线表示（图1-2）。

(2) 依据时间序列，城镇化进程一般可以分为四个基本阶段：

1) 集聚城镇化阶段。其显著的特征是由于巨大的城乡差异，导致人口与产业等要素从乡村向城市单向集聚。

2) 郊区化阶段。随着城市环境的恶化、人们收入水平差距的加大以及通勤条件的改善，城市中上阶层开始移居到市郊或外围地带，该阶段的显著特点是住宅、商业服务部门、事务部门以及大量就业岗位相继向城市郊区迁移。

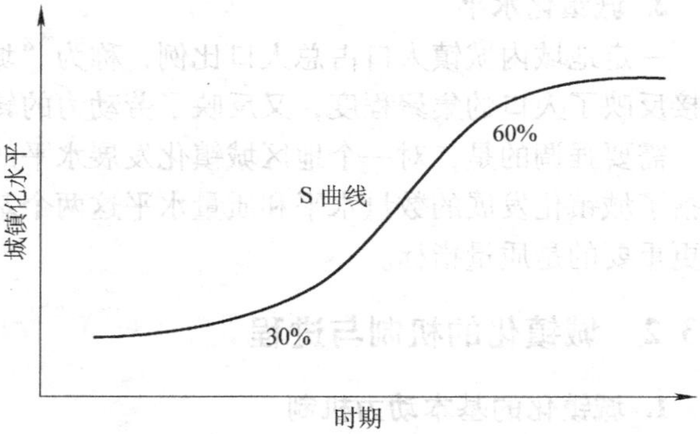

图1-2　城镇化发展历程的S形曲线

3) 逆城镇化阶段。随着郊区化的进一步发展，一些大都市区人口外迁出现了新的动向——不仅中心市区人口继续外迁，郊区人口也向更大的外围区域迁移，出现了大都市区人口负增长的局面，人们的通勤半径甚至可以扩大到100km左右。

4) 再城镇化阶段。面对城市中由于大量人口和产业外迁导致的经济衰退、人口贫困、社会萧条等问题，许多城市开始积极调整产业结构、发展高科技产业和第三产业、积极开发市中心衰落区、努力改善城市环境和提升城市功能，来吸引一部分特定人口从郊区回流到中心城市。

1.3.3　中国城镇化的历程与趋势

1. 中华人民共和国成立后中国城镇化的总体历程

1949年中华人民共和国成立后，我国步入了一个新的历史阶段，开启了中国具有现代化意义的工业化道路，也揭开了现代中国城镇化发展的序幕。然而，我国的城镇化进程并不是一帆风顺的，经历了一条坎坷曲折的发展道路。总的来看，可以划分为以下四个基本阶段。

（1）城镇化启动阶段（1949—1957年）。这一阶段正处于我国国民经济恢复和"一五"计划顺利实施的时期。此期间的重点是建设工业城市，形成了以工业化为基本内容和动力的城镇化，产生了许多新型工矿城市。

（2）城镇化的波动发展阶段（1958—1965年）。这个阶段是违背客观规律的城镇化大起大落时期。1958年在大跃进的号召下，各地盲目扩大基本建设摊子，导致农村人口大规模涌入城市。但由于宏观政策的失误，加上天灾造成国民经济萎缩，此时，国家又采取了调整政策，通过行政手段精减职工，动员城镇人口回乡，并同时调整了市镇设置。

（3）城镇化的停滞阶段（1966—1978年）。此阶段，部分城市甚至无法容纳因自然增长而形成的城市人口，再加上大批知青和干部下放到农村，城市人口下降，大量工业配置到"三线"，分散的工业布局难以形成聚集优势来发展城镇，小城镇出现萎缩。

（4）城镇化的快速发展阶段（1979年以来）。党的十一届三中全会后，采取了一系列正确的方针、政策，如颁布新的户籍管理政策，调整市镇建制标准等，从而使城镇人口特别是大城市的人口机械增加较快，出现了城镇化水平的整体提高，有力地促进了城乡经济的持续发展。随着改革开放和现代化建设的推进，我国的城镇化过程也摆脱了长期徘徊不前的局面，步入了中华人民共和国成立以来城镇化发展最快的一个时期。特别是20世纪90年代末以来，国家及地方各级政府都将推进城镇化作为一项重大战略予以实施，不断消除阻碍城镇化发展的种种制度性障碍，积极运用市场机制等，加速了城镇化的进程。

2. 我国的城镇化进程发展趋势

（1）东部沿海地区城镇化总体快于中西部内陆地区，但中西部地区将不断加速。

（2）以大城市为主体的多元化的城镇化道路将成为我国城镇化战略的主要选择。

（3）城市群、都市圈等将成为城镇化的重要空间单元。

（4）在沿海一些发达的特大城市，开始出现了社会居住分化、"郊区化"趋势。

（5）关于我国城镇化水平的预测，据已发表的不同专业的研究报告，参考国际经验，按城镇化水平每年提高约0.6～0.7个百分点预测如表1-2。

表1-2　我国城镇化水平预测

年　份	2008年	2020年	2050年
城镇化水平	45.7%	50%～55%	65%～70%

3. 推进健康城镇化对国家发展的战略意义

现代城市发展的总趋势不是单纯追求人口规模意义的城镇化，而是依靠第二产业和第三产业的发展促进城镇化，更注重城市整体质量的提高，追求高质量的城镇化，即追求更高的经济效益、更好的城市环境、更完善的城市服务功能、更高的居民素质和城乡统筹发展。

十六届五中全会提出了新时期城镇化的方针："坚持大中小城市和小城镇协调发展，提高城镇综合承载能力，按循序渐进、节约土地、集约发展、合理布局的原则积极稳妥地推进城镇化。"这说明了健康城镇化已经成为资源节约型社会的建立和科学发展观落实的核心内容，也是我国社会经济发展的必然趋势。

1.4 国外城市与城市规划理论的发展

1.4.1 欧洲古代社会和政治体制下城市的典型格局

从公元前5世纪到公元17世纪，欧洲经历了从以古希腊和古罗马为代表的奴隶制社会到封建社会的中世纪、文艺复兴和巴洛克几个历史时期。随着社会和政治背景的变迁，不同的政治势力占据主导地位，不仅带来不同城市的兴衰，而且城市格局也表现出相应的不同特征。古希腊城邦的城市公共场所、古罗马城市的炫耀和享乐特征、中世纪的城堡以及教堂的空间主导地位、文艺复兴时期的古典广场和君主专制时期的城市放射轴线都是不同社会和政治背景下的产物。

1. 古典时期的社会与城市

古希腊是欧洲文明的发祥地，在公元前5世纪，古希腊经历了奴隶制的民主政体，形成了一系列城邦国家。在该时期，城市布局上出现了以方格网的道路系统为骨架，以城市广场为中心的希波丹姆模式，该模式充分体现了民主和平等的城邦精神和市民民主文化的要求。如图1-3所示，希波丹姆模式在米利都城得到了最为完整的体现，而在如雅典等一些其他城市中，局部性地出现了这样的格局，在这些城市中，广场是市民集聚的空间，围绕着广场建设有一系列的公共建筑，成为城市生活的核心。

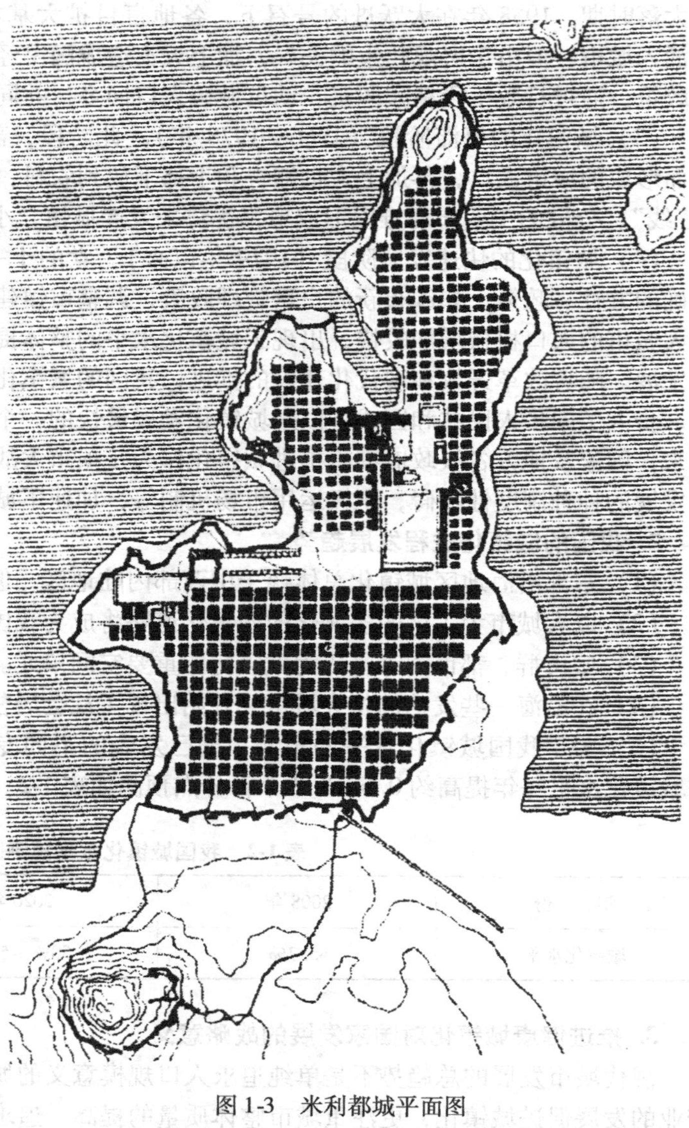
图1-3 米利都城平面图

古罗马时期是西方奴隶制发展的繁荣阶段，城市得到了大规模发展，除了道路、桥梁、城墙和输水道等城市设施以外，还大量地建造公共浴池、斗兽场和宫殿等供奴隶主享乐的设施。到了罗马帝国时期，城市建设更是进入了鼎盛时期，城市成了帝王宣扬功绩的工具。除了继续建造公共浴池、斗兽场和宫殿以外，广场、铜像、凯旋门和纪功柱成为城市空间的核心和焦点。古罗马城是这一时期城市建设特征最为集中的体现（图 1-4、图 1-5）。

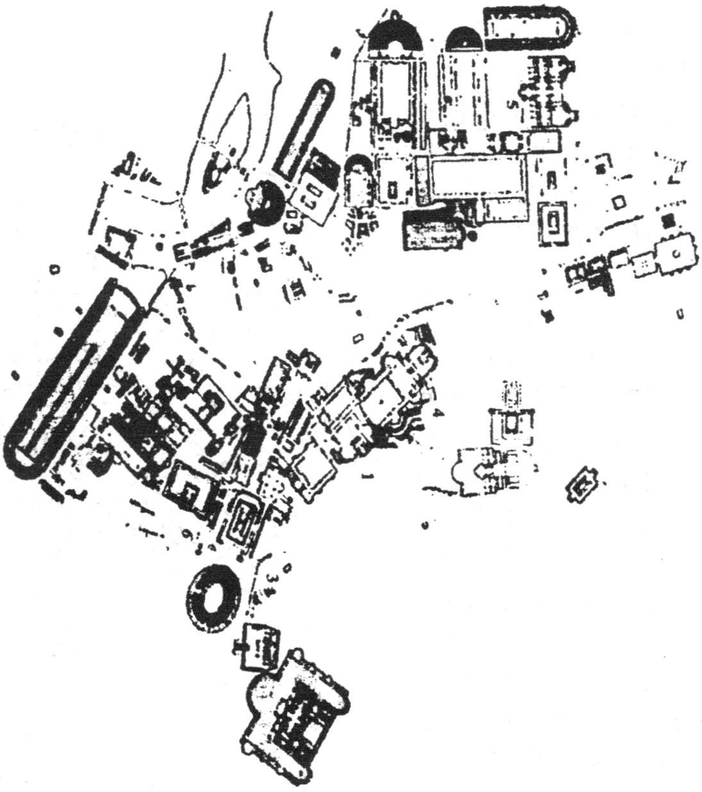

图 1-4　古罗马中心区平面图

图 1-5　古罗马的广场

2. 中世纪的社会与城市

罗马帝国的灭亡标志着欧洲进入封建社会的中世纪。在此时期，欧洲分裂成为许多小的封建领主王国。由于神权和世俗封建权力的分离，在教堂周边形成了一些市场，进而逐步形成为城市。教堂占据了城市的中心位置，教堂的庞大体量和高耸尖塔成为城市空间布局和天际轮廓的主导因素。在教会控制的城市之外有大量农村地区，为了应对战争的冲击，一些封建领主建设了许多具有防御作用的城堡，围绕着这些城堡也形成了一些城市。

10 世纪以后，随着手工业和商业逐渐兴起和繁荣，行会等市民自治组织的力量得到了较大的发展，许多城市开始摆脱封建领主和教会的统治，逐步发展成为自治城市。在这些城市，公共建筑如市政厅、关税厅和行业会所等成为城市活动的重要场所，并在城市空间中占据主导地位。与此同时，城市不断地向外扩张，如意大利的佛罗伦萨（图 1-6）。

3. 文艺复兴时期的社会与城市

14 世纪以后，封建社会内部产生了资本主义萌芽，新生的城市资产阶级实力不断壮大，在有的城市中占到了统治性的地位。以复兴古典文化来反对封建的、中世纪文化的文艺复兴运动蓬勃兴起，在此时期，艺术、技术和科学都得到飞速发展。

许多中世纪城市，已经不能适应新的生产及生活发展变化的要求，城市进行了局部地区的改建。这些改建主要是人文主义思想的影响下，建设了一系列具有古典风格和构图严谨的广场和街道以及一些世俗的公共建筑。其中具有代表性的如梵蒂冈的圣彼得大教堂、威尼斯的圣马可广场（图 1-7）等。

图 1-6　佛罗伦萨的城市平面图

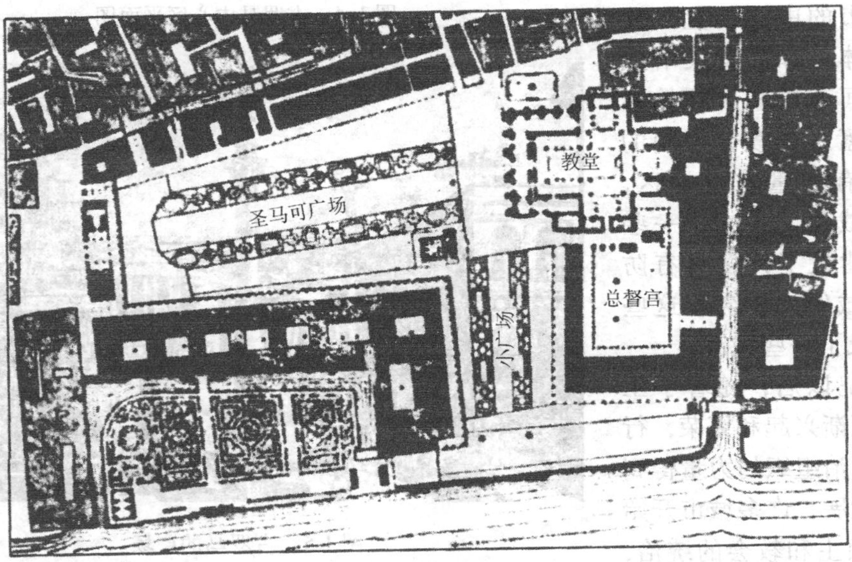

图 1-7　威尼斯的圣马可广场

4. 绝对君权时期的社会与城市

从 17 世纪开始，新生的资本主义迫切需要强大的国家机器提供庇护，资产阶级与国王结成联盟，反对封建割据和教会实力，建立了一批中央集权的绝对君权国家，形成了现代国家的基础。这些国家的首都，如巴黎、伦敦、柏林、维也纳等，均发展成为政治、经济、文化中心型的大城市。随着资本主义经济的发展，使这些城市的改建、扩建的规模超过以前任何时期。在这些城市改建中，巴黎的城市改建影响最大。在古典主义思潮的影响下，轴线放射的街道（如香榭丽舍大道，图 1-8）、宏伟壮观的宫殿花园（如凡尔赛宫，图 1-9）成为那个时期城市建设的典范。

图 1-8　巴黎的星形广场与香榭丽舍大道

1.4.2　现代城市规划的产生

1. 现代城市规划产生的历史背景

18 世纪以瓦特发明蒸汽机为标志的在英国起步的工业革命，极大地改变了人类居住地的模式，城市化进程迅速推进。由于工业化的加速发展，吸引大量农村人口向城市迅速集中，同时，农业生产劳动率的提高和田地法的实施，又迫使大量破产农民涌入城市。中心城市人口快速增长，伦敦的人口在 19 世纪中增长了 6 倍，从 1801 年的 100 万左右增长到 1901 年的 650 万。城市人口的急剧增长，凸现一系列问题：各项设施严重不足，城市“摊大饼”式无序建设，用地混乱而紧张，交通堵塞，住宅短缺，环境恶化。旧的居住区沦为贫民窟，工人住宅粗制滥造，工厂与居住区混杂，霍乱等传染疾病流行。在房地产投机和城市政府对住宅缺乏重视的状况下，住房不仅设施严重缺乏，基本的通风、采光条件得不到满足，而且人口密度极高，公共厕所、垃圾站等严重短缺，排水系统年久失修且容量严重不足，造成粪便和垃圾堆积，19 世纪三四十年代蔓延于英国和欧洲大陆的霍乱就是由这些贫民区和工人住宅区所引发的。针对城市出现的弊病，从 19 世纪中叶开始，出现了一系列有关城市未来发展方向的讨论。这些讨论在很多方面是过去对城市发展讨论的延续，同时又开拓了新的领域和方向，为现代城市规划的形成和发展在理论上、思想上进行了充分的准备。

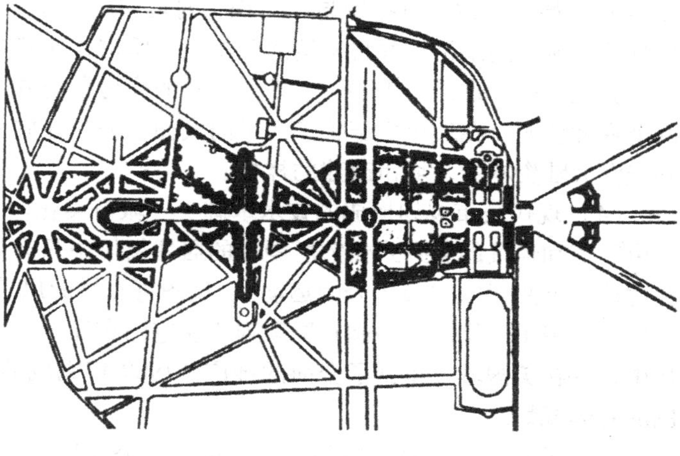

图 1-9　巴黎凡尔赛宫的平面图

2. 现代城市规划形成的基础

现代城市规划是在解决工业城市所面临的问题基础上，综合了各类思想和实践的基础上逐步形成的。

（1）现代城市规划形成的思想基础——空想社会主义。空想社会主义主要是通过对理想的社会组织结构等方面的架构，提出了理想的社区和城市模式，尽管这些设想被认为只是“乌托邦”的理想，但他们从解决最广大的劳动者的工作、生活等问题出发，从城市整体的重新组织入手，将城市发展问题放在更为广阔的社会背景中进行考察，并且将城市物质环境的建设和对社会问题的最终解决结合在一起，从而能够解决更为实在和较为全面的城市问题，由此引起了社会改革家和工程师们的热情和想象。同时还通过一些实践来推广和实践这些理想。如欧文于1817年提出了“协和村”的方案并进行建设。傅里叶在1829年提出了以“法朗吉”为单位建设由1 500～2 000人组成的社区，废除家庭小生产，以社会大生产替代。戈定按照傅里叶的设想进行了实践，这组建筑群包括了三个居住组团，有托儿所、幼儿园、剧场、学校、公共浴室和洗衣房。

（2）现代城市规划形成的法律实践——英国关于城市卫生和工人住房的立法。19世纪中叶，英国城市所出现的种种问题迫使英国政府采取一系列的法规来管理和改善城市的卫生状况，直接孕育了英国住房、城镇规划等法律的通过，从而标志着现代城市规划的确立。

（3）现代城市规划形成的行政实践——法国巴黎改建。针对巴黎城市问题的严重性，1853年开始通过政府直接参与和组织，对巴黎进行了全面的改建。这项改建以道路切割来划分整个城市的结构，并将塞纳河两岸地区紧密地连接在一起。在街道改建的同时，结合整齐、美观的街景建设的需要，出现了标准的住房布局方式和街道设施。在城市的两侧建造了两个森林公园，在城市中配置了大量的大面积公共开放空间，成为19世纪末20世纪初欧洲和美洲大陆资本主义城市改建的样板。

（4）现代城市规划形成的技术基础——城市美化。自18世纪后，中产阶级对城市中四周由街道和连续的联列式住宅所围成的居住街坊中只有点缀性的绿化表示出极端的不满意。在此情形下兴起的“英国公园运动”，试图将农村的风景引入到城市之中。这一运动的进一步发展出现了围绕城市公园布置联列式住宅的布局方式，并运用到实现如画的景观的城镇布局中，并在美国城市得到了全面的推广。1909年完成的芝加哥规划则被称为第一份城市范围的总体规划。

（5）现代城市规划形成的实践基础——公司城建设。公司城的建设是资本家为了就近解决在其工厂中工作的工人的居住问题、从而提高工人的生产能力而由资本家出资建设、管理的小型城镇。公司城的建设对霍华德田园城市理论的提出和付诸实践具有重要的借鉴意义。

1.4.3 现代城市规划的早期思想

1. 霍华德的田园城市理论

在19世纪中期以后的种种改革思想和实践的影响下，埃比尼泽·霍华德于1898年出版了以《明天：一条通往真正改革的和平之路》为书名的论著，提出了田园城市的理论。霍华德针对当时的城市尤其是像伦敦这样的大城市所面临的问题，提出了一个兼有城市和乡村优点的理想城市——田园城市——是为健康、生活以及产业而设计的城市，它的规模能足以提供丰富的社会生活，但不应超过这一程度；四周要有永久性农业地带围绕，城市的土地归公众所有，由委员会受托管理。

根据霍华德的设想，田园城市包括城市和乡村两个部分。田园城市的居民生活于此，工作于此，在田园城市的边缘地区设有工厂企业。城市的规模必须加以限制，每个田园城市的人口限制在3万人，超过了这一规模，就需要建设另一个新的城市，目的是为了保证城市不过度集中和拥挤而产生各类大城市所产生的弊病，同时也可使每户居民都能极为方便地接近乡村自然空间。田园城市实质上就是城市和乡村的结合体，每一个田园城市的城区用地占总用地的1/6，若干个田园城市围绕着中心城市（中心城市人口规模为58 000人）呈圈状布置，借助于快速的交通工具（铁路）只需要几分钟就可以往来于田园城市与中心城市或田园城市之间。城市之间是农业用地，包括耕地、牧场、果园、森林以及农业学院、疗养院等，作为永久性保留的绿地，农业用地永远不得改作他用，从而“把积极的城市生活的一切优点同乡村的美丽和一切福利结合在一起”，并形成一个“无贫民窟无烟尘的城市群”。

田园城市的城区平面呈圆形，中央是一个公园，有6条主干道路从中心向外辐射，把城市分成6个扇形地区。在其核心部位布置一些独立的公共建筑（市政厅、音乐厅、图书馆、剧场、医院和博物馆），在公园周围布置一圈玻璃廊道用作室内散步场所，与这条廊道连接的是一个个商店。在城市直径线的外1/3处设一条环形的林荫大道，并以此形成补充性的城市公园，在此两侧均为居住用地。在居住建筑地区中，布置了学校和教堂。在城区的最外围地区建设各类工厂、仓库和市场，一面对着最外层的环形道路，一面对着环形的铁路支线，交通非常方便。

霍华德不仅提出了田园城市的设想，以图解的形式描述了理想城市的原型（图1-10），而且他还为实现这一设想进行了细致的考虑，他对资金的来源、土地的分配、城市财政的收支、田园城市的经营管理等都提出了具体的建议。霍华德于1899年组织了田园城市协会，宣传他的主张。1903年组织了“田园城市有限公司”，筹措资金，在距伦敦东北56公里的地方购置土地，建立了第一座田园城市——莱彻沃斯。

2. 勒·柯布西埃的现代城市设想

与霍华德希望通过新建城市来解决过去城市，尤其是大城市中所出现的问题的设想完全不同，柯布西埃则希望通过对过去城市尤其是大城市本身的内部改造，使这些城市能够适应城市社会发展的需要。

柯布西埃是现代建筑运动的重要人物。在1922年他发表了“明天城市”的规划方案，阐述了他从功能和理性角度对现代城市的基本认识，从现代建筑运动的思潮中所引发的关于现代城市规划的基本构思。书中提供了一个300万人口的城市规划图，中央为中心区，除了必要的各种机关、商业和公共设施、文化和生活服务设施外，有将近40万人居住在24栋60层高的摩天大楼中，高楼周围有大片的绿地，建筑仅占地5%。在其外围是环形居住带，有60万居民住在多层的板式住宅内。最外围的是可容纳200万居民的花园住宅。整个城市的平面是严格的几何形构图，矩形的和对角线的道路交织在一起。规划的中心思想是提高市中心的密度，改善交通，全面改造城市地区，形成新的城市概念，提供充足的绿地、空间和阳光。在该项规划中，柯布西埃还特别强调了大城市交通运输的重要性。在中心区，规划了一个地下铁路车站，车站上面布置直升机起降场。中心区的交通干道由三层组成：地下行驶重型车辆，地面用于市内交通，高架道路用于快速交通。市区与郊区由地铁和郊区铁路线来联系。

1931年，柯布西埃发表了他的“光辉城市”的规划方案，这一方案是他以前城市规划方案的进一步深化，同时也是他的现代城市规划和建设思想的集中体现（图1-11）。他认为，城市必须集中，只有集中的城市才有生命力，由于拥挤而带来的城市问题是完全可以通过技术手段而得到解决的，这种技术手段就是采用大量的高层建筑来提高密度和建立一个高

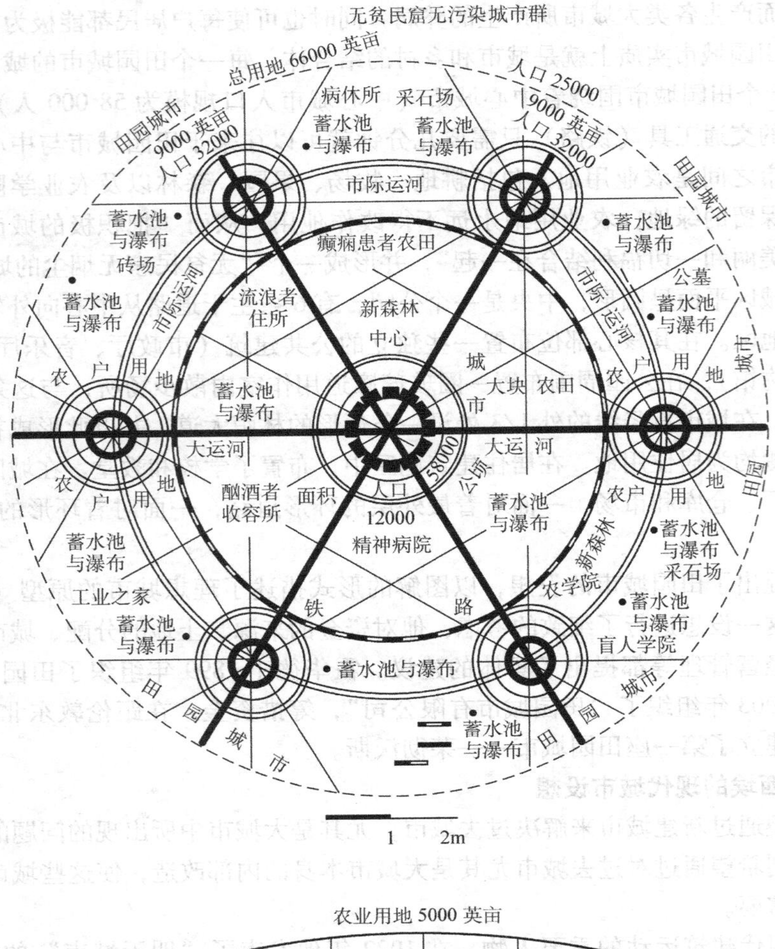

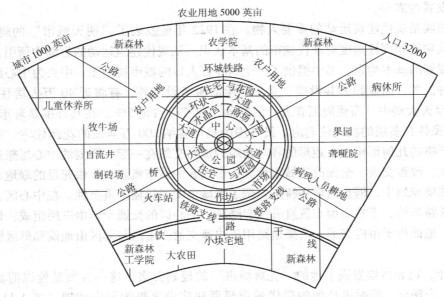

图 1-10 霍华德田园城市的图解

效率的城市交通系统。高层建筑是柯布西埃心目中象征着大规模的工业社会的图腾，他的理想是在机械化的时代里，所有的城市应当是“垂直的花园城市”，而不是水平向的每家每户拥有花园的田园城市。城市的道路系统应当保持行人的极大方便，这种系统由地铁和人车完全分离的高架道路组成。建筑物的地面全部架空，城市的全部地面均可由行人支配，建筑屋顶设花园，地下通地铁，距地面 5 米高处设汽车运输干道和停车场。

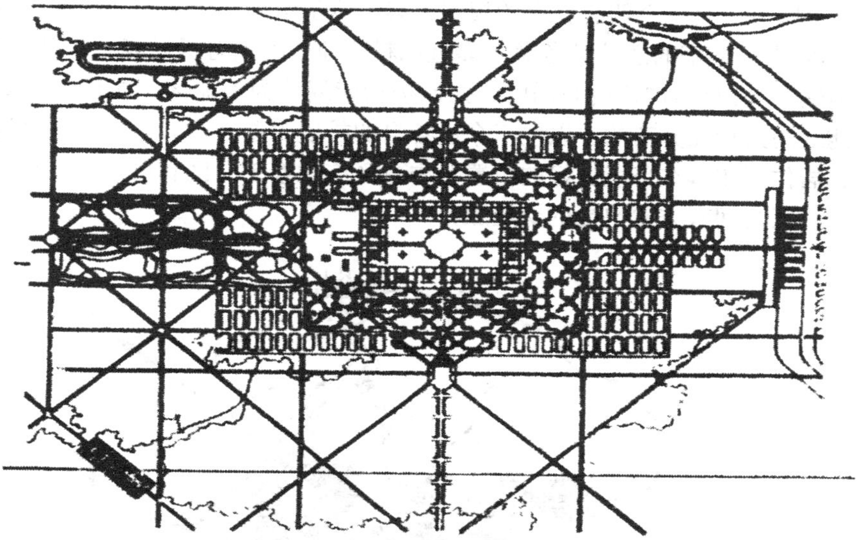

图 1-11　勒·柯布西埃“光辉城市”规划方案

3. 现代城市规划早期的其他理论

（1）线形城市理论。线形城市是由西班牙工程师索里亚·玛塔于 1882 年首先提出的（图 1-12）。当时是铁路交通大规模发展的时期，铁路线把遥远的城市连接了起来，并使这些城市得到了很快的发展，在各个大城市内部及其周围，地铁线和有轨电车线的建设改善了城市地区的交通状况，加强了城市内部及与其腹地之间的联系，从整体上促进了城市的发展。按照索里亚·玛塔的想法，那种传统的从核心向外扩展的城市形态已经过时，它们只会导致城市拥挤和卫生恶化，在新的集约运输方式的影响下，城市将依赖交通运输线组成城市的网络。而线形城市就是沿交通运输线布置的长条形的建筑地带，“只有一条宽 500 米的街区，要多长就有多长——这就是未来的城市”，城市不再是一个一个分散的不同地区的点，而是由一条铁路和道路干道相串联在一起的、连绵不断的城市带。位于这个城市中的居民，

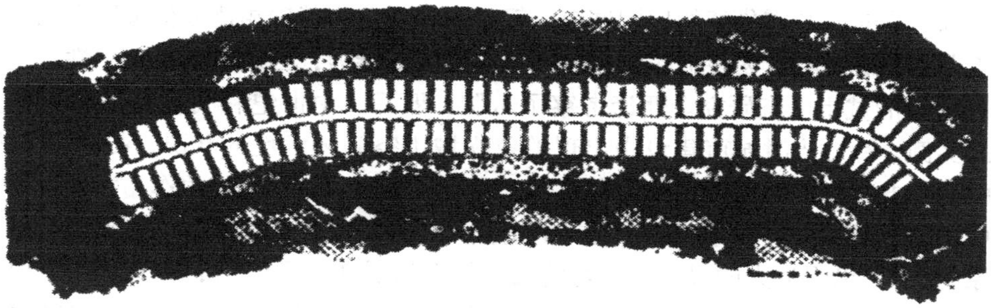

图 1-12　线形城市的模型

既可以享受城市型的设施又不脱离自然，并可以使原有城市中的居民回到自然中去。后来，索里亚·玛塔提出了“线形城市的基本原则”，第一条是最主要的：“城市建设的一切问题，均以城市交通问题为前提。”这一点也就是线形城市理论的出发点。线形城市理论对20世纪的城市规划和城市建设产生了重要影响。

（2）戈涅的工业城市。工业城市的设想是法国建筑师戈涅于20世纪初提出的。如图1-13所示，“工业城市”是一个假想城市的规划方案，位于山岭起伏地带的河岸的斜坡上，人口规模为35 000人。城市的选址是考虑“靠近原料产地或附近有提供能源的某种自然力量，或便于交通运输”。在城市内部的布局中，强调按功能划分为工业区、居住区、城市中心区等，各项功能之间是相互分离的，以便于今后各自的扩展需要。同时，工业区靠近交通运输方便的地区，居住区布置在环境良好的位置，中心区应联系工业区和居住区，在工业区、居住区和城市中心区之间有方便快捷的交通服务。

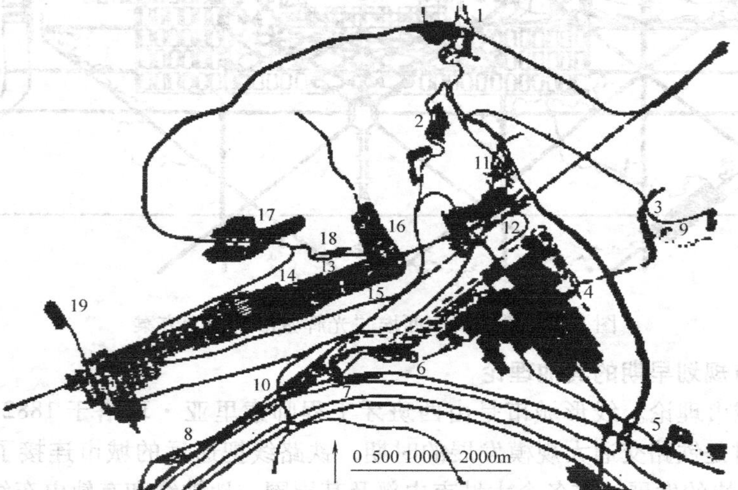

图1-13 工业城市的规划方案

1—水电站 2—纺织厂 3—矿山 4—冶金厂、汽车厂等 5—耐火材料厂
6—汽车和发动机制动试验场 7—废料加工场 8—屠宰场 9—冶金厂和营业站
10—客运站 11—老城 12—铁路总站 13—居住区 14—市中心 15—小学校
16—职业学校 17—医院和疗养院 18—公共建筑和公园 19—公墓

戈涅在“工业城市”中提出的功能分区思想，直接孕育了《雅典宪章》所提出的功能分区的原则。同时，与霍华德的田园城市以轻工业和农业为基础相比较就可以看到，工业城市以重工业为基础，具有内在的扩张力量和自主发展的能力，因此更具有独立性。

（3）西谛的城市形态研究。西谛考察了希腊、罗马、中世纪和文艺复兴时期许多优秀建筑群的实例，针对当时城市建设中出现的忽视城市空间艺术性的状况，提出“我们必须以确定的艺术方式形成城市建设的艺术原则。我们必须研究过去时代的作品并通过寻求出古代作品中美的因素来弥补当今艺术传统方面的损失，这些有效的因素必须成为现代城市建设的基本原则”，西谛强调人的尺度、环境的尺度与人的活动以及他们的感受之间的协调，从而建立起城市空间的丰富多彩和人的活动空间的有机构成。西谛认为中世纪的建设“是自然而然、一点一点生长起来的”，而不是在图板上设计完了之后再到现实中去实施的，因此城市空间更能符合人的视觉感受。而避免现代城市建设出现的僵死的规则性、无用的对称以及令人厌烦的千篇一律。

（4）格迪斯的学说。格迪斯作为一个生物学家最早注意到工业革命、城市化对人类社会的影响，通过对城市进行生态学的研究，强调了人与环境的相互关系，并揭示了决定现代城市成长和发展的动力。在他于1915年出版的著作《进化中的城市》中，他把对城市的研究建立在对客观现实研究的基础之上，通过周密分析地域环境的潜力和局限对于居住地布局形式与地方经济体系的影响关系，突破了当时常规的城市概念，提出把自然地区作为规划研究的基本框架。将城市和乡村的规划纳入到同一体系之中，使规划包括若干个城市以及它们周围所影响的整个地区。这一思想形成了以后对区域的综合研究和区域规划。

格迪斯认为城市规划是社会改革的重要手段，因此城市规划要得到成功就必须充分运用科学的方法来认识城市。他的名言是“先诊断后治疗”，由此而形成了影响至今的现代城市规划过程的公式：“调查—分析—规划”。即通过对城市现实状况的调查，分析城市未来发展的可能，预测城市中各类要素之间的相互关系，然后依据这些分析和预测，制定规划方案。

1.4.4 现代城市规划主要理论发展

1. 城市发展理论

（1）城市化理论。城市的发展始终是与城市化的过程结合在一起的。城市化是一个不断演进的过程，在不同的阶段显示出不同的特征，但也应该看到，“城市化不是一个过程，而是许多过程；不考虑社会其余部分的趋向就不可能设计出成功的城市系统。不发达国家如果不解决他们的乡村问题，其城市问题也就不能够得到解决”。从城市兴起和成长的过程来看，其前提条件在于城市所在区域的农业经济的发展水平，其中，农业生产力的发展是城市兴起和成长的第一前提。现代城市化发展的最基本的动力是工业化。工业化促进了大规模机器生产的发展，以及在生产过程中对比较成本利益、生产专业化和规模经济的追求，使得大量的生产集中在城市之中，在农业生产效率不断提高的条件下，由于城乡之间存在着预期收入的差异，从而导致了人口向城市集中。而随着人口的不断集中，城市的消费市场也在不断扩张。随着生产和消费的不断扩张和分化，第三产业的发展也成为城市化发展的推动力量。

（2）城市发展原因的解释。城市发展的区域理论认为，城市是区域环境中的一个核心。无论将城市看作是一个地理空间、一个经济空间，还是一个社会空间，城市的形成和发展始终是在与区域的相互作用过程中逐渐进行的，是整个地域环境的一个组成部分，是一定地域环境中的中心。因此，有关城市发展的原因就需要从城市和区域的相互作用中去寻找。城市和区域之间的相互关系可以概括为：区域产生城市，城市反作用于区域。城市的中心作用强，带动周围区域社会经济的向上发展；区域社会经济水平高，则促使中心城市更加繁荣。

（3）城市发展模式的理论探讨。现代城市的发展存在着两种主要的趋势，即分散发展和集中发展。因此，在对城市发展模式的理论研究中，也主要针对这两种现象而展开。

1）城市分散发展理论。城市的分散发展理论实际上是霍华德田园城市理论的不断深化和运用，即通过建立小城市来分散向大城市的集中，其中主要的理论包括了卫星城理论、新城理论、有机疏散理论和广亩城理论等。

①卫星城理论由恩温在20世纪20年代提出，并以此来继续推行霍华德的思想（图1-14）。恩温认为，霍华德的田园城市在形式上有如行星周围的卫星，因此使用了卫星城的说法。1924年，在阿姆斯特丹召开的国际城市会议上，提出建设卫星城是防止大城市规模过大和不断蔓延的一个重要方法，从此，卫星城便成为一个国际上通用的概念。在这次会议上，明确提出了卫星城市的定义，认为卫星城市是一个经济上、社会上、文化上具有现代城市性质的独立城市单位，但同时又是从属于某个大城市的派生产物。

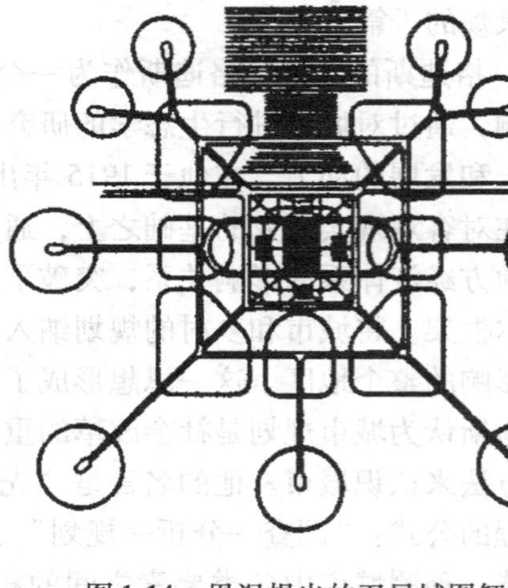

图1-14 恩温提出的卫星城图解

1944年的“大伦敦规划”中计划在伦敦周围建立8个卫星城，以达到疏解伦敦的目的，该规划产生了深远的影响（图1-15）。在二次大战以后至20世纪70年代之前的西方经济和城市快速发展时期，西方大多数国家都有不同规模的卫星城建设，其中以英国、法国、美国以及中欧地区最为典型。卫星城的概念强化了与中心城市（又称母城）的依赖关系，在其功能上强调中心城的疏解，因此往往被作为中心城市某一功能疏解的接受地，由此出现了工业卫星

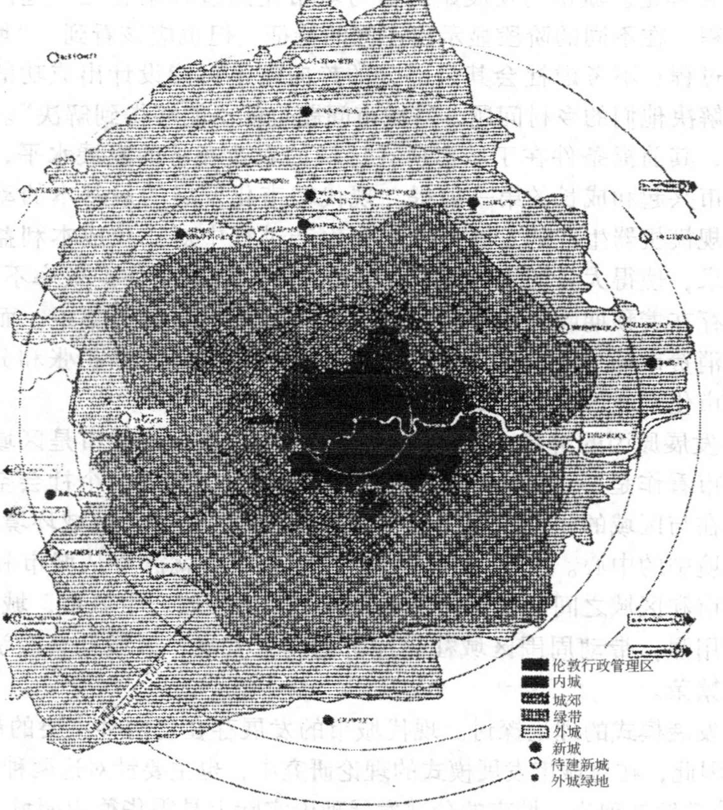

图1-15 1944大伦敦规划

城、科技卫星城甚至卧城等类型，成为中心城市的一部分。经过一段时间的实践，人们发现这些卫星城带来了一些问题，而这些问题的来源就在于对中心城市的依赖，因此开始强调卫星城市的独立性。在这种卫星城中，居住与就业岗位之间相互协调，具有与大城市相近似的文化福利设施配套，可以满足卫星城居民的就地工作和生活需要，从而形成一个职能健全的独立城市。从19世纪40年代中叶开始，人们对于这类按规划设计建设的新建城市统称为“新城”，一般已不再使用“卫星城”的名称。伦敦周围的卫星城根据其建设时期前后而称为第一代新城、第二代新城和第三代新城。新城的概念更强调了城市的相对独立性，它基本上是一定区域范围内的中心城市，为其本身周围的地区服务，并且与中心城市发生相互作用，成为城镇体系中的一个组成部分，对涌入大城市的人口起到一定的截流作用。

②有机疏散理论是沙里宁为缓解由于城市过分集中所产生的弊病而提出的关于城市发展及其布局结构的理论。他在1942年出版的《城市：它的发展、衰败和未来》一书就详尽地阐述了这一理论。沙里宁认为，城市与自然界的所有生物一样，都是有机的集合体，因此城市建设所遵循的基本原则也与此相一致。在这样的指导思想下，提出了治理现代城市的衰败、促进其发展的对策就是要进行全面的改建。针对于城市规划的技术手段，他认为“对日常活动进行功能性的集中”和“对这些集中点进行有机的分散”这两种组织方式，是使原先密集城市得以从事必要的和健康的疏散所必须采用的两种最主要的方法。因为，前一种方法能给城市的各个部分带来适于生活和安静的居住条件，而后一种方法能给整个城市带来功能秩序和工作效率。所以，任何的分散运动都应当按照这两种方法来进行，只有这样，有机疏散才能得到实现。

③赖特提出的广亩城思想把城市分散发展推到极致。赖特认为现代城市不能适应现代生活的需要，也不能代表和象征现代人类的愿望，是一种反民主的机制，因此这类城市应该取消，尤其是大城市。他要创造一种新的、分散的文明形式，这在小汽车大量普及的条件下已成为可能。他在1932年出版的《消失中的城市》中写道，未来城市应当是无所不在又无所在的。在随后出版的《宽阔的田地》一书中，他正式提出了广亩城市的设想。这是一个把集中的城市重新分布在一个地区性农业的方格网格上的方案。他认为，在汽车和廉价电力遍布各处的时代里，已经没有将一切活动都集中于城市中的需要，而最为需要的是如何从城市中解脱出来，发展一种完全分散的、低密度的生活居住与就业结合在一起的新形式，这就是广亩城市。在这种“城市”中，每一户周围都有一英亩的土地来生产供自己消费的食物和蔬菜；居住区之间以高速公路相连接，提供方便的汽车交通；沿着这些公路建设公共设施、加油站等，并将其自然地分布在为整个地区服务的商业中心之内。美国城市在20世纪60年代以后普遍的郊迁化在相当程度上是赖特广亩城思想的一种体现。

2）城市集中发展理论。城市集中发展理论的基础在于经济活动的聚集，这是城市经济的最根本特征之一。在聚集效应的推动下，城市不断地集中，发挥出更大的作用。作为引导城市集中的要素而论，地方性经济不及城市化经济来得重要，多种产业类型的集中和城市的集中发展之间有着明显的相关性，与城市的整体经济密切相关，也就是说，对于工业的整体而言，城市的规模只有达到一定的程度才具有经济性。当然，聚集就产出而言是经济的，而就成本而言也可能是不经济的，这类不经济主要表现在地价或建筑面积租金的昂贵和劳动力价格的提高，以及环境质量的下降等。根据卡利诺的研究，城市人口少于330万时，聚集经济超过不经济，当人口超过330万时，则聚集不经济超过经济性。当然，这项研究是针对于制造业而进行的，而且是一般情况下的。很显然，各类产业都可以找到不同的聚集经济和不经济之间的关系，而且可以相信，服务业需要有更为聚集的城市人口的支持，这也是大城市服务业发达的原因。

城市的集中发展到一定程度之后出现了大城市和超大城市的现象，这是由于聚集经济的作用而使大城市的中心优势得到了广泛实现所产生的结果。随着大城市的进一步发展，出现了规模更为庞大的城市现象，即出现了世界经济中心城市，也就是所谓的世界城市（国际城市或全球城市）等。

（4）城市体系理论。城市的分散发展和集中发展只是城市发展过程中的不同方面，任何城市的发展都是这两个方面作用的综合，或者说，是分散与集中相互对抗而形成的暂时平衡状态。因此，只有综合地认识城市的分散和集中发展，并将它们视作为同一过程的两个方面，考察城市与城市之间、城市与区域之间、城乡之间以及将它们作为一个统一体来进行认识，才能真正认识城市发展的实际状况。

2. 城市空间组织理论

（1）城市组成要素空间布局的基础：区位理论。区位是指为某种活动所占据的场所在城市中所处的空间位置。城市是人与各种活动的聚集地，各种活动大多有聚集的现象，占据城市中固定的空间位置，形成区位分布。这些区位（活动场所）加上连接各类活动的交通路线和设施，便形成了城市的空间结构。

各种区位理论的目的就是为各项城市活动寻找到最佳区位，即能够获得最大利益的区位。根据区位理论，城市规划对城市中的各项活动的分布掌握了基本的衡量尺度，以此对城市土地使用进行分配和布置，使城市中的各项活动都处于最适合于它的区位，因此，可以说区位理论是城市规划进行土地使用配置的理论基础。

（2）城市整体空间的组织理论。区位理论解释了城市各项组成要素在城市中如何选择各自最佳区位，但当这些要素选择了各自的区位之后，如何将它们组织成一个整体，即形成城市的整体结构，从而发挥各自的作用，则是城市空间组织的核心。城市各项要素在位置选择时往往是从各自的活动需求、成本等要求出发的，对同一位置的不同使用可能以及较少考虑与周边用地的关系，城市规划就需要从城市整体利益和保证城市有序运行的角度出发，协调好各要素之间的相互关系，满足城市生产和生活发展的需要。城市整体空间的组织理论有从城市功能组织出发、从城市土地使用形态出发、从经济合理性出发、从城市道路交通出发、从空间形态出发、从城市生活出发的各种空间组织理论。

3. 城市规划方法论

（1）综合规划方法论。综合规划方法论的理论基础是系统思想及其方法论，也就是认为，任何一种存在都是由彼此相关的各种要素所组成的系统，每一种要素都按照一定的联系性而组织在一起，从而形成一个有结构的有机统一体。系统中的每一个要素都执行着各自独立的功能，而这些不同的功能之间又相互联系，以此完成整个系统对外界的功能。

在这样的思想基础上，综合规划方法论通过对城市系统的各个组成要素及其结构的研究，揭示这些要素的性质、功能以及这些要素之间的相互联系，全面分析城市存在的问题和相应对策，从而在整体上对城市问题提出解决的方案。这些方案具有明确的逻辑结构。

（2）分离渐进方法论。渐进规划思想方法的基础是理性主义和实用主义思想的结合。这种方法在日常的决策过程中被广泛地运用，它尤其适合于对付规模较小或局部性的问题解答，在针对较大规模或全局性的问题时，主要是通过将问题分解成若干个小问题甚至将它们分解到不可分解为止，然后进行逐一解决，从而达到所有问题都得到解决。这一方法的最大的好处是可以直接面对当时当地急需解决的问题而采取即时的行动，而无需对战略问题的反复探讨和对各种可能方案的比较、评估。

（3）混合审视方法论。就整体而言，综合规划方法论和渐进方法论是规划方法中的两个极端，一个是强调整体结构的重组，一个是强调就事论事地解决问题。这两种方法在特定的场合都可以解决一定的问题，符合规划工作的需要，但很显然，它们也同样存在着不可克服的内在的弱点。

混合审视方法不像综合规划方法那样对领域内的所有部分都进行全面而详细的检测，而只是对研究领域中的某些部分进行非常详细的检测，而对其他部分进行非常简略的观察以获得一个概略的、大体的认识；它也不像分离渐进规划那样只关注当前面对的问题，单个地去予以解决，而是从整体的框架中去寻找解决当前问题，使对不同问题的解决能够相互协同，共同实现整体的目标。因此，运用混合审视方法的关键在于确定不同审视的层次。在最概略的层次上，要保证主要的选择方案不被遗漏，而在最详细的层次上，则应保证被选择的方案是能够进行全面的研究的。

混合审视方法由基本决策和项目决策两部分组成。所谓基本决策是指宏观决策，不考虑细节问题，着重于解决整体性的、战略性的问题。所谓项目决策是指微观的决策，也称为小决策。这是基本决策的具体化，受基本决策的限定，在此过程中，是依据分离渐进方法来进行的。因此，从整个规划的过程中可以看到，“基本决策的任务在于确定规划的方向，项目决策则是执行具体的任务”。

（4）连续性城市规划方法论。连续性城市规划是关于城市规划过程的理论，立论点在于对过去的总体规划所注重的终极状态的批判。成功的城市规划应当是统一地考虑总体的和具体的、战略的和战术的、长期的和短期的、操作的和设计的、现在的和终极状态的等等。在对城市发展的预测中，应当明确区分城市中的一些因素需要进行长期的规划，有些因素只要进行中期规划，有些甚至就不要去对其作出预测，而不是对所有的内容都进行统一的以20年为期的规划。

4. 现代城市规划的发展

现代城市规划的发展在对现代城市的整体认识的基础上，在对城市社会进行改造的思想导引下，通过对城市发展的认识和城市空间组织的把握，逐步地建立了现代城市规划的基本原理和方法，同时也界定了城市规划学科的领域、形成了城市规划的独特认识和思想，在城市发展和建设的过程中发挥其所担负的作用。《雅典宪章》和《马丘比丘宪章》这两部在现代城市规划发展过程中起了重要作用的文献，是对当时的规划思想的总结，并对未来的发展指出一些重要的方向，从而成为城市规划发展的历史性文件，从中我们可以追踪城市规划整体的发展脉络，建立起城市规划思想发展的基本框架。

（1）《雅典宪章》。在整个20世纪上半叶，现代城市规划是追随着现代建筑运动而发展的。20世纪20年代末，现代建筑运动走向高潮，在国际现代建筑协会（CIAM）第一次会议的宣言中，提出了现代建筑和建筑运动的基本思想和准则。其中认为，城市规划的实质是一种功能秩序，对土地使用和土地分配的政策要求有根本性的变革。1933年召开的第四次会议的主题是“功能城市”，会议发表了《雅典宪章》。

《雅典宪章》依据理性主义的思想方法，对城市中普遍存在的问题进行了全面分析，提出了城市规划应当处理好居住、工作、游憩和交通的功能关系，并把该宪章称为“现代城市规划的大纲”。

《雅典宪章》认识到城市中广大人民的利益是城市规划的基础，因此它强调“对于从事于城市规划的工作者，人的需要和以人为出发点的价值衡量是一切建设工作成功的关键”。《雅典宪章》最为突出的内容就是提出了城市的功能分区，而且对之后的城市规划的发展影响也最为深远。它认为，城市活动可以划分为居住、工作、游憩和交通四大活动，提出这是城市规划研究和分析的“最基本分类”，并提出“城市规划的四个主要功能要求各自都有其最适宜发展的条件，以便给生活、工作和文化分类和秩序化”。功能分区在当时有着重要的现实意义和历史意义，它主要针对当时大多数城市无计划、无秩序发展过程中出现的问题，尤其是工业和居住混杂，工业污染严重等导致的严重的卫生问题、交通问题和居住环境问题等，而功能分区方法的使用确实可以起到缓解和改善这些问题的作用。

另一方面，从城市规划学科的发展过程来看，也应该说，《雅典宪章》所提出的功能分区是一种革命。它依据城市活动对城市土地使用进行划分，对传统的城市规划思想和方法进行了重大的改革，突破了过去城市规划追求图面效果和空间气氛的局限，引导了城市规划向科学的方向发展。

（2）《马丘比丘宪章》。20 世纪 70 年代后期，国际现代建筑协会鉴于当时世界城市化趋势和城市规划过程中出现的新内容，于 1977 年在秘鲁的利马召开了国际性的学术会议。与会的建筑师、规划师和有关官员以《雅典宪章》为出发点，总结了近半个世纪以来尤其是二次大战后的城市发展和城市规划思想、理论和方法的演变，展望了城市规划进一步发展的方向，在古文化遗址马丘比丘山上签署了《马丘比丘宪章》。该宪章申明：《雅典宪章》仍然是这个时代的一项基本文件，它提出的一些原理今天仍然有效，但随着时代的进步，城市发展面临着新的环境，而且人类认识对城市规划也提出了新的要求，《雅典宪章》的一些指导思想已不能适应当前形势的发展变化，因此需要进行修正。

《马丘比丘宪章》首先强调了人与人之间的相互关系对于城市和城市规划的重要性，并将理解和贯彻这一关系视为城市规划的基本任务。“与《雅典宪章》相反，我们深信人的相互作用与交往是城市存在的基本根据。城市规划……必须反映这一现实”。在考察了当时城市化快速发展和遍布全球的状况之后，《马丘比丘宪章》要求将城市规划的专业和技术应用到各级人类居住点上，即邻里、乡镇、城市、都市地区、区域、国家和洲，并以此来指导建设。而这些规划都“必须对人类的各种需求作出解释和反应”，并“应该按照可能的经济条件和文化意义提供与人民要求相适应的城市服务设施和城市形态”。从人的需要和人之间的相互作用关系出发，《马丘比丘宪章》针对于《雅典宪章》和当时城市发展的实际情况，提出了一系列的具有指导意义的观点。

《马丘比丘宪章》在对四十多年的城市规划理论探索和实践进行总结的基础上，指出《雅典宪章》所崇尚的功能分区“没有考虑城市居民人与人之间的关系，结果是城市患了贫血症，在那些城市里建筑物成了孤立的单元，否认了人类的活动要求流动的、连续的空间这一事实”。《马丘比丘宪章》提出了“在今天，不应当把城市当作一系列的组成部分拼在一起考虑，而必须努力去创造一个综合的、多功能的环境”，并且强调，“在 1933 年，主导思想是把城市和城市的建筑分成若干组成部分，在 1977 年，目标应当是把已经失掉了它们的相互依赖性和相互关联性，并已经失去其活力和含义的组成部分重新统一起来”。

《马丘比丘宪章》认为城市是一个动态系统，要求“城市规划师和政策制定人必须把城市看作为在连续发展与变化的过程中的一个结构体系”。《马丘比丘宪章》提出“区域和城市规划是个动态过程，不仅要包括规划的制定而且也要包括规划的实施。这一过程应当能适应城市这个有机体的物质和文化的不断变化”。在这样的意义上，城市规划就是一个不断模拟、实践、反馈、重新模拟……的循环过程，只有通过这样不间断的连续过程才能更有效地与城市系统相协同。

自20世纪60年代中期开始，城市规划的公众参与成为城市规划发展的一个重要内容，同时也成为此后城市规划进一步发展的动力。《马丘比丘宪章》不仅承认公众参与对城市规划的极端重要性，而且更进一步地推进其发展。《马丘比丘宪章》提出，“城市规划必须建立在各专业设计人、城市居民以及公众和政治领导人之间的系统的不断的互相协作配合的基础上”，并“鼓励建筑使用者创造性地参与设计和施工”。在讨论建筑设计时更为具体地指出“人们必须参与设计的全过程，要使用户成为建筑师工作整体中的一个部门”。

1.5 中国城市与城市规划的发展

1.5.1 中国古代社会和政治体制下城市的典型格局

考古证实，我国古代最早的城市距今约有4000年的历史。在悠久的历史发展进程中，积累了大量的城市规划和建设的经验，形成了独具特色的古代城市规划传统。有关城市规划的理论性阐述大量地就散见于《周礼》、《管子》和《墨子》等史书中。在几千年的封建社会中，城市的典型格局以各个朝代的都城最为突出，从汉唐长安城到元大都和明清北京城，达到了完美的境地。

1. 夏商周三代时期

在中国历史的早期，城市的建设服务于王朝的对内统治与对外的拓展疆域，由此决定了当时的城市选址。夏代（公元前21世纪起）留下的一些城市遗迹表明，当时已经具有一定的工程技术水平，如使用陶制的排水管及采用夯打土坯筑台技术等。商代在不同时期建设的都城显示了城市建设已达到了相当成熟的程度，影响后世数千年的城市基本形制在商代早期建设的河南偃师商城，中期建设的位于今天郑州的商城和位于今天湖北的盘龙城中已显雏形。建于商代晚期的位于今天安阳的殷墟，则在维护王朝统治的基础上，强化了与周边地区的融合，在中国都城建设中具有独特的意义。

周代时期既是我国封建社会中完整的社会等级制度和宗教法礼关系的形成时期，同时也是社会变革思想的“诸子百家”时代，对后世的社会和城市发展都产生了重大影响。在这个时期我国古代城市规划思想基本成形，各种有关城市建设规划的思想也层出不穷。

西周时期建设的洛邑是有目的、有计划、有步骤建设起来的，也是中国历史上有明确记载的城市规划事件，其所确立的城市形制已基本具备了此后都城建设的特征。

成书于春秋战国之际的《周礼·考工记》记述了关于周代王城建设的空间布局：“匠人营国，方九里，旁三门。国中九经九纬，经涂九轨。左祖右社，前朝后市。市朝一夫。”（图1-16）同时，《周礼》中还记述了按照封建等级不同级别的城市，如“都”、“王城”（图1-17）和“诸侯城”在用地面积、道路宽度、城门数目、城墙高度等方面的级别差异；同时也记载了城市的郊、田、林、牧地的相关关系的规则。《周礼·考工记》记述的周代城市建设的空间布局制度成为此后封建社会城市建设的基本制度，对中国数千年的古代城市规划实践活动产生了深远的影响。

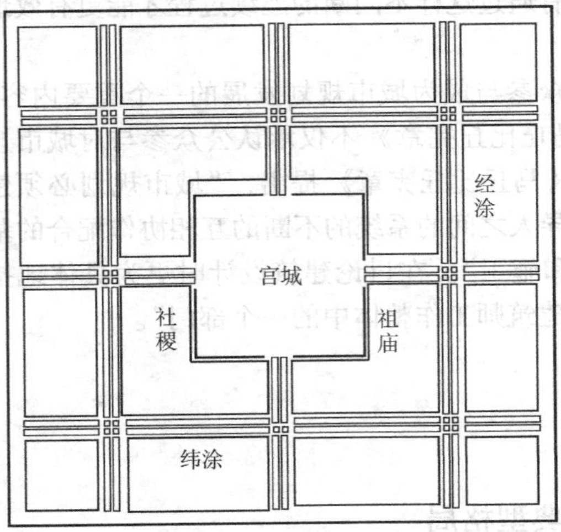

图 1-16 周王城复原想象图

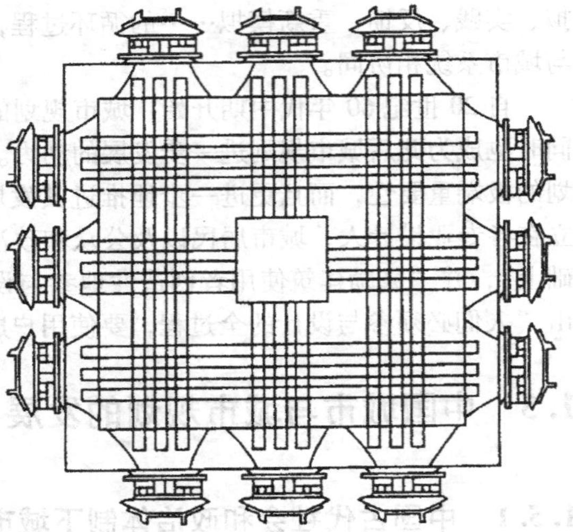

图 1-17 《三礼图》“王城”插图

除此之外，春秋战国时期的“诸子百家”也留下了许多有关城市建设和规划的思想，丰富了中国城市规划的理论宝库，对后世的城市规划和建设产生了影响。如《管子·乘马篇》强调城市的选址应“高勿近旱而水用足，低勿近涝而沟防省”，在城市形制上应该“因天材，就地利，故城廓不必中规矩，道路不必中准绳”。同时还提出将土地开垦和城市建设统一协调起来，农业生产的发展是城市发展的前提；在城市内部应采用功能分区的制度，以发展城市的商业和手工业。《商君书》则论述了都邑道路、农田分配及山陵丘谷之间比例的合理分配问题，分析了粮食供给、人口增长与城市发展规模之间的关系，从城乡关系、区域经济和交通布局的角度，对城市的发展以及城市管理制度等问题进行了论述。

战国时期，在都城建设方面，基本形成了大小套城的都城布局模式，即城市居民居住在称之为“郭”的大城，统治者居住在有大城所包围的被称为“王城”的小城中。列国都城基本上都采取了这种布局模式，反映了当时“筑城以卫君，造郭以守民”的社会要求。与此同时，列国也按照自身的基础和取向，在城市规划建设上也进行了各种探索。如鲁国国都曲阜完全按周制进行建造，但济南城则打破了严格的对称格局，与水体和谐布局，城门的分布也不对称。吴国国都则遵循了伍子胥提出的“相土尝水，象天法地”的思想，伍子胥主持建造的阖闾城，充分考虑江南水乡的特点，水网密布，交通便利，排水通畅，展示了水乡城市规划的高超技巧。赵国的国都建设则充分考虑北方的特点，高台建设，壮丽的视觉效果与城市的防御功能相得益彰。而江南淹国国都淹城，城与河浑然一体，自然蜿蜒，利于防御。

2. 秦汉时期

秦统一中国后，在都城咸阳的规划建设中发展了“相土尝水，象天法地”的理念，即强调方位，以天体星象坐标为依据。咸阳规模宏大，布局灵活，其城市规划中的神秘主义色彩对中国古代城市规划思想影响深远。同时，秦代城市的建设规划实践中出现了不少复道、甬道等多重的城市交通系统，这在中国古代城市规划史中具有开创性的意义。

西汉武帝时代，执行“废黜百家，独尊儒术”的政策，从而使有利于巩固皇权的礼制思想得以确立，并统治了此后两千多年的中国封建社会。礼制的核心思想就是社会等级和宗法关系，《周礼·考工记》记载的城市形制就是礼制思想的体现，由此开始，《周礼·考工记》所确立的城市形制在中国古代城市尤其是都城的发展中得到了重视。但根据对汉代国都长安遗址的发掘，表明其布局尚未完全按照《周礼·考工记》的形制进行，没有贯穿全城的对称轴线，宫殿与居民区相互穿插，城市整体的布局并不规则。充分体现《周礼·考工记》中规划思想理念的是王莽代汉取得政权后新国都洛邑的建设。洛邑城空间规划布局为长方形，宫殿与市民居住生活区在空间上相互分离，整个城市的南北中轴上分布了宫殿，并导入祭坛、明堂等大规模的礼制建筑，突出了皇权在城市空间组织上的统领性。

三国时期，魏王曹操在公元113年营建的邺城规划布局中，已经采用城市功能分区的布局方法。邺城的规划继承了战国时期以宫城为中心的规划思想，改进了汉长安布局松散、宫城与坊里混杂的状况。邺城功能分区明确，结构严谨，城市交通干道轴线与城门对齐，道路分级明确。邺城的规划布局对此后的隋唐长安城的规划产生了重要影响。

三国期间，孙权在武昌称帝，随即迁都于建业（今南京）。建业城依自然地势发展，以石头山、长江险要为界，依托玄武湖防御，皇宫位于城市南北的中轴上，重要建筑以此对称布局。“形胜”是建业城规划的主导思想，是对《周礼》城市形制理念的重要发展，突出了与自然结合的思想。

3. 唐宋时期

从周代开始，长安城附近一直是国家的政治统治中心所在地。隋朝在汉长安的东南另建新城——大兴城（长安），该城的规划汲取了曹魏邺城的经验并有所发展，城市布局严整。隋文帝时，由宇文恺负责制定规划，体现了《周礼·考工记》记载的城市形制规则。唐长安城的建造按照规划，先测量定位，后筑城墙、埋管道、修道路、规定坊里。

如图1-18所示，长安城采用中轴线对称的格局，整个城市布局严整，分区明确，充分体现了以宫城为中心，“官民不相参”和便于管制的指导思想。城市干道系统有明确分工，采用规整的方格路网。东南西三面各有三处城门，通城门的道路为主干道，其中最宽的是宫城前的横街和作为中轴线的朱雀大街。设集中的东西两市。居住分布采用坊里制，朱雀大街两侧各有54个坊里，每个坊里四周设置坊墙，坊里实行严格管制，坊门朝开夕闭，坊中考虑了城市居民丰富的社会活动和寺庙用地。经过几次大规模的修建，唐长安城总人口达到近百万，是当时世界上最大的城市。

在长安城建成后不久，又规划新建了东都洛阳，其规划思想与长安相似，但汲取了长安城建设的经验，如东都洛阳的干道宽度比长安要缩小很多。

4. 元明清时期

从1267年到1274年，元朝在北京修建新的都城，命名为元大都。元大都继承和发展了中国古代都城的传统形制，在很多方面体现了《周礼·考工记》上记载的王城的空间布局制度。元大都是自唐长安城以后中国古代都城的又一典范，并经明清两代以及以后的继续发展，成为至今存留的北京城。

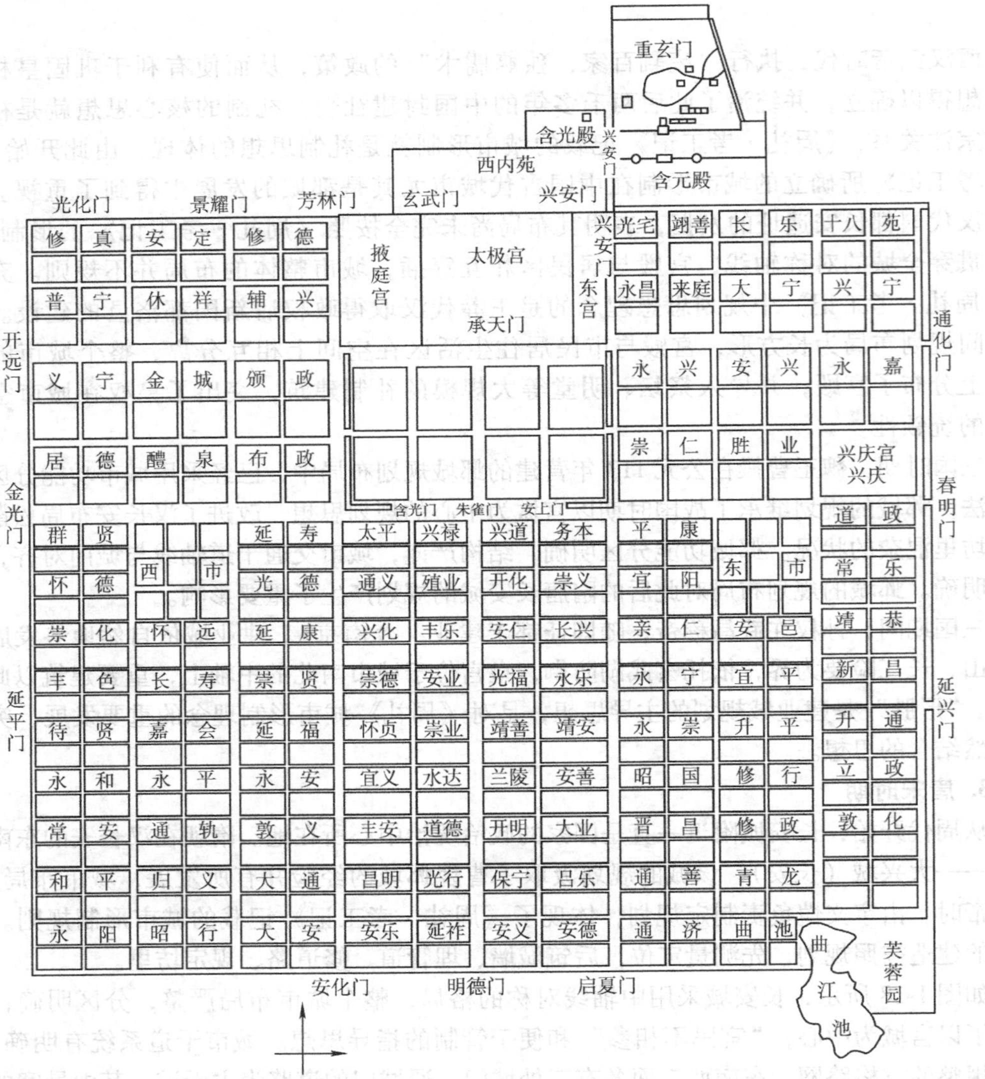

图 1-18　唐长安城复原想象图

如图 1-19 所示，元大都采用三套方城、宫城居中和轴线对称布局的基本格局。三套方城分别是内城、皇城和宫城，各有城墙围合，皇城位于内城的内部中央，宫城位于皇城的东部。在都城东西两侧分别设有太庙和社稷，商市集中于城北，显示了“左祖右社”和“前朝后市”的典型格局。元大都有明确的中轴线，南北贯穿三套方城，突出皇权至上的思想。也有学者认为，元大都的城市格局还受到道家的回归自然的阴阳五行思想的影响，表现为自然山水融入城市和各边城门数的奇偶关系。

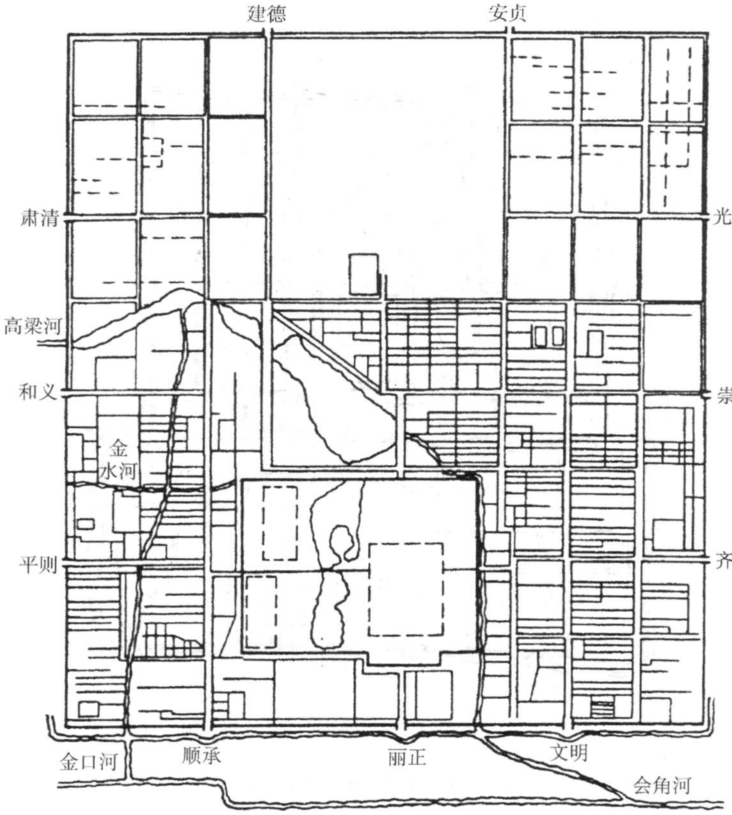

图 1-19 元大都复原想象图

历经元、明、清三个朝代，北京城未遭战乱毁坏，保存了元大都的城市形制特征。明北京城从外城南侧的永定门到内城北侧的钟鼓楼长达 8km，沿线布置城阙、牌坊、华表、广场和殿堂，突出庄严雄伟的气势，显示封建帝王的至高无上。皇城前的东西两侧各建太庙和社稷，又在城外设置了天、地、日、月四坛，在内城南侧的正阳门外形成新的商业市肆，城内各处还有各类集市。如图 1-20 所示，清北京城没有实质性的变更，明北京城较为完整地保存至今。明北京城的人口近百万，到清代超过了 100 万人。

1.5.2 中国近代城市发展背景与主要规划实践

1. 中国近代社会和城市发展

1840 年鸦片战争爆发，随着西方对中国的入侵和资本主义工商业的产生与发展，中国逐渐由一个独立的封建国家变成半殖民地半封建社会的国家，同时，中国城市也出现了巨大的变化。在近代这一历史时期，新旧因素俱在，中西文化交汇，传统与现代混同，呈现出错综复杂、多元的历史状态。中国许多历史悠久的城市在近代面临着现代化的冲击和挑战，被迫出现转型，而这种转型向着多元方向发展；另一方面，由于现代科学技术、现代工业、现代交通的发展，新因素推动了一批新兴城市诞生和崛起。

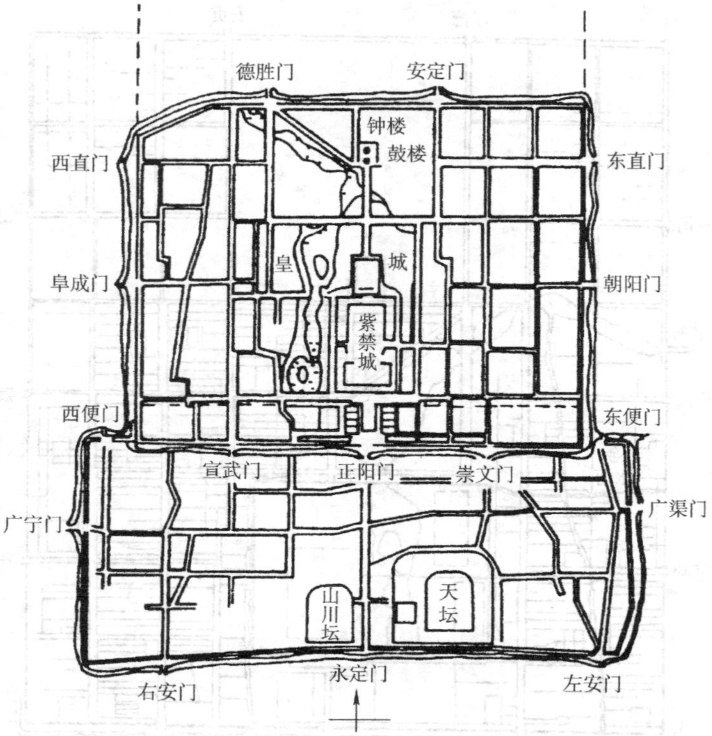

图 1-20　清北京城平面图

从 20 世纪初到抗日战争全面爆发的 30 余年间，是近代中国城市化发展的较快时期，由于工商业的发展，一批大城市兴起，同时小城镇也出现了较快的发展，但城市化的发展在区域上表现出极大的不平衡性。应该看到，这一时期城市化的较快发展与农村经济的崩溃有着直接的关联，而农村经济的崩溃在相当大的程度上是与战争的连续不断有着直接的关联。与此同时，城市的内在发展动力增强，城市的吸引力加大，城市接受农业劳动力的能力也加大。正是由于在这两方面的因素作用下，城市得到了较大的发展。

1937 年抗日战争全面爆发，改变了中国历史进程，对城市发展产生了巨大影响。抗日战争时期，中国大多数大城市，特别是若干重要的政治中心和近代兴起的主要工商业城市相继为日军占领，日军对占领区实施暴虐的殖民统治和对沦陷区进行疯狂的经济掠夺，使得这些地区的城市遭受了严重破坏，人口锐减，出现严重的衰退。

抗战结束后，东部沿海沿江的城市开始恢复生气，久经忧患和离散痛苦的人民纷纷返回家园，满怀希望，准备重建城市。但蒋介石发动了全面内战，许多位于战场的城市再次遭受战争的破坏。

2. 中国近代城市规划的主要类型

中国近代城市规划的发展基本上是西方近现代城市规划不断引进和运用的过程。19 世纪后半期到20世纪初，在开埠通商口岸的部分城市中，西方列强依据各国的城市规划体制和模式，根据其对所控制的地区和城市按照各自的意愿进行了规划设计。

20世纪20年代末，中国的一部分主要城市，如上海、南京、重庆、天津、杭州、成都、武昌以及郑州、无锡等城市都相继运用西方近现代城市规划理论或在欧美专家的指导下进行了城市规划设计，抗日战争临近结束时，国民党政府为战后重建颁布了《都市计划法》。抗战结束后，在城市恢复和重建的过程中，一些城市也据此编制新的发展规划。

1.5.3　我国当代城市规划思想和发展历程

1. 计划经济体制时期的城市规划思想与实践

1949年10月，中华人民共和国成立，标志着半封建半殖民地制度的覆灭和社会主义新制度的诞生。从此城市规划和建设进入了一个崭新的历史时期。

中华人民共和国成立之初，城市建设主要是整治城市环境，改善广大劳动人民的居住条件，改造臭水沟、棚户区，整修道路，增设城市公共交通和给排水设施等。同时，增加建制市，建立城市建设管理机构，加强城市的统一管理。

第一个五年计划时期（1953—1957年），第一次由国家组织有计划的大规模经济建设。城市建设事业作为国民经济的重要组成部分，为保证社会与经济的发展，服务于生产建设和人民生活，也由历史上无计划、分散建设进入一个有计划、有步骤建设的新时期。1956年，国务院撤销城市建设总局，成立国家城建部，内设城市规划局等城市建设方面的职能局，分别负责城建方面的政策研究及城市规划设计等业务工作的领导。这一时期颁布的《城市规划编制暂行办法》，是新中国第一部重要的城市规划立法。

从1958年开始，进入“二五”计划时期。“大跃进”运动和人民公社化运动，许多大中城市在“一五”期间编制的城市总体规划重新进行修订。这次修订是根据工业“大跃进”的指标进行的。城市规模过大、建设标准过高，城市人口迅速膨胀，住房和市政公用设施紧张。

1961年1月，中共中央提出了“调整、巩固、充实、提高”的“八字”方针，做出了调整城市工业项目、压缩城市人口、撤销不够条件的市镇建制，以及加强城市建设设施的养护维修等一系列重大决策。经过几年调整，城市设施的运转有所好转，城市建设中的其他紧张问题也有所缓解。在国民经济调整时期，1962年10月中共中央国务院联合发布《关于当前城市工作若干问题的批示》，规定今后凡是人口在10万人以下的城镇，没有必要设立市建制。今后一个长时期内，对于城市，特别是大城市人口的增长，应当严加控制。计划中新建的工厂，应当尽可能分散在中小城市。这些思想后来又有进一步的发展，比如，将大庆建设中的“工农结合、城乡结合、有利生产、方便生活”作为城市建设方针，反对建设集中的城市，以及将沿海一些重要企业迁往内地的“三线”建设方针等。1964年在“设计革命”中，既批判设计工作存在贪大求全，片面追求建筑高标准，同时还批判城市规划只考虑远景，不照顾现实，规模过大，占地过多，标准过高，求新过急的“四过”。各地纷纷压规模、降标准。1965年3月开始城市建设资金急剧减少，使城市建设陷入无米之炊的困境。

1966年5月开始的“文化大革命”，城市规划和建设受到严重冲击。“文化大革命”开始后，主管城市规划和建设的工作机构停止工作。“文化大革命”后期，对各方面进行了整顿，城市规划工作有所转机。1972 年 5 月，国务院批转国家计委、建委、财政部《关于加强基本建设管理的几项意见》，其中规定“城市的改建和扩建，要做好规划”，重新肯定了城市规划的地位。1973 年 9 月国家建委城建局在合肥市召开了部分省市城市规划座谈会，讨论了当时城市规划工作面临的形势和任务，并对《关于加强城市规划工作的意见》、《关于编制与审批城市规划工作的暂行规定》、《城市规划居住区用地控制指标》等几个文件草案进行了讨论。1974 年，国家建委下发《关于城市规划编制和审批意见》和《城市规划居住区用地控制指标》试行，终于使十几年来被废止的城市规划有了一个编制和审批的依据。在此期间，在唐山市地震后的重建工作以及上海的金山石化基地和四川攀枝花钢铁基地建设等方面，城市规划排除干扰，作出了重要的贡献。

2. 改革开放初期的城市规划思想与实践

1978 年 12 月中共十一届三中全会作出了把党的工作重点转移到社会主义现代化建设上来的战略决策，以这次会议为标志，我国进入了改革开放的新阶段。城市规划工作经历长期的动乱，开始了拨乱反正，全面恢复城市规划、重建建设管理体制的时期。

1978 年 3 月国务院召开了第三次城市工作会议，中共中央批准下发执行会议制定的《关于加强城市建设工作的意见》。该文件强调了城市在国民经济发展中的重要地位和作用，要求城市适应国家经济发展的需要，并指出要控制大城市规模，多搞小城镇，城市建设要为实现新时期的总任务作出贡献。同时，指出了城市规划工作的重要性。这次会议对城市规划工作的恢复和发展起到了重要的作用。一些主要城市的城市规划管理机构也相继恢复和建立。

1980 年 10 月国家建委召开全国城市规划工作会议，会议要求城市规划工作要有一个新的发展。同年 12 月国务院批转《全国城市规划会议纪要》下发全国实施。该纪要第一次提出要尽快建立我国的城市规划法制，也第一次提出“城市市长的主要职责，是把城市规划、建设和管理好”，并对城市规划的“龙头”地位、城市发展的指导方针、规划编制的内容、方法和规划管理等内容都作了重要阐述。1980 年 12 月国家建委颁发《城市规划编制审批暂行办法》和《城市规划定额指标暂行规定》两个部门规章，为城市规划的编制和审批提供了法律和技术的依据。1984 年国务院颁发了《城市规划条例》。这是新中国成立以来，城市规划专业领域第一部基本法规，是对 30 年来城市规划工作正反两方面经验的总结，标志着我国的城市规划步入法制管理的轨道。1989 年 12 月 26 日，全国人大常委会通过了《中华人民共和国城市规划法》，并于 1990 年 4 月 1 日开始施行，标志着中国城市规划正式步入了法制化的道路。该法完整地提出了城市发展方针、城市规划的基本原则、城市规划制定和实施的制度，以及法律责任等。

1980 年全国城市规划工作会议之后，各城市即逐步开展了城市规划的编制工作。1980 年中共中央书记处对北京城市建设作了四项指示，对于当时城市规划领域拨乱反正、统一思想起了重要作用。《北京城市建设总体规划方案》于 1983 年 7 月由中共中央、国务院原则批准，为各城市编制城市总体规划起到了很好的示范作用，至 1980 年代中期，全国绝大部分设市城市和县城基本上都已完成了城市总体规划的编制，并经相关程序批准，成为城市建设开展的重要依据。

从1980年代初开始，由江苏的常州、苏州、无锡等城市开始，实施“统一规划、综合开发、配套建设”的居住小区建设方式，形成生活方便、配套设施齐全、整体环境协调的整体面貌，对全国各地的城市居住小区建设影响很大。此后，又经建设部在济南、天津、无锡等地进一步试点推广，城市居住小区成为全国各个城市建设居住区的主要模式。

1982年国务院批准了第一批共24个国家历史文化名城，此后分别于1986年、1994年相继公布了第二、第三批共75个国家级历史文化名城，近年来又分别批准了山海关、凤凰县等为国家级历史文化名城，为历史文化遗产的保护起了重要的推动作用，并从制度上提供了可操作的手段。

从1980年代中期开始，温州、上海等城市在经济体制改革过程中，面临着市场经济下城市规划如何发挥作用的问题，积极探索，逐步形成了控制性详细规划的雏形。此后经建设部的推广，在实践中不断完善，对全国的城市经济发展以及城市规划作用的有效发挥起到了重要作用，最终经《城市规划法》确立为法定规划。

1984年，为适应全国国土规划纲要编制的需要，建设部组织编制了全国城镇布局规划纲要，由国家计委纳入全国国土规划纲要，同时发各地作为各省编制省域城镇体系规划和修改，调整城市总体规划的依据。

3. 1990年代以来的城市规划思想与实践

进入1990年代以后，一方面社会经济体制的改革不断深化，社会主义市场经济的体制初步确立，推进了社会经济快速而持续的发展，另一方面，在经济全球化等的不断推动下，城镇化的发展和城市建设进入了快速时期。面对新的形势和任务，1991年9月，建设部召开全国城市规划工作会议，提出“城市规划是一项战略性、综合性强的工作，是国家指导和管理城市的重要手段。实践证明，制定科学合理的城市规划，并严格按照规划实施，可以取得好的经济效益、社会效益和环境效益”。针对1992年后一段时期内，在全国各地快速建设和发展中出现的“房地产热”和“开发区热”等现象严重干扰了城市的正常发展以及由此对城市规划工作的冲击，1996年5月国务院发布了《关于加强城市规划工作的通知》，在总结了前一阶段经验的基础上，指出“城市规划工作的基本任务，是统筹安排城市各类用地及空间资源，综合部署各项建设，实现经济和社会的可持续发展”，并明确规定要“切实发挥城市规划对城市土地及空间资源的调控作用，促进城市经济和社会协调发展”。1999年12月，建设部召开全国城乡规划工作会议。国务院领导要求城乡规划工作应把握十个方面的问题：统筹规划，综合布局；合理和节约利用土地和水资源；保护和改善城市生态环境；妥善处理城镇建设和区域发展的关系；促进产业结构调整和城市功能的提高；正确引导小城镇和村庄的发展建设；切实保护历史文化遗产；加强风景名胜的保护；精心塑造富有特色的城市形象；把城乡规划工作纳入法制化轨道。会后，国务院下发《国务院办公厅关于加强和改进城乡规划工作的通知》，进一步明确了新时期规划工作的重要地位，“城乡规划是政府指导和调控城乡建设和发展的基本手段，是关系我国社会主义现代化建设事业全局的重要工作”，并重申“城市人民政府的主要职责是抓好城市的规划、建设和管理，地方人民政府的主要领导，特别是市长、县长，要对城乡规划负总责”。

进入新世纪后，全国各地出现了新一轮基本建设和城市建设过热的状况，国务院在实施宏观调控之初，首先就强调通过城乡规划来进行调控。2002年5月15日，国务院发出《国务院关于加强城乡规划监督管理的通知》，提出要进一步强化城乡规划对城乡建设的引导和调控作用，健全城乡规划建设的监督管理制度，促进城乡建设健康有序发展。同年8月2日，国务院九部委联合发出《关于贯彻落实〈国务院关于加强城乡规划监督管理的通知〉的通知》，根据国务院通知精神，对近期建设规划、强制性规划以及建设用地的审批程序、历史文化名城保护等内容提出具体要求，初步确立了城市规划作为宏观调控的手段和公共政策的基本框架。建设部此后即制定了《近期建设规划工作暂行办法》和《城市规划强制性内容暂行规定》，明确了近期建设规划及各类规划中的强制性内容的具体要求，从而使宏观调控的要求能够更具操作性。在此基础上，《城市规划编制办法》于2005年进行了调整和完善，该办法自2006年4月1日起施行。针对新一轮经济建设过热中地方政府不遵守城乡规划的现象，建设部和监察部开展了城乡规划效能监察工作，建设部开始了城乡规划督察员制度的建设和试点工作，保证中央政府的政策能够得到全面的贯彻执行。

进入90年代后，伴随着社会经济的快速发展，中国的城镇化进入了快速发展时期。2000年全国人大通过的《国民经济和社会发展第十个五年计划纲要》明确提出了“实施城镇化战略，促进城乡共同进步”的基本策略。2000年6月，中共中央、国务院发布了《关于促进小城镇健康发展的若干意见》，指出“当前加快城镇化进程的时机和条件已经成熟。抓住机遇，适时引导小城镇健康发展，应当作为当前和今后较长时期农村改革与发展的一项重要任务”。2005年9月29日，胡锦涛总书记在中共中央政治局第二十五次集体学习时指出：城镇化是经济社会发展的必然趋势，也是工业化、现代化的重要标志。

2005年10月，中共十六届五中全会首次提出的科学发展观是我国深化社会经济改革的基本方针。科学发展观，第一要义是发展，核心是以人为本，基本要求是全面协调可持续，根本方法是统筹兼顾。全会明确提出了建设社会主义新农村是我国现代化进程中的重大历史任务，要按照生产发展、生活宽裕、乡风文明、村容整洁、管理民主的要求，扎实稳步地加以推进。要统筹城乡经济社会发展，推进现代农业建设，全面深化农村改革，大力发展农村公共事业，千方百计增加农民收入。坚持大中小城市和小城镇协调发展，按照循序渐进、节约土地、集约发展、合理布局的原则，促进城镇化健康发展。要加快建设资源节约型、环境友好型社会，大力发展循环经济，加大环境保护力度，切实保护好自然生态。从2006年开始执行的“国民经济和社会发展第十一个五年规划”明确提出了“要加快建设资源节约型、环境友好型社会”，既为城乡规划的发展指明了方向，同时，全面、协调和可持续的发展观的确立，也为城乡规划作用的发挥奠定了基础。

2006年初，《中共中央国务院关于推进社会主义新农村建设的若干意见》下发，实质性地启动了新农村建设。这是我国统筹城乡发展，解决“三农”问题的重大举措，也是推进健康城镇化的重要内容，新农村建设规划在各地都有开展，与此同时，城乡统筹在城市规划的各个阶段都得到了有效的贯彻。

2007年10月28日中华人民共和国第十届全国人民代表大会常务委员会第三十次会议通过《中华人民共和国城乡规划法》，并自2008年1月1日起施行，标志着城乡规划新时期的开始，具有深远的历史意义与重大的现实意义。一是落实科学发展观，统筹城乡协调发展。通过立法，打破传统的城乡二元结构发展模式，建立起统一的城乡规划体系。二是提高城乡规划制定的科学性，保障规划实施的严肃性。三是明确了城乡规划强制性内容，切实体现保障社会和公共利益。四是形成事权统一的强有力的规划行政管理体制，保证城乡规划的有效实施。

1.6　城乡规划发展的形势与动态

1.6.1　全球化条件下的城乡发展与规划

进入20世纪80年代以来，经济全球化的趋势日益加剧，对各个国家和城乡的发展产生了深远的影响。经济全球化所表现出来的特征包括：各国之间在经济上越来越相互依存，各国的经济体系越来越开放；各类发展资源（原料、信息、技术、资金和人力）跨国流动的规模不断地扩张；跨国公司在世界经济中的主导地位越来越突出，并直接影响到了所涉及的具体国家和地方的经济状况；信息、通讯和交通的技术革命使资源跨国流动的成本日益降低，为经济全球化提供了强有力的技术支撑。但很显然，全球化并非仅仅只是一种经济现象，而是在政治、社会、文化和经济因素综合作用下形成的结果，并在社会经济的各个方面产生效应。在全球化进程中，全球范围内的社会经济结构发生了全面的重组，从而导致了城乡区域体系的快速而变革性的演化。

全球化的发展，将有可能影响到地球上的所有城乡，而不仅仅限于一些大城市，或者所谓的“国际城市”、“世界城市”和“全球城市”。联合国人居中心2001年发布的《全球人类住区报告（2001）》中指出，“全球化已经将城市置于一个城市之间的具有高度竞争型的联系与网络的框架之中。这些联入全球网络的城市在全球力量领域中发挥着能量节点的作用”，尽管不同的城市在全球网络中发挥的作用不一样，但其发展都将受到全球力量的影响，进而影响其城乡区域体系。

就整体而言，经济全球化导致的城乡体系结构重组，在垂直性地域分工体系的区位分布上出现了这样一些趋势：①在发达国家和部分新兴工业化国家或地区形成一系列全球性和区域性的经济中心城市，对于全球和区域经济的主导作用越来越显著；②制造业资本的跨国投资促进了发展中国家的城市迅速发展，同时也越来越成为跨国公司制造或装配基地；③在发达国家出现一系列科技创新中心和高科技产业基地，而发达国家的传统工业城市普遍衰退，只有少数城市成功地经历了产业结构转型。与此同时，三种不同层面的经济活动的集聚也形成了在不同地区与城市中分布的特征：①担当管理或控制职能的部门由于需要面对面的联系，需要紧靠其他的商务设施和为其服务的设施，需要紧靠政府及相关的决策性机构，所以一般都集中在大都市地区，这类职能部门将影响甚至决定世界经济运作的状况。尽管现在也存在着向大都市郊区迁移的趋势，但向经济中心大都市的CBD地区的集中也仍在加强，这也就是纽约和伦敦之类城市在20世纪80年代后仍然保持快速发展的原因。②担当研究或开发职能的部门因为需要吸引知识工人而要有比较良好的生活和工作环境，并要能够保证较高层次的知识人士的不断补充，也需要有低税收的政策扶植，由此而较多是在充满宜人环境的地区中的小城镇及乡村发展。③以常规流水线生产工厂为代表的制造或装配职能的发展极大地依赖于便宜的劳动力和低税收，因此往往向经济较落后地区的小城市或大都市地区的边缘、乡村发展，而且自60年代后在整体上不断向第三世界转移。而非常规流水线生产的工业企业有在城市的中心区和市区继续发展的趋势，尤其是一些生产技术密集型的非标准产品、开创性的或销路不稳定的产品以及传统工业特别是生产手工业产品的工业。这在美国纽约及日本东京等的表现最为明显。

随着经济全球化的进程和经济活动在城市中的相对集中，城市与附近地区的城市之间、城乡区域之间原有的密切关系也在发生着变化，这种变化主要体现在城市与周边地区和周边城市之间的联系在减弱。由于各类城市生产的产品和提供的服务是全球性的，都是以国际市场为导向的，其联系的范围极为广泛，但在相当程度上并不以地域性的周边联系为主，即使是一个非常小的城市或乡村，它也可以在全球网络中建立与其他城市和地区的跨地区甚至是跨国的联系，它不再需要依赖于附近的大城市而对外发生作用。从这样的意义上讲，原先建立在地域联系基础上的城乡体系出现松动，而任何城市或乡村地区都可以成为建立在全球范围内的网络化联系的城乡体系中的一分子。

在全球化的背景下，城市的发展需要适应全球经济运行的需求，需要从全球经济网络中获取发展的资源，这就需要以城市本身的独特性来吸引投资、吸引产业、吸引旅游者等，因此创造城市的独特性也成为这一时期城市规划的重要内容。城市发展战略规划、城市营销、场所营造等理论和实践也应运而生。近年来伦敦“空间发展战略规划”、纽约的2030规划——“更绿、更大的纽约”等都充分借助战略规划的手段，以适应全球经济发展的需要和创造可持续发展的社会为核心，对城市的未来发展进行了全面的谋划。

1.6.2 知识经济和创新城市

自从工业革命以来，科学技术对于经济发展的推动作用始终存在，其主导地位近年来越来越显著。联合国经济合作与发展组织（OECD）在1996年发表的《以知识为基础的经济》首先使用了“知识经济”这一概念。根据这一报告，知识经济是指建立在知识和信息的生产、分配和使用基础上的经济。通常认为，知识经济的主要特征包括：以信息技术和网络建设为核心，以人力资本和技术创新为动力，以高新技术产业为支柱，以强大的科学研究为后盾。

知识经济的形成与发展，与信息化技术和手段有着密切的联系，知识传播的信息化大大缩短了从知识产生到知识应用的周期，更促进了知识对经济发展的主要作用。随着个人电脑和互联网的普及和广泛使用，信息革命深刻地改变着人类社会结构与生活方式，信息社会正在形成的过程之中。

支持和主导信息社会和知识经济发展的重要方面在于创新，而科学技术和产业的创新则是决定社会整体创新的一个关键性方面。就此而论，当代城市都在积极地营造有利于科技创新的环境，而建设高科技园区是促进高科技产业发展进而实现城市创新的关键性举措。根据国外的一项研究，高科技园区大致可以划分为四种基本类型。第一种类型是高科技企业的集聚区，与所在地区的科技创新环境紧密相关，这类地区的形成可以较大地促进科技和产业的创新。第二种类型是科技城，完全是科学研究中心，与制造业并无直接的地域联系，往往是政府计划的建设项目。这类地区主要从事基础理论的研究，为创新提供条件，但其本身仍然需要其他地区的配合才能将科学技术转化为生产力，才能真正地实现创新。第三种类型是技术园区，作为政府的经济发展策略，在一个特定地域内提供各种优越条件（包括优惠政策），吸引高科技企业的投资。这类地区往往只是从事高技术产品的生产，缺少基本的研发内容，因此其本质仍然是制造业基地。第四种类型是建立完整的科技都会，作为区域发展和产业布局的一项计划。该项研究也认为，尽管各种高科技园区层出不穷，而且也产生了显著的影响，当今世界的科技创新仍然是主要来自传统的国际性大都会（如伦敦、巴黎和东京）。

1.6.3　加强社会协调，提高生活质量

随着经济全球化进程的不断推进，新技术的普及和信息社会的形成，社会经济体系发生了重大的转变，在这种转变的过程中，一方面社会整体的生活质量和生活水平在不断提高，另一方面，由于社会经济条件的分化不断加剧，不同利益团体的社会环境和质量也随之发生变化，自20世纪后期开始，有关社会团结与协调以及在此基础上的生活质量等问题的探讨在城市规划中成为关注的热点和焦点。

在全球城市的讨论中，全球城市的居民至少可以划分为两大部分，即掌握了先进技术和服务技能的全球化进程的参与者和被排斥在全球化进程之外的人群，他们的生活境遇在就业结构、收入结构、社会结构、社区结构、社会参与等方面表现出明显的差异，这种差异同时也反映在他们对城市的不同认识和不同要求。由此而引发，并在对社会多元化认识的基础上，许多学者探讨了城市中不同的人群在经济上、社会上和空间上的利益诉求以及他们对城市规划也存在不同的关注点，因此，当代城市规划就必须充分地面对这样的需求，同时要很好地处理相互之间的协调关系。

同样，在全球化和信息化不断推进的过程中，以城市公共空间建设为主要内容的“场所营造”成为完善社会协调提高城市生活质量的重要工作，其中的大量内容逐步转变为城市设计的核心，而以“市民社会”和“城市治理”为核心的制度建设则成为其基本的保障，并直接规定了城市规划在城市社会发展中的作用。

1.6.4　城市的可持续发展

人类为寻求一种建立在环境和自然资源可承受基础上的长期发展的模式，进行了不懈的探索，先后提出过“全面发展”、“同步发展”和“协调发展”等各种构想。1983年11月，联合国成立了世界环境和发展委员会（WCED），联合国要求该组织以“持续发展”为基本纲领，制定“全球变革日程”。1987年，该委员会把经过长达四年研究、充分论证的《我们共同的未来》提交给联合国大会，正式提出了可持续发展的模式。可持续发展的定义为：“既满足当代人的需要，又不损害后代人满足其需求能力的发展”。这个定义表达了两个基本点：一是人类要发展，必须满足当代人的需求，否则他们就无法生存；二是发展要有限度，不能危及后代人的发展。1992年联合国环境与发展大会（UNCED）通过《环境与发展宣言》和《21世纪议程》，使可持续发展成为世界各国政府的共识与政策起点，从而得到了广泛的实践，全面地成为社会经济发展讨论和战略的新的基本方向。

在《21世纪议程》中，对于可持续发展的人居环境的行动纲领也作了具体的规定。在关于“促进稳定的人类居住区的发展”的章节中，把人类住区的发展目标归纳为改善人类住区的社会、经济和环境质量，以及所有人（特别是城市和乡村的贫民）的生活和居住质量，并提出了八个方面的内容：①为所有人提供足够的住房；②改善人类住区的管理，其中尤其强调了城市管理，并要求通过种种手段采取有创新的城市规划解决环境和社会问题；③促进可持续土地使用的规划和管理；④促进供水、下水、排水和固体废物管理等环境基础设施的统一建设；⑤在人类居住中推广可循环的能源和运输系统；⑥加强多灾地区的人类居住规划和管理；⑦促进可持久的建筑工业活动行动的依据；⑧鼓励开发人力资源和增强人类住区开发的能力。

联合国人居中心根据该报告和相关的国际文献，在1996年的全球人类住区报告中提出

了“适用于城市的可持续发展的多重目标”。该报告认为，“满足当代人的需要”的内容应该包括：经济需要、社会、文化和健康需要、政治需要。而在“不损害后代满足其需要的能力”方面，应该做到：最低限度地使用或消耗不可再生资源、对可再生资源的可持续使用、城市废物应保证限制在当地和全球废物池的可接受范围内。

1999年由著名建筑师和城市设计师领导的研究小组发布报告，提出21世纪的到来为我们提供了三个转变的机会：技术革命带来了新形式的信息技术和交换信息的新手段；不断增长的生态危机使可持续成为发展的必要条件；广泛的社会转型使人们有更高的生活预期，并更加注重在职业和个人生活中对生活方式的选择。在这样的背景下，该报告提出了一系列有关城市持续发展的建议，其中包括：①循环使用土地与建筑。②改善城市环境，鼓励“紧凑城市”的概念。③优化地区管理。④旧区复兴是城市持续发展的关键性内容。⑤国家政策应当鼓励创新。⑥高密度。⑦加强城市规划与设计。

美国城市规划界出现了对“精明增长”发展方式的倡导，希望以此来实现城市的可持续发展。精明增长的基本原则包括：①保持大量开放空间和保护环境质量；②内城中心的再开发和开发城市内的零星空地；③在城市和新的郊区地区，减少城市设计创新的障碍；④在地方和邻里中创造更强的社区感，在整个大都市地区创造更强的区域相互依赖和团结的认识；⑤鼓励紧凑的、混合用途的开发；⑥在城市的增长中限制进一步向外扩张；完善城市内的基础设施；减少对私人汽车的交通依赖等。

从实现可持续发展的要求出发，欧洲出现了建立在多用途紧密结合的“都市村庄”模式基础上的“紧凑城市”，美洲则出现了以传统欧洲小城市空间布局模式的“新都市主义”。其基本的目标相当一致，即建立一种人口相对比较密集，限制私人汽车使用和鼓励步行交通，具有积极城市生活和地区场所感的城市发展模式。

单元小结

本单元主要内容围绕认识、了解城乡与城乡规划的产生与发展来展开。城乡居民点的形成是人类社会劳动大分工的结果，随着人类经济社会的发展、生产力水平的提高，城乡居民点也经历了漫长与不断变化的演化过程，城市与乡村的概念及基本特征也在不断丰富和变化中。充分认识城乡发展现状与深刻理解统筹城乡发展的意义，树立城乡统筹协调发展的科学发展观，是新时期城乡发展和城乡规划建设的基本方向和战略要求。准确认识与理解城镇化和城镇化水平、特点及其进程，我国必须走健康城镇化发展道路。从古代城市规划思想与实践、现代城市规划学科形成、当代城市规划面临的新形势多角度认识城乡规划的产生与发展。通过报刊、网络、案例、实地考察等方式方法收集城乡居民点发展、城乡规划资料，结合项目训练加深对城乡居民点与城乡规划的认识。

复习思考题

1-1 城乡居民点是如何形成与发展的？简述城市与乡村的概念及其基本特征。

1-2 简述城乡统筹发展的意义。

1-3 简述城镇化与城镇化水平的概念。正确认识城镇化的发展阶段及健康城镇化的意义。

1-4 简述中外城市与城市规划的发展过程、基本理论与方法。

第 2 单元　城乡规划体系及工作内容

【能力目标】

（1）通过本单元的学习，应熟知城乡规划体系的内容以及编制程序。

（2）通过本单元的学习，应具有能够组织进行公众参与的能力。

【教学建议】

（1）利用课余时间，到实践基地进行跟踪实习，进一步了解城乡规划体系的内容以及各项规划的编制程序。

（2）以小组为单位，尝试设置关于公众参与的调查问卷。

【训练项目】

（1）以小组为单位（每小组 5 ~ 6 人，可自由搭配），到实践基地进行关于城乡规划的编制程序调研，提交调研报告。

（2）以小组为单位（每小组 5 ~ 6 人，可自由搭配），讨论并制作一份关于房价满意度的调查问卷。

2.1　城乡规划的内涵

2.1.1　城乡规划的概念

《〈中华人民共和国城乡规划法〉解读》从城乡规划的社会作用的角度对城乡规划作了如下定义：城乡规划是各级政府统筹安排城乡发展建设空间布局，保护生态自然环境，合理利用自然资源，维护社会公正与公平的重要依据，具有重要的公共政策的属性。城乡规划是以促进城乡经济社会全面协调可持续发展为根本任务、促进土地科学使用为基础、促进人居环境根本改善为目的，涵盖城乡居民点的空间布局规划。

2.1.2　城乡规划的基本特点

1. 综合性

综合性是城乡规划的最重要特点之一，在各个层次、各个领域以及各项具体工作中都会得到体现。城乡规划是对城乡社会、经济、环境和技术发展等各项要素的统筹安排，不仅反映单项工程设计的要求和发展计划，而且还综合各项工程设计相互之间的关系，它既为各单项工程设计提供建设方案和设计依据，又须统一解决各单项工程设计之间技术和经济等方面的种种矛盾。

2. 政策性

城乡规划是关于城乡发展和建设的战略部署，同时也是政府调控城乡空间资源、指导城乡发展与建设、维护社会公平、保障公共安全和公众利益的重要手段。城乡规划中的任何内容，无论是规划建设用地的确定或调整，还是各类设施的配置规模和标准的确定，或者容积率的确定、建筑物的布置等，都是国家方针政策和社会利益的全面体现。

3. 民主性

城乡规划涉及城乡发展和社会公共资源的配置，需要代表最为广大的人民的利益。而城乡规划的核心在于对社会资源的配置，必然成为社会利益调整的重要手段。这就要求城乡规划能够充分反映城乡居民的利益诉求和意愿，保障社会经济协调发展，使城乡规划过程成为公民参与规划制定和动员公民实施规划的过程。

4. 实践性

城乡规划是一项社会实践，是在城乡发展的过程中发挥作用的社会制度，因此，城乡规划需要解决城乡发展中的实际问题，这就需要城乡规划因地制宜，从城乡的实际状况和能力出发，运用各种社会、经济、法律等手段保证城乡持续、有序地发展。

2.1.3 城乡规划的地位、任务与作用

1. 城乡规划的地位

城乡建设和发展是一项庞大的系统工程，而城乡规划则是引导和控制其建设和发展的基本依据和手段，在城乡建设和发展中处于“龙头”地位。

城乡规划还被作为重要的政府职能，即城乡规划体现了政府指导和管理城乡建设和发展的政策导向。随着社会主义市场经济体制的逐步建立和完善，城乡规划以其高度的综合性、战略性、政策性和实施管理手段，在优化城乡土地和空间资源配置、合理调整城乡布局、协调各项建设、有效提供公共服务、整合不同利益主体的关系等方面，发挥着日益突出的作用。

2. 城乡规划的任务

城乡规划既是一门科学，从实践角度看又是一种政府行为和社会实践活动。在社会主义市场经济制度下，城乡规划的基本任务是保护和维护人居环境，尤其是城乡空间环境的生态系统，为城乡经济、社会和文化协调、稳定地持续发展服务，保障和创造城乡居民安全、健康、舒适的空间环境和公正的社会环境。

3. 城乡规划的作用

城乡规划是政府确定城乡发展目标，改善城乡人居环境，调控非农业经济、社会、文化、游憩活动高度聚集地域内人口规模、土地使用、资源节约、环境保护和各项开发与建设行为，以及对城乡发展进行的综合协调和具体安排。城乡规划是政府调控城乡空间资源、指导城乡发展与建设、维护社会公平、保障公共安全和公众利益的重要公共政策之一。其作用可以归纳为以下几个方面：

（1）宏观经济条件调控的手段。大量经济学研究证实：在市场经济体制下，纯粹的市场机制运作会出现“市场失败”的现象。城乡建设在相当程度上需要结合市场机制的运作进行开展，这就需要政府对市场的运行进行干预。而城乡规划则通过对城乡土地和空间使用配置的调控以及建设用地的管理，以对城乡建设和发展中的市场行为进行干预，从而保证城乡的健康有序发展。

（2）保障社会公共利益。城乡规划通过对社会、经济、自然环境等的分析，从社会需要的角度对各类公共设施等进行安排，并通过土地使用的安排为公共利益的实现提供基础，

通过开发控制保障公共利益不受到损害。同时，在城乡规划实施的过程中，保证各项公共设施与周边地区的建设相协同。对于自然资源、生态环境和历史文化遗产以及自然灾害易发地区等，则通过空间管制等手段予以保护和控制，使这些资源能够得到有效保护，使公众免受地质灾害的损害。

（3）协调社会利益，维护公平。首先，城乡规划以预先安排的方式、在具体的建设行为发生之前对各种社会需求进行协调，从而保证各群体的利益得到体现，同时也保证社会公共利益的实现；其次，城乡规划通过开发控制的方式，协调特定的建设项目与周边建设和使用之间的利益关系。城乡规划通过预先的协调，提供了未来发展的确定性，使任何的开发建设行为都能确知周边的未来发展情况，同时通过开发控制来保证新的建设而不会对周边的土地使用造成利益损害，从而维护社会的公平。

（4）改善人居环境。人居环境既包括城市与区域的关系、城乡关系、各类聚居区（城市、镇、村庄）与自然环境之间的关系，也涉及城市与城市之间的关系，同时也涉及各级聚居点内部的各类要素之间的相互关系。城乡规划在综合考虑社会、经济、环境发展的各个方面，从城市与区域等方面入手，合理布局各项生产和生活设施，完善各项配套，使城乡各个发展要素在未来发展过程中相互协调，满足生产和生活各个方面的需要，提高城乡环境品质，为未来的建设活动提供统一的框架。同时，从社会公共利益的角度实行空间管制，保障公共安全和保护自然和历史文化资源，建构高质量的、有序的、可持续的发展框架和行动纲领。

2.2 我国城乡规划体系的内容

城乡规划既是一项社会实践，也是一项政府职能，同时也是一项专门技术。因此，一个国家的城乡规划体系必然由三个子系统所组成，即法律法规体系、行政体系以及城乡规划自身的工作（运行）体系。

2.2.1 我国城乡规划法律体系的构成

我国已形成由法律、法规、规章、规范性文件和标准规范组成的城乡规划法规体系。

1. 法律

法律是由全国人大或者其常委会批准的法律文件。城乡规划领域的法律是《中华人民共和国城乡规划法》（2008 年 1 月 1 日开始实施，以下简称《城乡规划法》）。《城乡规划法》是整个国家的法律体系的一个组成部分，是城乡规划法规体系的主干法和基本法。城乡规划领域中的所有法规和规章、行政管理及其行为、城乡规划的编制和执行等都必须以此法为依据，不得违背；但这并不意味着其他的法律就不对城乡规划的过程发挥作用。《城乡规划法》的核心既在于确定城乡规划体系本身的架构，更为重要的是确定了城乡规划体系的内外部关系及其作用范围和作用方式，确定了城乡规划行为合法性的法律基础、程序和相应原则，从而保证城乡规划工作的开展和规划作用的发挥。

2. 法规

在我国立法体系中，法规是指由国务院批准的行政法规，省、自治区、直辖市和具有立法权的城市人大或其常委会批准的地方法规。城乡规划领域法规是《城乡规划法》的具体化和深化，是结合具体的主题内容或地方特征对《城乡规划法》的贯彻和进一步执行的具体规定。法规按照制定主体的不同，可以分为城乡规划的行政法规和地方法规。其中，城乡规划的行政法规是指由国务院制定的实施国家《城乡规划法》或配套的具有针对性和专题性的规章；城乡规划的地方法规是指由省、自治区、直辖市以及国家规定的具有地方立法权的城市的人大或其常委会所制定的城乡规划条例、《城乡规划法》实施条例或办法。

3. 规章

由国务院部门和省、直辖市、自治区以及有立法权的人民政府制定的具有普遍约束力的规范称为行政规章，如《城市规划编制办法》、《村镇规划编制办法》等。行政规章通常以“部长令”、“省长令”、“市长令”等形式发布。其内容涉及城乡规划中的所有行为，是对城乡规划工作开展过程中所涉及内容和行为的具体规定，其中既包括对城乡规划系统内部的管理规定，也包括城乡规划作为行政行为开展过程中与社会的相互作用行为的管理规定。规章的制定必须符合法律、法规的规定和精神，同时不得逾越法律法规授权的范围。

4. 规范性文件

各级政府及规划行政主管部门制定的其他具有约束力的文件统称为规范性文件。规范性文件是政府部门针对城乡规划开展过程中为有利于工作有序开展而制定的一系列规章制度，是具体工作开展的细则。

5. 标准规范

标准规范是对一些基本概念和重复性的事务进行统一规定，以科学、技术和实践经验的综合成果为基础，经有关方面协商一致，由行业主管部门批准，以特定的形式发布，作为城乡规划共同遵守的准则和依据。制定标准规范的目的是保障专业技术工作科学、规范，符合质量要求。其实际效力相当于技术领域的法规，标准规范中的强制性条文是政府对其执行情况实施监督的依据。标准规范分为国家标准、地方标准和行业标准。

2.2.2 我国城乡规划行政体系的构成

1. 城乡规划行政的纵向体系

纵向体系是指由不同层级的城乡规划行政主管部门组成，即国家城乡规划行政主管部门，省、自治区、直辖市城乡规划行政主管部门，城市的规划主管部门。他们分别对各自的行政辖区的城乡规划工作依法管理，上级城乡规划行政部门对下级城乡规划行政部门进行业务指导和监督。

2. 城乡规划行政的横向体系

城乡规划行政主管部门具有贯彻和执行城乡规划的职能。城乡规划行政主管部门与本级政府的其他部门一起，共同代表着本级政府的立场，执行共同的政策，发挥着在某一领域的管理职能。他们之间的关系是相互协作的，在决策之前进行信息互通与协商，并在决策之后共同执行，从而成为一个整体发挥作用。

2.2.3 我国城乡规划工作体系的构成

1. 城乡规划的编制体系

我国已经形成一套由国土规划→城镇体系规划→城市总体规划→城市分区规划→城市详细规划等组成的空间规划系列，如图 2-1 所示。在区域-城乡规划体系中，可以简略地将其分为城市发展战略和建设控制引导两个层面。其中，城市发展战略层面主要是研究确定城市发展目标、原则、战略部署等重大问题，表达的是城市政府对城市空间发展战略方向的意志，须建立在市民参与和法律法规的基础之上。国土规划、区域规划、城镇体系规划、城市总体规划均归属于这一层面；建设控制引导层面的规划是对具体每一地块未来开发利用做出法律规定，它必须尊重并服从城市发展战略对其所在空间的安排。但这一层面的规划也可以依法对上一层面的规划进行调整。控制性详细规划和修建性详细规划均属于这一层面。

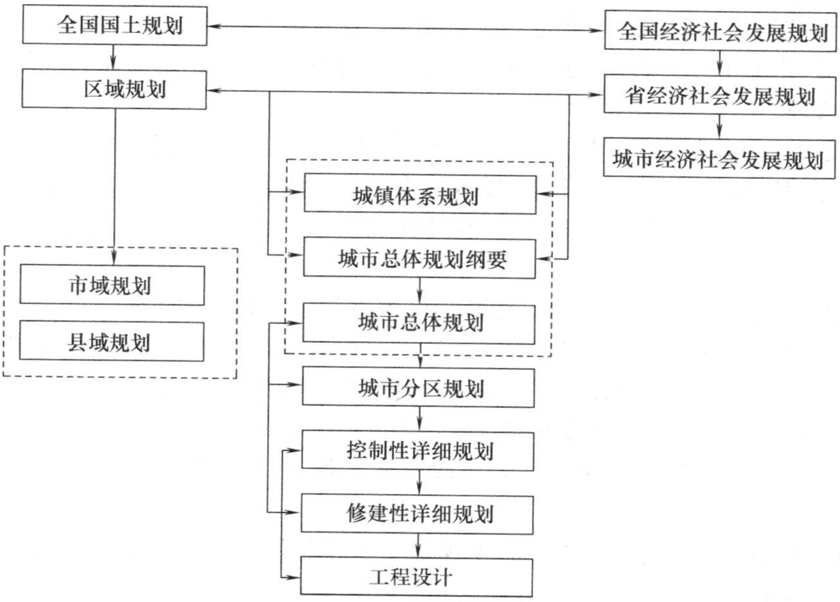

图2-1 我国区域-城市规划体系结构框架图

《城乡规划法》明确指出，我国城乡规划编制体系由城镇体系规划、城市规划、镇规划、乡规划和村庄规划构成，如图2-2所示。其中城市规划和镇规划分为总体规划和详细规划。详细规划分为控制性详细规划和修建性详细规划。

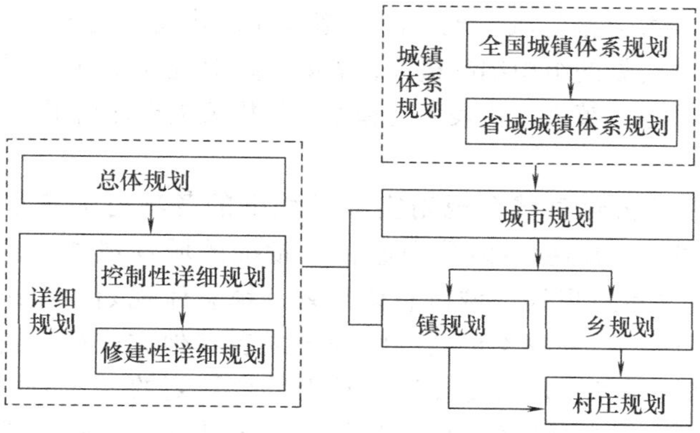

图2-2 城乡规划体系示意图

2. 我国城乡规划实施管理体系

（1）城乡规划的实施组织。政府及其部门在城乡规划实施组织方面的主要职责包括：

确定近期和年度的发展重点和地区，进行分类指导和控制，保证有计划、分步骤实施城乡规划；编制近期建设规划，保证城市总体规划实施与具体建设活动的开展紧密结合；通过下层次规划的编制落实和深化上层次规划的内容和要求，使下层次规划成为上层次规划实施的工具和途径；通过公共设施和基础设施的安排和建设，推动和带动地区建设的开展；针对重点领域（如产业政策）和重点地区制定相应的政策，保证城乡规划的有效实施。

（2）建设项目的规划管理。建设项目的规划管理可以分为建设用地的规划管理和建设工程的规划管理。

1）建设用地的规划管理。根据国家《城乡规划法》的有关规定，城市建设用地的规划管理按照土地使用权的获得方式不同可以区分为以下两种情况：一种情况是由国家以划拨方式提供国有土地使用权的建设项目；另一种情况是以出让方式提供国有土地使用权的建设项目。

2）建设工程的规划管理。城市、镇规划区内进行建筑物、构筑物、道路、管线和其他工程建设的，建设单位或者个人应当向市、县人民政府城乡规划主管部门或者省、自治区、直辖市人民政府确定的镇人民政府申请办理建设工程规划许可证。在乡、村庄规划区内进行乡镇企业、乡村公共设施和公益事业建设的，建设单位或者个人应当向乡、镇人民政府提出申请，由乡、镇人民政府报城市、县人民政府城乡规划主管部门核发乡村建设规划许可证。

（3）城乡规划实施的监督检查。城乡规划实施的监督检查可以分为行政监督、立法机构监督和社会监督。

1）行政监督。《城乡规划法》规定：县级以上人民政府及其城乡规划主管部门应当加强对城乡规划编制、审批、实施、修改的监督检查。城乡规划实施行政监督检查涉及的内容包括以下几个方面：一是上级政府或其城乡规划主管部门对下级政府或其规划主管部门在规划编制和实施过程中的行为及其决定的监督检查；二是上级政府和本级政府对政府相关部门涉及城乡规划实施行为的监督检查；三是规划行政主管部门对建设项目开展过程中是否符合城乡规划以及依法审批确定的规划条件和相关许可的要求进行监督检查。

2）立法机构监督。《城乡规划法》规定，“各级人民政府应当向本级人民代表大会常委会或者乡、镇人民代表大会报告城乡规划的实施情况，并接受监督”。省域城镇体系规划、城市总体规划、镇总体规划的组织编制机关，需要定期对规划实施情况进行评估，并向本级人民代表大会常务委员会、镇人民代表大会和原审批机关提出评估报告，并附具征求公众意见的情况。

3）社会监督。社会公众对城乡规划实施过程中的各项行为有权监督。社会监督包括：城乡规划组织编制机构需要及时公布经依法批准的城乡规划，接受社会公众对规划实施的监督；省域城镇体系规划、城市总体规划、镇总体规划的组织编制机关，定期对规划实施情况进行评估，并采取论证会、听证会或者其他方式征求公众意见；任何单位和个人都有权就涉及其利害关系的建设活动是否符合规划的要求向城乡规划主管部门查询；任何单位和个人都有权向城乡规划主管部门或者其他有关部门举报或者控告违反城乡规划的行为，且城乡规划主管部门对举报或者控告，都须及时受理并组织核查、处理；涉及控制性详细规划修改的，规划组织编制机关需征求规划地段内利害关系人的意见；经依法审定的修建性详细规划、建设工程设计方案的总平面图不得随意修改；确需修改的，城乡规划主管部门应当采取听证会等形式，听取利害关系人的意见；因修改给利害关系人合法权益造成损失的，应当依法给予补偿；对违法建设项目的监督检查情况和处理结果应当依法公开，供公众查阅和监督。

2.3 城乡规划的编制、审批与修改

2.3.1 城乡规划编制与审批应遵循的原则

编制城乡规划应该遵循以下基本原则：

（1）必须遵守并符合国家《城乡规划法》及相关法律法规，在规划的指导思想、内容和程序上，真正做到依法编制规划。

（2）严格执行国家政策，以科学发展观为指导，以构建社会主义和谐社会为基本目标，坚持五个统筹，坚持中国特色的城镇化道路，坚持节约和集约利用资源，保护生态环境和人文环境等，促进城市全面协调可持续发展。

（3）应当遵循城乡统筹、合理布局、节约土地、集约发展和先规划后建设的原则，改善生态环境，促进资源、能源节约和综合利用，保护耕地等自然资源和历史文化遗产，保护地方特色和传统风貌，防止污染和其他公害，并符合区域人口发展、国防建设、防灾减灾和公共卫生、公共安全的要求。

（4）考虑人民群众需要，改善人居环境，方便群众生活，充分关注中低收入人群，扶助弱势群体，维护社会稳定和公共安全。

（5）坚持政府组织、专家领衔、部门合作、公众参与、科学决策的原则。

有关部门应根据以上原则对所编制的城乡规划进行审批。

2.3.2 城乡规划的编制阶段及主要内容

由于受社会经济体制、城乡发展水平、城乡规划的实践和经验的影响，所以各国城乡规划的工作步骤、阶段划分与编制方法也不尽相同，但基本上都按照由抽象到具体，从战略到战术的层次决策原则进行。现将我国城乡规划工作中各个阶段的内容简介如下。

1. 城镇体系规划编制内容

《城乡规划法》从引导城镇化健康发展的目标出发，按照城乡统筹的原则，明确了与政府事权相对应的城镇体系规划层次。《城乡规划法》规定，要制定全国城镇体系规划和省域城镇体系规划，其主要目的是：第一，从区域整体出发，统筹考虑城镇与乡村的协调发展，明确城镇职能分工，引导各类城镇的合理布局和协调发展；第二，统筹安排和合理布局区域基础设施，避免重复建设，实现基础设施的区域共享和有效利用；第三，限制不符合区域整体利益和长远利益的开发活动，保护资源，保护环境。

全国城镇体系规划的重点是确定国家城市发展方针政策，组织全国城镇空间结构以分类指导各省（自治区）的城镇体系规划。省域（或自治区）城镇体系规划的重点是明确适合当地特点的城镇化发展模式，确定发展重点，安排和协调省域（或自治区）基础设施建设，对重点城市发展的职能、方向和规模提出指导性规划。

2. 城市总体规划编制内容

城市总体规划是一定时期内城市发展目标、发展规模、土地利用、空间布局以及各项建设的综合部署和实施措施，是引导和调控城市建设，保护和管理城市空间资源的重要依据和

手段。经法定程序批准的城市总体规划文件，是编制近期建设规划、详细规划、专项规划和实施城乡规划行政管理的法定依据。各类涉及城乡发展和建设的行业发展规划，都应符合城市总体规划的要求。

按照《城市规划编制办法》，城市总体规划编制内容应该包括纲要和成果两个阶段，并分为市域城镇体系规划和中心城区规划两个层次。成果应当包括规划文本、图纸及附件（说明、研究报告和基础资料等）。

（1）市域城镇体系规划编制内容。市域城镇体系规划应该包括以下内容：提出市域城乡统筹的发展战略；确定生态环境、土地和水资源、能源、自然和历史文化遗产等方面的保护与利用的综合目标和要求，提出空间管制原则和措施；预测市域总人口及城镇化水平，确定各城镇人口规模、职能分工、空间布局和建设标准；提出重点城镇的发展定位、用地规模和建设用地控制范围；确定市域交通发展策略；原则确定市域交通、通讯、能源、供水、排水、防洪、垃圾处理等重大基础设施，重要社会服务设施，危险品生产储存设施的布局；根据城市建设、发展和资源管理的需要划定城乡规划区（城乡规划区的范围应当位于城市的行政管辖范围内）；提出实施规划的措施和有关建议。

（2）中心城区规划编制内容。中心城区规划应当包括以下内容：分析确定城市性质、职能和发展目标；预测城市人口规模；划定禁建区、限建区、适建区和已建区，并制定空间管制措施；确定村镇发展与控制的原则和措施；确定需要发展、限制发展和不再保留的村庄，提出村镇建设控制标准；安排建设用地、农业用地、生态用地和其他用地；研究中心城区空间增长边界，确定建设用地规模，划定建设用地范围；确定建设用地的空间布局，提出土地使用强度管制区划和相应的控制指标（建筑密度、建筑高度、容积率、人口容量等）；确定市级和区级中心的位置和规模，提出主要的公共服务设施的布局；确定交通发展战略和城市公共交通的总体布局，落实公交优先政策，确定主要对外交通设施和主要道路交通设施布局；确定绿地系统的发展目标及总体布局，划定各种功能绿地的保护范围（绿线），划定河湖水面的保护范围（蓝线），确定岸线使用原则；确定历史文化保护及地方传统特色保护的内容和要求，划定历史文化街区、历史建筑保护范围（紫线），确定各级文物保护单位的范围；研究确定特色风貌保护重点区域及保护措施；研究住房需求，确定住房政策、建设标准和居住用地布局；重点确定经济适用房、普通商品住房等满足中低收入人群住房需求的居住用地布局及标准；确定电信、供水、排水、供电、燃气、供热、环卫发展目标及重大设施总体布局；确定生态环境保护与建设目标，提出污染控制与治理措施；确定综合防灾与公共安全保障体系，提出防洪、消防、人防、抗震、地质灾害防护等规划原则和建设方针；划定旧区范围，确定旧区有机更新的原则和方法，提出改善旧区生产、生活环境的标准和要求；提出地下空间开发利用的原则和建设方针；确定空间发展时序，提出规划实施步骤、措施和政策建议。

（3）城市总体规划强制性内容。主要包括：城乡规划区范围；市域内应当控制开发的地域；城市建设用地；城市基础设施和公共服务设施；城市历史文化遗产保护；生态环境保护与建设目标，污染控制与治理措施；城市防灾工程。

3. 镇总体规划编制内容

根据《城乡规划法》，镇总体规划包括县人民政府所在地镇的规划和其他镇的规划。镇总体规划的成果应包括规划说明书、规划文本、图纸及基础资料汇编，规划文本中应明确表示强制性内容。《城乡规划法解说》对镇总体规划的编制内容进行了如下阐述。

（1）关于县人民政府所在地镇总体规划的内容。县人民政府所在地镇对全县经济、社会以及各项事业的建设发展具有统领作用，其性质职能、机构设置和发展要求都与其他镇不同，为充分发挥其对促进县域经济发展、统筹城乡建设、加快区域城镇化进程的突出作用，县人民政府所在地镇的总体规划应按照省（自治区、直辖市）域城镇体系规划以及所在市的城市总体规划提出的要求，对县域镇、乡和所辖村庄的合理发展与空间布局、基础设施和社会公共服务设施的配置等内容提出引导和调控措施。县人民政府所在地镇的总体规划包括县域村镇体系和县城区两层规划内容。

1）县域村镇体系规划主要内容包括：综合评价县域的发展条件；制定县域城乡统筹发展战略，确定县域产业发展空间布局；预测县域人口规模，确定城镇化战略；划定县域空间管制分区，确定空间管制策略；确定县域镇村体系布局，明确重点发展的中心镇；制定重点城镇与重点区域的发展策略；统筹配置区域基础设施和社会公共服务设施，制定包括交通、给水、排水、电力、邮政通信、教科文卫、历史文化资源保护、环境保护、防灾减灾、防疫等专项规划。

2）县城区规划主要内容包括：分析确定县城性质、职能和发展目标，预测县城人口规模；划定规划区，确定县城建设用地规模；划定禁止建设区、限制建设区和适宜建设区，制定空间管制措施；确定各类用地的空间布局；确定绿地系统、河湖水系、历史文化、地方传统特色等的保护内容、要求，划定各类保护范围，提出保护措施；确定交通、给水、排水、供电、邮政、通信、燃气、供热等基础设施和公共服务设施的建设目标和总体布局；确定综合防灾和公共安全保障体系的规划原则、建设方针和措施；确定空间发展时序，提出规划实施步骤、措施和政策建议。规划中涉及规划区范围、规划区建设用地规模、基础设施和公共服务设施用地、水资源和水系、基本农田和绿化用地、环境保护、自然与历史文化遗产保护、防灾减灾等内容应作为规划的强制性内容。

（2）其他镇总体规划的内容。其他镇总体规划包括镇域规划和镇区规划两个层次。

1）镇域规划主要内容包括：提出镇的发展战略和发展目标，确定镇域产业发展空间布局；预测镇域人口规模；明确规划强制性内容，划定镇域空间管制分区，确定空间管制要求；确定镇区性质、职能及规模，明确镇区建设用地标准与规划区范围；确定镇村体系布局，统筹配置基础设施和公共设施，提出实施规划的措施和有关建议。

2）镇区规划主要内容包括：确定规划区内各类用地布局；确定规划区内道路网络，对规划区内的基础设施和公共服务设施进行规划安排；建立环境卫生系统和综合防灾减灾防疫系统；确定规划区内生态环境保护与优化目标，提出污染控制与治理措施；划定河、湖、库、渠和湿地等地表水体保护和控制范围；确定历史文化保护及地方传统特色保护的内容及要求。

规划中涉及规划区范围、规划区建设用地规模、基础设施和公共服务设施用地、水源地和水系、基本农田和绿化用地、环境保护、自然与历史文化遗产保护、防灾减灾等内容应作为规划的强制性内容。

4. 城市、镇详细规划编制内容

根据《城乡规划法解说》，编制详细规划是以城市总体规划、镇总体规划为依据，对一定时期内城镇局部地区的土地利用、空间环境和各项建设用地指标作出具体安排。

详细规划分为控制性详细规划和修建性详细规划。其中，控制性详细规划是引导和控制城市、镇建设发展最直接的法定依据，是具体落实城市、镇总体规划各项战略部署、原则要求和规划内容的关键环节；对于当前要进行建设的地区，应当编制修建性详细规划。修建性详细规划的主要任务是依据控制性详细规划确定的指标，编制具体的、操作性的规划，作为各项建筑和工程设施设计和施工的依据。

（1）控制性详细规划主要内容。控制性详细规划应当包括下列内容：确定规划范围内不同性质用地的界线，确定各类用地内适建、不适建或者有条件地允许建设的建筑类型；确定各地块建筑高度、建筑密度、容积率、绿地率等控制指标；确定公共设施配套要求、交通出入口方位、停车泊位、建筑后退红线距离等要求；提出各地块的建筑体量、体型、色彩等城市设计指导原则；根据交通需求分析，确定地块出入口位置、停车泊位、公共交通场站用地范围和站点位置、步行交通以及其他交通设施，并规定各级道路的红线、断面、交叉口形式及渠化措施、控制点坐标和标高；根据规划建设容量，确定市政工程管线位置、管径和工程设施的用地界线，进行管线综合，确定地下空间开发利用具体要求；制定相应的土地使用与建筑管理规定。其中，控制性详细规划确定的各地块的主要用途、建筑密度、建筑高度、容积率、绿地率、基础设施和公共服务设施配套规定应当作为强制性内容。

控制性详细规划成果应当包括规划文本、图件和附件。图件由图纸和图则两部分组成，规划说明、基础资料和研究报告收入附件。

（2）修建性详细规划主要内容。修建性详细规划应当包括下列内容：建设条件分析及综合技术经济论证；建筑、道路和绿地等的空间布局和景观规划设计，布置总平面图；对住宅、医院、学校和托幼等建筑进行日照分析；根据交通影响分析，提出交通组织方案和设计；市政工程管线规划设计和管线综合；竖向规划设计；估算工程量、拆迁量和总造价，分析投资效益。

修建性详细规划成果包括规划说明书、图纸。

5. 乡规划、村庄规划的编制内容

乡人民政府是我国农村地区的基层政权组织，村庄则是农村居民生活和生产的聚居点。乡规划和村庄规划是做好农村地区各项建设工作的先导和基础，是各项建设管理工作的基本依据。

《城乡规划法》明确了乡规划和村庄规划的编制组织、编制内容、编制程序等，确定了乡规划和村庄规划的法律地位。

（1）乡规划。乡规划包括乡域规划和乡驻地规划。乡规划主要编制内容如下。

1）乡域规划的主要内容：提出乡产业发展目标，落实相关生产设施、生活服务设施以及公益事业等各项建设的空间布局；落实规划期内各阶段人口规模和人口分布情况；确定乡的职能及规模，明确乡政府驻地的规划建设用地标准与规划区范围；确定中心村、基层村的层次与等级，提出村庄集约建设的分阶段目标及实施方案；统筹配置各项公共设施、道路和各项公用工程设施，制定各专项规划，并提出自然和历史文化保护、防灾减灾、防疫等要求；提出实施规划的措施和有关建议，明确规划强制性内容。

2）乡驻地规划的主要内容：确定规划区内各类用地布局，提出道路网络建设与控制要求；建立环境卫生系统和综合防灾减灾系统；确定规划区内生态环境保护与优化目标，划定主要水体保护和控制范围；确定历史文化保护及地方传统特色保护的内容及要求，划定历史文化街区、历史建筑保护范围，确定各级文物保护单位、特色风貌保护重点区域范围及保护措施；规划建设容量，确定公用工程管线位置、管径和工程设施的用地界线，进行管线综合。

（2）村庄规划。编制村庄规划，首先要依据经法定程序批准的镇总体规划或乡总体规划，同时也要充分考虑所在村庄的实际情况，在此基础上，对村庄的各项建设作出具体安排。

主要内容包括：安排村庄内的农业生产用地布局及为其配套服务的各项设施；确定村庄居住、公共设施、道路、工程设施等用地布局；确定村庄内的给水、排水、供电等工程设施及其管线走向、敷设方式；确定垃圾分类及转运方式，明确垃圾收集点、公厕等环境卫生设施的分布、规模；确定防灾减灾、防疫设施的分布和规模；对村庄分期建设时序进行安排，并对近期建设的工程量、总造价、投资效益等进行估算和分析。在一些经济较为发达和规模较大的村庄，也可以根据村庄发展建设的实际需要，组织编制专项规划。

2.3.3　城乡规划编制与审批的基本程序

1. 城镇体系的编制与审批程序

城镇体系的编制与审批程序如下：组织编制机关对现有城镇体系规划实施情况进行评估，对原规划的实施情况进行总结，并向审批机关提出修编的申请报告→经审批机关批准同意修编，开展规划编制的组织工作→组织编制机关委托具有相应资质等级的单位承担具体编制工作→规划草案公告三十日以上，组织编制单位采取论证会、听证会或者其他方式征求专家和公众的意见→规划方案的修改完善→在政府审查基础上，报请本级人民代表大会常务委员会审议→报上一级人民政府审批→审批机关组织专家和有关部门进行审查→组织编制机关及时公布经依法批准的城镇体系规划。

2. 制定城市、镇总体规划的基本程序

城市、镇总体规划的基本编制程序为：前期研究→提出进行编制工作的报告，并向上一层级的规划主管部门提出报告→编制工作报告经同意后，开展组织编制总体规划的工作→组织编制机关委托具有相应资质等级的单位承担具体编制工作→编制城市总体规划纲要→组织编制机关按规定报请总体规划纲要审查，并应当报上一层级的建设主管部门组织审查→根据纲要审查意见，组织编制城市总体规划方案→规划方案编制完成后由组织编制机关公告三十日以上，并采取听证会、论证会或者其他方式征求专家和公众的意见→规划方案的修改完善→在政府审查基础上，报请本级人民代表大会常务委员会（或镇人民代表大会）审议→根据规定报请审批单位审批→审批机关组织专家和有关部门进行审查→组织编制机关及时公布经依法批准的城市和镇总体规划。

3. 城市、镇控制性详细规划的编制程序

城市、镇控制性详细规划的基本编制程序为：城市人民政府城乡规划主管部门和县人民政府城乡主管部门，镇人民政府根据城市和镇的总体规划，组织编制控制性详细规划的编制，确定规划编制的内容和要求→组织编制机关委托具有相应资质等级的单位承担具体编制的内容和要求→城市详细规划编制中，应当采取公示、征询等方式，充分听取规划涉及的单位、公众的意见，对有关意见采纳结果应当公布→组织编制机关将规划草案予以公告，并采取论证会、听证会或者其他方式征求专家和公众的意见，公告时间不得少于三十日→规划方案的修改完善→规划方案报请审批→组织编制机关及时公布经依法批准的城市和镇控制性详细规划，报本级人民代表大会常务委员会和上一级人民政府备案。

4. 城市、镇修建性详细规划的编制程序

《城乡规划法》规定，城市、县人民政府城乡规划部门和镇人民政府可以组织编制重要地块的修建性详细规划。这就是说，只有城市、镇的重要地段（如历史文化街区、景观风貌区、中心区、交通枢纽等）可以由政府组织编制，其他地区的修建性详细规划组织编制主体是建设单位。各类修建性详细规划由城市、县人民政府城乡规划主管部门依法负责审定。

5. 乡规划的编制程序

乡规划由乡人民政府组织编制。乡规划在报送审批前应依法将规划草案予以公告，并采取论证会、听证会或其他方式征求专家和公众的意见。公告的时间不得少于三十日。组织编制机关应当充分考虑专家和公众的意见，并在报送审批的材料中附具意见采纳情况及理由。

乡规划应当由乡人民政府先经本级人民代表大会审议，然后将审议意见和根据审议意见的修改情况与规划成果一并报送县级人民政府审批。

6. 村庄规划的编制程序

村庄规划应以行政村为单位，由所在地的镇或乡人民政府组织编制。

根据我国现在实行的村民自治体制，村庄规划成果完成后，必须要经村民会议或者村民代表会议讨论同意后，方可由所在地的镇或乡人民政府报县级人民政府审批。

为了保证规划的可操作性，规划编制人员在进行现状调查、取得相关基础资料后，采取座谈、走访等多种方式征求村民的意见。村庄规划应进行多方案比较并向村民公示。县级城乡规划行政主管部门应组织专家和相关部门对村庄规划方案进行技术审查。

2.3.4 城乡规划的修改

城乡规划一经批准便具有法律效力，必须严格执行。但是在城乡规划实施的过程中，影响城乡建设和发展的各种因素总是不断变化的。城乡规划在实施过程中做局部的调整或修改是可能的，也是必要的。

按照《城乡规划法》的规定，在维护规划实施严肃性的前提下，当出现下列五个条件之一时，方可按照规定的权限和程序对省域城镇体系规划、城市总体规划和镇总体规划进行修改：①上级人民政府制定的城乡规划发生变更，提出修改规划要求的；②行政区划调整确需修改规划的；③因国务院批准重大建设工程确需修改规划的；④经评估确需修改规划的；⑤城乡规划的审批机关认为应当修改规划的其他情形。

关于修改省域城镇体系规划、城市总体规划及镇总体规划，组织编制单位应首先对原规划实施情况进行总结，并向原审批机关报告，经同意后，方可编制修改方案。修改后的总体规划应按照程序报批。如果涉及修改城市、镇总体规划强制性内容的，组织编制单位必须先向原审批机关提出修改规划强制性内容的专题报告，对修改强制性内容的必要性作出专门说明，经原批准机关审查同意后，方可进行修改工作。另外，修改近期建设规划，必须符合城市、镇总体规划。近期建设规划内容的修改，只能在总体规划的内容限定范围内，对实施时序、分阶段目标和重点等进行调整。修改后的近期建设规划要依法报城市、镇总体规划批准机关备案。

乡、镇人民政府组织修改乡规划、村庄规划，报上一级人民政府审批。修改后的规划在报送审批前，应当经村民会议或村民代表会议讨论同意。

修改控制性详细规划，组织编制单位应当关于修改的必要性进行论证，征求规划地段内利害关系人的意见，并向原审批机关提出专题报告，经原审批机关同意后，方可编制修改方案。修改后的控制性详细规划，经本级人民政府批准后，报本级人民代表大会常务委员会和上一级人民政府备案。控制性详细规划修改涉及城市总体规划、镇总体规划强制性内容的，应当按法律规定的程序先修改总体规划。

经依法审定的修建性详细规划、建设工程设计方案的总平面图不得随意修改；确需修改的，城乡规划主管部门应当采取听证会等形式，听取利害关系人的意见；因修改给利害关系人合法权益造成损失的，应当依法给予补偿。

2.3.5　城乡规划编制与审批的公众参与

1. 公众参与规划的意义

（1）确保社会公众对城乡规划的知情权，可以保证公众的有效参与。

（2）确保社会公众对城乡规划的参与权，可以保证公众的有效监督，从而推动城乡规划的制定。

（3）确保社会公众对城乡规划的监督权，有利于推动社会主义和谐社会的建设，特别是一些事关民生的公益设施的规划建设。

2. 公众参与制度的具体实施措施

（1）在规划的编制过程中，要求组织编制机关应当先将城乡规划草案予以公告，并采取论证会、听证会或其他方式征求专家和公众的意见，并在报送审批的材料中附具意见采纳情况及理由。

（2）在规划的实施阶段，要求城市、县人民政府城乡规划主管部门或省、自治区、直辖市人民政府应当将经审定的修建性详细规划、建设工程设计方案的总平面予以公布。城市、县人民政府城乡规划主管部门批准建设单位变更规划条件申请的，应当将依法变更后的规划条件公示。

（3）在修改省域城镇体系规划、城市总体规划、镇总体规划时，组织编制机关应当组织有关部门和专家定期对规划实施情况进行评估，并采取论证会、听证会或者其他方式征求公众意见，向本级人大常委会、镇人民政府和原审批机关提出评估报告应付具征求意见的情况。

（4）在修改控制性详细规划、修建性详细规划和建设工程设计方案的总平面时，城乡规划主管部门应当征求规划地段内利害关系人的意见。

（5）任何单位和个人有查询规划和举报或者控告违反城乡规划的行为的权利。

（6）进行城乡规划实施情况的监督后，监督检查情况和处理结果应当公开，供公众查阅和监督。

3. 公众参与城乡规划的原则、内容和形式

公众参与城乡规划应该坚持公正、公开、参与、效率的原则。一般包括公众参与的目标控制、公众参与的过程控制、公众参与的结果控制。其形式主要包括城乡规划展览系统，规划方案听证会、研讨会，规划过程中的民意调查，规划成果网上查询等。

2.4　城乡规划与相关规划（计划）的关系

城乡规划的基本属性决定了它是一种综合性的规划。国民经济规划、社会发展规划与土地利用总体规划对经济发展具有重要的调控和指导意义，同样也是具有综合性的规划。这三者虽然分别侧重于不同的功能，但相互之间又具有十分密切的关联。因此，《城乡规划法》规定，城市总体规划、镇总体规划以及乡规划和村庄规划的编制，应当依据国民经济规划和社会发展规划，并与土地利用总体规划相衔接。

从宏观管理层面上，在有关发展目标、生产力布局、产业发展方向、人口、城乡建设和环境保护等方面的内容上，城乡规划与国民经济规划和社会发展规划的关系密切，并且是相辅相成的。在市场经济体制下，国家通过制定经济制度与政策，加强和改善宏观调控管理，国民经济和社会发展规划与城乡规划都是政府促进科学发展、统筹协调利益、制定总体目标的手段。两个规划都不是一般的部门规划，而是由政府直接组织编制的规划，其具体内容包括发展目标和发展规模等，都要通过人大进行审议。编制总体规划与近期建设规划时，要将国民经济和社会发展规划提出的发展目标等作为重要依据，同样，城乡规划（包括近期建设规划和总体规划）确定的空间布局、基础设施与公共设施建设目标等也对国民经济和社会发展规划构成基本依据。在发展建设的管理上，应当以国民经济和社会发展年度计划和城乡近期建设规划为依据。建设项目的选址和布局则必须符合城乡规划的要求。

从合理利用国土资源，促进经济、社会和环境的全面协调可持续发展等宏观规划的目标上，城乡规划与土地利用规划是一致的。《中华人民共和国土地管理法》第二十二条对城乡规划与土地利用规划的衔接关系作出了明确的规定，“城市总体规划、镇总体规划、乡和村庄规划中建设用地规模不得超过土地利用总体规划确定的城市和镇、乡、村庄建设用地规模，同时城乡规划确定的规划区内的建设用地必须符合相应的城乡规划”。

在具体的侧重点上，城乡规划与土地利用规划有所差别。土地利用规划主要是以保护土地资源为主要目标，在宏观层面上对土地资源及其利用进行功能划分和控制；城乡规划则侧重规划区内土地和空间资源的合理利用，保证规划区内建设用地的科学使用是城乡规划工作的核心。法定城乡规划体系中的城镇体系规划、总体规划等确定的经济社会发展目标及空间布局等内容，也为土地利用规划提供了宏观依据。从制定和审核的程序看，负责制定和实施国土规划、土地利用规划的国土资源部门有责任参与城乡规划的编制和审核等工作，而城乡规划主管部门也要参加国土规划和土地利用规划的编制、审核等工作。

单元小结

本单元是对城乡规划体系的简明介绍，是对《中华人民共和国城乡规划法》的基本解读。通过本单元的学习，应该从城乡规划的社会作用入手，掌握城乡规划的基本地位与根本任务；了解城乡规划的基本地位以及根本任务，掌握城乡规划的基本特征；认知并理解城乡规划在调控宏观经济条件、保障社会公共利益、协调社会利益，维护公平、改善人居环境等四方面的重要作用；熟悉城乡规划法律体系、城乡规划行政体系以及城乡规划工作体系的基本构成以及内容；重点掌握城乡规划体系中各层面规划的编制内容、审批程序以及修改程序；理解城乡规划公众参与的重要性以及主要形式；从宏观管理层面、宏观规划目标层面以及具体规划侧重层面，理解城乡规划以及与其他相关规划（或计划）的关系。

复习思考题

2-1　简述城乡规划的概念与作用。

2-2　简述城乡规划体系的构成。

2-3　简述城市、镇总体规划的编制内容。

2-4　简述城市、镇详细规划的编制内容。

2-5　简述乡和村庄规划的编制内容。

2-6　简述城乡规划与相关规划的关系。

第3单元　城乡规划的调查研究与发展战略

【能力目标】

（1）具有形成对城乡规划调查研究的基本认识，并能够对调查研究内容进行评析的能力。

（2）具有明确城乡用地分类的内容和标准，正确理解空间管制内容的能力。

（3）具有认识城乡发展战略和概念规划的基本含义，了解目前我国在城乡发展战略和概念规划所做工作的能力。

（4）具有分析并确定城乡性质，掌握城乡人口规模和用地规模确定方法的能力。

【教学建议】

（1）以培养城乡规划调查研究的认识和分析能力、城乡发展战略和概念规划的认识和理解能力为基本出发点。

（2）以城乡居民点及城乡规划项目案例为载体展开教学，具体适宜项目需要教师去发掘和准备。

（3）充分体现以学生为主体，对城乡与城乡规划的认识、思考、解读、考察、讨论、分析的教学做一体化学习过程，如学生（个人或小组）为主体，教师引导其对某一城市或乡村，或对某一城乡规划项目进行调查研究、分析讨论，并撰写报告等。

【训练项目】

小城镇总体规划资料收集、实地调查与分析研究。

1. 训练目的

要求通过小城镇实地调查研究和资料收集，掌握规划调查研究、资料收集和分析的方法，为规划设计提供必要条件。要求了解清楚城乡规划项目的历史、地理、自然、文化背景及社会、经济发展状况和有关条件，找出城镇建设发展的主要优势与问题。通过训练，使学生进一步加深对城乡规划特点的理解，提高分析问题、解决问题的能力。

2. 训练内容与要求

（1）现场踏勘

对小城镇概貌有明确的形象概念。根据城市用地分类标准，对小城镇用地踏勘并分类调查用地中各类建筑设施的位置、建筑质量、建筑面积等，在实地踏勘过程中应对小城镇的社会文化、经济发展背景有初步感性认识，并对重要工程进行认真的现场踏勘。

（2）基础资料的收集与整理

从当地城建及有关主管部门收集有关城建及各项专业性资料并加以整理。根据所调查收集基础资料的内容分为：自然条件及历史沿革、综合经济与人口、工业与仓储、公建与居住、交通运输资料、市政工程设施、环境保护与环境卫生。

(3) 分析研究

将收集到的各类资料和现场踏勘情况反映出来的问题加以系统地分析整理，由表及里，从定性到定量研究小城镇的内在决定因素。分析研究的成果以文字、图、表形式表达。

(4) 成果要求

1) 用地现状及有关建筑质量、用地调查等草图。

2) 各系统调查报告，要求文字清晰、资料翔实、分析科学、图文并茂。

3.1 城乡规划中的基础资料调查与分析

3.1.1 城乡规划基础资料调查

调查研究是城乡规划的必要的前期工作，必须清楚城乡发展的自然、社会、历史、文化的背景以及经济发展的状况和生态条件，找出城乡建设发展中须解决的主要矛盾和问题。同时，调查研究的过程也是城乡规划方案的孕育过程，是对城乡从感性认识上升到理性认识的必要过程，调查研究所获得的基础资料是城乡规划定性、定量分析的主要依据。

1. 城乡规划调查的种类

根据城乡规模和城乡具体情况的不同，基础资料的收集应有所侧重，不同阶段的城乡规划对资料的工作深度也有不同的要求。城乡规划调查研究按照其对象和工作性质可以大致分为如下三类。

(1) 对物质空间现状的掌握。任何城乡建设都落实在具体的空间上。在更多情况下，城乡依托已有的建成区发展。因此，城乡规划首先要掌握城乡的物质空间现状，例如各类建筑物的分布状况、城乡道路等基础设施的状况；或者未来城乡发展预定地区的现状，例如地形、地貌、河流、公路走向等。通常这类工作主要依靠地形图测量、航空摄影、航天遥感等专业技术预先获取的信息完成。同时，根据规划类型和内容的需要，在上述信息的基础上，采取现场踏勘、观察记录等手段，进一步补充编制规划所需要的各类信息。

(2) 对各种文字、数据的收集整理。城乡规划可以利用的另一类既有信息，就是城乡各方面情况的文字记载和历年统计资料。例如：有关城乡发展历史的情况可以通过查阅各种地方志史获取；有关城乡人口增长、经济、社会发展的情况则可以通过对城乡历年统计资料的分析汇总而得到。

(3) 对市民意愿的了解和掌握。城乡规划不仅仅是规划城乡的物质空间形态，更重要的是要面对城乡的使用者——广大居民，掌握其需求、好恶，为其做好服务。因此，城乡规划需要从总体上掌握广大居民的需求和意愿。对此，城乡规划通常借用社会调查的方法，对包括城乡管理者在内的各阶层居民意愿进行较为广泛的调查。

2. 城乡规划基础资料

城乡规划涉及城乡社会、经济、人口、自然、历史文化等诸多方面，基础资料的收集及相应的调查研究工作也同样必须涉及各个方面的工作。这些内容主要包括以下方面：

(1) 区域环境的调查。区域环境在不同的城乡规划阶段可以指不同的地域。城乡总体规划需要将所规划的城乡纳入更为广阔的范围，才能更加清楚地认识所规划的城乡的作用、特点及未来发展的潜力。

(2) 历史文化环境的调查。历史文化环境的调查首先要通过对城乡形成和发展过程的调查，把握城乡发展动力以及城乡形态的演变原因。城乡的经济、社会和政治状况的发展演变是城乡发展最重要的决定因素。

(3) 自然环境的调查。自然环境是城乡生存和发展的基础，不同的自然环境对城乡的形成起着重要作用，而不同的自然条件又影响决定了城乡的功能组织、发展潜力、外部景观等。在自然环境的调查中，主要涉及自然地理环境、气象因素、生态因素等。

(4) 社会环境的调查。社会环境的调查主要包括两方面：首先是人口方面，主要涉及人口的年龄结构、自然变动、迁移变动和社会变动；其次是社会组织和社会结构方面，主要涉及构成城乡社会各类群体及它们之间的相互关系，包括家庭规模、家庭生活方式、家庭行为模式及社区组织等，此外还有政府部门、其他公共部门及各类企事业单位的基本情况。

(5) 经济环境的调查。城乡经济环境的调查包括城乡整体的经济状况，城乡中各产业部门的状况，有关城乡土地经济方面的内容，城乡建设资金的筹措、安排与分配等。

(6) 广域规划及上层次规划。任何一个城乡都不是孤立存在的，它是存在于区域之中的众多聚居点中的一个。因此，对城乡的认识与把握不仅要关注城乡自身，还应从更为广泛的区域角度看待一个城乡。通常，城乡规划将国土规划、区域规划以及城镇体系规划等具有更广泛空间范围的规划作为研究确定城乡性质、规模等要素的依据之一，有意识地按照广域规划和上层次规划中对该城乡的预测、规划和确定的地位，实现其在城乡群中的职能分工。

(7) 城乡土地使用的调查。按照国家《城市用地分类与规划建设用地标准》所确定的城乡土地使用分类，对规划区范围的所有用地进行现场踏勘调查，对各类土地使用的范围、界限、用地性质等在地形图上进行标注，完成土地使用的现状图和用地平衡表。

(8) 城乡道路与交通设施调查。城乡交通设施可大致分为道路、广场、停车场等城乡交通设施，以及公路、铁路、机场、车站、码头等对外交通设施。

(9) 城乡园林绿化、开敞空间及非城乡建设用地调查。了解城乡各类公园、绿地、风景区、水面等开敞空间以及城乡外围的大片农林牧业用地和生态保护绿地现状。

(10) 城乡住房及居住环境调查。了解城乡居住水平现状，中低收入家庭住房状况，居民住房意愿，居住环境，当地住房政策。

(11) 市政公用工程系统调查。主要是了解城乡现有给水、排水、供热、供电、燃气、环卫、通信设施和管网的基本情况，以及水源、能源供应状况和发展前景。

(12) 城乡环境状况调查。主要包括环境监测成果，各厂矿、单位排放污染物的数量及危害情况，城乡垃圾的数量及分布，其他影响城乡环境质量有害因素的分布状况及危害情况，地方病及其他有害居民健康的环境资料。

3. 城乡规划调查研究方法

城乡的情况十分复杂，进行调查研究既要有实事求是和深入实际的精神，又要讲究合理的工作方法，要有针对性，切忌盲目繁琐。调研主要是通过现场踏勘或观察调查、抽样调查或问卷调查、部门访谈、区域调研、文献资料运用等方法，从感性到理性认识城乡的初始过程，主要包括下列内容：

(1) 现场踏勘或观察调查。这是城乡总体规划调查中最基本的手段，通过规划人员直接的踏勘和观察工作，一方面可以获取有关现状情况，尤其是物质空间方面的第一手资料，弥补文献、统计资料乃至各种图形资料的不足；另一方面可以使规划人员在建立起有关城乡感性认识的同时，发现现状的特点和其中所存在的问题。主要用于城乡土地使用、城乡空间结构等方面的调查，也用于交通量调查等。

（2）抽样调查或问卷调查。问卷调查是要掌握一定范围内大众意愿时最常见的调查形式。通过问卷调查的形式可以大致掌握被调查群体的意愿、观点、喜好等。

（3）部门访谈。部门访谈是对与规划相关的各个部门的综合调研，了解各个部门所属行业的现状问题和工作计划，要求各部门提供与总体规划相关的专业规划成果并对城乡总体规划提出部门意见，各项会议内容要进行分类整理。

（4）区域调研。区域调研包括两项内容：一是主观感受城乡与区域之间的交流程度和相互影响程度，也可以通过一些经济流向或客货流向数据表示；二是考察周边城乡与编制总体规划城市的共同点，便于从大区域把握城乡定位。调研的内容包括与周边城乡的交通条件、交通距离、客货流向，还包括周边城乡自身的城乡结构、路网骨架、产业结构、经济基础、新区建设、旧城风貌等内容，寻找相似性和可借鉴的方面。

（5）文献资料运用。城乡总体规划的相关文献和统计资料通常以公开出版的城乡统计年鉴、城乡年鉴、各类专业年鉴、不同时期的地方志等形式存在，这些文献及统计资料具有信息量大、覆盖范围广、时间跨度大、在一定程度上具有连续性可推导出发展趋势等特点。在获取相关文献、统计资料后，一般按照一定的分类对其进行智选、汇总、整理和加工，从中发现某些规律性的趋势。

3.1.2　城乡规划基础资料分析

城乡规划基础资料分析研究是调查研究工作的关键，将收集到的各类资料和现场踏勘中反映出来的问题，加以系统地分析整理，去伪存真、由表及里，从定性到定量研究城乡发展的内在决定性因素，从而提出解决这些问题的对策，这是制定城乡规划方案的核心部分。同时，城乡规划所需的资料数量大，范围广，变化多，为了提高规划工作的质量和效率，要采取各种先进的科学技术手段进行调查、数据处理、检索、分析判断工作。城乡规划基础资料常用的分析方法有三类，分别是定性分析、定量分析和空间模型分析。

1. 定性分析

定性分析方法常用于城乡规划中复杂问题的判断，主要有因果分析法和比较法。

（1）因果分析法。城乡规划分析中涉及的因素繁多，为了全面考虑问题，提出解决问题的方法，往往先尽可能多地排列出相关因素，发现主要因素，找出因果关系。

（2）比较法。在城乡规划中常常会碰到一些难以定量分析又必须量化的问题，对此可以采用比较的方法找出其规律性。

2. 定量分析

城乡规划中常采用一些概率统计方法、运筹学模型、数学决策模型等数理工具进行定量化分析。

（1）频数和频率分析。频数分析是指一组数据中取不同值的个案的次数分布情况，它一般以频数分布表的形式表达。在规划调查中经常有调查的数据是连续分布的情况，如人均居住面积，一般是按照一个区间来统计。频率分布是指一组数据中不同取值的频数相对于总数的比率分布情况，一般以百分比的形式表达。

（2）集中量数分析。集中量数分析指的是用一个典型的值来反映一组数据的一般水平，或者说反映这组数据向这个典型值集中的情况。常见的有平均数、众数。平均数是调查所得各数据之和除以调查数据的个数；众数是一组数据中出现次数最多的数值。

（3）离散程度分析。离散程度分析是用来反映数据离散程度的。常见的有极差、标准差、离散系数。极差是一组数据中最大值与最小值之差；标准差是一组数据对其平均数的偏差平方的算术平均数的平方根；离散系数是一种相对的表示离散程度的统计量，是指标准差与平均数的比值，以百分比的形式表示。

(4) 一元线性回归分析。一元线性回归分析是利用两个要素之间存在比较密切的相关关系，通过试验或抽样调查进行统计分析，构造两个要素间的数学模型，以其中一个因素为控制因素（自变量），以另一个预测因素为因变量，从而进行试验和预测。

(5) 多元回归分析。多元回归分析是对多个要素之间构造数学模型。例如，可以在房屋的价格和土地的供给，建筑材料的价格与市场需求之间构造多元回归分析模型。

(6) 线性规划模型。如果在规划数学模型中，决策变量为可控的连续变量，目标函数和约数条件都是线性的，则这类模型称为线性规划模型。城乡规划中有很多问题都是为在一定资源条件下进行统筹安排使得在实现目标的过程中，如何在消耗资源最少的情况下获得最大的效益，即如何达到系统最优的目标。这类问题就可以利用线性规划模型求解。

(7) 系统评价法。系统评价法包括矩阵综合评价法、概率评价法、投入产出法、德尔菲法等。在城乡规划中，系统评价法常用于对不同方案的比较、评价、选择。

(8) 模糊评价法。模糊评价法是应用模糊数学的理论对复杂的对象进行定量化评价，如可以对城乡用地进行综合模糊评价。

(9) 层次分析法。层次分析法将复杂的问题分解成比原问题简单得多的若干层次系统，再进行分析、比较、量化、排序，然后再逐级进行综合。

3. 空间模型分析

城乡规划各个物质要素在空间上占据一定的位置，形成错综复杂的相互关系。除了用数学模型、文字说明表达外，还常用空间模型方法来表达，主要有实体模型和概念模型两类。

(1) 实体模型。实体模型除了可以用实物表达外，也可以用图纸表达，例如用投影法画的总平面图、剖面图、立面图，主要用于规划管理与实施；用透视法画的透视图、鸟瞰图，主要用于效果表达。

(2) 概念模型。概念模型一般用图纸表达，主要用于分析和比较。常用的方法有几何图形法、等值线法、方格网法、图表法。

3.2 城乡用地及其适用性评价

3.2.1 城乡用地

1. 城乡用地的概念

城乡用地是城乡规划区范围内赋以一定用途与功能的土地的统称，是用于城乡建设和满足城乡机能运转所需要的土地。通常所说的城乡用地，既是指已经建设利用的土地，也包括已列入城乡规划区域范围内尚待开发建设的土地。除此之外，泛义的城乡用地，还可包括按照《城乡规划法》所确定的城乡规划区内的非建设用地，如农田、林地、山地、水面等所占的土地。在我国城镇化进程加快和人均耕地趋少的双重压力背景下，城乡用地水平与发达国家相比偏低。为此，合理地利用和节约土地资源问题，已引起我国各级政府的高度重视，将之纳入我国可持续发展战略内容，并应该作为一切经济活动和包括城乡规划在内的所有土地利用规划行为的重要原则之一。

2. 城乡用地的功能

（1）承载功能。土地由于其物理特性，具有承载万物的功能。作为生物与非生物的载体，各种人工建（构）筑物的地基，土地是人类生产、生活赖以存在的物质基础，工程建设用地正是利用土地的这种承载功能，以土地的非生物附着方式为主要利用形态，把土地作为生产基地、生活场所，为人们提供居住、工作、学习、交通、旅游、公共设施等便利条件。

（2）生产功能。土地具有肥力，是万物生长的重要来源，它具备适宜生命存在的各种营养物质，和氧气、温度、湿度等结合在一起，使各种生物得以生存、繁殖。例如，耕地和养殖用地，它们都是因为具有较强的生产功能，能为农作物和水生动、植物提供生长所需的养分，所以成为人类食物和衣着原料的主要来源。

（3）生态功能。巍峨的群山、浩瀚的江河、平坦的沃野、丰富的景观资源为人们陶冶性情、愉悦身心创造了难以量化的价值，同时也给旅游产业的开发创造了条件；另一方面还表现在土地具有维护生态平衡的作用，如林地、草场等不仅能补给大气中的氧气、涵养水源，保持水土、调节气候、防风固沙、净化空气，还能为众多的野生动物提供栖息和繁殖的场地，优化自然生态环境。

3. 城乡用地的特殊性

（1）区位的极端重要性。城乡用地的空间位置不同，不仅造成用地间的极差收益不同，也使土地使用的环境效益和社会效益发生联动变化。随着城市土地有偿使用制度的逐步建立和完善，用地的区位属性直接影响城市用地的空间布局。

（2）开发经营的集约性。城乡土地使用高度的集约经营和投入，使单位面积城乡用地创造的物质和精神财富以及经济收益远大于自然状态的土地。同时，由于土地开发经营集约度的不同，城乡土地的利用方式和强度也不相同，造成用地的投入—产出效益相差很大。

（3）土地使用功能的固定性。由于城乡用地上建筑物投资巨大，非特殊原因，这些土地的使用方式一般不会轻易改变。因此，城乡总体规划在改变和确定土地用途时，必须科学研究、谨慎决策。

（4）不同用地功能的整体性。城乡用地在功能上是一个统一的有机整体，城乡总体规划的主要任务和作用就是研究城乡用地功能布局的合理性和完整性，以促使城乡协调、稳定、健康发展。

4. 城乡用地的属性

（1）自然属性。土地的自然生成，具有不可移动性。即有着明确的空间定位，由此导致每块土地具有相对的地理优势或劣势，以及各有的土壤和地貌特征。另外土地还有着耐久性和不可再生性。土地不可能生长或毁失，始终存在着，可能的变化只是人为地或自然地改变土地的表层结构或形态。土地的这些自然属性，即是土地各自具有的自然环境性能的附着与不可变更的特性，它将影响到城乡用地的选择、城乡土地的用途结构以及建设的经济性等方面。

（2）社会属性。今天地球表面，绝大部分的土地已有了明确的隶属，即土地已依附于一定的拥有地权的社会权力，无论是公有的或私有的形式。城乡土地的集约利用和社会强力的控制与调节，特别在土地公有制的条件下，明显地反映出城乡用地的社会属性。城乡用地的社会性，还反映在当土地作为个人、社团或政府的置产所起到的储蓄作用。当土地或是由房屋连同土地作为产业投资而民间化或普遍化时，所具有的社会性作用得以又一方面的显示。

（3）经济属性。土地的经济属性是通过土地自身的价值被社会认可来体现的。也表现在土地利用过程中能以直接或间接地转化为经济效益的特性上。如土地的肥瘠所造成农产的丰歉。又如土地的位置和形态构造的可利用程度等，都可能转化为城乡规划的技术经济或工程经济的优劣表现。城乡用地还可因人为的土地利用方式，得以开发土地的经济潜力，如通过不同的城乡用地结构和改变土地用途等，造成土地的价值差异；或是以增加土地的建筑容量、完善土地的基础设施等建设条件，以提高土地的可利用性等方式，由此转化为建设经济的效益，而显示出土地的经济性能。

（4）法律属性。在商品经济条件下，土地是一项资产。由于它的不可移动的自然属性，而归之于不动产的资产类别。城乡地产产权的国有或集体所有，或是在此条件下，我国所实行的地权部分权益转让等社会隶属形式，都经法定程序得到立法的支持，因而土地具有明确的法律属性。

5. 城乡用地的价值

（1）使用价值。在土地上可以施加各种城乡建设工程，用作城乡活动的场所，而当然地具有使用价值，这一价值还可通过人为地对土地加工，使之向深度与广度延伸，如对地形地貌的塑造，使具有景观的功能价值；又如对土地上、下空间的开发，使土地得到多层面的利用，从而扩大了原有土地的使用价值。

（2）经济价值。区位、高程以及土地所附有的建筑设施等状况，将影响土地作为商品或其某方面权利的有偿转移而进入市场，就显示出它的经济价值。这种价值以地价、租金或费用为其表现形式。由于土地的自然性状或在城乡中地理位置的差别，而有不同的价值极差。地价、租金或费用的市场调节机制，使城乡的土地利用结构同用地的价格产生深刻的相互依存与制约关系。

6. 城乡用地的区划

城乡地域因不同的目的和不同的使用方式，而需将用地划分成不同的范围或区块，以表达一定的用途、权属、性质或量值等。城乡规划过程中，需要了解和考虑种种既定的或是有关专业可能作出的各种城乡用地的区划界限与规定，以作为规划的依据，或规划需与之配合与协调的工作内容。通常城乡用地的区划有如下几种：

（1）行政区划。按照国家行政建制等有关法律所规定的城乡行政区划系列，如市区、郊区；市、区、县、乡、镇、街道等的区划。还有如特别设置或临时设置而具有行政管辖权限的各种开发区、管理区等。城乡的行政区划的性质和界限，是城乡用地规划和城乡规划管理的基本依据。

（2）用途区划。按照城乡规划所确定的土地利用的功能与性质，对土地作出的划分，每块土地都具有一定的用途，如用于工业生产的称为工业用地，用于绿化的称为绿化用地等。随着规划的深化，土地的用途可以相应地进一步细划。

（3）房地产权属区划。由房产或地产所有权所作的权属土地区划，如国有土地、集体所有土地等，又如按地块权属的地籍区划等。这类土地区划因涉及业主的所有权益，是城市用地需要参照和慎重对待的依据。

（4）地价区划。土地作为商品进入市场，是以地价等的形式来体现土地的区位、环境、性状以及可使用程度等价值的。为了优化土地利用、保障土地所有者的合理权益以及规范土地市场和土地价格体系，对城乡用地按照所具条件，进行价值鉴定，由此作出城乡土地的价格或租金的区划。

3.2.2　城乡用地适用性评价

城乡用地的评价包括多方面的内容，主要体现在三个方面，分别是自然条件评价、建设条件评价和用地经济性评价。这三方面是相互影响的，因此往往需要进行综合的评价。

1. 城乡用地自然条件评价

自然环境条件与城乡的形成和发展关系十分密切，对城市布局结构形式和城乡职能的充分发挥有很大的影响。城乡用地的自然条件评价主要包括工程地质、水文、气候等几个方面。

（1）工程地质条件

1）土质与地基承载力。在城乡用地范围内，由于地层的地质构造和土质的自然堆积情况存在着差异，其构成物质也就各不相同，加之受地下水的影响，地基承载力大小相差悬殊。全面了解城乡用地范围内各种地基的承载能力，对城乡建设用地选择和各类工程建设项目的合理布置以及工程建设的经济性，都是十分重要的。此外，有些地基土质常在一定条件下改变其物理性质，从而对地基承载力带来影响。例如湿陷性黄土，在受湿状态下，由于土壤结构发生变化而下陷，导致上部建设的损坏。又如膨胀土，具有受水膨胀、失水收缩的性能，也会造成对工程建设的破坏。

2）地形条件。不同的地形条件,对城乡规划布局、道路的走向和线型、各项基础设施的建设、建筑群体的布置、城乡的形态与形象等,均会产生一定的影响。结合自然地形条件,合理规划城乡各项用地和布置各项工程设施,无论是从节约土地和减少平整土石方工程投资,或者从城乡管理等方面来看,都具有重要的意义。各项工程设施的建设对用地的坡度都有具体的要求,地形坡度的大小对道路的选线、纵坡的确定及土石方工程量的影响尤为显著。

3）冲沟。冲沟是由间断流水在地层表面冲刷形成的沟槽。冲沟切割用地，使之支离破碎，对土地的使用十分不利。尤其在冲沟的发育地区，水土流失严重，而且道路的走向往往受其限制而增加线路长度和增设跨沟工程，给工程建设带来困难。规划前应弄清冲沟的分布、坡度、活动状况，以及冲沟的发育条件，以便及时采取相应的治理措施。如对地表水导流或通过绿化工程等方法防止水土流失。

4）滑坡与崩塌。滑坡与崩塌是一种物理工程地质现象。滑坡是由于斜坡上大量滑坡体（土体或岩体）在风化、地下水以及重力作用下，沿一定的滑动面向下滑动而造成的，常发生在山区或丘陵地区。因此，山区或丘陵地区城乡在利用坡地或紧靠崖岩进行建设时，需要了解滑坡的分布及滑坡地带的界线、滑坡的稳定性状况。崩塌的成因主要是由山坡岩层或土层的层面相对滑动，造成山坡体失去稳定而塌落。当裂隙发育且节理面顺向崩塌的方向，极易发生崩落。尤其是因过分的人工开挖，导致坡体失去稳定而造成崩塌。

5）岩溶。地下可溶性岩石（如石灰岩、盐岩等）在含有二氧化碳、硫酸盐、氯等化学成分的地下水的溶解与侵蚀之下，岩石内部形成空洞（地下溶洞），这种现象称为岩溶，也叫喀斯特现象。地下溶洞有时分布范围很广，洞穴空间高大，在城乡规划时要查清溶洞的分布、深度及其构造特点，而后确定城乡布局和地面工程建设。

6）地震。大多数地震是由地壳断裂构造运动引起的。在有活动断裂带的地区，最易发生地震，而在断裂带的弯曲突出处和断裂带交叉的地方往往是震中所在。在强震区一般不宜建设。在震区建设时，除制定各项建设工程的设防标准外，还须考虑震后疏散救灾等问题。

此外，在上游不宜修建水库，以免地震时水库堤坝受损，洪水下泄，危及城乡。

（2）水文及水文地质条件

1）水文条件。江河湖泊等地面水体，不但可作为城乡水源，同时它还在水路运输、改善气候、稀释污水以及美化环境等方面发挥作用。但某些水文条件也可能给城乡带来不利影响，例如洪水侵患，年降水量的不均匀性，水流对沿岸的冲刷，以及河床泥沙淤积等等。沿江河的城乡常会受到洪水的威胁，为防范洪水带来的影响，在规划中应处理好用地选择、用地布局以及堤防工程建设等方面的问题。还要区别城乡不同地区，采用不同的防洪设计标准，有利于土地的充分利用，也有利于城乡的合理布局和节约建设投资。另一方面，城乡建设也可能造成对原有水系的破坏，如过量取水、排放大量污水、改变水道与断面等，均能导致水体水文条件的变化，对城乡建设产生新的问题。

2）水文地质条件。水文地质条件一般是指地下水的存在形式，含水层的厚度，矿化度、硬度、水温及水的流动状态等条件。地下水常常作为城乡用水的水源，特别是在远高江河湖泊或地面水水量不足、水质不符合卫生要求的城乡，调查并探明地下水资源尤为重要。地下水按其成因与埋藏条件可分为三类，即上层滞水、潜水和承压水，其中能作为城乡水源的，主要是潜水和承压水。潜水基本上是地表渗水形成，主要靠大气降水补给，所以潜水水位及其水的流动状态与地面状况是相关的，其埋深也因各地的地面蒸发、地质构造（如隔水层距地面的深浅等）和地形等不同而相差悬殊。承压水是指两个隔水层之间的重力水，由于有隔水顶板，承压水受大气降水的影响较小，也不易受地面污染，因此往往作为远离江河城乡的主要水源。

（3）气候条件。气候条件对城乡规划与建设有着诸多方面的影响，尤其在为城市居民创造舒适的生活环境、防止城乡环境的污染等方面，关系更为密切。

1）太阳辐射。太阳辐射的强度与日照率，在不同纬度的地区存在着差异。认真分析城乡所在地区的太阳运行规律和辐射强度，对于建筑的日照标准、建筑朝向、建筑间距的确定，以及建筑的遮阳设施与各项工程的采暖设施的设置，提供了规划设计的依据。其中某些因素的考虑将进一步影响到城市建筑密度、城乡用地指标与用地规模以及建筑群体的布置等。

2）风向。风是地面大气的水平移动，由风向与风速两个量表示。风向就是风吹来的方向，表示风向最基本的一个特征指标叫风向频率。风向频率一般是分 8 个或 16 个罗盘方位观测，累计某一时期内（一季、一年或多年）各个方位风向的次数，并以各个风向发生的次数占该时期内观测、累计各个不同风向（包括静风）的总次数的百分比来表示。即

$$风向频率=\frac{某一时期内观测、累计某一风向发生的次数}{同一时期内观测、累计风向的总次数}$$

风速是指单位时间内风所移动的距离，表示风速最基本的一个指标是平均风速。平均风速是按每个风向的风速累计平均值来表示的。表 3-1 是某城市地区累年风向频率和平均风速的记录。根据城乡多年风向观测记录汇总所绘制的风向频率图和平均风速图又称风玫瑰图。风玫瑰图是研究城乡布局的重要依据。如图 3-1 所示，是某城市地区的风玫瑰图。

表 3-1 某城市地区累年风向频率和平均风速

方　位	北	东北北	东北	东北东	东	东南东	东南	东南南
风向频率	12	18	16	4.5	3.1	4.5	4.7	6.2
平均风速/(m/s)	3.2	3.5	3.2	2.2	1.9	2.3	2.7	3.6

（续）

方　位	南	西南南	西南	西南西	西	西北西	西北	西北北	静风
风向频率	4.7	2.9	5.4	3.2	2.1	1	3.5	3.3	7.6
平均风速/(m/s)	3.6	4.0	3.7	2.7	2.7	2.3	2.6	3	0

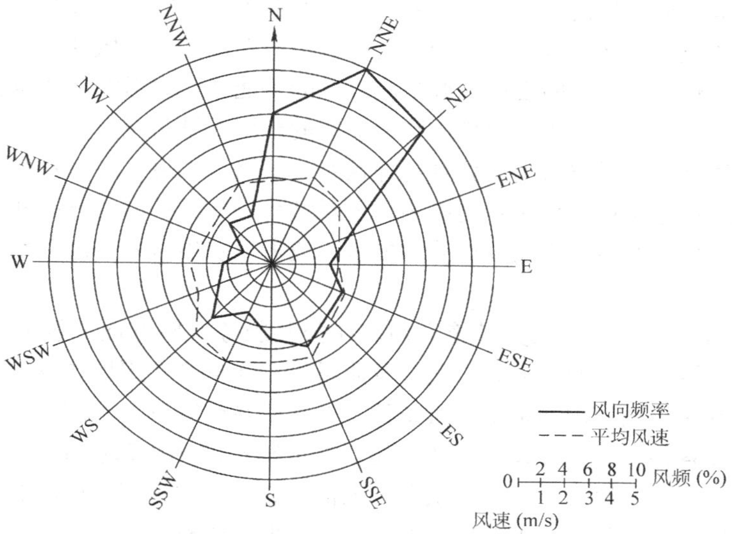

图 3-1　某城市地区累年风向频率、平均风速图

3）气温。气温对于城乡规划与建设也有影响。如城乡所在地区的日温差或年温差较大时，会给建筑工程的设施与施工带来影响；在工业配置时，需根据气温条件，考虑工业生产工艺的适应性与经济性问题；在生活居住方面，则应根据气温状况考虑生活居住区的降温或采暖设备的设置等问题。在日温差较大的地区（尤其在冬天），常常因为夜间城市地面散热冷却较快，大气层下冷上热，而在城市上空出现逆温层现象，在静风或谷地地区，加上山坡气流下沉，更加剧这一现象。这时城乡上空大气比较稳定，有害的工业烟气滞留或扩散缓慢，进而加剧了城乡环境的污染。此外，城乡由于建筑密集，硬地过多，生产与生活活动过程散发大量热量，往往出现市区气温比郊外高的现象，即所谓“热岛效应”。

4）降水与湿度。降水是降雨、降雪、降雹、降霜等气候现象的总称；降水量和降水强度对城乡规划较为突出的影响是排水设施的设置。此外，山洪的形成、江河汛期的威胁等也给城乡用地的选择及城乡防洪工程带来直接的影响。

湿度的高低与降水的多少有着密切的联系，相对湿度又随地区或季节的不同而异。一般城乡市区因大量人工建筑物与构筑物覆盖，相对湿度比城乡郊区要低。湿度的大小还对城乡某些工业生产工艺有所影响，同时又与居住环境是否舒适有关。

2. 城乡用地建设条件评价

城乡用地的建设条件是指组成城乡各项物质要素的现有状况与它们在近期内建设或改进的可能，以及它们的服务水平与质量。与城乡用地的自然条件评价相比，建设条件的评价更强调人为因素所造成的影响。除了新建城乡之外，绝大多数城乡都是在一定的现状基础上建设与发展的，不可能脱离城乡现有的基础。因此，城乡现有的布局往往对城乡的进一步发展具有十分重要的影响。城乡的现状条件，有时不能满足城乡发展的要求，有时还会妨碍城市的建设和发展，这就要求对城市用地的建设条件进行全面评价，对不利的因素加以改造，更好地利用城乡现有基础，充分发挥其潜力。

（1）城乡用地布局结构方面。城乡的布局现状是城乡历史发展过程的产物，有着相当的稳定性。城乡越大，一般越难以改动。对现状城乡用地布局结构的评价，应着重以下几个方面：①城乡用地布局结构是否合理，主要体现在城乡各项功能的组合与结构是否协调，以及城乡总体运行的效率。②城乡用地布局结构能否适应发展需要，城乡布局结构形态是封闭的，还是开放的，将对城乡空间发展、调整或改变的可能性产生影响。③城乡用地布局对生态环境的影响，主要体现在城市工业排放物所造成的环境污染与城乡布局的矛盾。④城乡内外交通系统的协调性、矛盾与潜力，城乡对外铁路、公路、水道、港口及空港等站场、线路的分布，将对城乡用地结构产生深刻的影响，还对城乡进一步扩展的方向和用地选择造成制约。⑤城乡用地结构是否体现出城乡性质的要求，或者反映出城乡特定自然地理环境和历史文化积淀的特色等。

（2）城乡市政设施和公共服务设施方面。在公共服务设施方面，包括商业服务、文化教育、医疗卫生等设施，它们的分布、配套及质量等，无论是在用地本身，还是作为邻近用地开发的环境，都是土地使用的重要衡量条件。尤其是在旧区改建方面，土地使用的价值往往要视现有住宅和各种公共服务设施以及改建后所能得益的多少来决定。在市政设施方面，包括现有的道路、桥梁、给水、排水、供电、电信、燃气等的管网、厂站的分布及其容量等方面，它们是土地开发的重要基础条件，影响着城乡发展的格局。

（3）社会、经济构成方面。影响土地使用的社会构成状况主要表现在人口结构及其分布的密度，以及城乡各项物质设施的分布及其容量与居民需求之间的适应性。人口分布的疏或密，将反映出土地使用的强度与效益。当旧区改建时，高密度人口地区常会带来安置动迁居民的困难。城乡经济的发展水平、城乡的产业结构和相应的就业结构都将影响城乡用地功能组织和各种用地的数量结构。

3. 用地经济性评价

城市用地的经济性评价是指根据城乡土地的经济和自然两方面的属性及其在城乡社会经济活动中所产生的作用，综合评价土地质量优劣差异，为土地使用提供依据。在城市中，由于不同地段所处区位的自然经济条件和人为投入物化劳动的不同，土地质量和土地收益也不同。因此，通过分析土地的区位、投资于土地上的资本状况、经济活动状况等条件，可以揭示土地质量和土地收益的差异。影响城乡用地经济性评价的因素一般可以分为三个层次。

（1）基本因素层。包括土地区位、城乡设施、环境优劣度及其他因素等。

（2）派生因素层。即由基本因素派生出来的子因素，包括繁华度、交通通达度、城乡基础设施、社会服务设施、环境质量、自然条件和城乡规划等子因素，它们从不同方面反映基本因素的作用。

（3）因子层。它们从更小的侧面具体地对土地使用产生影响。

4. 城乡用地工程适宜性评定

城乡用地工程适宜性评定不只是各个环境要素单独作用的总和，而是从环境的整体意义上考察它们相互的作用及其后果，是综合各项用地的自然条件对用地质量进行评价的结果。同时也要尽可能预计到城乡建设的人为影响给自然环境条件带来的变化，对用地质量造成新的影响，并作为评价环境质量的一个因素先期加以考虑，一般可分为三类。

（1）一类用地。一类用地即适宜修建的用地。这类用地一般不需或只需稍加简单的工程准备措施，就可以进行修建。其具体要求是：①地形坡度在10%以下，符合各项建设用地的要求；②土质能满足建筑物地基承载力的要求；③地下水位低于建筑物、构筑物的基础埋藏深度；④没有被百年一遇洪水淹没的危险；⑤没有沼泽现象或采取简单的工程措施即可排除地面积水；⑥没有冲沟、滑坡、崩塌、岩溶等不良地质现象。

（2）二类用地。二类用地即基本上适宜修建的用地。这类用地由于受某种或某几种不利条件的影响，需要采取一定的工程措施改善其条件后才适于修建。这类用地对城乡设施或工程项目的布置有一定的限制。其具体情况是：①土质较差，在修建建筑物时，地基需要采取人工加固措施；②地下水位距地表面的深度较浅，修建建筑物时，需降低地下水位或采取排水措施；③属洪水轻度淹没区，淹没深度不超过1.5m，需采取防洪措施；④地形坡度较大，修建建筑物时，除需要采取一定的工程措施外，还需动用较大土石方工程；⑤地表面有较严重的积水现象，需要采取专门的工程准备措施加以改善；⑥有轻微的活动性冲沟、滑坡等不良地质现象，需要采取一定工程准备措施等。

（3）三类用地。三类用地即不适宜修建的用地。这类用地一般说来用地条件很差，其具体情况是：①地基承载力极低和厚度在2m以上的泥炭或流沙层的土壤，需要采取很复杂的人工地基和加固措施才能修建；②地形坡度超过20%以上，布置建筑物很困难；③经常被洪水淹没，且淹没深度超过1.5m，④有严重的活动性冲沟、滑坡等不良地质现象，若采取防治措施需花费很大工程量和工程费用；⑤农业生产价值很高的丰产农田，具有开采价值的矿藏，属给水水源卫生防护地段，存在其他永久性设施和军事设施等。

用地评定的内容方法与深度将随着城乡规划与工程建设学科的发展，会不断地充实和深化。它将不仅表现在影响工程经济方面，而且对诸如地域生态、自然景观等环境条件的评价，也将逐渐地产生影响。用地评定的成果包括图纸和文字说明，它是城乡规划文件之一。

5. 城乡建设用地选择

（1）用地选择的影响因素。城乡建设用地选择是根据城乡各项设施对用地环境的要求、城乡规划布局与用地组织的需要来对用地进行鉴别与选定的。新城乡建设需要选择适宜的城址，旧城扩建也有选择所需用地的问题。城乡用地选择恰当与否，关系到城乡的功能组织和城乡规划布局形态，同时对建设的工程经济和城乡的运营管理都有一定影响。城乡用地选择通常涉及以下方面：

1）建设现状。主要是指用地内已有的建筑物、构筑物状态，如现有村、镇或其他地上、地下工程设施，对它们的迁移、拆除的可能性、动迁的数量、保留的必要与价值、可利用的潜力以及经济评估等问题。

2）基础设施。用地内以及周边区域的水、电、气、热等供应网络以及道路桥梁等状况，即基础设施环境条件，将影响到用地相宜建设的规模、建设经济以及建设周期等问题。

3）土地利用总体规划。选择用地所在国土管理部门制定的土地利用总体规划，对该用地的用途规定及调整的可能性。

4）生态环境。用地所在的区域自然环境背景以及用地自身的自然基础和环境质量。同时，如作为选定用地加以人工建设，可能对既存环境的正面或负面影响。

5）文化遗存。用地范围内地上、地下已发掘或待探明的文化遗址、文物古迹以及有关部门的保护规划与规定等状况。

6）社会问题。指用地的产权归属、动迁原住民涉及社会、民族、经济等方面问题。

（2）城乡建设用地选择的基本要求

1）选择有利的自然条件。有利的自然条件，一般是指地势较为平坦，地基承载力良好，不受洪水威胁，节省工程建设投资，而且能够保证城乡日常功能的正常运转等。对自然条件要全面分析比较，合理估算工程造价，得出合理的选择。对于一些不利的自然条件，利用现代技术，通过一定的工程措施加以改造，但都必须经济合理和工程可行。要从现实的经济水平和技术能力出发，按近期和远期的规模要求来合理地选择用地。

2）尽量少占农田。保护耕地是我国的基本国策，因此也是城乡用地选址必须遵循的原则。在选择城乡建设用地时应尽量利用劣地、荒地、坟地、少占农田。

3）保护古迹与矿藏。城乡用地选择应避开有价值的历史文物古迹和已探明有开采价值的矿藏的分布地段。

4）满足主要建设项目的要求。城乡建设项目和内容有主次之分。对城乡发展关系重大的建设项目，应优先满足其建设需要，解决城乡用地选择的主要矛盾，此外还要研究它们的配套设施，如水、电、运输等用地的要求。

5）要为城乡合理布局创造良好条件。城乡布局的合理与否与用地选择关系很大。在用地选择时，要结合城乡总体规划的初步设想，反复分析比较。优越的自然条件是城乡合理布局的良好基础。

3.3 城乡用地分类与空间管制规划

3.3.1 城乡用地分类

城乡用地的用途分类在城市的历史发展中，曾有不同的分类方法与用途名称。随着城市功能的变异与增减，用途分类也随之改变与增减。而且即使同一用途名称，会有不同的含义。建设部制定并颁布了《城市用地分类与规划建设用地标准》的国家标准。该标准将城市用地划分为大类、中类和小类三级，计有10大类、46中类和73小类。表3-2所列为城市用地的大类项目。

表3-2 城市用地分类表

类别代号	类别名称	内容	范围
R	居住用地	一类居住用地、二类居住用地、三类居住用地、四类居住用地	居住小区、居住街坊、居住组团和单位生活区等各种类型的成片或零星的用地
C	公共设施用地	行政办公用地、商业金融业用地、文化娱乐用地、体育用地、医疗卫生用地、教育科研设计用地、文物古迹用地、其他公共设施用地	居住区及居住区级以上的行政、经济、文化、教育、卫生、体育以及科研设计等机构和设施的用地，不包括居住用地中的公共服务设施用地
M	工业用地	一类工业用地、二类工业用地、三类工业用地	工矿企业的生产车间、库房及其附属设施等用地。包括专用的铁路、码头和道路等用地。不包括露天矿用地，该用地应归入水域和其他用地（E）

（续）

类别代号	类别名称	内　容	范　围
W	仓储用地	普通仓库用地、危险品仓库用地、堆场用地	仓储企业的库房、堆场和包装加工车间及其附属设施等用地
T	对外交通用地	铁路用地、公路用地、管道运输用地、港口用地、机场用地	铁路、公路、管道运输、港口和机场等城市对外交通运输及其附属设施等用地
S	道路广场用地	道路用地、广场用地、社会停车场（库）用地	主干路、次干路和支路用地，包括其交叉路口用地；不包括居住用地、工业用地等内部的道路用地；公共活动广场用地，不包括单位内的广场用地；公共使用的停车场和停车库用地，不包括其他各类用地配建的停车场库用地
U	市政公用设施用地	供应设施用地、交通设施用地、邮电设施用地、环境卫生设施用地、施工与维修设施用地、殡葬设施用地、其他市政公用设施用地	市级、区级和居住区级的市政公用设施用地，包括其建筑物、构筑物及管理维修设施等用地
G	绿地	公共绿地、生产防护绿地	市级、区级和居住区级的公共绿地及生产防护绿地，不包括专用绿地、园地和林地
D	特殊用地	军事用地、外事用地、保安用地	特殊性质的用地
E	水域和其他用地	水域、耕地、园地、林地、牧草地、村镇建设用地、弃置地、露天矿用地	除以上各大类用地之外的用地

建设部于2007年制定并颁布了《镇规划标准》，镇用地按土地使用的主要性质划分为9大类、30小类。表3-3所列为镇用地的大类项目。

表3-3　镇用地分类表

类别代号	类别名称	内　容	范　围
R	居住用地	一类居住用地、二类居住用地	各类居住建筑和附属设施及其间距和内部小路、场地、绿化等用地；不包括路面宽度等于和大于6m的道路用地
C	公共设施用地	行政管理用地、教育机构用地、文体科技用地、医疗保健用地、商业金融用地、集贸市场用地	各类公共建筑及其附属设施、内部道路、场地、绿化等用地
M	生产设施用地	一类工业用地、二类工业用地、三类工业用地、农业服务设施用地	独立设置的各种生产建筑及其设施和内部道路、场地、绿化等用地
W	仓储用地	普通仓储用地、危险品仓储用地	物资的中转仓库、专业收购和储存建筑、堆场及其附属设施、道路、场地、绿化等用地
T	对外交通用地	公路交通用地、其他交通用地	镇对外交通的各种设施用地
S	道路广场用地	道路用地、广场用地	规划用地范围内的道路、广场、停车场等设施用地，不包括各类用地中的单位内部道路和停车场地

（续）

类别代号	类别名称	内　　容	范　　围
U	工程设施用地	公用工程用地、环卫设施用地、防灾设施用地	各类公用工程和环卫设施以及防灾设施用地，包括其建筑物、构筑物及管理、维修设施等用地
G	绿地	公共绿地、防护绿地	各类公共绿地、防护绿地；不包括各类用地内部的附属绿化用地
E	水域和其他用地	水域、农林用地、牧草和养殖用地、保护区、墓地、未利用地、特殊用地	规划范围内的水域、农林用地、牧草地、未利用地、各类保护区和特殊用地等

用地分类的规范化与标准化，有利于土地的利用与管理，在不同城市、不同规划方案之间可以进行类比，以及便于规划指标的定量与统计。

3.3.2 空间管制规划

1. 城乡建设用地空间管制制度的主要内容

1998年起，我国开始实行土地用途管制制度，即国家编制土地利用总体规划，规定土地用途，将土地分为农用地、建设用地和未利用地。要求严格限制农用地转为建设用地，控制建设用地总量，对耕地实行特殊保护。

通过规划实施，土地用途管制制度取得了良好效果，农用地特别是耕地快速下降趋势得到缓解，建设用地集约利用水平不断提高，对保障国家粮食安全和促进国民经济平稳较快发展起到了积极的作用。与此同时，也暴露出一些不足，主要是土地用途管制主要局限在土地用途分类及其数量规模基础上，没有直接涉及土地的空间属性及其影响，因而在规范土地利用空间秩序、引导土地利用布局方面发挥的作用受到较大局限。基于这种考虑，《全国土地利用总体规划纲要（2006—2020年）》明确提出实行城乡建设用地空间管制制度，其主要内容有以下三个方面：

（1）实行城乡建设用地扩展边界控制。即按照分解下达的城乡建设用地指标，在各级土地利用总体规划中逐级落实用地规模和布局，并对其中的城镇、工矿、农村居民点等非线性用地，划定规划期内用地的扩展边界，明确管制规则，引导土地的合理利用。通过综合运用经济、行政、法律和科技手段，加强对用地布局的监管，把新增建设用地严格控制在扩展边界范围内，防止城乡建设用地盲目和无序扩张，有效减缓建设对耕地特别是基本农田和其他重要生态环境用地的侵占。

（2）落实城乡建设用地空间管制规则。立足城乡建设用地扩展边界，细化对区域土地利用的空间划分，针对不同区域实施差别化的土地利用管理措施。城乡建设用地扩展边界内，要在现行基础上简化农用地转用审批环节，强化跟踪监管，同时要加强建设项目在节约集约用地方面的审查和管理，推进土地利用方式转变。城乡建设用地扩展边界外，原则上只能安排能源、交通、水利、军事等必须单独选址的建设项目，严格限制城、镇、村和工矿用地的无序蔓延。

（3）完善建设项目用地前期论证。加强建设项目用地前期论证，强化土地利用总体规划、土地利用年度计划和土地供应政策等对建设用地的控制和引导。建设项目选址应按照节约集约用地原则进行多方案比较，优先采用占地少特别是占用耕地少的选址方案。

2. 城乡空间管制的分类

立足于生态敏感性分析和未来区域开发态势的判断，通常对市域城乡空间进行生态适宜性分区，分别采取不同的空间管制策略。一般来说，分为以下三类。

（1）适宜建设区。一般指市域发展方向上的生态敏感度低的城市发展急需的空间。该区用地一般来说基地条件良好，现状已有一定开发基础，适宜城市优先发展。建设用地比例按照城乡规划标准。

（2）限制建设区。一般包括农业开敞空间和未来的战略储备空间，航空、电信、高压走廊、自然保护区的外围协调区、文物古迹保护区的外围协调区。该区用地既要满足城市长远发展的空间需求，也担负区域基本农田保护任务，并具有一定的生态功能。建设用地的投放主要是满足乡村居民点建设的需要。

（3）禁止建设区。指生态敏感度高、关系区域生态安全的空间，主要是自然保护区、文化保护区、环境灾害区、水面等。

3.4　城乡发展战略与概念规划

3.4.1　城乡发展战略

1. 城乡发展战略概念

城乡发展战略包括的内容既宏观又全面，是对城乡经济、社会、环境的发展所作的全局性、长远性和纲领性的谋划。

2. 城乡发展战略规划的研究背景

城乡是一个开放的复杂系统，城乡发展是社会、经济、文化、科技等内在因素和外部条件综合的结果。因此，城乡发展战略的制定就必须在研究城乡的区域发展背景，研究城乡的经济、社会、文化、科技发展的基础上，确立城乡发展的目标，确定城乡在一定时期内发展的城乡的性质、职能，预测城乡发展的可能规模（人口规模和用地规模），使城乡规划建立在可靠科学的基础之上。

《中华人民共和国城乡规划法》第五条规定："城市总体规划、镇总体规划以及乡规划和村庄规划的编制，应当依据国民经济和社会发展规划，并与土地利用总体规划相衔接。"

《城市规划编制办法》第二十一条规定："编制城市总体规划，应当以全国城镇体系规划、省域城镇体系规划以及其他上层次法定规划为依据，从区域经济社会发展的角度研究城市定位和发展战略，按照人口与产业、就业岗位的协调发展要求，控制人口规模、提高人口素质，按照有效配置公共资源、改善人居环境的要求，充分发挥中心城市的区域辐射和带动作用，合理确定城乡空间布局，促进区域经济社会全面、协调和可持续发展。"

因此，在对城乡发展战略进行研究时，应以国民经济和社会发展规划、土地利用总体规划、城镇体系规划等为背景，尤其对城乡发展战略有关的内容要深入研究，以便正确确定城乡发展战略。

3. 国民经济和社会发展规划与土地利用总体规划

（1）国民经济和社会发展规划。国民经济和社会发展规划一般包括城乡的基本状况、地位、优势、潜力和制约因素的分析，确立城乡发展的战略目标，制定城乡发展的规划以及实现规划目标的主要对策和措施等。

国民经济和社会发展规划纲要除了战略目标、城乡的发展重大方针、政策和城乡大的空间部署外，一般都对经济社会发展的规划指标进行分析和预测，主要指标有：①经济发展指标：人均 GDP（国内生产总值）；每万元 GDP 综合能耗；国民收入；财政收入相当于 GDP 的比例；工业总产值；农业总产值；社会商品零售额；三次产业产值构成比例。②社会发展指标：教育经费占 GDP 的比例；研究与开发经费占 GDP 比例；中小学普及率；每万人医生数、床位数。③城市的基础设施、环境指标：人均道路面积；人均电话门数；人均绿地面积等。

各个城乡还要根据城乡的主要职能提出相应的指标，如对出口贸易重要的城市，还应增加进口贸易总额占 GDP 的比值等，反映城乡的经济实力、经济效益、经济结构、科学技术、文教、卫生、基础设施、城市环境等水平。

（2）土地利用总体规划。土地利用总体规划是在一定区域内，根据国家社会经济可持续发展的要求和当地自然、经济、社会条件，对土地的开发、利用、治理、保护在空间上、时间上所作的总体安排和布局，是国家实行土地用途管制的基础。土地利用总体规划属于宏观土地利用规划，是各级人民政府依法组织对辖区内全部土地的利用以及土地开发、整治、保护所作的综合部署和统筹安排。根据我国行政区划，规划分为全国、省（自治区、直辖市）、市（地）、县（市）和乡（镇）五级，即五个层次。上下级规划必须紧密衔接，上一级规划是下级规划的依据，并指导下一级规划，下级规划是上级规划的基础和落实。

土地利用总体规划的成果包括规划文件、规划图件及相应的附件。土地利用总体规划实行分级审批制度。土地利用总体规划应当包括下列内容：①现行规划实施情况评估；②规划背景与土地供需形势分析；③土地利用战略；④规划主要目标的确定，包括耕地保有量、基本农田保护面积、建设用地规模和土地整理复垦开发安排等；⑤土地利用结构、布局和节约集约用地的优化方案；⑥土地利用的差别化政策；⑦规划实施的责任与保障措施。

乡（镇）土地利用总体规划可以根据实际情况，适当简化规划内容。

3.4.2 城乡发展概念规划

早在 20 世纪六七十年代，新加坡和美国（概念规划）、英国（结构规划）、中国香港（发展策略）、波兰（城市与区域规划）就曾编制过概念规划，虽然它们的名称不同，但其内容、目的和所起的作用大同小异。中国大陆自 2001 年 1 月于广州完成首次城市总体发展概念规划，随后郑州、南京、杭州、合肥、哈尔滨、沈阳等省会城市和国内大中城市如厦门、宁波、莆田等也纷纷展开这类规划的编制。

1. 概念规划的含义

在中国，概念规划刚刚起步，还没有一个明确的定义。赵燕菁（2001）认为：概念规划是一个横跨经济与空间的规划，其内容涉及部分社会经济发展目标并包括总体规划大纲阶段的主要工作。它将社会经济发展的潜在可能和需要解释为空间的语言。张兵（2001）认为：概念规划是要表达城市与区域在一个长久阶段内发展的整体方向，以及可以指导当前行动的整体框架。它不是一种可以和总体规划、详细规划并列的规划类型，而其更多的是一种工作方法。王蒙徽等（2001）认为：概念规划不是规划层次中某一层次，侧重发展方向和各科学的综合平衡。顾朝林（2001）认为：是城市与区域规划的一种类型，尤其注重城市发展战略规划，主要研究城市与区域的发展方向、空间总体结构、城市功能定位等重大问题，涉及各个方面的综合性城市与区域规划。

概念规划强调内容简化，区分轻重缓急，强调灵活性，注重长远效益和整体效益。概念规划的内容主要是对城乡发展中具有方向性、战略性的重大问题进行集中专门的研究，从经济、社会、环境的角度提出城市发展的综合目标体系和发展战略，以适应城市迅速发展和决策的要求。

2. 国外的概念规划

进入20世纪60年代，西方自由市场经济下的区域与城市之间、城市与城市之间的经济竞争日趋激烈。在这种情况下，概念规划、战略规划开始扮演为区域发展和大都市区的发展制定“游戏规则”的角色。

（1）性质与特征

1）研究性。主要侧重于对城市或地区社会经济发展的研究和论证，提出或论证城市或地区的发展方向和目标，一般用研究报告的形式来表达规划成果。

2）开放性。在规划过程中，针对某些重要的、易引起争议的和难以独断的规划内容，征询各方面的意见，促进公众参与。

3）政策性。强调中央与地方的协商，体现国家和都市区的开发意愿，具有很强的政策导向性。

（2）规划期限。概念规划作为一种战略层面的规划手段，着眼于未来几十年城市区域发展所面临或者可能面临的主要挑战。因此，其规划年限通常较长。

（3）理念与目标

1）理念层。贯穿于各个概念规划始终的规划理念具有很强的相似性，主要有四个核心理念：以人为本；可持续发展；和谐与共；城市的可达性。

2）目标层。各国概念规划在规划目标上不尽相同，但有着相同或者相似的取向。概括起来有如下几点：创建完善的社区；建设一个公园及室外休闲系统；为居民提供更多的住房选择；改善居民就业状况；绿色空间的界定与保护；环境保护与改良；城市废弃物的无害循环处理；保护城市历史文化遗产与塑造城市特色；都市中心区的发展趋势与发展管理；都市区高新技术产业和现代服务业发展；都市区内交通与区际交通。

（4）编制特征

1）规划导向：预期发展远景，强化政府政策导向。

2）规划时效：较长的规划年限与较短的规划编制时间。

3）研究方法：主要研究课题集中。

4）规划策略：制定更具弹性及应变力的策略。

5）市民参与：市民问卷调查、企业咨询、媒体公示等。

3. 国内的概念规划

中国的概念规划不同于国外已经编制的任何一种概念规划，它是一种城乡发展战略规划，是建筑与区域视角相结合的规划，符合中国城乡规划发展的大趋势。

（1）性质与特征

1）研究性。中国的概念规划在某种程度上，还只是一种研究性报告，而不具有法律效力。作为在城市行政区划调整之后，概念规划可为政府在城市的重新定位、城市发展方向和发展模式的选择等方面的重大决策提供建议，并可为城乡区域性的发展提供指导意见。

2）服务性。一是来自于它出现的原因。它是作为政府在新形势、新情况下作出正确重大决策来提供建议的研究性报告而出现的，所以它必然直接服务于政府——规划的最终实施者，但是它并不受政府的约束和限制。二是来自于它的指导对象。它是作为总体规划的前导出现的，因此它必然要为总体规划的制定实施服务，为总体规划提供总体框架上的指导。加强概念规划与总体规划的衔接，必将使其发挥出更大的效力。

3）弹性。一是规划的编制内容，二是规划的时间期限，三是规划的实施。由于它是研究性报告，所以它的内容不受既定规范的约束，而是根据实际需要来选择；它的研究成果同样不受规定时间的限制，通常要考虑50年以后的情况，甚至更长时间；它的实施是由委托方来进行，具有一定弹性。

（2）规划期限。概念规划和其他规划不同，没有5年、10年、20年等的规划期限。它对城乡发展的最佳模式、终极模式提出大胆设想，而最少限度地受到现有条件的束缚，但是并非不考虑现状条件；编织着最大限度地考虑理想条件和机遇所会产生的影响，但同时正确估量其风险和可实现性，使其具有很强的前瞻性。

（3）编制特点

1）思辨性。概念规划由于具有研究报告的性质，因此往往考虑各种出现几率较大的可能情况，并分析在每种情况下所对应的发展模式，最终推荐一种最适宜的方案，从而建议政府去尽力营造符合该种模式发展的外部环境。它强调多方案比较，并不提出一种必须实行的方案，而是通过比较、辨别，最终推荐一个或几个相对较优的方案供委托方选择，具有思辨性。

2）创新性。由于概念规划的研究报告性质，使得它没有一定的规范模式，其内容都是由编制单位根据实际情况，并参考委托方的要求而定的，所以给了编制单位很大的创造空间，每次概念规划都会针对现状，融入一些新的理念和内容。

（4）实施特点。概念规划不属于已经规范化的规划类型，因此，它的最终成果不像其他规划（如城市总体规划）需要经过国务院或者有关部门的正式审批，而只是向委托方汇报编制成果，这使得其最终成果不具有法律效力，在实施中有很大弹性，具有非强制性的特点。概念规划的文本仅仅作为建议和参考，具体实施取决于委托和实施机构，不再需要国家权威机构的批准。

4. 概念规划内容

概念规划编制一般应包括如下八方面的内容：

（1）“中心城市”的地位和作用。“中心城市”已经成为国家经济转变、高新技术产业和生产性服务业发展的核心，培育它们使之成为与世界城市体系接轨、参与经济全球化的大城市，具有十分重要的意义。城市发展策略淡化城市人口与用地规模的论证。

（2）城市长远土地利用和环境规划大纲。贯彻保护环境、节约土地的国策，落实经济国际化和区域共同发展战略，为城市经济社会持续快速健康发展提供必需的土地和基础设施，使城市发展能够比较稳定地锁定在较长期的目标上。

（3）现代化指标体系。按照国家和城市战略目标，拟定城市现代化指标体系，以便规划编制和实施过程中参照执行。这些指标应即包括经济、社会目标，也包括城市建设、环境保护目标。

（4）城市交通运输规划大纲。提供一个多选择、容量大、安全、便捷及环保的城市交通运输规划大纲。重视和加强城市交运系统规划，避免快速城市郊区化，造成土地资源极大浪费，大量的基础设施投入和城市中心的空心化问题。

（5）对未来城市社会结构关注。重视流动人口问题，在经济适用房、简易住房、卫生设施、基础教育和基本的城市基础设施方面给予关注，避免城市棚户区的蔓延，以及类似西方发达国家内城问题、族群问题等城市社会极化与空间分异的产生。

（6）人口老龄化问题。针对城市低收入人群和老年人快速增长，编制与此相适应的生活居住用地和住房需求规划，并配套其他相应用地规划，以应对就业、教育、商业、交通、通信、娱乐、休闲及其他主要活动的需求。

（7）城市文化塑造。城市移民与多元文化研究，增加城市移民的认同感，尤其注重城市文化的积淀和塑造。

（8）城市居民生活质量提高。保护重要的景观、生态环境及文物古迹，并促进其价值提升，美化居民生活环境；改善城市环境污染，降低酸雨、降尘、固体废弃物和噪声等污染的潜在危险。

3.5　城乡性质与规模

3.5.1　城乡性质和类型

1. 城乡性质的含义

城乡性质是指城乡在一定地区、国家以至更大范围内的政治、经济与社会发展中所处的地位和担负的主要职能，由城乡形成与发展的主导因素的特点所决定，由该因素组成的基本部门的主要职能所体现。城乡性质关注的是城乡最主要的职能，是对主要职能的高度概括。

城乡的形成和发展是历史演进的产物。自有历史以来，城乡的特征，均因特殊的需要而改变。如军事性的防御、行政制度、科技进步、生产和交通方式的发展变化等等都影响到城乡的特征。因此，城乡的性质就应该体现城市的个性，反映其所在区域的政治、经济、社会、地理、自然等因素的特点。城乡性质不是一成不变的，由于建设的发展或因客观条件变化，都会促使城乡性质有所变化。但城乡性质毕竟是取决它的历史、自然、区域的条件，因此在相当一段时期有其稳定性。

2. 确定城乡性质的意义

不同的城乡性质决定着城乡发展不同的特点，对城乡规模、城乡空间结构和形态以及各种市政公用设施的水平起着重要的指导作用。在编制城乡总体规划时，确定城乡性质是明确城乡产业发展重点、确定城乡空间形态以及一系列技术经济措施及其相适应的技术经济指标的前提和基础。明确城乡的性质，便于在城乡总体规划中把规划的一般原则与城乡的特点结合起来，使规划更加切合实际。

3. 确定城乡性质的依据

城乡性质的确定可从两个方面去认识。一是从城乡在国民经济中所承担的职能方面去认识，就是指一个城乡在国家或地区的经济、政治、社会、文化生活中的地位和作用。城镇体系规划规定了区域内城镇的合理分布、城镇的职能分工和相应的规模，因此，城镇体系规划是确定城乡性质的主要依据。城乡的国民经济和社会发展规划，对城乡性质的确定，也有重要的作用。二是从城乡形成与发展的基本因素中去研究、认识城乡形成与发展的主导因素。

城乡是由复杂的物质要素组成的。这些要素有：工业、对外交通运输、仓库、居住和公共建筑、园林绿地、道路、广场、桥梁、自来水、下水道、能源供应等等。其中，有些要素，主要是为满足本市范围以外地区的需要而服务的，它的存在和发展对城市的形成和发展起着直接的决定作用。这种要素通常被称为城市形成和发展的基本因素。例如，由于工业生产发展引起人口集中和发展，所以，工业是城市最主要的基本因素之一。此外，一切非地方性的政治、经济、文化教育及科学研究机构、基本建设部门、国防军事单位等等都是城市发展的基本因素。总之，城乡性质就是由城乡形成与发展的主导基本因素所决定的，由该因素组成的基本部门的主要职能所体现。

4. 城乡类型

目前，世界各国对城乡分类并无公认的统一方法。城乡性质分类对城乡人口的构成、用地组成、规划布局、公共建筑的内容与标准以及市政设施等方面，具有重要的意义。

我国城乡按性质分，大体有以下几类：

（1）工业城市。此类城市数量多，以工业生产为主，工业用地及对外交通运输用地占有较大的比重。不同性质的工业，在规划上会有不同的特殊要求。这类城市又可依工业构成情况分①多种工业的城市：如株洲市、常州市；②单一工业为主的城市：石油化工城市，如东营市、玉门市；有色冶金工业城市，如攀枝花市、金昌市；森林工业城市，如伊春市、牙克石市；矿业城市（采掘工业城市），如平顶山市、淮南市。

（2）交通港口城市。这类城市往往是由对外交通运输发展起来的，交通运输用地在城市中占有很大的比例。随着交通发展又兴建了工业，因而仓库用地、工业用地在城市中都占有很大比例。这类城市根据运输条件，又可细分。①铁路枢纽城市：如徐州市、襄樊市；②海港城市：如大连市、秦皇岛市；③内河港埠：如宜昌市、张家港市。

（3）商贸城市。如义乌市、台州市的独立组团路桥区等。

（4）科研、教育城市。大学城在国外颇多，如牛津、剑桥等，国内如陕西以西北农林大学为核心的国家杨凌农业高新技术产业示范区。

（5）综合中心城市。它既有政治、文教、科研等非经济机构的主要职能，也有经济、信息、交通等方面的中心职能。在用地组成与布局上较为复杂，城市规模较大。全国性的中心城市如北京、上海、天津、重庆等；地区性的中心城市如省会、自治区首府等。

（6）县城。这类城市一般是县域的中心城市，多以地方资源为优势的产业为主干产业，同时是联系广大农村的纽带、工农业物资的集散地。工业多为利用农副产品加工和为农业服务的工业，同时又是县域政治、经济、文化中心。这类城市实际也是综合性的中心，在我国城市中数量最多。

（7）特殊职能的城市。这类城市因其具有较特殊的职能，这特殊职能在城市建设和布局上占据了主导地位，因而规划异于一般城市。它们又可划分为：①纪念性城市，如延安市、遵义市、井冈山市；②风景旅游、休疗养为主的城市，如桂林市、北戴河市、三亚市；③边贸城市，如二连浩特市、满洲里市。

城乡性质既然是以城乡形成与发展的主导因素所决定的，那么，一个城乡实际上还兼有居于次要地位的其他基本因素。因而，在规划同一类型的城乡时，必须注意城乡基本因素（或职能）的主要和次要两方面，并具体分析，区别对待，切合实际，反映该城乡的特点。

5. 确定城乡性质的方法

确定城乡性质，就是综合分析影响城乡发展的主导因素及其特点，明确它的主要职能，指出它的发展方向。在确定城乡性质时，必须避免两种走向：一是将城乡的“共性”作为城乡的性质；二是不区分城乡基本因素的主次，一一罗列，结果失去指导规划与建设的意义。

确定城乡性质一般采用“定性分析”与“定量分析”相结合，以定性分析为主的方法。定性分析就是在进行深入调查研究之后，全面分析城乡在经济、政治、社会、文化等方面的作用和地位。定量分析是在定性基础上对城乡职能，特别是经济职能，采用一定的技术指标，从数量上去确定起主导作用的行业（或部门）。定量分析一般从以下三方面着手：①起主导作用的行业（或部门）在全国或地区的地位和作用。市场前景及产品市场的占有率。例如，某市以生产汽车为主，其产量占全国汽车总产量的比重较大，根据市场预测，有较大的发展前景，并能以它带动一系列相关生产部门。所以，这个城市的性质是以汽车制造为主的工业城市。②分析主要部门经济结构的主次，采用同一经济技术标准（如职工人数、产值、产量等），从数量上分析其所占比重，以其超过部门结构整体的20%～30%为主导因素；超过5%为支柱产业。③分析用地结构的主次，以用地所占比重的大小表示。

总之，确定城乡性质时，不能仅仅考虑城乡本身发展条件和需要，必须坚持从全局出发，从地区乃至更大的范围着眼，根据国民经济合理布局的原则分析确定城乡性质。因而，开展区域规划工作对于确立城乡性质有着重要的意义，城乡性质应以区域规划为依据。如果区域规划尚未编制，或者编制时间过久，都应在编制城市总体规划时，先进行城乡体系的规划，以地区国民经济发展计划为依据，结合生产力合理布局为原则，对城乡性质作全面的战略思考，明确城乡在城镇体系中的战略地位，然后在城乡总体规划时对城乡的基础和发展条件作深入的定性和定量分析，以确定城乡的性质。

3.5.2 城乡规模

城乡的性质决定了城乡建设的发展方向和用地构成，而城乡的规模则决定城乡的用地及布局形态。城乡规模是以城乡人口和城乡用地总量所表示的城乡的大小，城乡规模对城乡的用地布局形态有重要影响。在城乡发展用地无明显约束条件下，一般是先从预测人口规模着手研究，再根据城乡的性质与用地条件加以综合协调，然后确立合理的人均用地指标，就可推算城乡的用地规模。合理确定城乡规模是科学编制城乡总体规划的前提和基础，是市场经济条件下政府转变职能、合理配置资源、提供公共服务、协调各种利益关系、制定公共政策的重要依据，是城乡规划与经济社会发展目标相协调的重要组成部分。

1. 城乡人口规模

城乡人口规模就是城乡人口总数。编制城乡总体规划时，通常将城乡建成区范围内的实际居住人口视作城乡人口，即在建设用地范围中居住的户籍非农业人口、户籍农业人口以及暂住期在一年以上的暂住人口的总和。

城乡人口的统计范围应与地域范围一致，即现状城乡人口与现状建成区、规划城乡人口与规划建成区要相互对应。城乡建成区指城乡行政区内实际已成片开发建设、市政公用设施和公共设施基本具备的地区，包括城区集中连片的部分以及分散在城市近郊与核心有着密切联系、具有基本市政设施的城乡建设用地（如机场、铁路编组站、污水处理厂等）。

（1）城乡人口的构成。城乡人口的状态是在不断变化的，可以通过对一定时期内城乡人口的年龄、寿命、性别、家庭、婚姻、劳动、职业、文化程度、健康状况等方面的构成情况加以分析，反映其特征。在城乡总体规划中，需要研究的主要有年龄、性别、家庭、劳动、职业等构成情况。

1）年龄构成指城乡人口各年龄组的人数占总人数的比例。一般将年龄分成六组：托儿组（0~3 岁）、幼儿组（4~6 岁）、小学组（7~11 岁或 7~12 岁）、中学组（12~16 岁或 13~18 岁）、成年组（男：17 或 19~60 岁，女：17 或 19~55 岁）和老年组（男：61 岁以上；女：56 岁以上）。如图 3-2 所示。为了便于研究，常根据年龄统计作出百岁图（人口宝塔图）和年龄构成图。

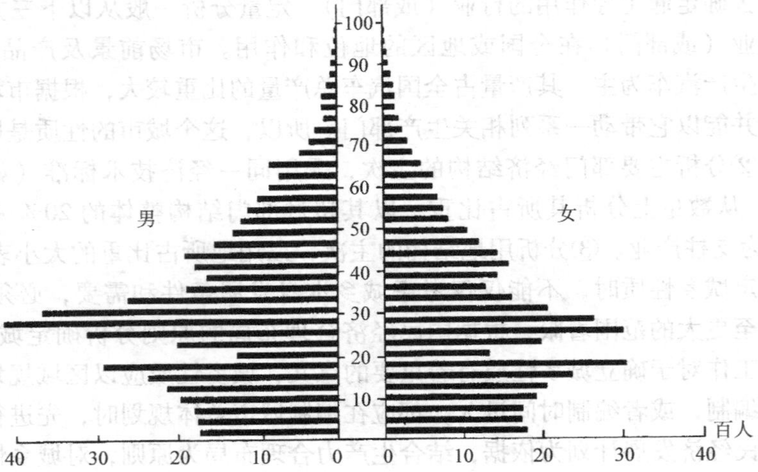

图 3-2 人口宝塔图

了解城乡人口年龄构成有如下意义：比较成年组人口与就业人数（职工人数）可以看出就业情况和劳动力潜力；掌握劳动后备军的数量和被抚养人口比例；对于估算人口发展规模有重要作用；掌握学龄前儿童和学龄儿童的数字和趋向是制定托、幼及中小学等规划指标的依据；判断城乡的人口自然增长变化趋势；分析育龄妇女人口的年龄及数量是推算人口自然增长的重要依据。

2）性别构成反映男女人口之间的数量和比例关系。它直接影响城乡人口的结婚率、育龄妇女生育率和就业结构。在城乡规划工作中，必须考虑男女性别比例的基本平衡。一般说来，在地方中心城市，如小城镇和县城，男性多于女性，因为男职工家属一部分在附近农村。在矿区城市和重工业城市，男职工占职工总数中的大部分；而在纺织和一些其他轻工业城市，女职工可能占职工总数中的大部分。

3）家庭构成反映城乡的家庭人口数量、性别和辈分组合等情况，它对于城乡住宅类型的选择，城乡生活和文化设施的配置，城乡生活居住区的组织等有密切关系。我国城乡家庭存在由传统的复合大家庭向简单的小家庭发展的趋向。因此，城乡规划时，应详细地调查家庭构成情况、户均人口数，并对其发展变化进行预测，以作为制定有关规划指标的依据。

4）劳动构成按居民参加工作与否，计算劳动人口与非劳动人口（被抚养人口）占总人口的比例；劳动人口又按工作性质和服务对象，分成基本人口和服务人口。基本人口：指在工业、交通运输以及其他不属于地方性的行政、财经、文教等单位中工作的人员，它不是由城乡的规模决定的，相反，它却对城乡的规模起决定性的作用。服务人口：指为当地服务的企业、行政机关、文化、商业服务机构中工作的人员。它的多少是随城乡规模而变动的。被抚养人口：指未成年的、没有劳动力的以及没有参加劳动的人员。

5）产业与职业构成指城乡人口中的社会劳动者按其从事劳动的行业性质（即职业类型）划分，各占总就业人口的比例。按国家统计局现行统计职业的类型如下：①农、林、牧、渔、水利业；②工业；③地质普查和勘探业；④建筑业；⑤交通运输、邮电通讯业；⑥商业、公共饮食业、物资供销和仓储业；⑦房地产管理、公用事业、居民服务和咨询服务业；⑧卫生、体育和社会福利事业；⑨教育、文化艺术和广播电视事业；⑩科学研究和综合技术服务事业；⑪金融、保险业；⑫国家机关、政党机关和社会团体；⑬其他。

按产业类型划分，以上第1类属第一产业；第2～5类属第二产业；第6～12类属第三产业。按三大产业类型划分，能较科学地反映城市社会、经济发展水平。一般社会经济水平越高，第三产业比重越大，通常中心城市第三产业比重较高。同时这种分类还便于取得统计资料。

产业与职业构成的分析可以反映城乡的性质、经济结构、现代化水平、城乡设施社会化程度、社会结构的合理协调程度，是制定城乡发展政策与调整规划定额指标的重要依据。在城乡总体规划中，应提出合理的职业构成与产业结构建议，协调城市各项事业的发展，达到生产与生活设施配套建设，提高城乡的综合效益。

（2）城乡流动人口。城乡流动人口是指非城乡常住户口而暂住或滞留在城乡的人口。从我国公安部门统计城乡暂住人口的时间标准来看，城乡暂住人口是指在一个城市居住三天以上的人口。城乡流动人口包括探亲访友、旅游、求学、公务、劳务等类型的外地人员。

我国城乡流动人口的现状，大致可概括为以下几个方面：①流动人口规模大，一些城乡流动人口的数量甚至超过了常住人口；②经济性流动人口比重高，大量农民进城务工形成了大规模的“民工潮”；③人口流动周期长，流动人口在城乡的滞留时间普遍加长；④经济发达城乡流动人口增长幅度较大，且流动人口的构成日趋多样化。

城乡流动人口对城市经济社会的双重影响：一方面，城市流动人口对城市经济社会的发展具有积极的作用；另一方面，流动人口的急剧增加也给城市带来了不容忽视的消极影响。城乡规划应从实际出发，充分考虑流动人口给城乡居住、交通、公共设施等问题带来的影响。

（3）城乡人口的变化。一个城乡的人口始终处于变化之中，它主要受到自然增长与机械增长的影响，两者之和便是城乡人口的增长值。

自然增长是指出生人数与死亡人数的净差值。通常以一年内城乡人口的自然增加数与该城乡总人口数（或期中人数）之比的千分率来表示其增长速度，称为自然增长率。

$$\text{自然增长率}=\frac{\text{本年出生人口数}-\text{本年死亡人口数}}{\text{本年人口平均数}}\times 1\,000‰$$

机械增长是指由于人口迁移所形成的变化量，即一定时期内，迁入城乡的人口与迁出城乡的人口的净差值。机械增长的速度用机械增长率来表示：即一年内城乡的机械增长的人口数对年平均人数（或期中人数）的千分率。

$$\text{机械增长率}=\frac{\text{本年迁入人口数}-\text{本年迁出人口数}}{\text{本年人口平均数}}\times 1\,000‰$$

人口平均增长速度（或人口平均增长率）指一定年限内，平均每年人口增长的速度，可用下式计算：

$$\text{人口平均增长率}=\sqrt[\text{年限}]{\frac{\text{期末人口数}}{\text{期初人口数}}}-1$$

根据城乡历年统计资料，可计算历年人口平均增长数和平均增长率，以及自然增长和机械增长的平均增长数和平均增长率，并绘制人口历年变动累计曲线。这对于估算城市人口发展规模有一定的参考价值。

(4) 城乡人口规模预测。城乡人口规模预测是按照一定的规律对城乡未来一段时间内人口发展动态所作出的判断。其基本思路是：在正常的城乡化过程中，城乡社会经济的发展，尤其是产业的发展对劳动力产生需求（或者认为是可以提供就业岗位），从而导致城乡人口的增长。因此，整个社会的城乡化进程、城乡社会经济的发展以及由此而产生的城乡就业岗位是造成城乡人口增减的根本原因。预测城乡人口规模，既要从社会发展的一般规律出发，考虑经济发展的需求，也要考虑城乡的环境容量等。

城乡总体规划采用的城乡人口规模预测方法主要有以下几种：

1）综合平衡法：根据城乡的人口自然增长和机械增长来推算城乡人口的发展规模。该方法适用于基本人口（或生产性劳动人口）的规模难以确定的城乡，需要有历年来城乡人口自然增长和机械增长方面的调查资料。

2）人口增长趋势法：该方法是建立在城乡人口从过去到未来按一定趋势增长的前提假设下，以现状人口为基数，逐年或分段推测未来一定时期中的人口增长。

$$\text{规划期末城乡人口}=\text{城乡现状总人口}\times(1+\text{城乡人口综合增长率})^{\text{规划目标期限}}$$

3）时间序列法：从人口增长与时间变化的关系中找出两者之间的规律，建立数学公式来进行预测。这种方法要求城乡人口要有较长的时间序列统计数据，而且人口数据没有大的起伏。该方法适用于相对封闭、历史长、影响发展因素缓和的城乡。

4）职工带眷系数法：根据职工人数与部分职工带眷情况来计算城乡人口发展规模。该方法适用于新建的工矿小城镇。其公式为：

$$\text{规划期末总人口数}=\text{带眷职工人数}\times(1+\text{带眷数})+\text{单身职工}$$

由于事物未来发展不可预知的特性，城乡总体规划中对城乡未来人口规模的预测是一种建立在经验数据之上的估计，其准确程度受多方因素的影响，并且随预测年限的增加而降低。因此，实践中多采用以一种预测方法为主，同时辅以多种方法校核的办法来最终确定人口规模。某些人口规模预测方法不宜单独作为预测城乡人口规模的方法，但可以作为校核方法使用，例如以下几种方法：

1）环境容量法（门槛约束法）：根据环境条件来确定城乡允许发展的最大规模。有些城乡受自然条件的限制比较大，如水资源短缺、地形条件恶劣、开发城乡用地困难、断裂带穿越城乡、地震威胁大、有严重的地方病等。这些问题都不是目前的技术条件所能解决的，或是要投入大量的人力和物力，由城乡人口的增长而增加的经济效益低于扩充环境容量所需的成本，经济上不可行。

2）比例分配法：当特定地区的城乡化按照一定的速度发展，该地区城乡人口总规模基本确定的前提下，按照某一城市的城乡人口占该地区城乡人口总规模的比例确定城乡人口规模的方法。在我国现行规划体系中，各级行政范围内城镇体系规划所确定的各个城乡的城乡人口规模可以看成是按照这一方法预测的。

3）类比法：通过与发展条件、阶段、现状规模和城乡性质相似的城乡进行对比分析，根据类比对象城乡的人口发展速度、特征和规模来推测城乡人口规模。

2. 城乡用地规模

城乡用地规模是指城乡规划区内各项城乡建设用地的总和，其大小通常依据已预测的城乡人口以及与城乡性质、规模等级、所处地区的自然环境条件相适应的人均城乡建设用地指标来计算。为了有效地调控城乡规划编制中的用地指标，《城市用地分类和规划建设用地标准》CBJ 137—90 将城乡总体规划人均建设用地指标分为四级，见表 3-4。对边远地区和少数民族地区地多人少的城乡，可根据实际情况在低于 $150m^2$/人的指标内确定。

表 3-4　现有城市的规划人均建设用地指标

现状人均建设用地水平（m^2/人）	允许采用的规划指标		允许调整幅度（m^2/人）
	指标级别	规划人均建设用地指标（m^2/人）	
≤60.0	Ⅰ	60.1～75.0	+0.1～+25.0
60.1～75.0	Ⅰ	60.1～75.0	>0
	Ⅱ	75.1～90.0	+0.1～+20.0
75.1～90.0	Ⅱ	75.1～90.0	不限
	Ⅲ	90.1～105.0	+0.1～15.0
90.1～105.0	Ⅱ	75.1～90.0	-15.0～0
	Ⅲ	90.1～105.0	不限
	Ⅳ	105.1～120.0	+0.1～15.0
105.1～120.0	Ⅲ	90.1～105.0	-20.0～0
	Ⅳ	105.1～120.0	不限
>120.0	Ⅲ	90.1～105.0	<0
	Ⅳ	105.1～120.0	<0

单元小结

本单元主要讲述了城乡规划调查研究的内容和方法、城乡用地分类的内容和标准、空间管制、城乡发展战略和概念规划、城乡性质与规模。本单元以培养城乡规划的调查研究的认识和分析能力、城乡发展战略和概念规划的认识和理解能力为基本出发点，以城乡居民点及小城镇案例为载体展开教学。通过本单元的学习，让学生形成对城乡规划调查研究的基本认识，并能够对调查研究内容进行评析；明确城乡用地分类的内容和标准，正确理解空间管制内容；认识城乡发展战略和概念规划的基本含义，了解目前我国在城乡发展战略和概念规划所做工作的能力；具有分析并确定城乡性质，掌握城乡人口规模和用地规模确定方法。并通过具体案例，能够对某一城市或乡村、对某一小城镇进行调查研究、分析讨论，最终形成撰写报告等。

复习思考题

3-1　城乡规划调查研究的内容和方法是什么？

3-2　城乡用地分类的内容和标准是什么？

3-3　空间管制的分类有哪些？

3-4　城乡发展战略和概念规划的概念及主要特点是什么？

3-5　什么是城乡性质？城乡类型主要有哪些？

3-6　城乡人口规模和用地规模的概念是什么？

3-7　城乡人口的构成的特点及预测方法有哪些？

第4单元　城镇体系规划

【能力目标】

（1）具有解读城镇体系与城镇体系规划的能力。

（2）熟悉城镇体系规划的编制工作方法、编制流程及成果。

（3）具有对城镇体系规划方案进行评析的能力。

（4）具有编制县域村镇体系规划的能力。

【教学建议】

（1）以培养城镇体系认识能力、城镇体系发展分析和城镇体系规划编制能力为基本出发点。以城镇体系规划项目案例为载体展开教学，具体适宜项目需要教师去发掘和准备。

（2）充分体现以学生为主体，通过对城镇体系与城镇体系规划的认识、思考、解读、考察、讨论、分析等，实现工学结合、教学做一体化学习理念，如学生（个人或小组）为主体、教师引导对某一区域城镇体系规划项目的考察调研、分析讨论、撰写报告等。

【训练项目】

（1）市（县）域城镇体系规划。利用市（县）域城镇体系的基础资料完成市（县）域城镇体系规划编制。通过设计，培养学生分析问题、解决问题、统筹规划、合理布局的能力及方案表达水平，使学生掌握市（县）域城镇体系规划的内容、方法和工作步骤。

1）调研。通过实地调查，收集资料和访问座谈等方式，获取市（县）域城镇体系的基础资料。

2）分析。在详尽占有资料信息的基础上，对城镇体系历史、现状、区域发展条件、城镇建设条件等进行分析。争取对城镇体系的发展状况有一个全面的了解和把握，为进入规划阶段打好基础。

3）预测。主要完成人口劳动力预测、区域城镇化预测。

4）规划。先确定城镇体系的规划目标、规划原则、规划指导思想，然后再规划城镇体系的职能类型结构、规模等级结构、空间结构，统筹安排基础设施、社会设施、重点城镇发展方向、规划实施措施等。

5）汇报总结。

（2）镇域镇村体系规划。通过对镇域镇村体系规划编制，培养学生实地调研，收集资料，进而分析问题、解决问题、统筹规划、合理布局的能力及方案表达水平，使学生掌握镇域镇村体系规划的内容、方法和工作步骤。

1）经济与社会发展分析、确定规划期限。

2）确定城镇性质、规模及发展方向，确定镇域镇村分布结构，进行镇村合理布点。

3）合理安排专业生产基地。

4）确定镇村的公共建筑项目。

5）制定镇村间交通运输规划。

6）进行工程设施规划。

4.1　城镇体系规划概述

4.1.1　城镇体系

城镇体系是指在一定地域范围内，以中心城市为核心，以广大乡村为基础，由一系列不同等级规模，不同职能分工，相互密切联系的城镇组成的有机整体。

区域是城镇体系存在的基础，城镇体系是区域内社会经济发展到一定阶段的产物，城镇体系与区域是相互依存的统一体。城镇体系是由一定数量的性质、规模、功能和空间位置不同的城镇组成，它们在带动和服务于区域中承担不同的作用。城镇体系的核心是中心城市，构筑一个合理的城镇体系关键是培育中心城市，充分发挥其对区域的辐射、带动、服务和示范作用。城镇体系由城镇、联系通道、联系流和联系区域等要素按一定规律组合而成的有机整体。当其中某一个组成要素发生变化，如一条新交通线建成、某一项区域资源开发、某一个城镇发展迅速或日趋衰退，都可能通过交互作用和反馈，影响城镇体系。随着区域经济发展和城镇化进程，城镇体系必然会相应发生变化。

4.1.2　城镇体系规划

1. 概念

城镇体系规划是在一定地域范围内，妥善处理各城镇之间、单个或数个城镇与城镇群体之间以及群体与外部环境之间关系，以达到地域经济、社会、环境效益最佳的发展总目标而进行的规划。

2. 城镇体系规划的目标与任务

城镇体系规划以区域生产力合理布局和城镇职能分工为依据，确定不同人口规模等级和职能分工的城镇的分布和发展。通过区域人口、产业和城镇的合理布局，协调体系内各城镇之间，城镇与体系之间以及体系与其外部环境之间的各种经济社会等方面的相互联系，运用现代系统理论与方法，努力促进区域社会、经济、环境综合效益最优化，实现体系整体利益的不断增长。

城镇体系规划的任务是：综合评价城镇发展条件；制订区域城镇发展战略；预测区域人口增长和城镇化水平；拟定各相关城镇的发展方面与规模；协调城镇发展与产业配置的时空关系；统筹安排区域基础设施和社会设施；引导和控制区域城镇的合理发展与布局；指导城市总体规划的编制。

4.2　城镇体系规划的主要内容

4.2.1　区域城镇发展分析与综合评价

区域城镇发展的基础条件分析是区域城镇体系规划的重要依据，只有对区域和城镇发展的基础有了透彻的理解，才能提出正确的规划指导思想和规划目标，采取适当的发展战略，选择符合实际的空间模式。

1. 地理位置与区位分析

作为城镇发展区域条件之一，区位条件包括整个区域城镇体系的区位和各城镇的区位。区位源自于经济概念，一般解释为“空间位置”，重点强调了和周边地区或城镇的相对位置，和单纯地提地理位置有区别。

2. 自然条件与自然资源评价

影响城镇与城镇体系发育的自然资源与自然条件很多，主要可归纳为土地资源、水资源、矿产和森林资源、旅游资源四大类。气候条件可以从水土资源情况得到反映。

自然资源条件分析评价：主要内容有分析自然条件的基本特征，找出其有利因素和不利因素；自然资源的基本特征；经济资源的品种、数量；绝对优势资源和相对优势资源；资源市场前景与开发技术可行性分析；优势资源利用可能产业链。

3. 人口、社会、经济、科技发展分析

影响城镇体系发展的社会经济条件主要是人口与劳动力、经济发展水平与产业结构、基础设施、教育与科技水平等四大方面。通过社会经济条件分析可以揭示城镇发展的基本动力，可以为下一步确定区域与城镇的发展战略，确定城镇化水平和城镇体系结构打下坚实的基础。

4. 城镇体系发展演变与现状分析

城镇的发展布局具有历史继承性，分析城镇体系演变的历史进程，目的是在城镇及其体系形成发展的历史过程中探索其成因、演变的动因和某些规律性，这对总结归纳现状特点，规划未来的城镇体系有重要作用。

城镇体系的现状特点分析，主要内容包括城镇体系的发展现状；城镇的职能、等级规模、空间三大结构的特点及其形成原因；城镇体系存在的问题及其原因。

5. 区域生态与环境保护状况

生态环境是保证区域经济社会持续稳定发展的前提条件。根据城镇体系规划的需要，一般对整个区域主要分析评价比较宏观的生态环境状况，对城镇主要分析评价环境污染状况。

6. 城镇发展条件综合评价

城镇发展条件综合评价是城镇规划的基础之一。综合评价就是选取与城镇发展密切相关的若干指标因素，通过定性和定量分析，利用数学模型计算的结果进行分析，以此评定各城镇发展前景的优劣，使规划决策定量化、客观化。实际运用的综合评价模型虽然有所差异，但基本形式都是

$$U_i = \sum_{j=1}^{m} w_j x_{ij}'(i = 1,2,\cdots,n)$$

式中 U_i——第 i 个城镇的综合评价值，数值越大，发展条件越优越；

w_j——第 j 个因子的权重，$\sum_{j=1}^{m} w_j = 1$，w_j 数值越大越重要；

x_{ij}'——第 i 个城镇第 j 个因子的标准值；

m——因子数；

n——城镇数。

下面以《德清县县域城镇体系规划（2000—2020）》为例，说明区域城镇发展条件综合评价具体应用。

（1）确定评价的指标体系。影响城镇发展的因素很多，在综合评价前，首先对各种因素作全面调查、分析，对各因素进行分解和综合，理清脉络，明确主要的影响因素，剔除次要的重复的因素，然后再将各因素分为若干层次，建立起评价的指标体系。

《德清县县域城镇体系规划（2000—2020）》中选取城镇交通条件、工业基础、现状人口规模、农业资源状况、集市贸易、地形条件、旅游资源7项因素建立了评价指标体系。这7项因素可分为两类：一类是可以找出评价指标，并可根据统计资料和实地调查获得评价指标绝对值的，如表4-1所示。另一类因素是无法找到具体指标，如地形条件，我们对这些因素进行直接分级。

表4-1 城镇发展条件综合评价因素及指标选择

评价因素	评价指标	评价指标单位	评价指标计算方法
城镇交通条件	交通通达性		计算方法见下文
工业基础	乡镇工业总产值	万元/年	
现状人口规模	乡镇驻地总人口	人	乡镇主体常住人口与暂住人口之和
农业资源状况	人均农业总产值	万元/年	乡镇农业总产值/乡镇总人口
集市贸易	集市成交额	万元	主要集贸市场成交额之和
旅游资源	景点密度	个/km^2	乡镇景点数目/乡镇面积

（2）评价指标基础数据收集与整理。

1）交通通达性指标计算方法。目前德清县境内形成以公路运输为主，铁路、水路运输为辅的运输格局，因此通达性指标计算要综合考虑各种运输方式及线路等级的权重。经过深入的研究，我们确定通达性指标计算方法如表4-2所示。

表4-2 通达性指标计算评分标准

运输方式	分值确定				权重
	30	15	9	6	
铁路		县级站			0.25
公路	高速公路里有出入口	国道	省道	县乡级主干道	0.5
水运		杭湖锡线、京杭大运河		其他县内主要航道	0.25

2）地形条件评价。根据各乡镇的地形条件，将16个乡镇划分为三个等级，结果见表4-3，打分标准为一级：3分；二级，2分；三级，1分。

表4-3 乡镇地形条件分级

级别	乡镇名	地形情况
三级	南路乡、筏头镇	周围山丘坡度大或三面环山，一面临水，城镇建设无发展用地
二级	新市镇、徐家庄镇、士林镇、干山镇、高桥镇、洛舍镇、莫干山镇、城关镇	山丘有一定坡度或河网分割严重地块破碎
一级	武康镇、三合乡、下舍镇、勾里镇、雷甸镇、钟管镇	有大片平坦用地

3）其他指标数据的整理。其他四项指标可直接从《德清统计年鉴》及各部门收集的资料中获取绝对数值。

4）各评价指标基础数据表。根据以上数据整理方法，得到16个评价单元量化基础数据如表4-4所示。

表4-4 评价指标基础数据

县乡名称	交通通达性	工业总产值	驻地总人口	集市成交额	用地条件	景点密度	人均农业总产值
南路乡	10.5	6502	500	0	1	0.140	3031.68
筏头镇	10.5	27064	800	120	1	0.030	2379.12
莫干山镇	12	13079	2100	0	2	1.351	3420.27
武康镇	41.25	170421	47000	34755	3	0.054	2170.14
洛舍镇	14.25	67576	5500	2493	2	0.038	4843.92
城关镇	22.5	58329	32000	19490	2	0.149	2905.92
三合乡	12.75	27063	2300	1298	3	0.466	4921.64
钟管镇	12.75	91139	8100	750	3	0.077	3351.67
干山镇	15	49067	2600	510	2	0.195	3710.61
下舍镇	9.75	32738	3800	750	3	0.000	3621.92
雷甸镇	17.25	40050	3500	8716	3	0.037	4156.19
士林镇	13.5	30499	2300	700	2	0.182	4554.15
勾里镇	9.75	33002	2300	850	3	0.000	2740.31
新市镇	17.25	115350	24400	29645	2	0.116	2124.07
高桥镇	6	32060	1500	710	2	0.174	2477.36
徐家庄镇	6	34029	3000	950	2	0.000	2669.45

（3）基础数据的标准化处理。因为各指标量纲和量级存在差别，不能直接进行加总求和。所以首先要对指标基础数据进行标准化处理。这里采用极值标准化方法对基础数据进行标准化处理。计算公式如下：

$$Y_{ij}=F(j)(X_{ij}-A_{ij})/(\max_j-\min_j)$$

式中　Y_{ij}——第i个城镇第j项指标的标准值；

$F(j)$——其中当j指标正相关$F(j)=1$且$A_{ij}=\min_j$，当j指标负相关$F(j)=-1$且$A_{ij}=\max_j$；

X_{ij}——第i个城镇第j项指标；

$\max_j$——n个城镇X_j指标的最大值；

$\min_j$——n个城镇X_j指标的最小值。

标准化结果如表4-5所示。

表4-5 评价指标数据标准化结果

县乡名称	交通通达性	工业总产值	驻地总人口	集市成交额	用地条件	景点密度	人均农业总产值
南路乡	0.13	0.00	0.00	0.00	0.00	0.10	0.32
筏头镇	0.13	0.13	0.02	0.00	0.00	0.02	0.09
莫干山镇	0.17	0.04	0.03	0.00	0.50	1.00	0.46

（续）

县乡名称	交通通达性	工业总产值	驻地总人口	集市成交额	用地条件	景点密度	人均农业总产值
武康镇	1.00	1.00	1.00	1.00	1.00	0.04	0.02
洛舍镇	0.23	0.37	0.11	0.07	0.50	0.03	0.97
城关镇	0.47	0.32	0.68	0.56	0.50	0.11	0.28
三合乡	0.19	0.13	0.04	0.04	1.00	0.34	1.00
钟管镇	0.19	0.52	0.16	0.02	1.00	0.06	0.44
干山镇	0.26	0.26	0.05	0.01	0.50	0.14	0.57
下舍镇	0.11	0.16	0.07	0.02	1.00	0.00	0.54
雷甸镇	0.32	0.20	0.06	0.25	1.00	0.03	0.73
士林镇	0.21	0.15	0.04	0.02	0.50	0.13	0.87
勾里镇	0.11	0.16	0.04	0.02	1.000	0.00	0.22
新市镇	0.32	0.66	0.51	0.85	0.50	0.09	0.00
高桥镇	0.00	0.16	0.02	0.02	0.50	0.13	0.13
徐家庄镇	0.00	0.17	0.08	0.03	0.50	0.00	0.19

（4）因素权重的确定。确定评价指标的权重一般采用特尔斐法，请权威专家对指标因子进行排序或直接打分，汇总后作平均化处理，得出各项指标的权重值。

《德清县县域城镇体系规划（2000—2020）》采用等差级数法确定各因素的权重。具体而言，通过多个专家对评价的7个因素进行重要性排序，序位自动形成权重，权重值是等差数列，依次为1，$(n-1)/n$，…，$1/n$。此处$n=7$。如表4-6所示，专家对7项因素重要性的综合排序依次是：交通通达性、工业总产值、驻地总人口、集市贸易、地形条件、旅游资源、农业资源。

表4-6　评价指标权重

评价指标	交通通达性	工业总产值	驻地总人口	集市成交额	用地条件	景点密度	人均农业总产值
指标权重	1.000	0.857	0.714	0.517	0.429	0.286	0.143

（5）评价单元综合分值计算与乡镇发展条件分等

1）评价单元综合分值计算

评价单元（16个乡镇）的综合评分按下式计算

$$U_i = \sum_{j=1}^{m} w_j x'_{ij} \quad (i = 1, 2, \cdots, n)$$

式中　U_i——第i个城镇的综合评价值；

w_j——第j个因子的权重；

x'_{ij}——第i个城镇第j个因子的标准值。

2）把评价值从大到小分级列表，然后分级进行分析评价，为规划提供可比的依据，如表4-7所示。

表4-7 评价单元分等

等级	包含乡镇名称及综合分值	等级分值区间
Ⅰ	武康镇(3.59)	>2
Ⅱ	新市镇(1.98)、城关镇(1.61)	[1.5,2]
Ⅲ	钟管镇(1.27)、雷甸镇(1.22)、洛舍镇(1.03)、三合乡(1.02)	[1,1.5]
Ⅳ	干山镇(0.86)、下舍镇(0.81)、莫干山镇(0.79)、士林镇(0.75)、勾里镇(0.75)	[0.5,1]
Ⅴ	南路乡(0.20)、筏头镇(0.27)、高桥镇(0.43)、徐家庄镇(0.46)	<0.5

(6) 乡镇发展条件综合评价结果分析。由于评价指标多数是现状情况，反映的往往是趋势型的，而一些促进部分城镇发展的突变因素可能会遗漏，个别城镇会有一些影响其发展的特殊因素没有考虑，所以在评价阶段要对部分城镇的综合评价分值和等级进行调整。

根据县域自然条件的差异，以104国道和杭湖锡航线为界，将县域内的16个乡镇划分为东、中、西三个部分。对照表4-8，可以发现，县域内东中西三个部分城镇发展条件的分布是不平衡的。

表4-8 5个等级乡镇在东中西部的分布

		Ⅰ	Ⅱ	Ⅲ	Ⅳ	Ⅴ
东部	钟管镇、干山镇、士林镇、下舍镇、雷甸镇、勾里镇、徐家庄镇、高桥镇、新市镇		1	2	4	2
中部	洛舍镇、三合乡、武康镇、城关镇	1	1	2		
西部	南路乡、筏头镇、莫干山镇				1	2

4.2.2 预测区域人口增长，确定城镇化目标

1. 城镇化水平的定义

城镇化水平一般理解为城镇人口占总人口的比重，对县级市、县域城镇体系规划而言，城镇人口应当是包括乡集镇在内的城镇建成区常住人口。常住人口主要指本地户籍的非农业人口、本地户籍的农业人口、外来常住人口（居住一年以上的外来人口以及住校学生）之和。

2. 区域人口与城镇化水平预测

在区域总人口预测中，常用的方法有年份与人口规模回归分析，即趋势外推法。或者根据人口出生率、自然增长率、机械增长率等不同控制数值利用综合增长率法测算区域人口。在区域总人口预测的基础上，采用回归分析法、剩余劳动力转化法和联合国法等预测城镇化水平。

4.2.3 确定本区域城镇发展战略

区域发展战略是对区域整体发展的分析、判断而做出的重大的、具有决定全局意义的谋划。区域发展战略是城镇发展的指导，其核心是处理好规划区域内城镇和地区均衡发展与协同发展的关系。区域城镇发展战略主要包括战略目标、战略重点与战略措施等组成。

4.2.4 提出城镇体系的职能结构和城镇分工

城镇职能是指城镇在一定地域内的经济、社会发展中所发挥的作用和承担的分工。城镇

体系内各城镇职能的有机组合，人们通称为城镇体系的职能分工结构。

1. 城镇职能分类

（1）具有多种职能的综合性中心城市。凡是县城及县以上的区域政治、经济、文化中心都是这种类型。

（2）某种或某几种职能较突出的专业化城镇。在地市域和县域城镇体系规划中面广量大的是县以下的小城镇，具体可以划分交通枢纽型、工业型、旅游型、商贸型、集贸型、高效农业服务型等。

2. 城镇体系职能结构规划

（1）认识现状特点与问题。分析各城镇的现状职能类型组合，通过对现状城镇体系职能类型结构特点与存在问题的认识，在规划中采取针对性的措施予以改进和完善。

（2）确定城镇职能结构发展方针。通过对现状城镇职能结构特点与存在问题的分析，提出城镇体系职能结构的发展方针，以使城镇职能结构的发展有一个明确的目标。

（3）划分职能结构的等级序列与类型。这是城镇体系职能结构规划的主要内容，包括两个方面：一是等级序列：目的是解决现状职能结构存在的问题，使其职能结构层次完整，分工明确。以地级市域为例，按照高级到低级的顺序把城镇的职能层次分为6级：即市域中心城市—市域副中心城市—县域中心城市—县内片中心城镇—职能分工明确的小城镇—发展水平低的乡集镇。二是职能类型：根据区内外劳动地域分工的原理和区域发展战略，建立起新的城镇职能分工体系，把许多雷同的内向型城镇职能转变为分工协调的外向型城镇职能结构。城镇体系中每一城镇不仅需要明确其在城镇职能结构序列中居哪一等级，而且还要明确它的职能类型，这样才能使其发展方向明确。在这一阶段，应对城镇体系内每一城镇确定其职能类型；对整个城镇体系而言，应确定城镇体系共有几种职能类型，每类城镇的数量及名称。

（4）选择重点发展城镇。为体现集中力量，以点带面，把有限的力量投放在城镇体系的关键点上，应在城镇体系内选择重点发展城镇。

（5）确定主要城镇职能性质与发展方向。城镇体系内主要城镇的存在是城镇体系发展的重要因素之一，一般城镇体系职能类型规划皆对体系内主要城镇职能性质与发展方向做较详细的分析和阐述。

4.2.5　确定城镇体系的等级和规模结构规划

1. 城镇规模等级分类

城镇体系的等级规模结构是体系内层次不同、规模不等的城镇在质和量方面的组合形式与特征。城镇体系的层次系列与规模系列具有内在的对应性，一般而言，层次愈高，规模愈大，数量愈小；层次愈低，规模愈小，数量愈多。

2. 城镇体系规模等级结构规划

城镇体系规模等级结构规划的内容与步骤如下：

（1）现状特点与问题分析。城镇现状人口的资料收集，资料整理，划分城镇人口现状等级规模结构的现状特点与存在问题。

（2）城镇体系规模等级结构变动因素分析。城镇体系规模等级结构变化是体系内外因素共同作用的结果，在城镇体系规模等级结构规划之前，应能掌握这些因素并对之进行分析。一般城镇体系规模等级结构变动受如下几个因素的影响：原有城市及建制镇人口的增长；规划期内可能出现的新城镇；城镇职能作用的变化；城镇内外部因素的影响；人为因素的影响，即城镇发展战略的不同侧重，城镇建设投资的数量与不同分配方式，城镇体系发展政策等。

(3) 城镇体系规模等级结构发展方针。在明确了城镇体系规模等级结构的特点与存在的问题，进行了城镇体系规模等级变动因素分析之后，就可制定适宜的城镇体系规模等级结构发展方针。目的是使对体系的规模等级结构进行调整、完善的行为依据充分，有的放矢，以促进城镇体系的发展。

(4) 各级城镇的人口规模预测。由于城镇体系的规模等级结构规划是回答体系内每个城镇未来一定时期间的人口规模及其在体系中所处的层次等级，因此每个城镇的人口规模预测就成为必须的前提和步骤。

(5) 确定城镇体系规模等级结构。城镇体系规模等级结构的具体内容包括：新的城镇体系规模等级结构的等级设置、各级的人口规模确定，城市（镇）个数的确定、规划城镇人口数及占区域总人口的比重等。

4.2.6 确定城镇体系的空间布局

1. 城镇体系空间结构

城镇体系空间结构是指体系内各个城镇在地域空间中的位置分布、组合形式的特征。它是区域自然环境、经济结构和社会结构在空间上的一种投影，反映了一系列规模不等、职能各异的城镇在空间上的组合形式。

2. 城镇体系空间结构规划的内容与步骤

城市体系的空间结构规划是对区域城镇空间网络组织的规划研究。它要把不同职能和不同规模的城镇落实到空间，综合考虑城镇与城镇之间，城镇与交通网之间、城镇与区域之间的合理结合。

城镇体系空间结构规划的内容与步骤如下。

(1) 现状特点和问题分析。一般从城镇的地域分布及其密度、联结形式、城镇群形态、地域差异等方面予以反映。

(2) 城镇体系空间结构影响因素分析。我国各省市的自然条件，经济发展水平和城镇化进程差异很大，在城镇体系空间布局上表现为两大方面的差异：一是因发展水平不同而导致空间布局演化的阶段性差异；二是受区域资源、环境、生产力布局影响而形成的空间布局类型差异。

(3) 城镇空间结构规划指导思想。城镇体系空间结构规划指导思想是在城镇空间分布特点及影响因素分析的基础上，考虑区域经济社会宏观发展战略及自然地理条件等因素作用后提出的，一般包括城镇空间分布的重点，步骤与主要意图等。

(4) 城镇空间结构规划模式选择。地域城镇空间和分布可以有多种途径和模式。针对城镇体系的具体情况，正确选择其城镇空间结构模式是十分重要的。当前及今后的一段时期，我国区域城镇体系空间布局规划的总体框架构思从长远来看是“点—圈—区（带）—线”相结合，区域经济增长级、重点发展城镇、促进发展城镇和一般发展城镇相结合。“点”是指每一个具体的城镇。“圈”是指中心城市圈和经济发展水平较高的副中心城市圈。“区（带）”是指城镇密集区（带）。“线”是指沿着交通线形成的区域产业带和城镇发展轴线。

4.2.7 统筹安排区域基础设施和社会设施规划

区域基础设施包括区域交通运输、水资源、供排水、电力供应、邮电通信以及区域防灾等；区域社会设施包括区域性的教育、文化、医疗卫生、体育设施及区域市场体系等内容。区域基础设施是城镇体系中城镇之间各项经济、社会、文化活动所产生的人流、物流、交通流、信息流的载体，是区域和城镇赖以生存和发展的基础条件。随着区域一体化进程的加快，基础设施和社会服务设施的区域共建共享与协调建设已经成为区域规划必须考虑的重要议题。

4.2.8 确定生态环境与资源的保护与利用，并进行空间管制

城镇发展离不开区域环境，同时，城镇的发展和各种社会、经济、文化活动的存在又会直接影响到区域环境的质量。建立良好的区域生态环境是保证城镇和区域持续发展的必要条件。城镇体系规划要突出资源与环境的分析，要深入分析本地区的资源环境承载能力。城镇体系规划主要对土地资源、水资源、能源和环境等城市发展的资本要素进行综合分析，根据生态与环境的承载能力，研究合理的城市人口和建设用地规模。确定生态环境、土地和水资源、能源、自然和历史文化遗产等方面的保护与利用的综合目标和要求，提出空间管制原则和措施。

4.2.9 提出近期重点发展城镇的规划建议

城镇体系是以各级中心城市为核心的，重点城镇的发展对整个城镇体系的发展具有重要作用。应根据区域城镇体系规划的战略思想，提出基于区域合理发展的重点城镇规划对策，以指导城市规划。

4.2.10 实施政策

要使城镇体系规划得以实施，必须有可操作的政策和措施予以配合，主要包括行政措施、政策措施和组织措施等，发挥政府的引导和控制作用。如完善规划管理法规，健全城乡规划管理的地方性法规体系，保障本规划的有效实施；在城镇体系规划的指导下组织编制各专项规划和下一层次规划，把城镇体系规划所确定的原则和内容，贯彻于规划管理全过程。滚动编制近期建设规划，确保本规划分阶段顺利实施。通过规划的动态管理，增强规划的可操作性。通过行政管理系统的强化，建立与加强城镇体系的发展；通过权力与资源的分配，影响城镇体系的发展；通过改变交通系统与其他基础设施的系统，影响城镇体系的发展；通过政府对工业与公共项目的直接投资，影响城镇体系的发展；通过对收入与生产资料所有权的改变以影响城镇体系；通过鼓励、支持商品农业生产以影响城镇体系。

4.3 城镇体系规划编制程序与成果要求

4.3.1 城镇体系规划的工作方法

常见的城镇体系规划方法有调查研究法、区域分析法、数学模拟法、SWOT—PEST 分析法、生态分析法等。深入实际调查研究对于城镇体系规划具有特别重要的意义，调查研究法

是其他规划方法运用的基础。区域分析法是对区域发展的自然条件和社会经济背景特征及其对区域社会经济发展的影响进行分析，探讨区域内部各自然及人文要素和区域间相互联系的规律的一种综合性方法。数学模拟法是在搜集了有关量化指标或对有关指标量化后，根据事物的特征及其运动规律模拟，最后对模型进行检验，合格后，运用模型对区域事物进行预测分析的一种方法。利用SWOT—PEST方法可以找出自身有力和不利的因素，以及外部环境中存在的机会与威胁，发现存在和面临的问题，作出最优和次优决策。通过生态分析法对规划区域的生态承载能力进行分析，作为区域规划发展目标的重要约束条件。

4.3.2 城镇体系规划的编制流程

1. 规划工作准备阶段

该阶段主要是组织规划工作的队伍，规划内容分工负责；查阅规划区域的背景资料，选择与规划区域相适应的规划理论和方法，准备调查提纲和表格；准备区域的工作底图，供实地调查和方案构思用。

2. 实地调查，收集资料和访问座谈阶段

调研是规划的基础与前提，主要通过现场踏勘，观察记录形成基本认识，通过文字、资料、统计数据、地图的收集，为分析提供基础，通过访问、座谈、问卷调查等获得尽量详尽的信息。如果一次不能获取足够的信息，有必要的话就再次补充。

3. 分析阶段

在详尽占有资料信息的基础上，对城镇体系历史、现状、区域发展条件、城镇建设条件等进行分析。主要分析城镇发展的各项条件，分析现状特点和存在问题，并进行城镇发展条件综合评价。调查内容的分析要做到宏观、中观和微观分析相结合，定性分析和定量分析相结合。

4. 预测阶段

城镇体系规划是对未来发展的设想，因此有关城镇体系方方面面的发展预测是规划进行必需的步骤。这一阶段包括人口劳动力预测、区域城镇化预测、区域发展方向预测、区域产业发展战略预测、资源利用需求预测、交通运输需求预测及城镇体系远景发展预测等，以上预测以前两项更为重要。

5. 规划阶段

先确定城镇体系的规划目标、规划原则、规划指导思想，然后再对城镇体系规划的基本内容提出意见与建议，即城镇体系组织结构的规划布局。包括城镇体系的职能类型结构、规模等级结构、空间结构及网络结构，同时还包括依据城镇体系规划布局和区域自然、社会、经济因素，合理进行城镇区域划分，确定区域主要城镇发展方向，城镇分工及提出规划实施措施与建议等。在规划预测、方案构思、观点形成过程中要与主管部门及主管的政府领导交流协商，以取得基本的共识。

6. 与当地党政领导及有关部门汇报、协调阶段

向当地党政领导及有关部门汇报规划方案一般有两次。第一次汇报是附有几张主要图件的多种方案汇报（2~3个方案），目的主要是选择一个可以接受的方案，并听取反馈意见；第二次汇报则是一个方案的系列图件（草图）和规划综合报告的征求意见稿，必要的话还可增加附件（即专项报告和基础资料汇编）。通过多方交流与当地党政领导及上级主管部门达到比较一致的认识后，就可以编写规划成果的评审稿。

7. 组织专家评审和上报审批阶段

评审后，可根据专家意见，进一步修改文字与图件定稿，报上级人民政府审批。作为城市总体规划组成部分的城镇体系规划一般与总体规划的其他成果一起汇报、评审。

4.3.3 城镇体系规划的成果要求

城镇体系规划的成果包括城镇体系规划文件和主要图纸。

1. 城镇体系规划文件

城镇体系规划文件包括规划文本和附件规划文本是对规划的目标、原则和内容提出规定性和指导性要求的文件。附件是对规划文本的具体解释，包括综合规划报告、专题规划报告和基础资料汇编。

2. 城镇体系规划主要图纸

（1）城镇现状建设和发展条件综合评价图。

（2）城镇体系规划图。

（3）区域社会及工程基础设施配置图。

（4）重点地区城镇发展规划示意图。

图纸比例：全国用1:250万，省域用1:100万～1:50万，市域、县域用1:50万～1:10万。重点地区城镇发展规划示意图用1:5万～1:1万。

4.4 城镇体系规划方案综合评析

4.4.1 评析内容

城镇体系规划方案的评析内容主要包括以下内容：

（1）前期调研是否充分，是否符合相关法律规范的要求。前期调研所需要搜集的地质、地形、植被、气象等基础资料是否齐全，规划范围是否完整，人口、产业、建筑、市政等社会经济数据是否齐全，调研方法是否符合要求。

（2）分析论证是否可靠，是否符合相关学科的科学性要求。对现状问题的解读分析是否全面、中肯，对未来发展趋势的判断是否到位。

（3）指导思想是否正确，是否符合城镇体系规划的基本原则。是否体现经济、社会和环境的协调发展，是否体现节约用地，是否符合上层次规划的要求，是否以满足人的基本需求并符合地方特殊条件为出发点，上层次规划、相关规划以及政府批件等依据性资料是否齐全。

（4）规划构思是否合理，是否符合国家现行的方针政策。规划构思是方案水平的集中体现。主要包括：目标是否明确；思路是否清晰；理念是否先进；是否符合相关的法律、法规和现行方针政策；是否符合国家的发展战略要求，例如国家实行可持续发展战略，严格保护耕地的政策，区域主要问题和矛盾是否化解，与周边地区的关系处理的是否得当，有无以临为壑等问题。

（5）城镇体系规划内容是否合理

1）产业空间。规划的产业空间布局是否恰当，产业发展与市县情是否相违背。例如经济文化比较落后的地区且无国家的军事科研基地，就不应规划建设高科技园区。

2）等级结构、城镇化水平及各城镇发展规模预测是否科学合理，城镇等级和职能分工是否符合国家、区域对本区城镇发展的战略要求。中心镇选取是否过多；如果不多，选取是否正确，位置是否恰当；城镇的等级职能化分是否恰当合理。

3）空间布局。城镇布局是否合理，与资源交通周边条件等是否相协调。

4）基础设施。基础设施和社会服务设施布局是否合理，区域型能源供应、水资源分配、防灾规划等基础实施规划是否能满足社会经济发展需求；交通组织是否合理，产业布局是否与之匹配等。

5）资源利用。城镇布局和发展是否与水资源、能源供应等的合理配置有机结合，是否与城市历史文化和风景名胜保护、矿产资源的分布与利用相衔接。

6）环境保护。是否构建了良好的区域生态格局，是否与更大范围及相邻区域的规划衔接，是否与生态环境保护规划风景旅游规划土地利用总体规划进行衔接。是否考虑了生态环境保护区、水源地、风景名胜区等的保护问题。

（6）成果内容是否完整，是否符合有关的技术标准和规范。成果是否齐全，一般包括城镇体系规划成果应当包括规划文本、图纸及附件（说明、研究报告和基础资料等）。规划内容是否齐全，文字、图纸成果是否规范，规划内容和深度是否符合委托要求，是否符合有关技术标准和规范，在规划文本中是否明确表述规划的强制性内容。

（7）编制程序是否准确，规划管理与实施是否可行。规划作为实施管理的直接或间接依据，其可操作性尤其重要。主要评析其编制程序是否符合国家和地方相关制度的规定，政策保障是否符合国家的大政方针，管理措施是否与当地的行政部门及其管理机制紧密结合，建设实施在投融资体系和预算方面是否切实可行，当遇到不确定性因素时是否有调整的弹性。

4.4.2 案例评析

某市是一个滨海平原城市，属县级市，共有24个建制镇。该市的市域城镇体系规划如图4-1所示。请分析该体系规划图的不妥之处。

分析结果如下。

①规划年限不对，应15~20年之间。

②比例尺不对，应在1:50 000~1:100 000之间。

③规划编制单位资质不够，一个县级市里的区级规划设计室不能承担县域城镇体系规划任务。

④规划的沿海化工产业带与沿海湿地保护区有部分重叠，不合理。

⑤规划的铁路穿过人类史前遗址保护区，不合理，应避让。

⑥中心镇过多，全市共24个建制镇，就设了9个中心镇。

⑦市域东北部规划的公路应与玄玉市衔接，修公路不应受行政区界的影响，故意绕开玄玉市。

⑧规划的川南镇至太平镇的公路没有必要，属于为了追求市域内的公路环而搞的重复建设。

⑨规划的小山镇至马泉县城的公路没有必要，可由小山镇向西选择最短距离直接与田东公路衔接。

⑩西海镇与田南市应规划一条公路，使该市城区能与区域性港口有比较便利的连通。

⑪污水处理厂位置不对，不能紧靠在田南市城区的上游。

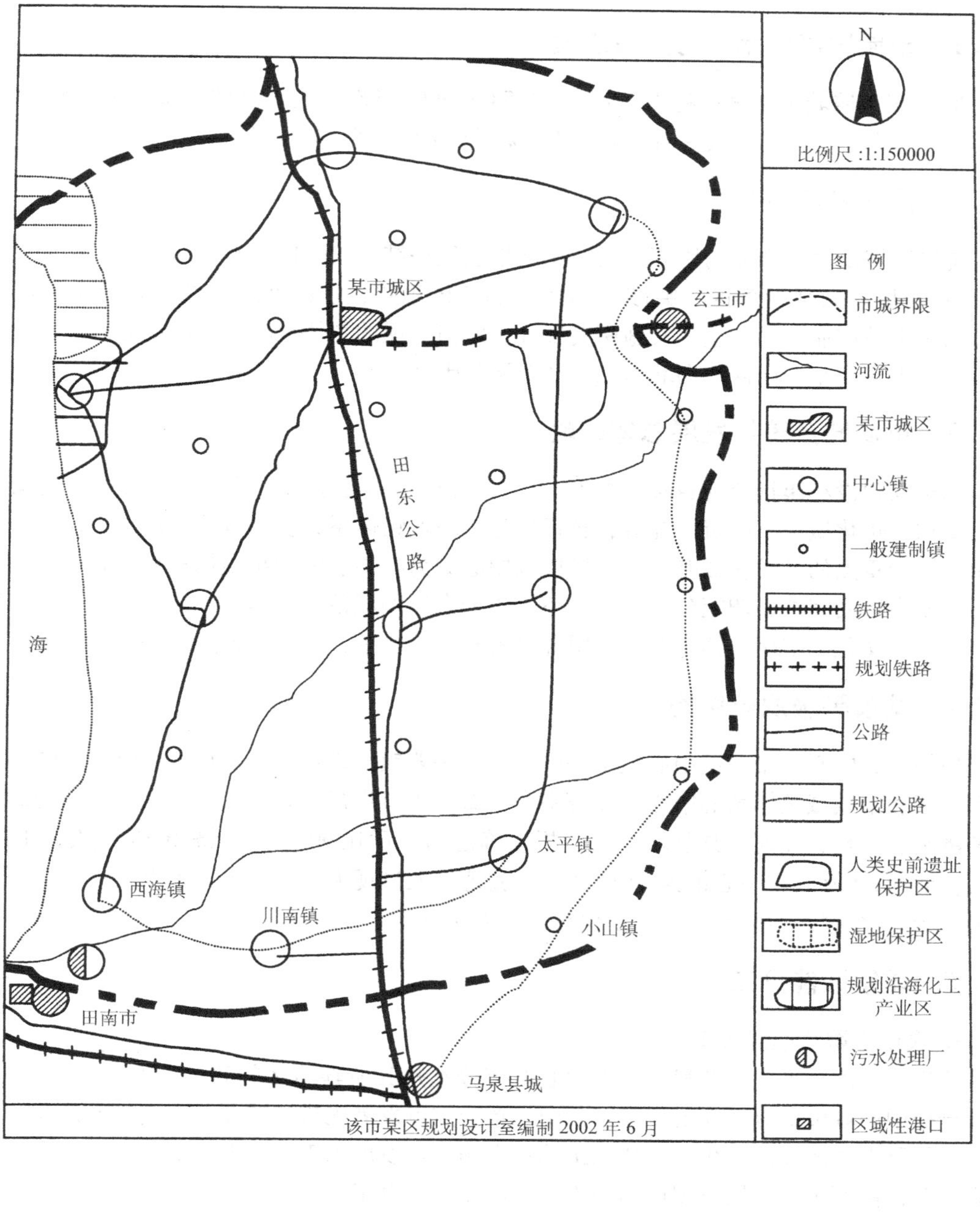

图 4-1　某市市域城镇体系规划图（2001—2002）

4.5 城镇体系规划方案实例简介与分析

济南市域城镇体系规划是济南市城市总体规划（2006 年—2020 年）的重要内容之一。按照统筹区域发展、统筹产业布局的要求，加强区域协作，构建以省会济南为中心的济南都市圈，强化济南在环渤海地区南翼和黄河中下游地区的中心地位。

4.5.1 市域城镇化水平与人口规模

2020 年市域城镇化水平将由 2005 年的 58% 增至 75% 以上，市域户籍总人口将由 2005 年的 597 万人增至 700 万人左右，城镇人口将由 2005 年的 347 万人增至 530 万人左右。

4.5.2 产业发展与布局

统筹区域及城乡产业的协调发展，积极推进经济结构战略性调整和增长方式转变，按照“提升中心区、做强近郊区、突破远郊区”的总体思路，积极推进区域产业分工和协同发展，加快市域产业布局调整，实施两翼展开、跨河发展的总体战略，形成主城区产业聚集区和沿交通走廊向东、向西、向北的三条产业聚集带。

4.5.3 市域城乡统筹发展总体战略

以全面建设小康社会为目标，按照“五个统筹”和构建和谐社会、建设社会主义新农村的要求，优化城乡空间资源配置，合理构建市域城镇体系，实施以中心城市、次中心城市和中心镇为重点的城镇化战略，逐步形成以中心城为核心、大中小城镇有机结合、等级层次分明、规模序列完善、职能分工互补、空间布局合理的城镇网络体系，加快小城镇和农村教育、科技、文化、卫生、体育等公共服务设施建设，改善人居环境，逐步缩小城乡差距。

4.5.4 城镇等级规模结构

规划形成中心城市—次中心城市—中心镇——般镇四级结构，如图 4-2 所示。中心城市为都市圈和市域城镇体系的中心，即济南中心城，人口规模 430 万人；次中心城市为章丘城区及济阳、平阴、商河三县县城。人口规模确定为：章丘 60 万人，济阳 35 万人，平阴 20 万人，商河 20 万人；中心镇为 16 个建制镇驻地，人口规模一般在 3 万人以上；一般镇为规划确定的 30 个建制镇驻地，人口规模在 1 万人左右。

4.5.5 城镇职能分工

1. 次中心城市职能分工

章丘、济阳、平阴、商河 4 个次中心城市分别是其所辖地区的政治、经济、文化中心，具有分担中心城市部分功能的职能。其中，章丘重点发展先进制造业、高新技术产业和旅游业；济阳重点发展能源、机械、化工工业；平阴重点发展加工制造业、绿色农副产品加工业和旅游业；商河重点发展农副产品加工、医药化工、轻工工业。

2. 其他城镇职能分工

其他中心镇和一般镇根据城镇主要特征，划分为工矿业型、农副产品加工型、市场带动型、交通枢纽型、旅游开发型和综合发展型六种职能类型。如图 4-3 所示。

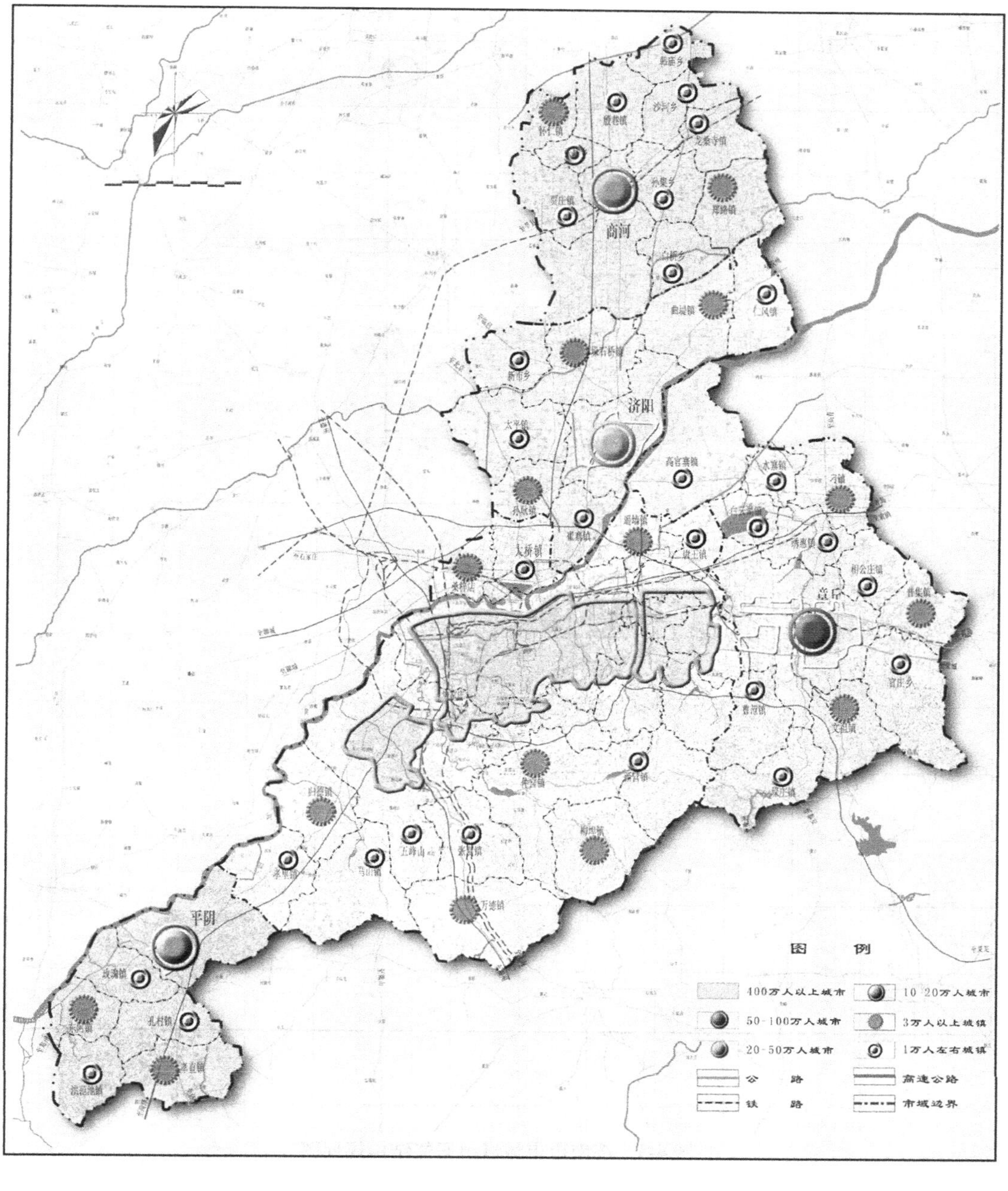

图4-2　济南市市域城镇规模结构规划图

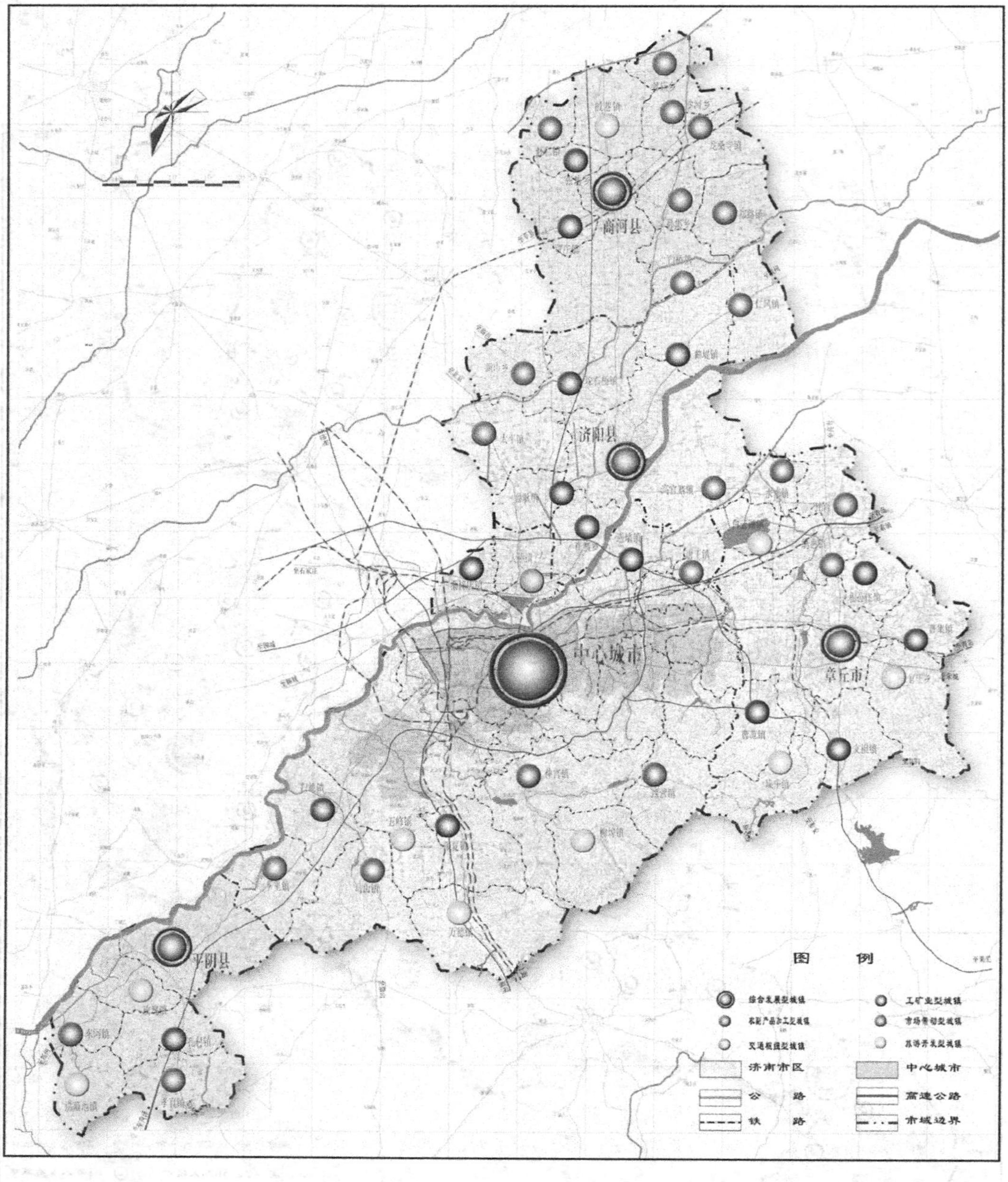

图 4-3 济南市市域城镇职能结构规划图

4.5.6 城镇空间组织结构

构筑“一心三轴十六群”的城镇空间组织结构，即以济南中心城市为核心，形成三条城镇聚合轴，组建十六个城镇组群，促进市域城镇统筹协调发展，如图 4-4 所示。

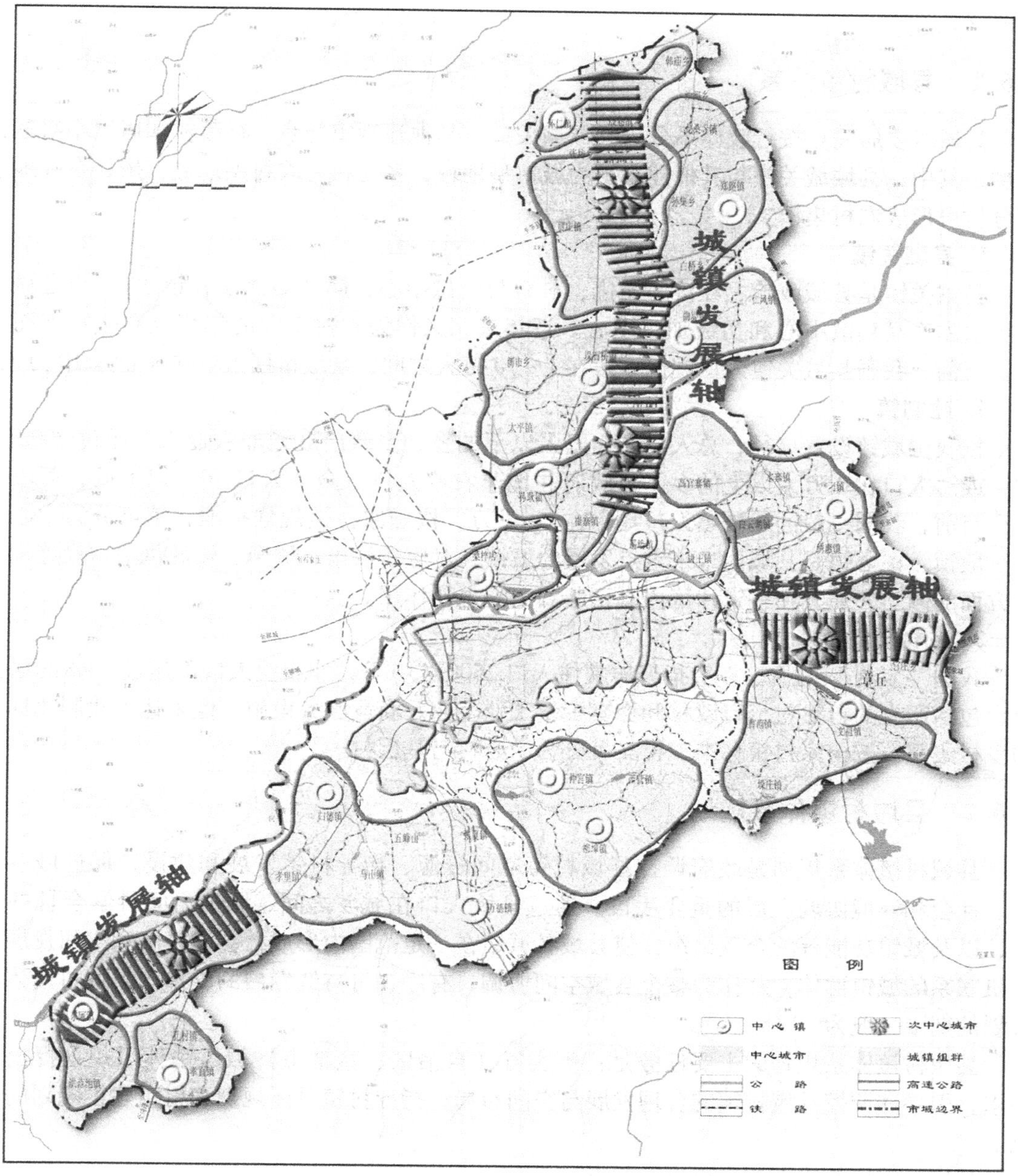

图 4-4 济南市市域城镇空间结构规划图

4.5.7 其他

主要包括乡镇整合与建设、市域重要城镇、市域空间资源管制、市区发展格局、城镇规划与用地分区管制、市域基础设施等内容。

4.6 县域村镇体系规划概述

4.6.1 县域村镇体系

县域城乡居民点按行政体系分为县域城关镇、其他建制镇与乡、行政村和居民小组三种类型。其中，县域城关镇与其他建制镇为城市型地域，乡与村为农村型地域，依托乡驻地或部分村可形成农村集镇。

1. 县城关镇

县城关镇是县域政治、经济、文化、科教与信息中心，属“城之尾，镇之首”。县城一般为农副产品集散中心和初级加工中心。近年来，又作为农村工业的集聚点和生长点而存在。目前，我国县城关镇人口规模一般在1~10万人之间，县级市区人口往往超过10万人。

2. 建制镇

按我国城镇设置口径，总人口在2万人以下的乡，乡政府驻地非农业人口超过2000人的，或总人口在2万人以上的乡，乡政府驻地非农业人口占全乡人口10%以上的，可以建镇。目前，我国一般的建制镇人口集中在1~3万。按国家村镇规划标准，镇可分为中心镇与一般镇。中心镇是县域内未来重点发展的城镇，对应着政策、资金、资源供给、设施配套等方面的倾斜，使其在一定片区内真正起到中心主导作用。

3. 乡村与集镇

我国“乡村”的概念一般指聚居常住人口2500人以下，非农业人口不超过30%的居民点，包括所有的自然村、行政村和拥有少量工业企业及商业服务设施、但未达到建制镇标准的乡村集镇。按国家村镇标准，村又可分为中心村与基层村。

4.6.2 县域村镇体系规划

县域村镇体系规划是政府调控县域村镇空间资源、指导村镇发展和建设，促进城乡经济、社会和环境协调发展的重要手段。通过县域人口在城乡之间、城镇之间科学合理的分配，以及城镇功能等的合理组织，使县域各城镇在一定范围内形成社会、经济和空间发展上有机联系的城镇群体，并作为整个县域空间协调、有序、可持续发展的支撑。县域村镇体系规划的期限一般为20年。

县域村镇体系规划的主要任务是：落实省（自治区、直辖市）域城镇体系规划提出的要求；引导和调控县域村镇的合理发展与空间布局；指导村镇总体规划和村镇建设规划的编制。

县域村镇体系规划应突出以下重点。

①确定县域城乡统筹发展战略。

②研究县域产业发展与布局，明确产业结构、发展方向和重点。

③确定城乡居民点集中建设、协调发展的总体方案，明确村镇体系结构，提出村庄布局的基本原则。

④确定生态环境、土地和水资源、能源、自然和历史文化遗产等方面的保护与利用的综合目标和要求，提出县域空间管制原则和措施。

⑤统筹布置县域基础设施和社会公共服务设施，确定农村基础设施和社会公共服务设施

配置标准，实现基础设施向农村延伸和社会服务事业向农村覆盖，防止重复建设。

⑥按照政府引导、群众自愿、有利生产、方便生活的原则，制定村庄整治与建设的分类管理策略，防止大拆大建。

4.6.3　县域村镇体系规划的主要内容

1. 县域村镇体系规划纲要

①综合评价县域的发展条件。

②提出县域城乡统筹发展战略和产业发展空间布局方案。

③预测县域人口规模，提出城镇化战略及目标。

④提出县域空间分区管制原则。

⑤提出县域村镇体系规划方案。

⑥提出县域基础设施和社会公共服务设施配置原则与策略。

2. 县域村镇体系规划

（1）综合评价县域的发展条件。要进行区位、经济基础及发展前景、社会与科技发展分析与评价；认真分析自然条件与自然资源、生态环境、村镇建设现状，提出县域发展的优势条件与制约因素。

（2）制定县域城乡统筹发展战略，确定县域产业发展空间布局。要根据经济社会发展战略规划，提出县域城乡统筹发展战略，明确产业结构、发展方向和重点，提出空间布局方案，并划分经济区。

（3）预测县域人口规模，确定城镇化战略。要预测规划期末和分时段县域总人口数量构成情况及分布状况，确定城镇化发展战略，提出人口空间转移的方向和目标。

（4）划定县域空间管制分区，确定空间管制策略。要根据资源环境承载能力、自然和历史文化保护、防灾减灾等要求，统筹考虑未来人口分布、经济布局，合理和节约利用土地，明确发展方向和重点，规范空间开发秩序，形成合理的空间结构。划定禁止建设区、限制建设区和适宜建设区，提出各分区空间资源有效利用的限制和引导措施。

（5）确定县域村镇体系布局，明确重点发展的中心镇。明确村镇层次等级（包括县城—中心镇—一般镇—中心村），选定重点发展的中心镇，确定各乡镇人口规模、职能分工、建设标准。提出城乡居民点集中建设、协调发展的总体方案。

（6）制定重点城镇与重点区域的发展策略。提出县级人民政府所在地镇区及中心镇区的发展定位和规模，以及城镇密集地区协调发展的规划原则。

（7）确定村庄布局基本原则和分类管理策略。明确重点建设的中心村，制定中心村建设标准，提出村庄整治与建设的分类管理策略。

（8）统筹配置区域基础设施和社会公共服务设施，制定专项规划。提出分级配置各类设施的原则，确定各级居民点配置设施的类型和标准；因地制宜地提出各类设施的共建、共享方案，避免重复建设。

专项规划应当包括：交通、给水、排水、电力、电信、教科文卫、历史文化资源保护、环境保护、防灾减灾等规划。

（9）制定近期发展规划，确定分阶段实施规划的目标及重点。依据经济社会发展规划，按照布局集中，用地集约，产业集聚的原则，合理确定5年内发展目标、重点发展的区域和空间布局，确定城乡居民点的人口规模及总体建设用地规模，提出近期内重要基础设施、社会公共服务设施、资源利用与保护、生态环境保护、防灾减灾及其他设施的建设时序和选址等。

（10）提出实施规划的措施和有关建议。县域村镇体系规划应与土地利用规划相衔接，进一步明确建设用地总量与主要建设用地类别的规模，并编制县域现状和规划用地汇总表。

3. 县域村镇体系规划的强制性内容

（1）县域内按空间管制分区确定的应当控制开发的地域及其限制措施。

（2）各镇区建设用地规模，中心村建设用地标准。

（3）县域基础设施和社会公共服务设施的布局，以及农村基础设施与社会公共服务设施的配置标准。

（4）村镇历史文化保护的重点内容。

（5）生态环境保护与建设目标，污染控制与治理措施。

（6）县域防灾减灾工程，包括村镇消防、防洪和抗震标准，地质灾害等自然灾害防护规定。

4.6.4 县域村镇体系规划成果

县域村镇体系规划成果的表达应当清晰、准确、规范，成果文件、图件与附件中说明、专题研究、分析图纸等表达应有区分。规划成果应当以书面和电子文件两种方式表达。

县域村镇体系规划纲要成果包括纲要文本、说明、相应的图纸和研究报告。县域村镇体系规划成果应当包括规划文本、图纸及附件（说明、研究报告和基础资料等）。在规划文本中应当明确表述规划的强制性内容。

县域村镇体系规划图件至少应当包括（除重点地区规划图外，图纸比例一般为1:5万至1:10万）以下各项：

①县域综合现状分析图。

②县域人口与村镇布局规划图。

③县域用地布局结构规划图。

④县域空间分区管制规划图。

⑤县域产业发展空间布局规划图。

⑥县域综合交通规划图。

⑦县域基础设施和社会公共服务设施及专项规划图。

⑧县域环境保护与防灾规划图。

⑨近期发展规划图。

⑩重点城镇与重点地区规划图。

单 元 小 结

城镇体系规划是我国规划体系的重要组成部分，在实际工作过程中，首先应明确规划目标，通过搜集资料、实地调研，然后对规划区域进行综合分析与评价，预测城镇化水平，提出城镇发展战略，城镇规模结构、职能结构与空间结构，并对生态环境、重要的资源、重大基础设施等进行保护与控制，并提出实施策略。通过城镇体系规划实例的学习，对城镇体系规划和规划成果形成基本认识，通过城镇体系规划编制项目训练，了解城镇体系编制过程，掌握城镇体系规划编制方法和编制内容，能够对城镇体系规划项目进行分析。

复习思考题

4-1　简述城镇体系的内涵及其特征。

4-2　简述城镇体系规划的内容及其任务。

4-3　简述城镇化水平的预测方法。

4-4　简述城镇体系规划的工作方法。

4-5　简述城镇体系规划方案评析内容。

4-6　简述县域城镇体系规划的内容及成果。

第5单元　城市总体规划

【能力目标】

(1) 具有明确城市总体规划纲要、城市总体规划、城市分区规划、城市近期建设规划的作用、任务、内容与成果的能力。

(2) 具有认识不同用途的城市用地以及各用地的组成、分类、规模、指标，并对主要建设用地位置及相互关系进行确定的能力。

(3) 具有分析城市总体布局以及方案选择的能力。

(4) 培养运用城市规划的基本理论与方法，进行城市总体布局的能力；提高运用计算机进行图纸制作和编制规划文本的能力。

(5) 培养通过实际案例、实地考察等方式方法认识城市用地、确定用地位置的初步能力，能够规划城市总体布局并对多方案评析和选择，初步培养运用规划理论和专业知识，解决具体工程实践问题的综合能力。

【教学建议】

(1) 以培养城市总体规划纲要、城市总体规划、城市近期建设规划的认识和理解为基本出发点。

(2) 以城市总体规划项目案例为载体展开教学。在教学过程中，可邀请城市规划业务技术人员及相关专业教师参与指导和研究。

(3) 注重教学过程，除教师课堂讲授外，教学过程中安排大量的班级和小组讨论，共同研究、相互交流、良好协作，使每个学生在掌握城市总体规划知识的同时，培养良好的协作精神。

【训练项目】

针对具体总体规划项目，在任课教师指导、强调学生为主体训练的前提下，以教学小组为单位，分析讨论、协作完成城市用地分析、城市总体布局，进行多方案比较、综合评析最终确定可行方案，并对成果内容完整表达。

1. 训练目的

城市总体规划是城乡规划教学实践的重要环节。要求在规划设计中运用城市规划理论与方法进行城市总体规划。要求熟悉编制城市总体规划的程序与内容；培养运用城市规划的基本理论与方法，进行城市总体布局研究并对多方案分析最终确定总体布局；提高运用计算机进行图纸制作和编制规划文本的能力；进一步提高对实际问题综合分析能力，加深对城市规划理论及工作的理解。

2. 训练要求

1) 了解城市总体规划基本内容和特点，在现状资料分析基础上进行规划方案构思，并逐步完善成熟。

2）在课程设计全过程中，要求具有一定图面、口头及文字表达能力。能独立进行方案构思、综合评述和介绍。

3）必须独立完成规划方案的构思和结构分析，并在此基础上分组完成总体规划设计方案及成果表达。

5.1 城市总体规划纲要的主要任务、内容和成果

5.1.1 城市总体规划纲要的主要任务

编制城市总体规划应先编制总体规划纲要，作为指导总体规划编制的重要依据。城市总体规划纲要的任务是研究总体规划中的重大问题，提出解决方案并进行论证。经过审查的纲要也是总体规划成果审批的依据。

5.1.2 城市总体规划纲要的主要内容

总体规划纲要应当包括下列内容：

（1）市域城镇体系规划纲要。内容包括：提出市域城乡统筹发展战略；确定生态环境、土地和水资源、能源、自然和历史文化遗产保护等方面的综合目标和保护要求，提出空间管制原则；预测市域总人口及城镇化水平，确定各城镇人口规模、职能分工、空间布局方案和建设标准；原则确定市域交通发展策略。

（2）提出城市规划区范围。

（3）分析城市职能、提出城市性质和发展目标。

（4）提出禁建区、限建区、适建区范围。

（5）预测城市人口规模。

（6）研究中心城区空间增长边界，提出建设用地规模和建设用地范围。

（7）提出交通发展战略及主要对外交通设施布局原则。

（8）提出重大基础设施和公共服务设施的发展目标。

（9）提出建立综合防灾体系的原则和建设方针。

5.1.3 城市总体规划纲要的成果要求

城市总体规划纲要的成果包括文字说明、图纸和专题研究报告。

1. 文字说明

文字说明部分主要简述城市自然、历史、现状特点；分析论证城市在区域发展中的地位和作用、经济和社会发展的目标、发展优势与制约因素，提出市域城乡统筹发展战略，确定城市规划区范围，确定生态环境、土地和水资源、能源、自然和历史文化遗产保护等方面的综合目标和保护要求，提出空间管制原则；原则确定市域总人口、城镇化水平及各城镇人口规模；原则确定规划期内的城市发展目标、城市性质，初步预测城市人口规模；初步提出禁建区、限建区、适建区范围，研究中心城区空间增长边界，确定城市用地发展方向，提出建设用地规模和建设用地范围；针对城市能源、水源、交通、公共设施、基础设施、综合防灾、环境保护、重点建设等主要问题提出原则规划意见。

2. 图纸

城市总体规划纲要应提供以下图纸：

（1）区域城镇关系示意图：图纸比例为1∶200 000～1∶1 000 000，标明相邻城镇位置、行政区划、重要交通设施、重要工矿和风景名胜区。

（2）市域城镇分布现状图：图纸比例为1∶50 000～1∶200 000，标明行政区划、城镇分布、城镇规模、交通网络、重要基础设施、主要风景旅游资源、主要矿藏资源。

（3）市域城镇体系规划方案图：图纸比例为1∶50 000～1∶200 000，标明行政区划、城镇分布、城镇规模、城镇等级、城镇职能分工、市域主要发展轴（带）和发展方向、城市规划区范围。

（4）市域空间管制示意图：图纸比例为1∶50 000～1∶200 000，标明风景名胜区、自然保护区、基本农田保护区、水源保护区、生态敏感区的范围，重要的自然和历史文化遗产位置和范围、市域功能空间区划。

（5）城市现状图：图纸比例1∶5 000～1∶25 000，标明城市主要建设用地范围、主要干路以及重要的基础设施。

（6）城市总体规划方案图：图纸比例1∶5 000～1∶25 000，初步标明中心城区空间增长边界和规划建设用地大致范围，标注各类主要建设用地、规划主要干路、河湖水面、重要的对外交通设施、重大基础设施。

（7）其他必要的分析图纸。

3. 专题研究报告

在纲要编制阶段应对城市重大问题进行研究，撰写专题研究报告。例如人口规模预测专题、城市用地分析专题等。

5.2 城市总体规划的主要任务和内容

城市总体规划涉及城市的政治、经济、文化和社会生活等各个领域，在指导城市有序发展、提高建设和管理水平等方面发挥着重要的先导和统筹作用。在新中国的城市规划发展历史中，城市总体规划占有十分重要的地位。近年来，随着社会主义市场经济体制的建立和逐步完善，适应形势的发展要求，我国对城市总体规划的编制组织、编制内容等都进行了必要的改革与完善。目前，城市总体规划已经成为指导与调控城市发展建设的重要手段，具有公共政策属性。

城市总体规划是城市规划的重要组成部分。经法定程序批准的城市总体规划文件，是编制城市近期建设规划、详细规划、专项规划和实施城市规划行政管理的法定依据。各类涉及城乡发展和建设的行业发展规划，都应符合城市总体规划的要求。由于具有全局性和综合性，我国的城市总体规划不仅是专业技术，同时更重要的是引导和控制城市建设，保护和管理城市空间资源的重要依据和手段，因此也是城市规划参与城市综合性战略部署的工作平台。

5.2.1 城市总体规划的主要任务

城市总体规划是对一定时期内城市的性质、发展目标、发展规模、土地使用、空间布局以及各项建设的综合部署和实施措施。编制城市总体规划，应当以全国城镇体系规划、省域城镇体系规划以及其他上层次法定规划为依据，从区域经济社会发展的角度研究城市定位和发展战略，按照人口与产业、就业岗位的协调发展要求，控制人口规模、提高人口素质，按照有效配置公共资源、改善人居环境的要求，充分发挥中心城市的区域辐射和带动作用，合理确定城乡空间布局，促进区域经济社会全面、协调和可持续发展。

城市总体规划的主要任务是：根据城市经济社会发展需求和人口、资源情况及环境承载能力，合理确定城市的性质、规模；综合确定土地、水、能源等各类资源的使用标准和控制指标，节约和集约利用资源；划定禁止建设区、限制建设区和适宜建设区，统筹安排城乡各类建设用地；合理配置城乡各项基础设施和公共服务设施，完善城市功能；贯彻公交优先原则，提升城市综合交通服务水平；健全城市综合防灾体系，保证城市安全，保护自然生态环境和整体景观风貌，突出城市特色；保护历史文化资源，延续城市历史文脉；合理确定分阶段发展方向、目标、重点和时序，促进城市健康有序发展。城市总体规划一般分为市域城镇体系规划和中心城区规划两个层次。

5.2.2 市域城镇体系规划的主要内容

（1）提出市域城乡统筹的发展战略。其中位于人口、经济、建设高度聚集的城镇密集地区的中心城市，应当根据需要，提出与相邻行政区域在空间发展布局、重大基础设施和公共服务设施建设、生态环境保护、城乡统筹发展等方面进行协调的建议。

（2）确定生态环境、土地和水资源、能源、自然和历史文化遗产等方面的保护与利用的综合目标和要求，提出空间管制原则和措施。

（3）预测市域总人口及城镇化水平，确定各城镇人口规模、职能分工、空间布局和建设标准。

（4）提出重点城镇的发展定位、用地规模和建设用地控制范围。

（5）确定市域交通发展策略；原则确定市域交通、通信、能源、供水、排水、防洪、垃圾处理等重大基础设施，重要社会服务设施，危险品生产储存设施的布局。

（6）根据城市建设、发展和资源管理的需要划定城市规划区。城市规划区的范围应当位于城市的行政管辖范围内。

（7）提出实施规划的措施和有关建议。

5.2.3 中心城区规划的主要内容

（1）分析确定城市性质、职能和发展目标。

（2）预测城市人口规模。

（3）划定禁建区、限建区、适建区和已建区，并制定空间管制措施。

（4）确定村镇发展与控制的原则和措施；确定需要发展、限制发展和不再保留的村庄，提出村镇建设控制标准。

（5）安排建设用地、农业用地、生态用地和其他用地。

（6）研究中心城区空间增长边界，确定建设用地规模，划定建设用地范围。

（7）确定建设用地的空间布局，提出土地使用强度管制区划和相应的控制指标（建筑密度、建筑高度、容积率、人口容量等）。

（8）确定市级和区级中心的位置和规模，提出主要的公共服务设施的布局。

（9）确定交通发展战略和城市公共交通的总体布局，落实公交优先政策，确定主要对外交通设施和主要道路交通设施布局。

（10）确定绿地系统的发展目标及总体布局，划定各种功能绿地的保护范围（绿线），划定河湖水面的保护范围（蓝线），确定岸线使用原则。

（11）确定历史文化保护及地方传统特色保护的内容和要求，划定历史文化街区、历史建筑保护范围（紫线），确定各级文物保护单位的范围；研究确定特色风貌保护重点区域及保护措施。

（12）研究住房需求，确定住房政策、建设标准和居住用地布局；重点确定经济适用房、普通商品住房等满足中低收入人群住房需求的居住用地布局及标准。

（13）确定电信、供水、排水、供电、燃气、供热、环卫发展目标及重大设施总体布局。

（14）确定生态环境保护与建设目标，提出污染控制与治理措施。

（15）确定综合防灾与公共安全保障体系，提出防洪、消防、人防、抗震、地质灾害防护等规划原则和建设方针。

（16）划定旧区范围，确定旧区有机更新的原则和方法，提出改善旧区生产、生活环境的标准和要求。

（17）提出地下空间开发利用的原则和建设方针。

（18）确定空间发展时序，提出规划实施步骤、措施和政策建议。

5.2.4 编制城市总体规划必须坚持的原则

1. 统筹城乡和区域发展

编制城市总体规划，必须贯彻工业反哺农业、城市支持农村的方针。要统筹规划城乡建设，增强城市辐射带动功能，提高对农村服务的水平，协调城乡基础设施、商品和要素市场，公共服务设施的建设，改善进城务工农民就业和创业环境，促进社会主义新农村建设。要加强城市与周边地区的经济社会联系，协调土地和资源利用、交通设施、重大项目建设、生态环境保护，推进区域范围内基础设施相互配套、协调衔接和共建共享。

2. 积极稳妥地推进城镇化

编制城市总体规划，要考虑国民经济和社会发展规划的要求，根据经济社会发展趋势、资源环境承载能力、人口变动等情况，合理确定城市规模和城市性质。大城市要把发展的重点放到城市结构调整、功能完善、质量提高和环境改善上来，加快中心城区功能的疏解，避免人口过度集中。中小城市要发挥比较优势，明确发展方向，提高发展质量，体现个性和特点。要正确把握好城镇化建设的节奏，按照循序渐进、节约土地、集约发展、合理布局的原则，因地制宜，稳步推进城镇化。

3. 加快建设节约型城市

编制城市总体规划，要根据建设节约型社会的要求，把节地、节水、节能、节材和资源综合利用落实到城市规划建设和管理的各个环节中去。

4. 为人民群众生产生活提供方便

改善人居环境，建设宜居城市，是城市总体规划工作的重要目标。要优先满足普通居民基本住房需求，着力增加普通商品住房、经济适用住房和廉租房供应，为不同收入水平的城镇居民提供适宜的住房条件。要坚持公交优先，加强城市道路网和公共交通系统建设，在特大城市建设快速道路交通和大运量公共交通系统，着重解决交通拥堵问题。要突出加强城市各项社会事业建设，完善教育、科技、文化、卫生、体育和社会福利等公共设施，健全社区服务体系，提高人民群众的生活质量。要保护好历史文化名域、历史文化街区，文物保护单位等文化遗产，保护好地方文化和民俗风情，保护好城市风貌，体现民族和区域特色。

5. 统筹规划城市基础设施建设

编制城市总体规划，要统筹规划交通、能源、水利、通信、环保等市政公用设施；统筹规划城市地下空间资源开发利用；统筹规划城市防灾减灾和应急救援体系建设，建立健全突发公共事件应急处理机制。

5.3 城市总体规划的成果要求

城市总体规划的成果包括文本、图纸及其附件。

5.3.1 城市总体规划文本内容与深度要求

城市总体规划文本是对规划的各项目标和内容提出规定性要求的文件，采用条文形式，文本格式和文字应规范、准确、肯定，利于具体操作。在规划文本中应当明确表述规划的强制性内容。

1. 总则

总则主要说明规划编制的背景、目的、基本依据、规划期限、城市规划区、适用范围以及执行主体。

2. 城市发展目标

城市发展目标包括社会发展目标、经济发展目标、城市建设目标、环境保护目标。

3. 市域城镇体系规划

市域城镇体系规划内容包括市域城乡统筹发展战略；市域空间管制原则和措施；城镇发展战略及总体目标、城镇化水平；城镇职能分工、发展规模等级、空间布局；重点城镇发展定位及其建设用地控制范围；区域性交通设施、基础设施、环境保护、风景旅游区的总体布局。

4. 城市性质与规模

该部分主要说明城市职能；城市性质；城市人口规模；中心城区空间增长边界；城市建设用地规模。

5. 城市总体布局

该部分主要说明城市用地选择和空间发展方向；总体布局结构；禁建区、限建区、适建区和已建区范围及其空间管制措施；规划建设用地范围和面积，用地平衡表；土地使用强度管制规划及其控制指标。

6. 综合交通规划

综合交通规划主要包括：

（1）对外交通：对外货运枢纽、铁路线路和站场用地范围、等级、通行能力；江、海、河港口码头，货场及疏港交通用地范围；航空港用地范围及交通联结；公路与城市交通的联系，长途客运枢纽站的用地范围；管道运输位置。

（2）城市道路系统：快速路及主、次干路系统布局；重要桥梁、立体交叉口、主要广场、停车位置。

（3）公共交通：公交政策、公共客运交通和公交线路、站场分布；地铁、轻轨线路建设安排；客运换乘枢纽布局。

7. 公共设施规划

该部分主要说明市级和区级公共中心的位置和规模；行政办公、商业金融、文化娱乐、体育、医疗卫生、教育科研、市场、宗教等主要公共服务设施位置和范围。

8. 居住用地规划

该部分主要说明住房政策；居住用地结构；居住用地分类、建设标准和布局（包括经济适用房、普通商品住房等满足中低收入人群住房需求的居住用地布局）、居住人口容量、配套公共服务设施位置和规模。

9. 绿地系统规划

该部分主要说明绿地系统发展目标；各种功能绿地的保护范围（绿线）；河湖水面的保护范围（蓝线）；公共绿地指标；市、区级公共绿地及防护绿地、生产绿地布局；岸线使用原则。

10. 历史文化保护

该部分主要说明城市历史文化保护及地方传统特色保护的原则、内容和要求；历史文化街区、历史建筑保护范围（紫线）；各级文物保护单位的范围；重要地下文物埋藏区的保护范围；重要历史文化遗产的修整、利用和展示；特色风貌保护重点区域范围及保护措施。

11. 旧区改建与更新

该部分主要说明旧区改建原则；用地结构调整及环境综合整治；重要历史地段保护。

12. 中心城区村镇发展

该部分主要说明村镇发展与控制的原则和措施；需要发展的村庄；限制发展的村庄；不再保留的村庄；村镇建设控制标准。

13. 给水工程规划

该部分主要说明用水量标准和总用水量；水源地选择及防护措施，取水方式，供水能力，净水方案；输水管网及配水干管布置，加压站位置和数量。

14. 排水工程规划

该部分主要说明排水体制；污水排放标准，雨水、污水排放总量，排水分区；排水管、渠系统规划布局，主要泵站及位置；污水处理厂布局、规模、处理等级以及综合利用的措施。

15. 供电工程规划

该部分主要说明用电量指标，总用电负荷，最大用电负荷、分区负荷密度；供电电源选择；变电站位置、变电等级、容量，输配电系统电压等级、敷设方式；高压走廊用地范围、防护要求。

16. 电信工程规划

该部分主要说明电话普及率、总容量；邮政设施标准、服务范围、发展目标，主要局所网点布置；通信设施布局和用地范围，收发讯区和微波通道的保护范围；通信线路布置、敷设方式。

17. 燃气工程规划

该部分主要说明燃气消耗水平，气源结构；燃气供应规模，供气方式；输配系统管网压力等级管网系统；调压站、灌瓶站、储存站等工程设施布置。

18. 供热工程规划

该部分主要说明采暖热指标、供热负荷、热源及供热方式；供热区域范围、热电厂位置和规模；热力网系统、敷设方式。

19. 环境卫生设施规划

该部分主要说明环境卫生设施布置标准；生活废弃物总量，垃圾收集方式、堆放及处理、消纳场所的规模及布局；公共厕所布局原则；垃圾处理厂位置和规模。

20. 环境保护规划

该部分主要说明生态环境保护与建设目标；有关污染物排放标准；环境功能分区；环境污染的防护、治理措施。

21. 综合防灾规划

综合防灾规划包括：

（1）防洪：城市需设防地区（防江河洪水、防山洪、防海潮、防泥石流）范围，设防等级、防洪标准；设防方案，防洪堤坝走向，排洪设施位置和规模；排涝防渍的措施。

（2）抗震：城市设防标准；疏散场地通道规划；生命线系统保障规划。

（3）消防：消防标准；消防站及报警、通信指挥系统规划；机构、通道及供水保障规划。

22. 地下空间利用及人防规划

该部分主要说明人防工程建设的原则和重点；城市总体防护布局；人防工程规划布局；交通、基础设施的防空、防灾规划；贮备设施布局；地下空间开发利用（平战结合）规划。

23. 近期建设规划

该部分主要说明近期发展方向和建设重点；近期人口和用地规模；土地开发投放量；住宅建设、公共设施建设、基础设施建设。

24. 规划实施

该部分主要说明实施规划的措施和政策建议。

25. 附则

附则主要说明文本的法律效力、规划的生效日期、修改的规定以及规划的解释权。

5.3.2 城市总体规划主要图纸内容与深度要求

1. 市域城镇分布现状图

图纸比例为1∶50 000～1∶200 000，标明行政区划、城镇分布、城镇规模、交通网络、重要基础设施、主要风景旅游资源、主要矿藏资源。

2. 市域城镇体系规划图

图纸比例为1∶50 000～1∶200 000，标明行政区划、城镇分布、城镇规模、城镇等级、城镇职能分工、市域主要发展轴（带）和发展方向、城市规划区范围。

3. 市域基础设施规划图

图纸比例为1∶50 000～1∶200 000，标明市域交通、通信、能源、供水、排水、防洪、垃圾处理等重大基础设施，重要社会服务设施，危险品生产储存设施的布局。

4. 市域空间管制图

图纸比例为1∶50 000～1∶200 000，标明风景名胜区、自然保护区、基本农田保护区、水源保护区、生态敏感区的范围，重要的自然和历史文化遗产位置和范围、市域功能空间区划。

5. 城市现状图

图纸比例为1∶5 000～1∶25 000，标明城市主要建设用地范围、主要干路以及重要的基础设施、需要保护的风景名胜、文物古迹、历史地段范围、风玫瑰、主要地名和主要街道名称。

6. 城市用地工程地质评价图

图纸比例为1∶5 000～1∶25 000，标明潜在地质灾害空间分布和强度划分、按防洪标准频率绘制的洪水淹没线、地下矿藏和地下文物埋藏范围、用地适宜性区划（包括适宜、不适宜和采取工程措施方能修建地区的范围）。

7. 中心城区四区划定图

图纸比例为1∶5 000～1∶25 000，标明禁建区、限建区、适建区和已建区范围。

8. 中心城区土地使用规划图

图纸比例为1∶5 000～1∶25 000，标明建设用地、农业用地、生态用地和其他用地范围。

9. 城市总体规划图

图纸比例为1∶5 000～1∶25 000，标明中心城区空间增长边界和规划建设用地范围，标注各类建设用地空间布局、规划主要干路、河湖水面、重要的对外交通设施、重大基础设施。

10. 居住用地规划图

图纸比例为1∶5 000～1∶25 000，标明居住用地分类和布局（包括经济适用房、普通商品住房等满足中低收入人群住房需求的居住用地布局）、居住人口容量、配套公共服务设施位置。

11. 绿地系统规划图

图纸比例为1∶5 000～1∶25 000，标明各种功能绿地的保护范围（绿线）、河湖水面的保护范围（蓝线）、市区级公共绿地，苗圃、花圃、防护林带、林地及市区内风景名胜区的位置和范围。

12. 综合交通规划图

图纸比例为1∶5 000～1∶25 000，标明主次干路走向、红线宽度、道路横断面、重要交叉口形式；重要广场、停车场、公交停车场的位置和范围；铁路线路及站场、公路及货场、机场、港口、长途汽车站等对外交通设施的位置和用地范围。

13. 历史文化保护规划图

图纸比例为1∶5 000～1∶25 000，标明历史文化街区、历史建筑保护范围（紫线）、各级文物保护单位的位置和范围、特色风貌保护重点区域范围。

14. 旧区改建规划图

图纸比例为1∶5 000～1∶25 000，标明旧区范围、重点处理地段用地性质、改造分区、拓宽的道路。

15. 近期建设规划图

图纸比例为1∶5 000～1∶25 000，标明近期建设用地范围和用地性质，近期主要新建和改建项目位置和范围。

16. 其他专项规划图

图纸比例为1∶5 000～1∶25 000，包括给水工程规划图、排水工程规划图、供电工程规划图、电信工程规划图、供热工程规划图、燃气工程规划图、环境卫生设施规划图、环境保护规划图、防灾规划图、地下空间利用规划图等。

5.3.3 城市总体规划附件内容与深度要求

城市总体规划附件包括规划说明书、专题研究报告和基础资料汇编。

1. 规划说明书

规划说明是对规划文本的具体解释，主要是分析现状，论证规划意图，解释规划文本。规划说明书的具体内容包括：城市基本情况；对上版总体规划的实施评价；规划编制背景、依据、指导思想；规划技术路线；社会经济发展分析；市域城乡统筹发展战略；市域空间管制原则和措施；市域交通发展策略；市城城镇体系规划内容；城市规划区范围；城市发展目标；城市性质和规模；中心城区禁建区、限建区、适建区和已建区范围及空间管制措施；城市发展方向；城市总体布局；中心城区建设用地、农业用地、生态用地和其他用地规划；建设用地的空间布局及土地使用强度管制区划；综合交通规划；绿地系统规划；市政工程规划；环境保护规划；综合防灾规划；地下空间开发利用的原则和建设方针；近期建设规划；规划实施步骤、措施和政策建议等内容。

2. 相关专题研究报告

针对总体规划重点问题、重点专项进行必要的专题分析，提出解决问题的思路、方法和建议，并形成专题研究报告。

3. 基础资料汇编

规划编制过程中所采用的基础资料整理与汇总。

5.3.4　城市总体规划强制性内容

1. 确定规划强制性内容的意义和原则

（1）确定规划强制性内容的意义。省域城镇体系规划、城市规划和镇规划涉及政治、经济、文化和社会等各个领域，内容比较综合。为了加强规划的实施及其监督，《城乡规划法》把规划中涉及区域协调发展、资源利用、环境保护、风景名胜资源管理、自然与文化遗产保护、公众利益和公共安全等方面的内容规定为强制性内容。确定规划的强制性内容，是为了加强上下规划的衔接，确保区域协调发展、资源利用、环境保护、自然与历史文化遗产保护、公共安全和公共服务、城乡统筹协调发展的规划内容得到有效落实，确保城乡建设发展能够做到节约资源，保护环境，和谐发展，促进城乡经济社会可持续发展，并且能够以此为依据对规划的实施进行监督检查。规划的强制性内容具有以下几个特征：一是规划强制性内容具有法定的强制力，必须严格执行，任何个人和组织都不得违反；二是下位规划不得擅自违背和变更上层次规划确定的强制性内容；三是涉及规划强制性内容的调整，必须按照法定的程序进行。

（2）确定规划强制性内容的原则。一是强制性内容必须落实上级政府规划管理的约束性要求。二是强制性内容应当根据各地具体情况和实际需要，实事求是地加以确定。既要避免遗漏有关内容，又要避免将无关的内容确定为强制性内容。三是强制性内容的表述必须明确、规范，符合国家有关标准。

2. 城市总体规划的强制性内容

（1）城市规划区范围。

（2）市域内应当控制开发的地域。包括：基本农田保护区，风景名胜区，湿地、水源保护区等生态敏感区，地下矿产资源分布地区。

（3）城市建设用地。包括：规划期限内城市建设用地的发展规模，土地使用强度管制区划和相应的控制指标（建设用地面积、容积率、人口容量等）；城市各类绿地的具体布局；城市地下空间开发布局。

（4）城市基础设施和公共服务设施。包括：城市干道系统网络、城市轨道交通网络、交通枢纽布局；城市水源地及其保护区范围和其他重大市政基础设施；文化、教育、卫生、体育等方面主要公共服务设施的布局。

（5）城市历史文化遗产保护。包括：历史文化保护的具体控制指标和规定；历史文化街区、历史建筑、重要地下文物埋藏区的具体位置和界线。

（6）生态环境保护与建设目标，污染控制与治理措施。

（7）城市防灾工程。包括：城市防洪标准、防洪堤走向；城市抗震与消防疏散通道；城市人防设施布局；地质灾害防护规定。提出市域城乡统筹发展战略；确定生态环境、土地和水资源、能源、自然和历史文化遗产等方面的保护与利用的综合目标和要求，提出空间管制原则和措施；确定市域交通发展策略；原则确定市域交通、通信、能源、供水、排水、防洪、垃圾处理等重大基础设施，重要社会服务设施的布局；根据城市建设、发展和资源管理的需要划定城市规划区；提出实施规划的措施和有关建议。

5.4 不同用途的城市用地

5.4.1 居住用地

1. 概述

城市是人类的定居地之一。居住用地是承担居住功能和居住活动的场所。1933 年国际现代建筑学会所拟订的“城市计划大纲”中，将城市活动归结为居住、工作、游憩与交通四大活动，明确认定“居住是城市的第一活动”。

城市居住生活有着丰富的内涵，不仅有各具特色的家居生活，还有着多样的户外的社会、文化、消费和游憩等活动。居住生活的内容和方式，受到社会、经济、文化和自然等多方面因素的制约与影响。居住生活过程是一个文化过程。居住生活方式反映了一个地方或民族的文明程度与形态。随着人类文明的发展，城市居住的概念范畴已随之而在变化。

基于为城市居民创造良好的居住环境，不断提高生活质量，是“人类住区”规划的主旨之一，也是城市规划的主要目标之一。为此，城市居住用地规划，要在城市发展战略的指导下，研究确定居住生活质量及其地域配置的目标，结合城市的资源与环境条件，选择合适的用地，处理好居住用地与城市其他用地的功能关系，进行合理的组织与布局，并配置完善的市政与公共设施。尤其要加强绿化规划，注重环境保护，使之具有良好的生态效应与环境质量。

2. 居住用地的组成与分类

（1）用地组成。居住用地占有城市用地的较大比重，它在城市中往往集聚而呈地区性分布。居住用地是由几项相关的单一功能用地组合而成的用途地域，一般包括住宅用地和与居住生活相关联的各项公共设施、市政设施等用地。虽然这些构成用地在具体的功能项目和各自所占比例上，会因城市规模、自然条件、居住生活方式以及建设水平等差别而有不同的组成状态，但可以概括地归为以下列四类：

1）住宅用地——不同类型住宅所占用地，包括住宅基底和宅基周围所必要的用地。

2）公共服务设施用地——居住生活所需要的学校、医疗、商业服务、文娱管理等设施用地。

3）道路用地——居住地区内各种道路、广场、停车场库用地。

4）绿地——居住地区集中设置的公园、游园等公共性用地。

（2）用地分类。城市居住用地按照所具有的住宅质量、用地标准、各项关联设施的设置水平和完善程度，以及所处的环境条件等，可以分成若干用地类型，以便在城市中能各得其所地进行规划布置。我国的《城市用地分类与规划建设用地标准》（GBJ 137）规范，将居住用地分成四类，其中一类最好，四类较差（表5-1）。

表5-1　居住用地分类表

类　别	说　明
一类居住用地	市政公用设施齐全，布局完整，环境良好，以低层住宅为主的用地
二类居住用地	市政公共设施齐全，布局完整，环境良好，以多、高层住宅为主的用地
三类居住用地	市政公用设施齐全，布局不完整，环境一般，或住宅与工业等用地有混合交叉的用地
四类居住用地	以简陋住宅为主的用地

3. 居住用地的指标

居住用地的指标主要由两方面来表达，一是居住用地占整个城市用地的比重；二是居住用地的分级以及各组成内容的用地分配与标准。

（1）影响因素

1）城市规模。一般是大城市因工业、交通、公共设施等用地较之小城市的比重要高，相对地居住用地比重会低些。同时也由于大城市可能建造较多高层住宅，人均居住用地指标会适当比之小城市低。

2）城市性质。一般老城市建筑层数较低，相对于居住用地所占城市用地的比重会高些；而新兴工业城市，或是相对独立的产业园区等，因产业占地较大，相对居住用地比重就较低。

3）自然条件。如在丘陵或水网地区，会因土地可利用率较低，增加居住用地的数量，加大该项用地的比重。此外，因纬度高低的不同地区，为保证住宅必要的日照间距，而会影响到居住用地的标准。

4）城市用地标准。因城市社会经济发展水平不同，加上房地产市场的需求状况不一，也会影响到住宅建设标准和居住用地的指标。

（2）用地指标

1）居住用地的比重。按照国标《城市用地分类与规划建设用地标准》（GBJ 137）规定，居住用地占城市建设用地的比例为20%～32%，可根据城市具体情况取值。如大城市可能偏于低值，小城市可能近于高值。在一些居住用地比值偏高的城市，随着城市发展，道路、公共设施等相对用地的增大，居住用地的比重会逐步降低。

2）居住用地人均指标。按照国标《城市用地分类与规划建设用地标准》规定，居住用地指标为人均18.0～28.0m^2，并规定大中城市人均不得少于16.0m^2。居住区、居住人区用地人均指标见表5-2。

表5-2　居住区、居住小区人均用地控制指标　（单位：m^2/人）

规　模	层　数	大 城 市	中等城市	小 城 市
居住区	多层	16～21	16～22	16～25
	多层、中高层	14～18	15～20	15～20
	多、中高、高层	12.5～17	13～17	13～17
	多层、高层	12.5～16	13～16	13～16

（续）

规　模	层　数	大城市	中等城市	小城市
居住小区	低层	20～25	20～25	20～30
	多层	15～19	15～20	15～22
	多层、中高层	14～18	14～20	14～20
	中高层	13～14	13～15	13～15
	多层、高层	11～14	12.5～15	—
	高层	10～12	10～13	—

5.4.2　公共设施用地

1. 概述

城市作为人类的定居地，所展开的多彩而有序的社会生活、经济生活和文化生活，需有丰富而多样的公共性设施予以支持。城市公共设施的内容与规模在一定程度上反映出城市的性质、城市的物质生活与文化生活水平和城市的文明程度。

城市公共设施的内容设置及其规模大小与城市的职能和规模相关联。即是某些公共设施（如公益性设施）的配置与人口规模密切相关而具有地方性；有些公共设施则与城市的职能相关，并不全然涉及城市人口规模的大小，如一些旅游城市的交通、商业等营利性设施，多为外来游客服务，而具有泛地方性；另外也有些公共设施是兼而有之，如一些学校等。

城市公共设施是以公共利益和设施的可公共使用为基本特性。公共设施的设置，在一定的标准与要求控制下，可以由政府、社团或是企业与个人来设立与经营，并不因其所有权属的性质而影响其公共性；城市公共设施按照它的用途与性质，决定其服务的对象与范围，同样不因所服务对象与范围的大小而失其公共性。

城市公共设施一般包含有建筑、场地、绿地及附属设备等。

2. 公共设施用地的分类

城市公共设施品类繁多，且性质、归属不一。在城市规划中，为了便于总体布局和系统配置，一般是按照用地的性质和分级配置的需要加以分类。

（1）按使用性质分类。依照国标《城市用地分类与规划建设用地标准》分为八类。

1）行政办公类：如市属和非市属的行政、党派、团体、企事业管理等办公用地。

2）商业金融业类：商业，如各类商店、各类市场、专业零售批发商店及其附属小型工场、仓库等用地。服务业，如饮食、照相、理发、浴室、洗染、日用修理以及旅馆和度假村等用地。金融业，如银行、信用社、证券交易所、保险公司、信托投资公司。贸易业，如各种贸易公司、商社、各种咨询机构用地。

3）文化娱乐类：如出版社、报社、文化艺术团体、广播台、电视台、博物馆、展览馆、纪念馆、科技馆、图书馆、影剧场、杂技场、音乐厅、文化宫、青少年宫、俱乐部、游乐场、老年活动中心等用地。

4）体育类：如各类体育场馆、游泳池、体育训练基地，及其附属的业余体校等用地。

5）医疗卫生类：如各种医院、卫生防疫站、专科防治所、检验中心、急救中心、休养所、疗养院等用地。

6）大专院校、科研设计类：如高等院校、中等专科学校、成人与业余学校、特殊学校（聋、哑、盲人学校和工读学校）以及科学研究、勘测设计机构等用地。

7）文物古迹类：具有保护价值的古遗址、古墓葬、古建筑、革命遗址等用地。

8）其他类：如宗教活动场所、社会福利院等用地。

（2）按公共设施的服务范围分类。按照城市用地结构的等级序列，公共设施相应的分级配置，一般分成三级。

1）市级如市政府、博物馆、大剧院、电视台等。

2）居住区级如街道办事处、派出所、街道医院等。

3）小区级如小学、菜市场等。

（3）其他分类。按照公共设施所属机构的性质及其服务范围，可以分为非地方性公共设施与地方性公共设施。另外，城市公共设施还可以分为公益性设施与营利性设施的类别等。

3. 公共设施用地规模

（1）公共设施用地规模的影响因素

1）城市性质。城市性质对公共设施用地规模具有较大的影响，有时这种影响是决定性的。例如：在一些国家或地区经济中心城市中，大量的金融、保险、贸易、咨询、设计、总部管理等经济活动需要大量的商务办公空间，并形成中央商务区（CBD）。在这种城市中，商务办公用地的规模就会大幅度增加。而在不具备这种活动的城市中，商务办公用地的规模就会小很多。再如：交通枢纽城市、旅游城市中需要为大量外来人口提供商业服务以及开展文化娱乐活动的设施，相应用地的规模也会远远高于其他性质的城市。

2）城市规模。按照一般规律，城市规模越大，其公共服务设施的门类越齐全，专业化水平越高，规模也就越大。这是因为在满足一般性消费与公共活动方面，大城市与中小城市并没有太大的区别。但是专业化商业服务设施以及部分公共设施的设置需要一个最低限度的人群作为支撑。

3）城市经济发展水平。就城市整体而言，经济较发达的城市中第三产业占有较高的比重，对公共设施用地有大量的需求，同时城市政府提供各种文化体育活动设施的能力较强；而在经济相对欠发达的城市中，公共设施更多地限于商业服务领域，对公共设施用地的需求相对较少。对于个人或家庭消费而言，可支配的收入越多就意味着购买力越强，也就要求更多的商业服务、文化娱乐设施。

4）居民生活习惯。虽然居民的生活和消费习惯与经济发展水平有一定的联系，但不完全成正比。例如，在我国南方地区，由于气候等原因，居民更习惯于在外就餐，因而带动餐饮业以及零售业的蓬勃发展，产生出相应的用地需求。

5）城市布局。在布局较为紧凑的城市中，商业服务中心的数量相对较少，但中心的用地规模较大且其中的门类较齐全，等级较高。而在因地形等原因呈较为分散布局的城市中，为了照顾到城市中各个片区的需求，商业服务中心的数量增加，同时整体用地规模也相应增加。

（2）公共设施用地规模的确定。确定城市公共设施用地规模，要从城市公共设施设置的目的、功能要求、分布特点、城市经济条件和现状基础等多方面进行分析研究，综合地加以考虑。

1）根据人口规模推算。通过对不同类型城市现状公共设施用地规模与城市人口规模的统计比较，可以得出该类用地与人口规模之间关系的函数或者是人均用地规模指标。规划中可以参照指标推算公共设施用地规模。

2）根据各专业系统和有关部门的规定来确定。有一些公共设施，如银行、邮局、医疗、商业、公安部门等，由于它们业务与管理的需要自成系统，并各自规定了一套具体的建筑与用地指标。这些指标是从其经营管理的经济与合理性来考虑的。这类公共设施的规模，可以参考专业部门的规定，结合具体情况确定。

3）根据地方的特殊需要，通过调研确定。在一些自然条件特殊、少数民族地区，或是特有的民风民俗地区的城市，某些公共设施需通过调查研究，予以专门设置，并拟定适当指标。

4. 公共设施用地的指标

公共设施指标的确定是城市规划技术经济工作的内容之一。它直接关系到城市居民的生活质量，同时对城市建设经济也有着一定的影响，特别是一些大量性公共设施，指标确定得当与否，更有着重要的经济意义。

（1）公共设施指标的内容。公共设施指标是按照城市规划不同阶段的需要来拟定的。在总体规划时，为了进行城市用地的计算，需要提供城市总的公共设施的用地指标和城市主要公共设施的分项用地指标。在详细规划阶段，为了进行公共设施项目的布置，并为建筑单体设计、规划地区的公共设施总量计算及建设管理提供依据，必须有公共设施分项的用地指标和建筑指标。当列有分区规划阶段时，还须按规划的深度要求，拟定相应的公共设施指标，以作为控制性详细规划等的依据。

（2）确定公共设施指标的影响因素

1）城市的性质与规模。不同性质的城市，需有相应的公共设施配置与支持。如国际性城市，需配备有适应国际经济、企业管理、金融保险以及各种法律、咨询、服务等需要的公共设施；在行政中心城市，机关与管理机构用地较多；在旅游城市或交通枢纽城市，为之服务的宾馆、餐饮、交通、商业、游乐等设施用地指标就较高。城市规模大小也影响到公共设施的指标确定。在大城市为营运需要，有条件配置较齐备的公共设施，同时在专业分工上较细，而增加公共设施的门类。在小城市，公共设施门类相对要少一些。但是如在远离城市的开发区，或是农村地区的中心城镇，为周边地区服务之需，而有超乎城镇规模所要求的公共设施种类与规模的配置。

2）城市生活方式与经济发展水平。不同的生活方式将表现在衣食住行以及与社会交往、环境选择等诸多生活行为方面，与之相应地需有多样的公共设施的支持与供给。这将涉及公共设施设置的门类增减、变更及其分布和组合的方式与规模。城市经济发展水平影响到城市居民的收入与消费水平。城市经济发达程度较高，意味着城市经济活动的活跃与频繁，相应地在交通、餐饮、文娱、游憩、商务、信息等方面的设施增多。同时与城市经济发展相伴的是市场的活跃、市场经济的可变性与不可预测性，在公共设施的配置上需有相应的应变性与弹性的考虑。

3）城市的布局结构。城市公共设施的分布与城市的布局结构形态与方式有着对应的结构关系。在布局较为紧凑的城市中，公共设施的数量相对较少，但中心的用地规模较大且其中的门类较齐全，等级较高。而在因地形等原因呈较为分散布局的城市中，为了照顾到城市中各个片区的需求，公共设施的数量增加，同时整体用地规模也相应增加。

4）社区建设与发展。城市或城市内的不同地区作为社区单位，乃是地域的社会实体存在与运作的基地。保障与支持社区健康与稳定的建设与发展，是城市规划实施人本原则的焦点之一。尤其在城市的居住社区，要充分考虑社区成员的构成特点与需求，在空间、环境、物质设施等多个层面给以支持与满足。

(3) 指标确定的方法。确定城市公共设施指标，要从城市对公共设施设置的目的、功能要求、分布特点、经济条件和现状基础等多方面进行分析研究，综合加以考虑。具体指标确定的方法，根据不同的公共设施而异，一般有下列三种：

1) 按照人口增减情况，通过计算来确定。这主要是指与人口有关的中小学、幼儿园等设施。它可以从城市人口年龄构成的现状与发展的资料中，根据教育制度所规定的入学、入园（幼儿园）年龄和学习年制，并按入学率和入园率（入学、入园人数占总的适龄人数的百分比），计算出各级学校和幼儿园的入学、入园人数。通常是换算成“千人指标”，也就是以每一千城市居民所占有若干的学校（或幼儿园）座位数来表示。然后再根据每个学生所需要的建筑面积和用地面积，计算出建筑与用地的总需要量。之后，还可以按照学校的合理规模和规划设计的要求来确定各所学校的班级数和所需的面积数。

2) 根据各专业系统和有关部门的规定来确定。有一些公共设施，如银行、邮局、医疗、商业、公安部门等，由于它们业务与管理的需要自成系统，并各自规定了一套具体的建筑与用地指标。这些指标是从其经营管理的经济与合理性来考虑的。这类公共设施指标，可以参考专业部门的规定，结合具体情况拟定。

3) 根据地方的特殊需要，通过调研，按需确定。在一些自然条件特殊、少数民族地区，或是特有的民风民俗地区的城市，某些公共设施需通过调查研究，予以专门设置，并拟定适当指标。

鉴于我国疆域广阔，各地发展进程不一，城市公共设施规划指标的制定须要充分考虑城市自身的具体需要与条件，同时要适应社会、经济、科技发展的趋势，参照国家和上级主管部门规划用地指标的有关规定，自行拟定地方的指标体系。

5.4.3 工业用地

1. 概述

工业是近现代城市产生与发展的根本原因。对于正处在工业化时期的我国大部分城市而言，工业不但是城市经济发展的支柱与动力，同时也是提供大量就业岗位、接纳劳动力的主体。工业生产活动通常占用城市中大面积的土地，伴随包括原材料与产品运输在内的货运交通以及以通勤为主的人流交通，同时还在不同程度上产生影响城市环境的废气、废水、废渣和噪声。因此，工业用地承载着城市的主要活动，构成了城市土地使用的主要组成部分。

2. 工业的分类

工业用地的布置直接影响到城市功能结构和城市形态。在城市总体规划中，重点安排好工业用地，综合考虑工业用地和居住、交通运输等各项用地之间的关系，使其各得其所是十分重要的。

(1) 工业按性质可分为：冶金工业、电力工业、燃料工业、机械工业、化学工业、建材工业等，在工业布置中可按工业性质分成机械工业用地、化工工业用地等。

(2) 按环境污染可分为隔离工业、严重干扰和污染的工业、有一定干扰和污染的工业、一般工业等。隔离工业指放射性、剧毒性、有爆炸危险性的工业。这类工业污染极其严重，一般布置在远离城市的独立地段上；严重干扰和污染的工业指化学工业、冶金工业等。这类工业的废水、废气或废渣污染严重，对居住和公共设施等环境有严重干扰，一般应与城市保持一定的距离，需设置较宽的绿化防护带；有一定干扰和污染的工业指某些机械工业、纺织工业等。这类工业有废水、废气等污染，对居住和公共设施等环境有一定干扰，可布置在城市边缘的独立地段上；一般工业指电子工业、缝纫厂、手工业等。这类工业对居住和公共设施等环境基本无干扰，可分散布置在生活居住用地的独立地段上。

3. 工业区

按照专业化协作原则改组工业，可大大节约用地和建设投资，最大限度实现原料和“三废”的综合利用，改善城市的卫生状况，更重要的是便于采用先进的工艺设备、提高生产的自动化程度，从而大大提高劳动生产率。工业的统一布置，也能使建筑布局完整，从而改变工业区的面貌。

（1）工业协作的几个方面

1）产品、原料的相互协作：产品、原料有相互供应关系的厂，宜布置在同一工业区内，以避免长距离的往返运输，造成浪费。如上海石油化工总厂中，化工一厂、化工二厂为附近其他厂提供原料。

2）副产品及废渣回收利用的协作：能互相利用副产品及废渣进行生产的厂可布置在同一工业区内，如磷肥厂和氮肥厂之间的副产品回收利用。

3）生产技术的协作：有些厂在冶炼和加工的生产过程中需两个以上厂进行技术上的协作，这些厂要尽可能布置在一个地区内，如汽车、拖拉机工业体系，动力工业体系等。

4）厂外工程协作：工业区内的工厂，厂外工程应进行协作，共同修建铁路专用线、工业编组站、给水工程、污水处理厂、变电站及高压线路，能减少设备、设施，节约投资。

5）动力设施的协作：工业区内可统一修建热电站、煤气发生站及锅炉房等动力设施。

6）备料车间及辅助设施的协作：一般工业均有铸工、锻工及热处理等热加工车间，也有机修、电修、木工等辅助车间，如各厂自成一套，往往因生产任务小，使设备不能充分利用，生产技术不易提高，建筑分散。如将几个厂的这类设施集中修建，既可节约投资，又可提高设备利用率，降低生产成本，提高产品质量。

7）地方工业部门的协作：地方工业部门可以建立卫星厂和服务性厂为该地大厂服务，为大厂提供各种半成品及零件，利用大厂的边角废料生产各种日用品，充分利用废料增加生产。

8）厂前建筑的协作：可联合修建办公室、食堂、卫生所、消防站、车库等以节约用地和投资。

（2）工业区的组织。在城市发展战略层面的规划中，要确定各种不同性质的工业用地，如机械、化工、制造工业，将各类工业分别布置在不同的地段，形成各个工业区。工业区应该有统一规划，区内布局应紧凑，各厂不应自成一套、各自为政，要注意节约用地。

（3）工业区的组成。生产厂房、仓库、动力及市政设施、维修与辅助企业、综合利用和加工工业、运输设施、厂区公共服务设施、科学实验中心、卫生防护带。

（4）工业区规模。工业区的规模随着城市的性质，工业的内容、性质，工业区在城市中的分布、组成，以及建设条件和自然条件的不同而有所不同。工业区规模过小，则无法提高各种设施的协作程度；工业区规模过大，则造成交通运输和污染的集中。因此，在城市中组织工业区应注意研究其合理规模。

4. 工业用地的指标

工业用地在城市建设用地中占有一定的比重，一般以占城市建设用地的15%～25%为宜；但拥有大中型工业企业的中小工矿城市，其工业用地占城市建设用地的比例可大于

25%。

规划人均工业用地面积指标一般在 $10\sim25m^2$ 之间，但拥有大中型工业项目的中小工矿城市，其规划人均工业用地指标可适当提高，但不宜大于 $30m^2$。特大城市，由于城市总用地紧凑，人均工业用地面积大致在 $18m^2$ 以下。

5.4.4 仓储用地

1. 概述

在城市规划中，仓储用地是指城市中专门用作储存物资的用地，并未包括企业内部用以储藏生产原材料或产品的库房以及对外交通设施中附设的仓储设施用地，仅限于城市中专门用来储存物资的用地。主要包括仓储企业的库房、堆场、包装加工车间及其附属设施，仓储用地是城市用地组成部分之一，它与城市其他功能部分，如工业、对外交通、城市道路、生活居住等有着非常密切的联系，是保障城市良性运转的物质条件之一。由于其储藏的物资种类多，数量大，出入频繁，对城市交通与环境有很大影响，由于它在城市中的布置牵涉面广，影响因素复杂，在进行城市用地布局时必须注意。

2. 仓储用地的分类

（1）按照国标《城市用地分类与规划建设用地标准》（GBJ 137），仓储用地分为以下几类：

1）普通仓库用地：以库房建筑为主的储存一般货物的普通仓库用地。

2）危险品仓库用地：存放易燃、易爆和剧毒等危险品的专用仓库用地。

3）堆场用地：露天堆放货物为主的仓库用地。

（2）按照仓库的使用性质也可以分为以下几类：

1）储备仓库：保管储存国家或地区的储备物资，如粮食、工业品、设备等储备仓库。它们主要不是为本城市服务，物资的流动性不大，但一般规模较大，对外交通要便利。

2）转运仓库：专为物资中转的作短期存放的仓库，不需作货物的加工包装，但必须与对外交通设施密切结合，有时也可作为对外交通用地的组成部分。

3）供应仓库：主要的储存物资是为供应本市生产、生活服务的生产资料与居民日常生活消费品，这类仓库不仅储存物资，有时还作货物的加工包装。

4）收购仓库：这类仓库主要是把零碎物资收购暂时储存，再集中批发转运出去，如农副产品等。

此外，在我国现行城市用地分类标准中尚未明确划分的用作大宗商品流通、批发活动的用地，如物流中心、大型批发市场等也具有某些仓储用地的特点。

3. 仓库用地规模

（1）影响仓库用地规模的因素

1）城市规模与发展战略。城市大、城市各项设施较完备、人们生活需求高的仓库用地应该大些；城市小，仓库用地相应要小些。

2）城市储藏货物的特点、性质。各城市有它的经济特点与特色，它的大宗产品的性质也影响着市内仓库的性质与规模。

3）国家经济力量与人民生活水平。随生产力的发展，人们的消耗品种与数量日益增多，国家储备量也相应增长，仓库用地亦需相应增大。

4）仓库建筑在城市的布置与楼层比例。如高、低层的比例，集中与分散的布置，影响着仓库用地规模。

另外还有很多其他影响因素，如当地的地理、气候条件、居民生活习惯等等。

(2) 仓库用地规模的估算。仓库用地的规模应该根据各城市的具体情况进行估算，一般在估算时要考虑以下的内容。

1）估算近远期仓库货物的吞吐量（t）。

仓容吨位 = 年吞吐量/年周转次数

2）按照吞吐量再考虑仓库货物的年周转次数，估算所需的仓容吨位。

3）根据实际仓容吨位中分别进入仓库或堆场的吨位比例，计算出仓库用地及堆场用地面积。计算时还要考虑仓库面积利用率、单位面积的荷重、建筑层数、建筑密度等因素。

仓库用地面积 =（仓容吨位 × 进仓系数）/（单位面积荷重 × 仓库面积利用率 × 层数 × 建筑密度）

5.5 城市总体布局与方案选择

5.5.1 城市总体布局

城市总体布局是城市社会、经济、环境以及工程技术与建筑艺术的综合反映，在城市性质和规模基本确定之后，在城市用地适宜性评定的基础上，根据城市自身的特点与要求，对城市各组成用地进行统一安排，合理布局，使其各得其所、有机联系，并为今后的发展留有余地。

1. 城市总体布局的基本原则

城市是一个开放的复杂的巨大系统。城市是人口、政治、经济、科学、文化、社会活动以及其信息高度集中的载体。城市总体布局的形成及其优化要遵循以下几方面的基本原则。

(1) 城乡结合，协调发展。城市规划实践证明，城市必须与其周围地区作为一个整体来分析研究，统筹安排。要立足于城市全局，符合国家、区域和城市自身的根本利益和长远发展的要求。城市和乡村布局上要合理，功能上既有分工、又有合作，避免盲目发展和重复建设。同时还应与区域的土地利用、交通网络、山水生态相互协调。

(2) 结构清晰、交通便捷。城市规划用地结构清晰是城市用地功能组织合理性的一个标志，它要求城市各主要用地功能明确，各用地之间相互协调，同时有安全便捷的联系、保障城市功能的整体协调、安全和运转高效。要根据城市各组成要素布局的总构思，明确城市主导发展和次要发展的内容，明确用地发展方向及相互关系，在此基础上勾画出城市规划结构图，为城市各主要组成部分的用地进行合理的组织和协调提供框架，并规划出道路骨架，从而在综合平衡的基础上，把城市组织成一个有机整体。

(3) 依托旧区，紧凑发展。城市总体布局在充分发挥城市正常功能的前提下应力争布局的集中紧凑，节约用地，节约城市基础设施建设投资，有利于城市运营，方便城市管理；减轻交通压力，有利于城市生产和方便居民生活。依托旧区和现有对外交通干线，就近开辟新区，循序滚动发展。

(4) 远近结合，留有余地。城市总体布局是城市发展与建设的战略部署，必须有长远观点和具有科学预见性，力求科学合理、方向明确、留有余地。对于城市远期规划，要坚持从现实出发，对于城市近期建设规划，必须以城市远期为指导，重点安排好近期建设和发展用地，滚动发展，形成城市建设的良性循环。

2. 自然条件对城市总体布局的影响

城市所处地区的自然条件，包括地形地貌、水文地质、气候条件等对城市总体布局有着较强的影响。

（1）地形地貌

1）地形。地形包括地面起伏度、地面坡度、地面切割度等。其中，地面起伏度为城市提供了各具特色的景观要素，地面坡度对城市建设的影响最为普遍和直接，而地面切割度则有助于城市特色的创造。

2）地貌。地貌一般包括山地、高原、丘陵、盆地、平原、河流谷地等，它对城市的影响体现在选址、地域结构和空间形态等方面。平原地区因地势平坦，用地充裕，自然障碍较少，城市可以自由地扩展，因而其布局多采用集中式，如北京、沈阳等城市。河谷地带和海岸线上的城市，由于海洋及山地和丘陵的限制，城市布局多呈狭长带状分布，如兰州、青岛、深圳等城市。江南河网密布，用地分散，城市多呈分散式布局，如武汉、广州、福州等城市。

（2）水文地质

1）地表水系。流域的水系分布、走向对污染较重的工业用地和居住用地的规划布局有直接影响，规划中居住用地、水源地，特别是取水口应安排在城市的上游地带。沿河水位变化、岸滩稳定性及泥沙淤积情况还是港口选址必须考虑的基本因素。河流的凹岸多为侵蚀地段，沙岸很不稳定，相反，凸岸则易产生泥沙淤积，影响水深，堵塞航道。因此，河流的平直河段最适宜建设内河港口。水位深、岸滩稳定、泥沙淤积量小、背后有山体屏障的海湾是海港的最佳位置。

2）地下水。地下水的矿化度、水温等条件决定着一些特殊行业的选址与布局，决定其产品的品质。如饮料业、酿酒业、风味食品业等对水质的要求较高；又如现代都市居民休闲、度假普遍喜欢选择的项目——温泉旅游休闲、疗养项目，对地下水的水温、水质也有着特殊的要求，这些项目的选址与布局必然是在拥有特种地下水源的地方。

在城市总体规划中，地下水的流向应与地面建设用地的分布以及其他自然条件（如风向等）一并考虑。防止因地下水受到工业排放物的污染，影响到居住区生活用水的质量。城市生活居住用地及自来水厂，应布置在城市地下水的上水位方向；城市工业区特别是污水量排放较大的工业企业，应布置在城市地下水的下水位方向。

（3）气候条件

1）风向。在进行城市用地规划布局时，为了减轻工业排放的有害气体对生活居住区的危害，通常把工业区布置于生活居住区的下风向，但应同时考虑最小风频风向、静风频率、各盛行风向的季节变换及风速关系。如全年只有一个盛行风向，且与此相对的方向风频最小，或最小风频风向与盛行风向转换夹角大于90°，则工业用地应放在最小风频之上风向，居住区位于其下风向；当全年拥有两个方向的盛行风时，应避免使有污染的工业处于任何一个盛行风向的上风方向，工业区及居住区一般可分别布置在盛行风向的两侧。

2）风速。风速对城市工业布局影响很大。一般来说，风速越大，城市空气污染物越容易扩散，空气污染程度就越低；相反，风速越小，城市空气污染物越不易扩散，空气污染程度就越高。在城市总体布局中，除了考虑城市盛行风向的影响外，还应特别注意当地静风频率的高低，尤其在一些位于盆地或峡谷的城市，静风频率往往很高。如果只按频率不高的盛行风向作为用地布局的依据，而忽视静风的影响，那么在静风时期，烟气滞留在城市上空无法吹散，只能沿水平方向慢慢扩散，仍然影响到邻近上风侧的生活居住区，难以解决城市大气的污染问题。因此，在静风占优势的城市，布局时除了将有污染的工业布置在盛行风向的下风地带以外，还应与居住区保持一定的距离，防止近处受严重污染。

此外，城市用地布局在绿地安排和道路系统规划中也应考虑自然通风的要求，如大面积绿地安排成楔状插入城市，以导引风向；道路系统的走向可与冬季盛行风向成一定角度，以减轻寒风对城市的侵袭；为了防止台风、季节风暴的袭击，道路走向和绿地分布以垂直其盛行风向为好。对城市局部地段在温差热力作用下产生的小范围空气环流也应考虑，处理得当有利于该地段的自然通风。如在山地背风面，由于会产生机械性涡流，布置于此的建筑有利于通风，但其上风向若为污染源时，也会因此而加剧污染。

3. 城市总体布局主要模式

城市总体布局模式是对不同城市形态的概括表述，城市形态与城市的性质规模、地理环境、发展进程、产业特点等相互关联，具有空间上的整体性、特征上的传承性和时间上的连续性。

(1) 集中式城市总体布局。特点是城市各项建设用地集中连片发展，就其道路网形式而言，可分为网络状、环状、环形放射状、混合状以及沿江、沿海或沿主要交通干路带状发展等模式。

集中式布局的优点：①布局紧凑，节约用地，节省建设投资；②容易低成本配套建设各项生活服务设施和基础设施；③居民工作、生活出行距离较短，城市氛围浓郁，交往需求易于满足。

集中式布局的缺点：①城市用地功能分区不十分明显，工业区与生活居住区紧邻，如果处理不当，易造成环境污染；②城市用地大面积集中连片布置，不利于城市道路交通的组织，因为越往市中心，人口和经济密度越高，交通流量越大；③城市进一步发展，会出现“摊大饼”的现象，即城市居住区与工业区层层包围，城市用地连绵不断地向四周扩展，城市总体布局可能陷入混乱。

(2) 分散式城市总体布局。城市分为若干相对独立的组团，组团之间大多被河流、山川等自然地形、矿藏资源或对外交通系统分隔，组团间一般都有便捷的交通联系。可分为分散组团式、多点分散式等模式。

分散式布局的优点：①布局灵活，城市用地发展和城市容量具有弹性，容易处理好近期与远期的关系；②接近自然、环境优美；③各城市物质要素的布局关系井然有序，疏密有致。

分散式布局的缺点：①城市用地分散，浪费土地；②各城区不易统一配套建设基础设施，分开建设成本较高；③如果每个城区的规模达不到一个最低要求，城市氛围就不浓郁；④跨区工作和生活出行成本高，居民联系不便。

4. 城市总体布局的基本内容

城市活动概括起来主要有工作、居住、游憩、交通四个方面。为了满足各项城市活动，就必须有相应的不同功能的城市用地。各种城市用地之间，有的相互间有联系，有的相互间有依赖，有的相互间有干扰，有的相互间有矛盾，需要在城市总体布局中按照各类用地的功能要求以及相互之间的关系加以组织，使城市成为一个协调的有机整体。城市总体布局的核心是城市用地的功能组织，可通过以下几方面内容来体现。

（1）按组群方式布置工业企业，形成工业区。工业是城市发展的主要因素，发展工业是推动城市化进程的必要手段之一。合理安排工业区与其他功能区的位置，处理好工业与居住、交通运输等各项用地之间的关系，是城市总体规划的重要任务。

由于现代化的工业组织形式和工业劳动组织的社会需要，无论在新城建设和旧城改造中，都力求将那些单独的、小型的、分散的工业企业按其性质、生产协作关系和管理系统组织成综合性的生产联合体，或按组群分工相对集中的布置成为工业区。工业区要协调好其与交通系统的配合，协调好工业区与居住区的方便联系，控制好工业区对居住区等功能区及对整个城市的环境污染。

（2）按居住区、居住小区等组成梯级布置，形成城市生活居住区。城市生活居住区的规划布置应能最大限度地满足城市居民多方面和不同程度的生活需要。一般情况下城市生活居住区由若干个居住区组成，根据城市居住区布局情况配置相应公共服务设施内容和规模，满足合理的服务半径，形成不同级别的城市公共活动中心（包括市级、居住区级等中心），这种梯级组织更能满足城市居民的实际需求。

（3）配合城市各功能要素，组织城市绿化系统，建立各级休憩与游乐场所。绿地系统是改善城市环境、调节小气候和构成休憩游乐场所的重要因素，应把它们均衡分布在城市各功能组成要素之中，并尽可能与郊区大片绿地（或农田）相连接，与江河湖海水系相联系，形成较为完整的城市绿化体系，充分发挥绿地在总体布局中的功能作用。

（4）按居民工作、居住、游憩等活动的特点，形成城市的公共活动中心体系。城市公共活动中心通常是指城市主要公共建筑物分布最为集中的地段，是城市居民进行政治、经济、社会、文化等公共生活的中心，是城市居民活动十分频繁的地方。选择城市各类公共活动中心的位置以及安排什么内容，是城市总体布局的重要任务之一。这些公共活动中心包括社会政治公共活动中心、科技教育公共活动中心、商业服务公共活动中心、文化娱乐公共活动中心、体育公共活动中心等。

（5）按交通性质和交通速度，划分城市道路的类别，形成城市道路交通体系。在城市总体布局中，城市道路与交通体系的规划占有特别重要的地位。它的规划又必须与城市工业区和居住区等功能区的分布相关联，按各种道路交通性质和交通速度的不同，对城市道路按其从属关系分为若干类别。交通性道路中比如联系工业区、仓库区与对外交通设施的道路，以货运为主，要求高速；联系居住区与工业区或对外交通设施的道路，用于职工上、下班，要求快速、安全。而城市生活性道路则是联系居住区与公共活动中心、休憩游乐场所的道路，以及它们各自内部的道路。此外，还有在城市外围穿越的过境道路等。在城市道路交通体系的规划布局中，还要考虑道路交叉口形式、交通广场和停车场位置等。

5. 城市总体布局的艺术性

城市总体布局应当在满足城市功能要求的前提下，利用自然和人文条件，对城市进行整体设计，创造优美的城市环境和形象。

（1）城市用地布局艺术。城市用地布局艺术指用地布局上的艺术构思及其在空间的体现，把山川河湖、名胜古迹、园林绿地、有保留价值的建筑等有机组织起来，形成城市景观的整体框架。

（2）城市空间布局体现城市审美要求。城市之美是自然美与人工美的结合，不同规模的城市要有适当的比例尺度。城市美在一定程度上反映在城市尺度的均衡、功能与形式的统一。

(3) 城市空间景观的组织。城市中心和干路的空间布局都是形成城市景观的重点，是反映城市面貌和个性的重要因素。城市总体布局应通过对节点、路径、界面、标志的有机组织，创造出具有特色的城市中心和城市干路的艺术风貌。城市轴线是组织城市空间的重要手段。通过轴线，可以把城市空间组成一个有秩序、有韵律的整体，以突出城市空间的序列和秩序感。

(4) 继承历史传统，突出地方特色。在城市总体布局中，要充分考虑每个城市的历史传统和地方特色，保护好有历史文化价值的建筑、建筑群、历史街区，使其融入城市空间环境之中，创造独特的城市环境和形象。

5.5.2 主要城市建设用地规模的确定

影响不同种类城市用地规模的因素是不同的，即不同用途的城市用地在不同城市中变化的规律和变化的幅度是不同的。例如，影响居住用地规模的因素相对单纯并且易于把握。在国家大的土地政策、经济水平以及居住模式一定的前提下，采用通过统计得出的数据（如居住区的人口密度或人均居住用地面积等），结合人口规模的预测，很容易计算出城市在未来某一时点所需居住用地的总体规模。

相对于居住用地而言，工业用地规模的计算可能要复杂一些，一般从两个角度出发进行预测。一个是按照各主要工业门类的产值预测和该门类工业的单位产值所需用地规模来推算；另一个是按照各主要工业门类的职工数与该门类工业人均用地面积来计算。其中，城市主导产业的变化，劳动生产率的提高、工业工艺的改变等因素均会对工业用地的规模产生较大的影响。商务商业用地规模的准确预测最为困难。这不仅是因为该类用地对市场的需求最为敏感，变化周期较短，而且其总规模与城市性质、服务对象的范围、当地的消费习惯等因素有关，难以以城市人口规模作为预测的依据。同时，商业服务功能还大量存在于商业—居住、商业—工业等复合型土地使用形态中。商业服务活动的“量”有时并不直接反映在商务商业用地的面积上。规划中通常可以采用将商务、批发商业、零售业、娱乐服务业用地等分别计算的方法。

城市用地规模是一个随时间变化的动态指标。通过预测所获得的用地规模只是对未来某个时点所作出的大致估计。在城市实际发展过程中，不但各种用地之间的比例随时变化，而且达到预测规模的时点也会提前或延迟。

5.5.3 主要城市建设用地位置及相互关系确定

在各种主要城市用地的规模大致确定后，需要将其落实到具体的空间中去。城市总体规划需要按照各类城市用地的分布规律，确定城市建设用地的规划布局。通常影响各种城市建设用地的位置及其相互之间关系的主要因素可以归纳为以下几种（表5-3）。

(1) 各种用地的功能对用地的要求。例如，居住用地要求具有良好的环境，商业用地要求交通设施完备等。

(2) 各种用地的经济承受能力。在市场经济环境下，各种用地所处位置及其相互之间的关系主要受经济因素影响。对地租（地价）承受能力强的用地种类，例如商业用地在区位竞争中通常处于有利地位。当商业用地规模需要扩大时，往往会侵入其临近的其他种类的用地，并取而代之。

(3) 各种用地相互之间的关系。由于各类城市用地所承载的功能之间存在相互吸引、排斥、关联等不同的关系，城市用地之间也会相应地反映出这种关系。例如：大片集中的居住用地会吸引为居民日常生活服务的商业用地，而排斥有污染的工业用地或其他对环境有影响的用地。

（4）规划因素。虽然城市规划需要研究和掌握在市场作用下各类城市用地的分布规律，但这并不意味着对不同性质用地之间自由竞争的放任。城市规划所体现的基本精神恰恰是政府对市场经济的有限干预，以保证城市整体的公平、健康和有序。因此，城市规划的既定政策也是左右各种城市用地位置及相互关系的重要因素。对旧城以传统建筑形态为主的居住用地的保护就是最为典型的实例。

表5-3 主要城市用地类型的空间分布特征

用地种类	功能要求	地租承受能力	与其他用地关系	在城市中的区位
居住用地	较便捷的交通条件、较完备的生活服务设施、良好的居住环境	中等、较低（不同类型居住用地对地租的承受能力相差很大）	与工业用地、商务用地等就业中心保持密切联系，但不受其干扰	从城市中心至郊区，分布范围较广
商务、商业用地（零售业）	便捷的交通、良好的城市基础设施	较高	需要一定规模的居住用地作为其服务范围	城市中心、副中心或社区中心
工业用地（制造业）	良好、廉价的交通运输条件	中等、较低	需要与居住用地之间保持便捷的交通，对城市其他种类的用地有一定的负面影响	下风向、河流下游的城市外围或郊区

5.5.4 居住用地规划布局

1. 居住用地的选择

居住用地的选择关系到城市的功能布局，居民的生活质量与环境质量、建设经济与开发效益等多个方面。一般要考虑以下几方面要求。

（1）选择自然环境优良的地区，有着适于建筑的地形与工程地质条件，避免易受洪水、地震灾害和滑坡、沼泽、风口等不良条件的地区。在丘陵地区，宜选择向阳、通风的坡面。在可能情况下，尽量接近水面和风景优美的环境。

（2）居住用地的选择应与城市总体布局结构及其就业区与商业中心等功能地域，协调相对关系，以减少居住—工作、居住—消费的出行距离与时间。

（3）居住用地选择要十分注重用地自身及用地周边的环境污染影响。在接近工业区时，要选择在常年主导风向的上风向，并按环保等法规规定间隔有必要的防护距离，为营造卫生、安宁的居住生活空间提供环境保证。

（4）居住用地选择应有适宜的规模与用地形状，以合理地组织居住生活，和经济有效地配置公共服务设施等。合宜的用地形状将有利于居住区的空间组织和建设工程经济。

（5）在城市外围选择居住用地，要考虑与现有城区的功能结构关系，利用旧城区公共设施、就业设施，有利于密切新区与旧区的关系，节省居住区建设的初期投资。

（6）居住区用地选择要结合房产市场的需求趋向，考虑建设的可行性与效益。

（7）居住用地选择要注意留有余地。在居住用地与产业用地相配合一体安排时，要考虑相互发展的趋向与需要，如产业有一定发展潜力与可能时，居住用地应有相应的发展安排与空间准备。

2. 居住用地规划原则

（1）居住用地规划要作为城市土地利用结构的组成部分，协调与整合城市总体的功能、空间与环境关系，在规模、标准、分布与组织结构等方面，确定规划的格局与形态。

（2）居住用地的规划组织要尊重地方文化脉络及居住生活方式，体现生活的秩序与效能，贯彻以人为本的原则。

（3）居住用地规划，要重视居住地域同城市绿地开放空间系统的关系，使居民更多地接近自然环境，提高居住地域的生态效应。

（4）居住用地规划要遵循相关的用地与环境等的规范与标准，在为居民创造良好的居住环境的前提下，确定建筑的容量、用地指标，并结合地理的、经济的、功能的因素，提高土地的效用，保证环境质量。

（5）城市居住地区作为定居基地，具有地域社会即社区的性质，居住用地规划要为营造安定、健康、和谐的社区环境，提供空间与设施支持。同时居住用地的组织与规模，要有利于社区管理与物业管理。

3. 居住用地的规划布局

（1）集中布置。当城市规模不大，有足够的用地且在用地范围内无自然或人为的障碍，而可以成片紧凑地组织用地时，常采用这种布置方式。用地的集中布置可以节约城市市政建设投资，密切城市各部分在空间上的联系，在便利交通，减少能耗、时耗等方面可能获得较好的效果。但在城市规模较大、居住用地过于大片密集布置，可能会造成上下班出行距离增加，疏远居住与自然的联系，而影响居住生态质量等问题。在居住用地集中成片的旧城区，需大量扩展居住用地时，要结合总体规划的布局结构和道路网络的构建，采取相宜的分布方式，避免在原有的基础上继续在外周成片发展。

（2）分散布置。当城市用地受到地形等自然条件的限制，或因城市的产业分布和道路交通设施的走向与网络的影响时，居住用地可采取分散布置。前者如在丘陵地区城市用地沿多条谷地展开；后者如在矿区城市，居住用地与采矿点相伴而分散布置。

（3）轴向布置。当城市用地以中心地区为核心，沿着多条由中心向外围放射的交通干线发展时，居住用地依托交通干线（如快速路、轨道交通线等），在适宜的出行距离范围内，赋以一定的组合形态，并逐步延展。如有的城市因轨道交通的建设，带动了沿线房地产业的发展，居住区在沿线集结，呈轴线发展态势。

4. 居住用地的组织与构成

城市居住用地的组织是基于居民对基本生活设施的需求，以及对设施的使用频繁程度，同时结合城市道路系统与网络的构筑，在保证居民生活的方便性、舒适性、安全性和土地利用合理性的条件下，对居住用地赋以一定的构成形态与机能。

居住用地是城市用地的功能与空间的整体构成中不可分割的部件。居住用地的空间分布、构成形态及其相关用地的配置与机制，须要在城市总体用地结构中定位、定量和定形。居住用地的组织与构成是具体实施城市总体规划的理念目标，实现城市用地构成的整体结构与效能的专项性规划类别。

我国在历史上曾以居住街坊作为居住地域单元的方式。1950 年以后，逐渐确立以居住小区作为居住用地的构成单元，并以此形成多级的用地构成序列，即是一般由居住小区—居住区两级构成。在城市规模较大时，还可有若干居住区形成居住地区。这类居住地区视城市具体情况而定，也可作为一个规划单元，也可配合其他城市功能地域，形成城市分区。而在居住小区以下，可以再分有若干居住组团或居住街坊。分级构成的模式，如图5-1所示。

5.5.5 公共设施用地规划布局

1. 公共设施用地的布局原则

城市公共设施的种类繁多，它们的布局因各自的功能、性质、服务对象与范围的不同，而各有其要求。公共设施的用地布局不是孤立的，它们与城市的其他功能地域有着配置的相宜关系，需要通过规划过程，加以有机组织，形成功能合理、有序有效的布局。

城市公共设施的布局在不同规划阶段，有着不同的布局方式和深度要求。在总体规划阶段，在研究确定城市公共设施总量指标和分类分项指标的基础上，进行公共设施用地的总体布局，包括分类的系统分布，公共设施分级集聚和组织城市分级的公共中心。按照各项公共设施与城市其他用地的配置关系，使之各得其所。

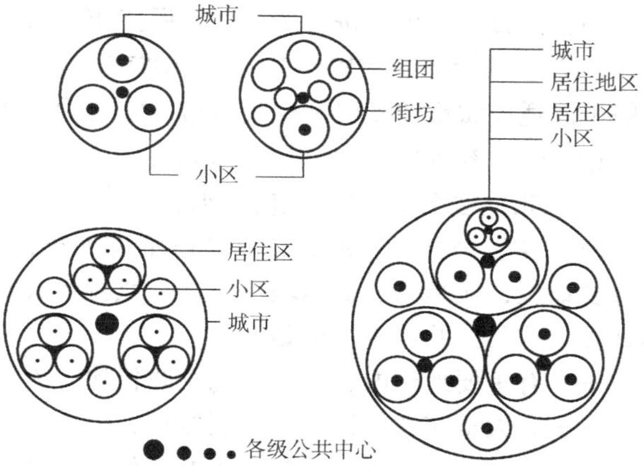

图5-1 城市居住用地构成模式

（1）公共设施项目要合理配置。一是整个城市各类公共设施，应按城市的需要配套齐全，以保证城市的生活质量和城市机能的运转；二是城市的布局结构要进行分级或系统地配置，与城市的功能、人口、用地的分布格局具有对应的整合关系；三是在局部地域的设施按服务功能和对象予以成套的设置；四是将某些专业设施的集聚配置，以发挥联动效应，如专业市场群、专业商业街区等。

（2）公共设施要按照与居民生活的密切程度确定合理的服务半径。根据服务半径确定其服务范围大小及服务人数的多少，以此推算公共设施的规模。服务半径的确定首先是从居民对设施方便使用的要求出发，同时也要考虑到公共设施经营管理的经济性与合理性。不同的设施有不同的服务半径。某项公共设施服务半径的大小又将随它的使用频率、服务对象、地形条件、交通便利程度以及人口密度的高低等有所不同。服务半径是检验公共设施分布合理与否的指标之一，它的确定应是科学的，而不是随意的或是机械的。

（3）公共设施的布局要结合城市道路与交通规划考虑。公共设施是人、车集散的地点，尤其是一些吸引大量人流、车流的大型公共设施。公共设施要按用它们的使用性质和对交通集聚的要求，结合城市道路系统规划与交通组织一并安排。如一些商业设施可结合步行道路或是自行车专用道、公交站点，形成以步行为主的商业街区。而对于大型体育场馆、展览中心等公共设施，由于对城市道路交通系统的依存关系，则应与城市干路相联结。

（4）根据公共设施本身的特点及其对环境的要求进行布置。公共设施本身既作为一个环境形成因素，同时其分布对周围环境也有所要求。例如，医院一般要求有一个清洁安静的环境；露天剧场或球场的布置，既要考虑自身发生的声响对周围的影响，同时也要防止外界噪声对表演和竞技的妨碍；学校、图书馆等单位一般就不宜与剧场、市场、游乐场等紧邻，以免相互之间干扰。

(5) 公共设施布置要考虑城市景观组织的要求。公共设施种类多，而且建筑的形体和立面也比较多样而丰富。因此，可通过不同的公共设施和其他建筑的和谐处理与布置，利用地形等其他条件，组织街景与景点，以创造具有地方风貌的城市景观。

(6) 公共设施的布局要考虑合理的建设顺序，并留有余地。在按照规划进行分期建设的城市，公共设施的分布及其内容与规模的配置，应该与不同建设阶段城市的规模、建设的发展和居民生活条件的改善过程相适应。安排好公共设施项目的建设顺序，使得既在不同建设时期保证必要的公共设施配置，又不致过早或过量的建设，造成投资的浪费。同时为适应城市发展和城市生活的需求变化，对一些公共设施应留有扩展或应变的余地，尤其对一些营利性的公共设施，更要按市场规律，保持布点与规模设置的弹性。

(7) 公共设施的布置要充分利用城市原有基础。老城市公共设施的内容、规模与分布一般不能适应城市的发展和现代城市生活需要。可以结合城市的改建、扩建规划，通过留、并、迁、转、补等措施进行调整与充实。

2. 城市主要公共设施的布局规划

(1) 主要公共设施的分布。城市不论大小，都有相对比较重要的公共设施，由于它们的重要地位，或是为了显示城市特征与风貌，或对环境有所特殊要求等，需要予以特别关注和处理。这类公共设施一般是：

——有重要地位的，如市级的党政机构、人大、政协、法院、大会堂等设施。

——有大量交通集散的，如展览馆、体育馆、火车站、百货商场、大型超市等。

——建筑体形硕大，形象突出的，如高层办公楼、博物馆、剧场、电视塔等。

主要公共设施的分布，在一定程度上影响着城市的布局结构和道路系统的规划。同时对组织城市的景观环境也是重要的因素。主要公共设施在用地选择上，可以从两方面考虑：一是符合公共设施本身的要求，如广播电台的电波须不受邻近设施的干扰，在位置上要有合理的播放范围。大型体育设施则要求能便捷地集散观众和车辆，并要有足够停车场地等。二是城市规划对这类公共设施位置上的要求，如公共设施项目的配置与组合要求以及与交通组织的关系。大型公共设施往往是城市建筑艺术的构图中心，它们的位置选择对组织城市的对景、背景以及轮廓线等方面的景观作用尤需结合城市设计着重加以考虑。此外，在地形、地基、地质、市政设施等用地条件，都属应予考虑之列。

(2) 城市公共中心的组织与布置。城市公共中心包括有市中心及城市地域等级与专业的中心系列。城市公共中心是居民进行政治、经济、文化等社会生活活动比较集中的地方。这里群集有多种主要公共设施。为了发挥城市中心的职能和市民公共活动的需要，在中心往往还配置有广场、绿地以及交通设施等，形成一个公共设施相对集中而组合有序的地区或地段。

1) 城市公共中心系列。在规模较大的城市，因公共设施的性能与服务地域和对象的不同，往往有全市性、地区性以及居住区、小区等相应设施种类与规模的集聚设置，形成城市公共中心的等级系列。同时，由于城市功能的多样性，还有一些专业设施相聚配套而形成的专业性公共中心，如体育中心、科技中心、展览中心、会议中心等。尤其在一些大城市，或是以某项专业职能为主的城市，会有些类专业中心，或聚集于城市公共中心地区，或是在单独地域设置（图5-2）。

2) 全市性公共中心。全市性公共中心是显示城市历史与发展状态、城市文明水准以及城市建设成就的标志性地域。这里汇集有全市性的行政、商业、文化等设施，是信息、交通、物资汇流的枢纽，也是第三产业密集的区域。

全市性公共中心的组织与布置应考虑以下方面：

①按照城市的性质与规模，组合功能与空间环境。城市公共中心因城市的职能与规模不同，有相应的设施内容与布置方式。在一些大城市，都有地域广阔且配布齐全的城市商业中心，并且还伴有市级行政与经济管理等功能地域。它们可以相类而聚，也可分别设立。在一些都会城市，还有中央商务区（CBD）的设置，这里积聚有众多公司、商行、银行、保险、咨询、信息机构以及为之服务的设施，是土地高度集约利用、房地产价昂贵的地区。

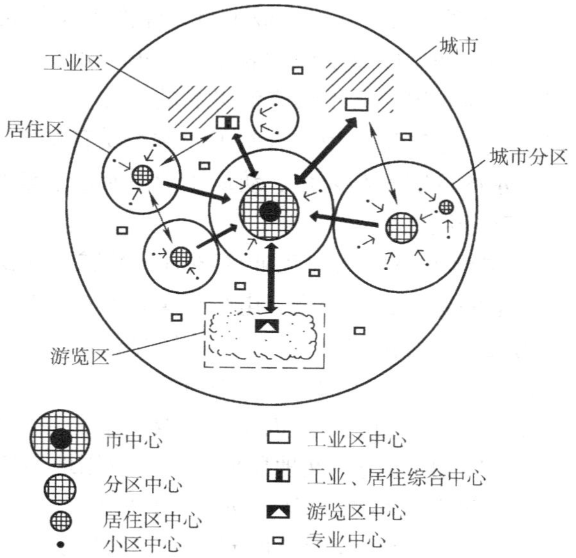

图 5-2　城市分级公共中心和专业中心的构成示意图

②组织中心地区的交通。城市中心区人车汇集，交通集散量大，须有良好的交通组织，以增强中心区的效能。公共设施应按交通集散量的大小，及其与道路的组合关系进行合理分布。如通过在中心区外围设置疏解环路及停车设施，以拦阻车辆超量进入中心地。

③城市公共中心的内容与建设标准要与城市的发展目标相适应。同时在选址与用地规模上，要顺应城市发展方向和布局形态，并为进一步发展留有余地。公共中心的功能地域要发挥组合效应，提高运营效能。同时在中心地区规模较大时，应结合区位条件安排部分居住用地，以免在夜晚出现中心“空城”现象。

④慎重对待城市传统商业中心。旧城的传统商业中心一般都有较完善的建设基础和历史文化价值。而且在长期形成过程和作用过程中，已造成市民向往的心理定势，一般不应轻率地废弃与改造，要取慎重态度。尤其在一些历史文化名城，或是有保护价值的历史文化地段，更要制定保护策略，通过保存、充实与更新等措施，以适应时代的需要，重新焕发历史文化的光彩。

5.5.6　工业用地规划布局

1. 城市中工业布置的基本要求

（1）工业用地的自身要求。工业用地的具体要求有如下几个方面：

1）用地的形状和规模。工业用地要求的形状与规模，不仅因生产类别不同而不同，且与机械化、自动化程度，采用的运输方式、工艺流程和建筑层数有关。当把技术、经济上有直接依赖关系的工业组成联合企业时，如钢铁、石油化工、纺织、木材加工等联合企业，则需要很大用地。同时也要注意工业发展应节约用地，充分利用和发挥城市土地市场和规划管理的作用，有效地控制城市工业用地的浪费现象。

2）地形要求。工业用地的自然坡度要和工业生产工艺、运输方式和排水坡度相适应。

利用重力运输的水泥厂、选矿厂应设于山坡地，对安全距离要求很高的厂宜布置在山坳或丘陵地带，有铁路运输时则应满足线路铺设要求。

3）水源要求。安排工业项目时注意工业与农业用水的协调平衡。由于冷却、工艺、原料、锅炉、冲洗以及空调的需要，如火力发电、造纸、纺织、化纤等，用水量很大的工业类型用地，应布置在供水量充沛可靠的地方，并注意与水源高差的问题。水源条件对工业用地的选址往往起决定作用。有些工业对水质有特殊的要求，如食品工业对水的味道和气味、造纸厂对水的透明度和颜色、纺织工业对水温、丝织工业对水的铁质等的要求，规划布局时必须予以充分注意。

4）能源要求。安排工业区必须有可靠的能源供应，否则无法引入相应工业投资项目。大量用电的炼铝、铁合金、电炉炼钢、有机合成与电解企业用地要尽可能靠近电源布置，争取采用发电厂直接输电，以减少架设高压线、升降电压带来的电能损失。染料厂、胶合板厂、氨厂、碱厂、印染厂、人造纤维厂、糖厂、造纸厂以及某些机械厂，在生产过程中，由于加热、干燥、动力等需大量蒸汽及热水，对这类工业的用地应尽可能靠近热电站布置。

5）工程地质与水文地质要求。工业用地不应选在7级和7级以上的地震区；土壤的耐压强度一般不应小于$1.5kg/cm^2$；山地城市的工业用地应特别注意，不要选址于滑坡、断层、岩溶或泥石流等不良地质地段；在黄土地区，工业用地选址应尽量选在湿陷量小的地段，以减少基建工程费用。工业用地的地下水位最好是低于厂房的基础，并能满足地下工程的要求；地下水的水质要求不致对混凝土产生腐蚀作用。工业用地应避开洪水淹没地段，一般应高出当地最高洪水位0.5m以上。最高洪水频率，大中型企业为百年一遇，小型企业为50年一遇。厂区不应布置在水库坝址下游，如必须布置在下游时，应考虑安置在水坝发生意外事故时，建筑不致被水冲毁的地段。

6）工业的特殊要求。某些工业对气压、湿度、空气含尘量、防磁、防电磁波等有特殊要求，应在布置时予以满足。某些工业对地基、土壤以及防爆、防火等有特殊要求时，也应在布置时予以满足。如有锻压车间的工业企业，在生产过程中对地面发生很大的静压力和动压力，对地基的要求较高。又如有的化工厂有很多的地下设备，需要有干燥不渗水的土壤。再如有易燃、易爆危险性的企业，要求远离居住区、铁路、公路、高压输电线等，厂区应分散布置，同时还须在其周围设置特种防护地带。

7）其他要求。工业用地应避开以下地区：军事用地、水力枢纽、大桥等战略目标；有用的矿物蕴藏地区和采空区；文物古迹埋藏地区以及生态保护与风景旅游区；埋有地下设备的地区。

（2）交通运输的要求。工业用地的交通运输条件关系到工业企业的生产运行效益，直接影响到吸引投资的成败。工业建设与工业生产多需要来自各地的设备与物资，生产费用中运输费占有相当比重，如钢铁、水泥等工业生产运输费用可占生产成本的15%～40%。在有便捷运输条件的地段布置工业可有效节省建厂投资，加快工程进度，并保证生产的顺利进行。因此，城市的工业多沿公路、铁路、通航河流进行布置。

1）铁路运输。铁路运输的特点是运量大、效率高、运输费用低，但建设投资高，用地面积大，并要求用地平坦。因此只有需大量燃料、原料和生产大量产品的冶金、化工、重型机器制造业，或大量提供原料、燃料的煤、铁、有色金属开采业，有大量向外运输，或只有一个固定原料基地的工业，才有条件设铁路专用线。采用铁路运输的工业企业用地要布置在便于接轨的地段。

2）水路运输。水路运输费用最为低廉，在有通航河流的城市安排工业，特别是木材、造纸原料、砖瓦、矿石、煤炭等大宗货物的运输应尽量采用水运，但应注意在枯水期和冰冻期解决运输的途径。是否需要转运，转运量大小，转运是否方便，对能否采用水运影响很大。只有在转运量不大、转运方便的情况下，水运的优越性才能充分发挥。采用水路运输的工厂要尽量靠近码头。

3）公路运输。公路运输机动灵活、建设快、基建投资少，是城市的主要运输方式。为此在规划中要注意工业区与码头、车站、仓库等有便捷的交通联系。当利用现有公路进行运输时，沿途必须经过的公路构筑物和桥涵要能满足最大和最重产品或原件通过的可能。

4）连续运输。连续运输包括传送带、传送管道、液压、空气压缩输送管道、悬索及单轨运输等方式。连续运输效率高，节约用地，并可节约运输费用和时间，但建设投资高，灵活性小。

（3）防止工业对城市环境的污染。工业生产中排出大量废水、废气、废渣，并产生强大噪声，使空气、水、土壤受到污染，造成环境质量的恶化。为减少和避免工业对城市的污染，在城市中布置工业用地时应注意以下几个方面：

1）减少有害气体对城市的污染。散发有害气体的工业不宜过分集中在一个地段。工业生产中散发出各种有害气体，给人类和各种植物带来危害。在城市中布置工业时，应了解各种工业排出废气的成分与数量，对集中与分散布置给环境带来的污染状况进行分析和研究。应特别注意，不要把废气能相互作用产生新的污染的工厂布置在一起，如氮肥厂和炼油厂相邻布置时，两个厂排放的废气会在阳光下发生复杂的化学反应，形成极为有害的光化学污染。

工业在城市中的布置要综合考虑风向、风速、季节、地形等多方面的影响因素。空气流通不良会使污物无法扩散而加重污染，在群山环绕的盆地、谷地，四周被高大建筑包围的空间及静风频率高的地区，不宜布置排放有害废气的工业。

工业区与居住区之间按要求隔开一定距离，称为卫生防护带，带内遍植乔木。这段距离的大小随工业排放污物的性质与数量的不同而变化。在卫生防护带中，一般可以设置一些少数人使用的、停留时间不长的建筑，如消防车库、仓库、停车场、市政工程构筑物等，不得将体育设施、学校、儿童机构和医院等布置在防护带内。要防止在防护带内设置大量临时建筑，而后又转化为永久性建筑，无形中取消了防护带。

2）防止废水污染。水在流动中有自净作用，当排入水体的污物数量过大，超过自净能力，则引起水质恶化。工业生产过程中产生大量含有各种有害物质的废水，这些废水若不加控制，任意排放，就会污染水体和土壤，进一步造成水源缺乏。在城市现有及规划水源的上游不得设置排放有害废水的工业，亦不得在排放有害废水的工业下游开辟新的水源。集中布置废水性质相同的厂，以便统一处理废水，节约废水的处理费用。

3）防止工业废渣污染。工业废渣主要来源于燃料和冶金工业，其次来源于化学和石油化工工业，它们的数量大，化学成分复杂，有的具有毒性。工业废渣回收利用途径较多，应尽量回收利用，否则不仅需占用大片土地，而且会对土壤、水质及大气产生污染。在城市中布置工业可根据其废渣的成分、综合利用的可能，适当安排一些配套项目，以求物尽其用。

4）防止噪声干扰。工业生产噪声很大，形成城市局部地区噪声干扰，特别是散布在居住区内的工厂，干扰更为严重。从工厂的性质看，噪声最大的是金属制品厂，其次为机械厂和化工厂。在规划中要注意将噪声大的工业布置在离居住区较远的地方，亦可设置一定宽度的绿带，减弱噪声干扰。

2. 工业在城市中布局的一般原则

城市中工业用地布局的基本要求应满足为每一个工业企业创造良好的生产和建设条件，并处理好工业用地与城市其他功能的关系，特别是工业区与居住区的关系。其布局一般原则如下：

（1）有足够的用地面积，用地基本符合工业的具体特点和要求，有方便的交通运输条件，能解决给排水问题。

（2）职工的居住用地应分布在卫生条件较好的地段上，尽量靠近工业区，并有方便的交通联系。

（3）工业区和城市各部分，在各个发展阶段中，应保持紧凑集中，互不妨碍，并充分注意节约用地。

（4）相关企业之间应取得较好的联系，开展必要的协作，考虑资源的综合利用，减少市内运输。

3. 工业在城市中的布置形式

工业在城市中的布置，可以根据生产的卫生类别、货运量及用地规模，分为三种情况：布置在远离城区的工业、城市边缘的工业和布置在城市内和居住区内的工业。

对工业的各种特点，如原料来源、生产协作、运输、能源、水源、劳动力、有害影响等进行全面分析，确定影响工业用地布置的主要因素，将各工业用地布置在城市的不同地段。特别要指出的是，各类工业又有许多不同特点，在市场经济条件下必须按照城市发展战略，保证多种产业发展的弹性可能，才能使布局真正科学合理。捷克建筑研究院编制了不同性质的各类工业在城市中常设位置及适宜位置表（表5-4）。

表5-4 各类工业项目在城市中的位置

工业部门	项目位置		
	城外空旷地区	城市中工业区	居住区附近
动力工业	●	○	
化学工业	●	○	
冶金工业	●	○	
机械与金属加工工业	○	●	○
建材玻璃陶瓷工业		○	
木材工业	○	●	
纺织服装制革工业	○	●	○
印刷工业		●	○
食品工业	○	●	○

注：● 通常设置的位置　○ 适宜或允许设置的位置

（1）布置在远离城市和与城市保持一定距离的工业。由于经济、安全和卫生的要求，有些工业宜布置在远离城市的地方，如放射性工业、剧毒性工业以及有爆炸危险的工业。有些工业宜与城市保持一定的距离，如有严重污染的钢铁联合企业、石油化工联合企业和有色金属冶炼厂等。为了保证居住区的环境质量，这些厂应按当地风向频率中最小额的风向布置在居住区的上风侧，工业区与居住区之间必须保留足够的防护距离。对城市污染不大的工业、规模又不太大时，则不宜布置在远离城市的地段；否则由于居民人数有限，公共设施无法配套，造成生活上的不方便。

（2）布置在城市边缘的工业区。对城市有一定干扰污染、用地大、货运量大、需要采用铁路运输的工厂应布置在城市边缘，如某些机械厂、纺织厂等。这类工厂有着生产、工艺、原料、运输等各方面的联系，宜集中在几个专门地段形成不同性质的工业区。

按城市规模的不同，城市中可设一个或多个工业区，分别布置在城市的各处。规模较小的城市有时只有一个工业区，往往形成高峰交通流量集中在通往工业区的道路上。城市中能够形成两个工业区时，则可将工业区布置在城市的不同方向，如将工业组成为不同性质工业区，按照其产生污染的情况布置在河流上、下游或风频最小的上、下风向位置。这种布置方式既有利于减少工业对环境的污染，又有利于组织交通，缩短工人上下班的路程，但在布置时应注意不妨碍居住区的再发展。

城市工业区往往沿放射的对外交通线路布置，使工业区与居住区交错。这种布局要注意，如果工业区按当地最大频率的风向位于居住区的上风侧时，工业区与居住区之间要有足够的防护距离，并应注意随城市发展有开辟环路进行横向联系的可能。

（3）布置在城市内和居住区内的工业。基本没有干扰污染、用地小、货运量不太大的工业可布置在城市内和居住区内。这类工业包括以下各类：

1）小型食品工业，如牛奶加工、面包、糕点、糖果等厂。

2）小型服装工业，如缝纫、服装、刺绣、鞋帽、针织等厂。

3）小五金、小百货、日用工业品、小型服务修配厂，如小型木器、藤器、编织、搪瓷等厂。

4）文教、卫生、体育器械工业，如玩具、乐器、体育器材、医疗器械等厂。其中机械与半机械操作、对外有协作联系、货运量年达3 000～4 000t、有噪声、有可燃物和微量烟尘、用地达30hm^2左右的中小型厂（食品厂、粮食加工厂、纱厂、针织厂、木材加工厂、制药厂、机械修理厂、无线电厂等）则应布置在城市内的单独地段。这种地段形成的街坊应靠近交通性道路，不宜布置在居住区内部。

对居住区毫无干扰的工业为数不多。一般的工厂规模较小，布置得当，可以使居住区基本上不受影响。

4. 工业用地在城市中的布局

本着满足生产需求、考虑相关企业间协作关系、利于生产、方便生活、为自身发展留出余地、为城市发展减少障碍的原则，城市总体规划应从各个城市的实际出发，按照恰当的规模、选择适宜的形式来进行工业用地的布局。除与其他种类的城市用地交错布局形成的混合用途区域中的工业用地外，常见的相对集中的工业用地布局形式有以下几种（图5-3）：

（1）工业用地位于城市特定地区。工业用地相对集中地位于城市中某一方位上，形成工业区，或者分布于城市周边。通常中小城市中的工业用地多呈此种形态布局，其特点是：总体规模较小，与生活居住用地之间具有较密切的联系，但容易造成污染，并且当城市进一步发展时，有可能形成工业用地与生活居住用地相间的情况。

（2）工业用地与其他用地形成组团。无论是由于地形条件所致，还是随城市不同发展时期逐渐形成，工业用地与生活居住等其他种类的用地一起形成相对明确的组团。这种情况常见于大城市或丘陵地区的城市，其优点是在一定程度上平衡组团内的就业和居住，但由于不同程度地存在工业用地与其他用地交叉布局的情况，不利于局部污染的防范。城市整体的污染防范可以通过调整各组团中的工业门类来实现。

（3）工业园或独立的工业卫星城。与组团式的工业用地布局相似，在工业园或独立的工业卫星城中，通常也带有相关的配套生活居住用地。尤其是独立的工业卫星城中各项配套设施更加完备，有时可做到基本上不依赖主城区，但与主城区有快速便捷的交通相连。北京的亦庄经济技术开发区，上海的宝山、金山、松江等卫星城镇就是该类型的实例。

（4）工业地带。当某一区域内的工业城市数量、密度与规模发展到一定程度时就形成了工业地带。这些工业城市之间分工合作，联系密切，但各自独立。事实上，对工业地带中工业及相关用地的规划布局已不属于城市总体规划的范畴，而更倾向于区域规划所应解决的问题。

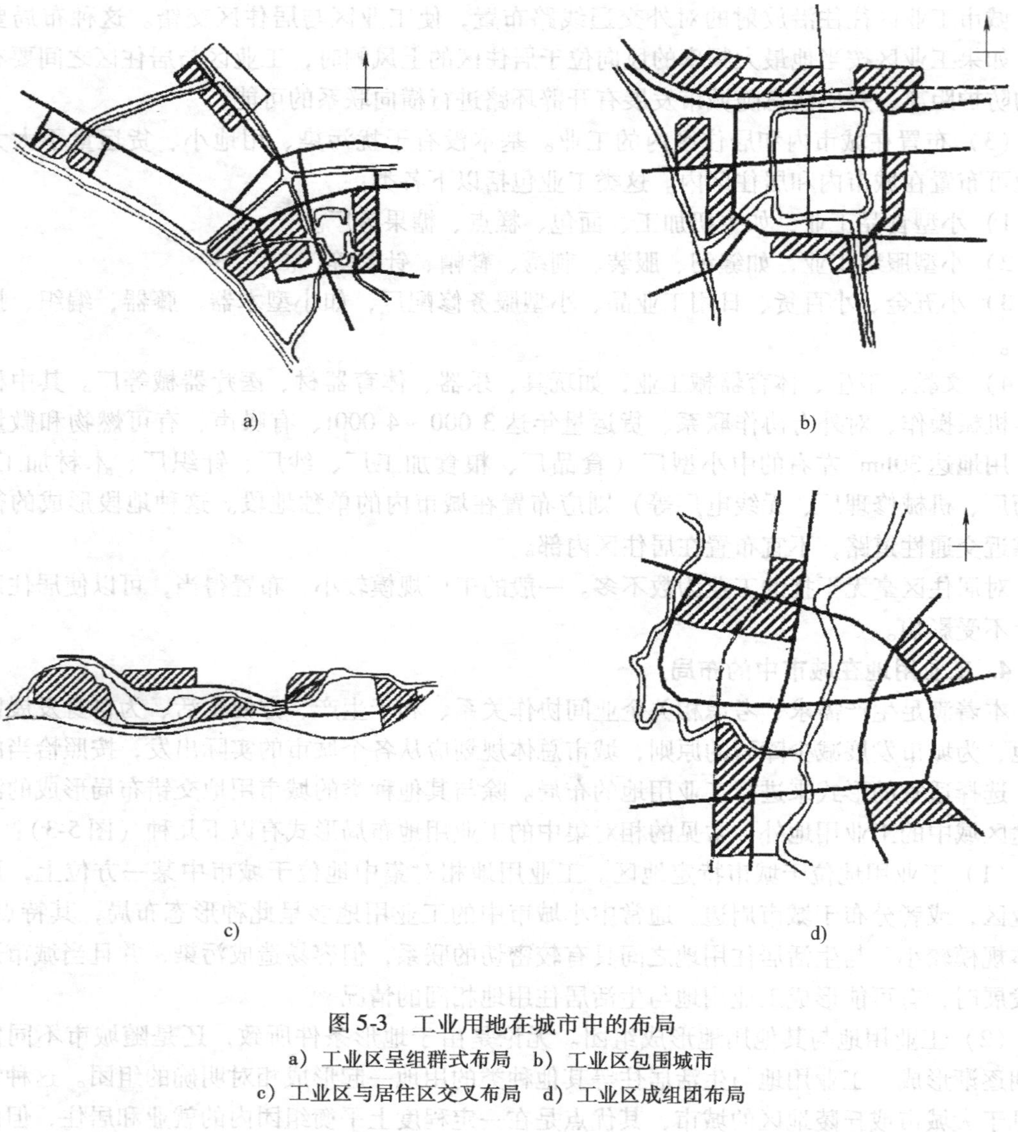

图 5-3　工业用地在城市中的布局

a）工业区呈组群式布局　b）工业区包围城市

c）工业区与居住区交叉布局　d）工业区成组团布局

5. 旧城工业布局调整

城市总体规划的重要任务，除了对新建工业进行安排以外，还须对城市现有工业布局的问题进行研究，并作出必要的建议进行调整改造，以改善现有交通、卫生、生产、生活等状况。旧城中的工业，由于种种原因，往往布局不尽合理，其厂房建筑、工艺流程、设备、管道、运输等，对城市的生产发展和居民生活都有妨碍。旧城工业区的改建远较新建工业区复杂。

（1）旧城工业布局存在的问题

1）工厂用地面积小，不能满足生产需要。有些工厂，由于历史原因无集中用地，一厂分散几处，使生产过程不连续，生产管理不便。

2）缺乏必要的交通运输条件。有的厂位于小巷深处，道路不通畅，运输不便，往往造成交通堵塞和事故。

3）居住区与工厂混杂。在我国现有城市中除新建大厂形成工业区外，市区大量的旧有工厂混杂在居住区中。噪声、烟尘、废气、废水污染严重，影响附近居民健康。

4）工厂的仓库、堆场不足。有的工厂占用道路面积，造成“马路仓库”，影响交通和市容整洁。

5）工厂布局混乱，缺乏生产上的统一安排，形成“小而全”、“大而全”的局面。

6）有些工厂的厂房利用一般民房或临时建筑，不合生产要求，影响生产和安全。

（2）旧城工业布局调整的一般措施。旧城工业布局调整所采取的措施，必须在深入调查研究的基础上，根据城市不同性质和特点、现有工业存在的各种问题采取不同办法，制定工业调整改造方案，达到布局合理的要求，根据旧城内工厂各种不同情况，可采取以下方法：

1）留：原有的工厂，厂房设备好，位于交通方便、市政设施齐全的地段，而且对周围环境没有影响，可以保留，允许就地扩建。

2）改：包括改变生产性质、改革工艺和生产技术两方面。原有工厂的厂房设备好，且位于交通方便、市政设施齐全、有发展余地的地段，但对周围环境有影响，应采取改变生产性质，改革工艺等措施，以减轻或消除对环境的污染，有的还可以改作他用。

3）并：规模小、车间分散的工厂可适当合并，以改善技术设备，提高生产率。生产性质相同并分散设置的小厂可按专业要求组成大厂，各个相同的生产车间亦可合并成专业厂，如铸造厂，机修厂、铆焊厂等。

4）迁：凡在生产过程中，对周围环境有严重污染，又不易治理，或有易燃、易爆的工厂，应尽可能迁往远郊；厂区用地狭小、设备差、生产无发展余地，或厂房位置妨碍城市重要工程建设的工厂应迁建；运输量很大，在城区内无法修建必要的运输设施（专用线、车库、工业港等）的工厂，亦可根据情况迁建。工厂搬迁费用较多，很多城市利用土地的极差地租来实现其搬迁。

在实际工作中，必须根据具体情况，分别处理，不宜简单从事。如有的厂需要外迁，近期难以实现，可在近期限制发展，进行技术改造，远期再迁出。

5.5.7　仓储用地规划布局

1. 仓储用地布置的一般原则

（1）满足仓储用地的一般技术要求

1）地势高，地形平坦，有一定坡度，利于排水。

2）地下水位不能太高，不应将仓库布置在潮湿的洼地上。蔬菜仓库，要求地下水位同地面的距离不得小于2.5m；储藏在地下室的食品和材料库，地下水位应距离地面4m以上。

3）土壤承载力高，特别当沿河修建仓库时，应考虑到河岸的稳固性和土壤的耐压力。

（2）有利于交通运输。仓库用地必须以接近货运需求量大或供应量大的地区为原则，应合理组织货区，提高车辆利用率，减少空车行驶里程，最方便地为生产、生活服务。大型仓库必须考虑铁路运输以及水运条件。

（3）有利建设、有利经营使用。不同类型和不同性质的仓库最好分别布置在不同的地段，同类仓库尽可能集中布置。

（4）节约用地，但有一定发展余地。仓库的平面布置必须集中紧凑，提高建筑层数，采用竖向运输与储存的设施，如粮食采用的筒仓以及其他各种多层仓库等。

（5）沿河布置仓库时，必须留出岸线，照顾城市居民生活、游憩利用河（海）岸线的需要。与城市没有直接关系的储备、转运仓库应布置在城市生活居住区以外的河（海）岸边。

（6）注意城市环境保护，防止污染，保证城市安全，应满足有关卫生、安全方面的要求（表5-5、表5-6）。

表5-5　仓储用地与居住街坊之间的卫生防护带宽度标准

仓库种类	宽度/m
1. 全市性水泥供应仓库、可用废品仓库、起灰尘的建筑材料露天堆场	300
2. 非金属建筑材料供应仓库、劈柴仓库、煤炭仓库、未加工的二级无机原料临时储藏仓库、500m² 以上的藏冰库	100
3. 蔬菜、水果储藏库，600t 以上批发冷藏库，建筑与设备供应仓库（无起灰材料的），木材贸易和箱桶装仓库	50

注：各类仓库至疗养院、医院和其他医疗机构的距离，按国家卫生监督机关的要求，可按上列数值增加0.5～0.1倍。

表5-6　易燃和可燃液体仓库的隔离地带　（单位：m）

隔离地带	仓库容积	
	600m³ 以上	600m³ 以下
1. 至厂区边界	200	100
2. 至居住街坊边界	200	100
3. 至铁路、港口用地边界	50	40
4. 至江河码头的边界	125	75
5. 至不燃材料露天堆场边界	20	20

2. 仓储用地在城市中的布局

小城市宜设置独立的地区来布置各种性质的仓库。特别是县镇，用地范围不大，但由于它们是城乡物资交流集散地，需要各类仓库及堆场，而且一般储备量较多，占地较大，因此宜较集中地布置在城市的边缘，靠近铁路车站、公路或河流，便于城乡集散运输。要防止将这些占地大的仓库放在市区，造成城市布局的不合理及使用的不便。在河道较多的小城镇，城乡物资交流大多利用河流水运，仓库也多沿河设置。

大、中城市仓储区的分布应采用集中与分散相结合的方式。可按照专业将仓库组织成各类仓库区，并配置相应的专用线、工程设施和公用设备，并按它们各自的特点与要求，在城市中适当分散地布置在恰当的位置。

仓库区过分集中的布置，既不利于交通运输，也不利于战备，对工业区、居住区的布局也不利。为本市服务的仓库应均匀分散布置在居住区边缘，并与商业系统结合起来，在具体布置时应按仓库的类型进行考虑。

（1）储备仓库一般应设在城市郊区、远郊、水陆交通条件方便的地方，有专用的独立地段。

（2）转运仓库也应设在城市边缘或郊区，并与铁路、港口等对外交通设施紧密结合。

（3）收购仓库如属农副产品当地土产收购的仓库，应设在货源来向的郊区入城干道口或水运必经的入口处。

（4）供应仓库或一般性综合仓库要求接近其供应的地区，可布置在使用仓库的地区内或附近地段，并具有方便的市内交通运输条件。

（5）特种仓库。

1）危险品仓库，如易爆和剧毒等危险品仓库，要布置在城市远郊的独立特殊专门用地上，但要注意应与使用单位所在位置方向一致，避免运输时穿越城市。

2）冷藏仓库设备多、容积大，需要大量运输，往往结合有屠宰场、加工厂、毛皮处理厂、活口仓库等布置，有一定气味与污水的污染，多设于郊区河流沿岸，建有码头或专用线。

3）蔬菜仓库应设于城市市区边缘通向四郊的干道入口处，不宜过分集中，以免运输线太长，损耗太大。

4）木材仓库、建筑材料仓库运输量大、用地大，常设于城郊对外交通运输线或河流附近。

5）燃料及易燃材料仓库，如石油、煤炭、木柴及其他易燃物品仓库，应满足防火要求，布置在郊区的独立地段。在气候干燥、风速特大的城市，还必须布置在大风季节城市的下风向或侧风向。特别是油库选址时应离开城市居住区、变电所、重要交通枢纽、机场、大型水库及水利工程、电站、重要桥梁、大中户型工业企业、矿区、军事目标和其他重要设施，并最好在城市地形的低处，有一定的防护措施。

此外，由于一些仓库建筑的体型有独特的形式，成为影响城市面貌的因素之一，特别是当这些建筑沿河布置时，成为城市的轮廓线的组成部分。因此，在规划布局中也是一个不可忽视的因素。

5.5.8　城市用地布局与城市交通系统的关系

1. 雅典宪章的启示

雅典宪章提出了城市四大基本活动——居住、工作、游憩、交通。图5-4表示了城市四大基本活动及城市用地布局结构与城市交通系统之间的基本关系。城市四大基本活动中居住、工作、游憩三大活动都是在固定场所进行的具有固定目标的活动，所安排的用地是对土地的绝对使用，它们之间相互配合的关系又体现了它们相互之间对土地的相对使用，从位置和数量关系上表现为城市的用地布局结构，体现了城市的静态功能关系。

城市交通产生于城市用地，又归于城市用地。城市用地之间社会生活、生产活动的运转，居住、工作、游憩三大活动之间的联系产生了交通活动，需要一个城市交通系统去担负这个任务。城市交通系统包括城市道路系统、城市运输系统和交通管理系统三个组成部分，其中运输系统是交通的运作网络，道路等设施是交通的通道网络，管理系统是交通正常运行的保障。城市交通系统决定于各种城市用地之间动态的关系，体现了城市的动态功能关系。交通居于城市功能活动的核心位置，在城市四大基本活动中具有核心作用。城市规划不单纯是对城市居住、工作、游憩用地的合理安排，还必须同时保证有一个高效、方便的交通系统的支持。城市交通与道路系统规划（城市交通系统规划）是城市规划的一个核心问题。

目前我国城市中城市交通分别由多个部门管理，应当统一思想认识，统一规划，统一管理，城市交通问题的决策，既要有统筹全局的思维、战略，又要有对具体问题处理的正确思路与战术。

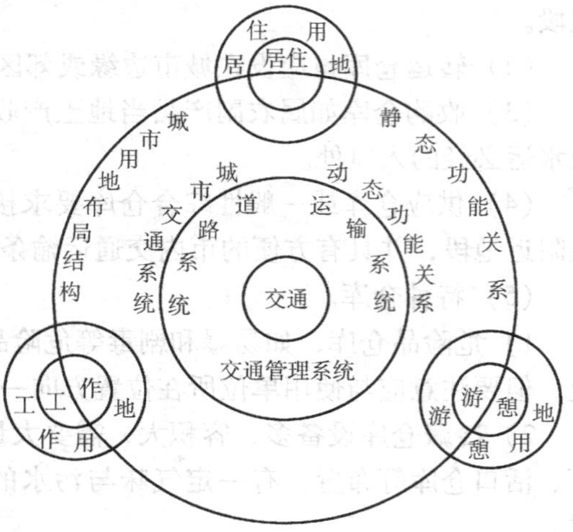

图 5-4　雅典宪章四大基本活动分析

从对雅典宪章的分析中可以得到如下结论：

（1）人的活动是城市交通的主要活动，也是城市交通的决定性因素。人的活动的需求、意愿和活动的能量决定了人的出行目的、出行方式、出行次数和出行的距离。人在城市用地中的分布和活动需求决定了城市交通的流动和分布。城市规划对城市交通的研究和安排都必须以人的活动及人在城市用地中的分布为基础。

（2）城市用地是城市交通的决定性因素。城市交通产生于城市用地，一定的城市用地布局产生一定的交通分布，一定的交通分布就要有一定的道路和交通系统相匹配。城市道路网和公交网的结构和形态取决于城市用地的布局结构和形态，应该与城市的用地布局形态相协调。

（3）要处理好城市用地布局与道路系统的合理关系，要有交通分流的思想和功能分工的思想，按照用地产生交通不同的功能要求，合理地布置不同类型功能的道路，在不同功能的道路旁布置不同性质的建设用地，形成道路交通系统与城市用地布局的合理的配合关系。

城市发展的历史告诉我们，交通分布不合理是由用地布局不合理带来的，城市布局的不合理使工作与居住距离过远，交通分布不合理，是造成道路拥挤、交通阻塞的根本原因。在城市发展过程中，人们逐渐认识到城市围绕原有旧城单一中心呈同心圆式无限制向外扩展，不断加大人、车的出行距离，不断加重城市中心地区的交通负担，因此而产生的交通问题单靠道路建设和交通管理是无法解决的。沙里宁提出的有机疏散理论揭示了一条通过改变城市布局来缓解城市交通的有效途径：城市呈组团、多中心的布局可以大大减少出行距离，大大减少跨区的交通量，使交通均衡分布，从根本上解决交通问题。

所以，研究城市交通问题必须首先研究城市的用地布局，解决城市交通问题首先要变革规划思想，从治“本”的角度考虑，立足于城市用地的合理布局，通过优化城市用地布局从交通源上优化交通分布。总体上要形成多中心的组团式布局，城市用地要综合布局，组团内要做到功能基本完善；其次，要处理好城市用地布局与道路系统的关系，通过与用地布局相协调的城市交通与道路系统的功能布局，优化城市交通与道路系统；要有交通分流的思想和功能分工的思想，按照用地产生的交通的不同的功能要求，合理地布置不同类型和功能的道路，在不同功能的道路旁布置不同性质的建设用地，形成道路交通系统与城市用地布局的合理的配合关系；同时要组织好组团内的交通和跨组团的交通、生活性的交通和交通性的交通，简化和减少交通矛盾。

对于不同规模和不同类型的城市，要从用地布局的角度研究其交通分布的基本关系，因地制宜地选择不同的道路交通网络类型和模式，确定不同的道路密度和交通组织方式。

2. 城市道路系统与城市用地的协调发展关系

城市道路的第一功能是“组织城市的骨架”。周礼《考工记·匠人》中描述的“匠人营国，方九里，旁三门”就是由“九经九纬”的道路网划分而来的。城市道路的第二功能是“交通的通道”，具有联系对外交通和城市各用地的功能要求。

城市道路系统始终伴随着城市的发展。任何城市的发展都要经历一个过程，城市由小城市发展到中等城市、到大城市、到特大城市，由用地的集中式布局发展到组合型布局，城市道路系统的形式和结构也要随之发生根本性的变化。

初期形成的城市是小城镇，规模较小，也是后来发展的城市的“旧城”部分。中国城市受封建规制的影响，不同等级城市的“旧城”的规模不同，但大多呈现为单中心集中式布局，城市道路大多为规整的方格网，虽有主次之分（仍可分为干路、支路与街巷三级），但明显宽度较窄、密度偏高，较适用于步行和非机动化交通。位于水网发达地区的城市可能出现河路融合、不规整的方格网形态或其他形态，位于交通要道位置的小城镇也可能出现外围放射状路与城内路网相衔接的形态。

城市发展到中等城市仍可能呈集中式布局，但必然会出现多个次级中心，而合理的城市布局应该通过强化各次级中心建设，逐渐形成多中心的、较为紧凑的组团式布局，从而使城市交通分布趋于合理。城市道路网在中心组团仍维持旧城的基本格局，在外围组团则会形成更适合机动交通的现代城市三级道路网，多依旧保持方格网型。

城市发展到大城市，如果仍然按照单中心集中式的布局，必然出现出行距离过长、交通过于集中、交通拥挤阻塞，导致生产生活不便、城市效率低下等一系列的大城市通病。

规划一定要引导城市逐渐形成相对分散的、多中心组团式布局，中心组团（可以以原中等城市为主体构成）相对紧凑、相对独立，若干外围组团相对分散。除现代城市三级道路外，应考虑在中心组团和城市外围组团间形成现代城市交通所需要的城市快速路，城市道路系统开始向混合式道路网转化。

特大城市可能呈“组合型城市”的布局，城市外围在原外围城镇的基础上进一步发展为由若干相对紧凑的组团组成的外围城区。而中心城区则在原大城市的基础上发展、调整、进一步组合而成。城市道路进一步发展形成混合型网，出现了对加强城区间交通联系有重要作用的城市交通性主干路网的需求，并与快速路网组合为城市的疏通性交通干线道路网，城区之间也可以利用公路或高速公路相联系。

一般来说，旧城的用地布局较为紧凑，道路网络比较密而狭窄。密度高，交通可以较为分散；狭窄，则可组织单向交通，适于分散的交通模式。对于大城市、特大城市外围较为分散的用地布局，为适应出行距离长、要求交通速度快的特点，就要组织效率高的集量性的交通流，配之以高效率的道路交通设施，就需要有结构层次分明的分流式道路网络，相比旧城，密度就要低一些，宽度就要宽一些，对现代化交通的适应能力就要大一些。

上述分析表明了一个普遍的规律：不同规模和不同类型的城市用地布局有不同的交通分

布和通行要求，就会有不同的道路网络类型和模式，就会有不同的路网密度要求和交通组织方式。所以，不同的城市可能有不同的道路网络类型；同一城市的不同城区或地段，由于用地布局的不同，也会有不同的道路网类型。不同类型的城市干路网是与城市不同的，用地布局形式密切相关、密切配合的。城市道路的功能分工是从道路的产生初期就有的。

初期城市的道路就有主要街道和小街巷之分，主要道路既通行主要交通，又布置有城市主要的商业服务业公共建筑，虽然是交通性与生活性兼具的混合性道路，但在交通矛盾不突出的时代，区分疏通性和服务性就可以了，就是一种合理的功能分工。初期城市的中心轴线就是主要道路，如中国古代城市中县级的十字街和州府级的井字格局道路，随着城市的发展，这些道路的延伸就成为城市的发展轴线。

现代城市的发展带来了现代城市机动化交通的发展，城市道路的交通性与生活性的分离成为城市良性发展的必要条件，城市的发展轴仍然可以沿传统的混合性主要道路发展，而在城市中心外侧的适当位置布置交通性和疏通性的道路，可以引导城市更加科学合理地发展。

3. 城市用地布局形态与道路交通网络形式的配合关系

城市用地的布局形态大致可分为集中型和分散型两大类。

集中型较适应于规模较小的城市，其道路网形式大多为方格网状。

分散型城市中，规模较小的城市大多受自然地形限制，常由若干交通性道路（或公路）将各个分散的城区道路网联系为一个整体；而规模较大的城市则应形成组团式的用地布局，组团式布局的城市的道路网络形态应该与组团结构形态相一致。各组团要根据各自组团的用地布局布置各自的道路系统，各组团间的隔离绿地中布置疏通性的快速路，而交通性主干路和生活性主干路则把相邻城市组团和组团内的道路网联系在一起。简单地用一个方格路网套在组团布局的城市中是不恰当的。

沿河谷、山谷或交通走廊呈带状组团布局的城市，往往需要布置联系各组团的交通性干路和有城市发展轴性质的道路，与各组团路网一起共同形成链式路网结构。

中心城市对周围城镇有辐射作用，其交通联系也呈中心放射的形态，因而城市道路网络也会形成在方格网基础上呈放射状的交通性路网形态。

现代城市的发展越来越显现出公共交通骨干线路对城市发展的重要作用。城市除了沿道路轴线发展外，城市公交网络也能对城市用地的发展起作用，特别是公交干线的形态同城市道路轴线的形态对城市用地形态有引导和决定性的作用，如哥本哈根的“指状发展”，形态是与道路和轨道交通线路的放射形态相协调、匹配的。

4. 城市用地布局结构与城市道路网络的功能配合关系

各级城市道路都是组织城市的骨架，又是城市交道的通道，要根据城市用地布局和交通强度的要求来安排各级城市道路网络的布局。城市中各级道路（网）的性质、功能与城市用地布局结构的关系表现为城市道路的功能布局，如表5-7所示。

表5-7 各级道路网特性表

	城市快速路网	城市主干路网		城市次干路网	城市支路
		交通性主干路	一般主干路		
性质	快速机动车专用路网，连接高速公路	全市性的路网，疏通城市交通的主要通道及与快速路相连接的主要常速道路	全市性的路网，包括生活性主干路和集散性主干路	城市组团内的路网（组团内成网），与主干路一起构成城市的基本骨架	地段内根据用地细部安排而划定的道路，在局部地段可能成网

（续）

	城市快速路网	城市主干路网		城市次干路网	城市支路
		交通性主干路	一般主干路		
功能	为城市组团间的中长距离交通和连接高速公路的交通服务	为城市组团间和组团内的主要交通流量、流向上的中长距离疏通性交通服务	为城市组团间和组团内的主要生活性交通服务，有交通集散功能	主要为组团内的中短距离服务性交通服务	为短距离服务性交通服务
位置	位于城市组团间的隔离绿地中	组团间和组团内	组团间和组团内	组团内	地段内
围合	围合城市组团	大致围合一个城市片区（分组团）	大致围合一个居住区的规模	大致围合一个居住小区的规模	

快速路网主要为城市组团间的中、长距离交通和连接高速公路的交通服务，宜布置在城市组团间的隔离绿地中，以保证其快速和交通畅通。快速路基本围合一个城市组团，因而其间距要依城市布局结构中城市组团的大小不同而定。

城市主干路网是遍及全市城区的路网，主要为城市组团间和组团内的主要交通流量、流向上的中、长距离交通服务。为适应现代化城市交通机动化发展的需要，要在城市中布置疏通性的城市交通性主干路网，作为疏通城市交通的主要通道与快速路相连接的主要常速道路。城市交通性主干路大致围合一个城市片区分组团，其他城市主干路（包括生活性主干路和集散性主干路）大致围合一个居住区的规模。

城市次干路网是城市组团内的路网（在组团内成网），与城市主干路网一起构成城市的基本骨架和城市路网的基本形态，主要为组团内的中、短距离交通服务。城市次干路大致围合一个居住小区的规模。

城市支路是城市地段内根据用地细部安排所产生的交通需求而划定的道路，应在详细规划中安排，在城市的局部地段（如商业区、按街坊布置的居住区）可能成网，而在城市组团和整个城区中不可能成网。因而，在城市总体规划中不能予以规划，也不能计算其密度和数量，力图计算或规定支路“网密度”的做法不切实际，也毫无意义。在详细规划中，城市支路的间距主要依照用地划分而定。

5.5.9　城市总体布局的多方案比较

城市总体布局的多方案比较是城市规划编制过程中必不可少的环节，其主要目的是通过对不同规划方案的比较、分析与评价，找出现实与理想之间、各类问题和矛盾之间、长期发展与近期建设之间相对平衡的解决方案。

1. 城市总体布局多方案比较的重要性

虽然我们通过对城市发展规律的总结归纳和科学系统的分析，可以找出影响城市总体布局的主要因素和形成城市总体布局的一般规律，但就某一个具体的城市而言，其规划中总体布局的可能性并非是唯一的，这是因为由以下几个原因造成的。

（1）城市是一个开放的巨系统，不但其构成要素之间的关系错综复杂，牵一发而动全身，而且对构成要素在城市总体布局中的重要程度，主次顺序，不同的社会阶层、集团或个人有着不同的价值取向和判断。也就是说，面对同样的问题，由于价值取向的不同而形成不同的解决方法，反映在城市总体布局上就会形成不同的方案。

(2) 城市规划方案以满足城市的社会经济发展为前提，其中充满了不确定性因素。而这种对未来预测的不同结果、判断以及相应的政策也会影响到城市总体布局所采用的形式。

(3) 即使在相同的前提与价值取向的情况下城市行政首长等决策者甚至是规划师个人的偏好也会在相当程度上影响或左右城市的总体布局形态。

因此，城市总体布局是一个多解的，有时甚至是难以判断其总体优劣的内容。正因为如此，在城市规划编制过程中，城市总体布局的多方案比较就显得尤为重要。其主要意义和目的可以归纳为以下几项：

1) 从多角度探求城市发展的可能性与合理性，做到集思广益。

2) 通过方案之间的比较、分析和取舍，消除总体布局中的“盲点”，降低发生严重错误的概率。

3) 通过对方案分析比较的过程，可以将复杂问题分解梳理，有助于客观地把握和规划城市。

4) 为不同社会阶层与集团利益的主张提供相互交流与协调的平台。

2. 城市总体布局方案比较内容

一般是将不同方案的各种条件用扼要的数据、精炼的文字说明制成表格，以便于比较。通常考虑比较的内容有下列几项：

(1) 地理位置及工程地质等条件。说明其区位优势、地形特点、地下水位、土壤耐压力等情况。

(2) 占地、动迁情况。各方案用地范围和占用耕地情况，需要动迁的户数及占地后对农村的影响，在用地布局上拟采取哪些补偿措施和费用。

(3) 产业结构。工业用地的组织形式及其在城市布局中的特点，重点工厂的位置，主要工业之间的原料、动力、交通运输、厂外工程、生活区等方面的协作条件。

(4) 交通运输。可以从铁路、港口码头、机场、公路及市内交通干道等方面分析比较。

1) 铁路。铁路走向与城市用地布局的关系、旅客站与居住区的联系、货运站的设置及其与工业区的交通联系情况。

2) 港口码头。适合水运的航道和岸线使用情况、水陆联运条件、旅客站与市中心、主要居住区的联系、货运码头的设置及其与工业区的交通联系情况。

3) 机场。机场与城市的交通联系情况，主要跑道走向和净空等方面的技术要求。

4) 公路。过境交通对城市用地布局的影响，长途汽车站、燃料库、加油站位置的选择及其与市内主要干道的交通衔接情况。

5) 城市道路系统。城市道路系统是否明确、完善，居住区、工业区、仓储区、市中心、车站、货场、港口码头、机场以及建筑材料基地等之间的联系是否方便、安全。

(5) 环境噪声。工业“三废”及噪声等对城市的污染程度、城市用地布局与自然环境的结合情况。

(6) 居住用地组织。居住用地的选择和位置恰当与否，用地范围与合理组织居住用地之间的关系以及主要公共建筑群的关系。

(7) 防洪、防震、人防等工程设施。有无被洪水淹没的可能，防洪、防震、人防等工程方面所采取的措施以及所需的资金。

（8）市政工程及共用设施。给水、排水、电力、电信、供热、煤气以及其他程设施的布置是否经济合理。包括水源地和水厂位置的选择、给水和排水系统的布置、污水处理及排放方案、变电站的位置、高压线走廊等工程设施进行逐项比较。

（9）城市总体布局。城市用地选择与规划结构合理与否，城市各项用地之间的关系是否协调，在处理市区与郊区、近期与远期、新建与改建、局部与整体、需要与可能等关系中的优缺点。如在原有旧城附近发展新区，则需要比较与旧城关系问题。

（10）城市造价。估算近期造价和总投资。

上述各点，应尽量做到文字条理清楚，数据准确明了，图纸形象深刻；同时要根据各个城市的具体情况有所取舍，抓住重点，区别对待，经过充分讨论，提出综合意见；最后确定以某个方案为基础，吸取其他方案的优点再进一步修改、补充和提高。

下面以河北衡水城市总体布局为例。衡水东部为旧城及河流，南部为高产农田。如图 5-5 所示，规划布局有向西、向北以及西、北两者兼而有之的三种可能，并作了比较方案（表 5-8）。

通过比较，最后认为方案 3 占用良田少，有害工业对生活居住区污染较小，近期实施操作性较好，远期发展空间余地较大，因此确定在方案 3 的基础上进一步编制总体规划。

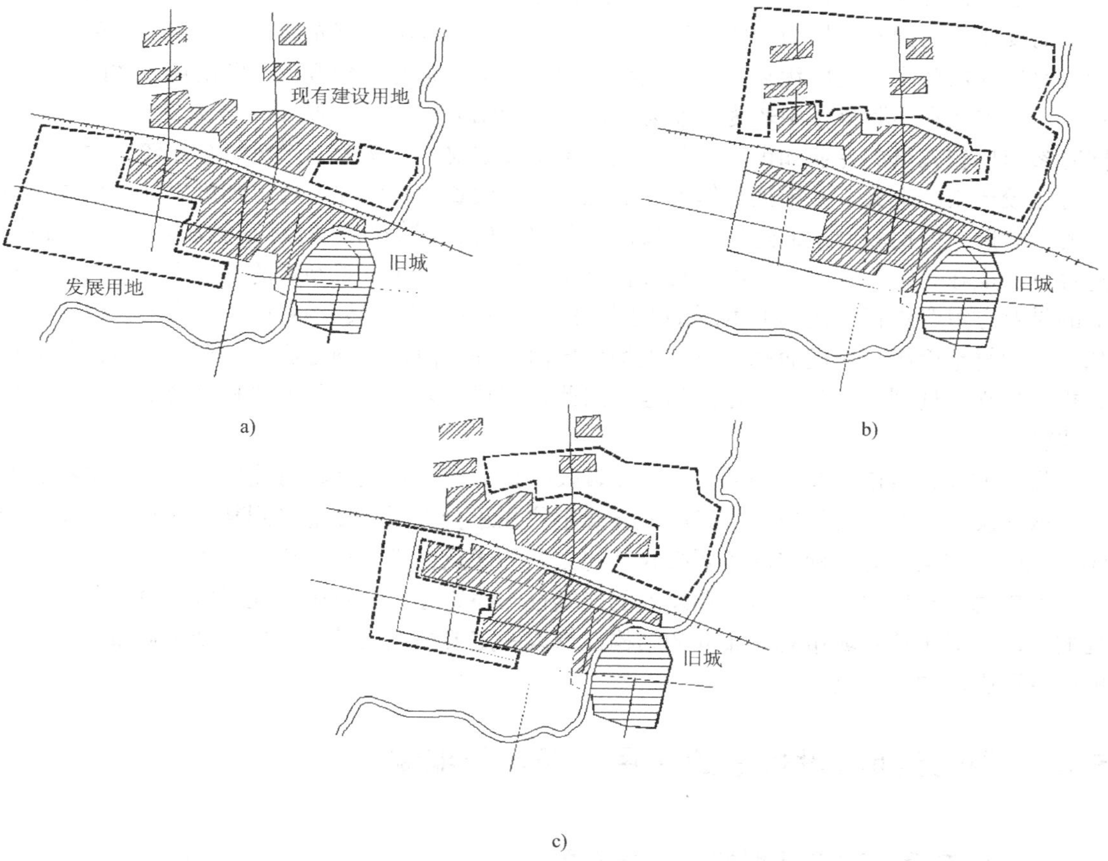

图 5-5　衡水市用地发展的三种规划布局

a）方案 1 向西发展　b）方案 2 向北发展　c）方案 3 向西及向北发展

表5-8 衡水市城市总体布局三个布局的比较

比较项目	方案1	方案2	方案3
占用农田	占用良田较多	占用的土地多为盐碱地	占用部分良田，较方案1少
居住用地组织	集中在铁路以南紧凑发展	新建区集中在铁路以北，与铁路以南的建设地区被铁路分割	大部分居住用地仍在铁路以南，路北仅相对独立的一小块
有害工业与居住区的关系	有害工业布置在铁路以北，对居住区污染小	新发展的居住区在铁路以北，受有害工业污染影响较大	铁路以北有一小部分受有害工业的污染
铁路对城市的分割	城区集中在铁路以南，南北联系少	城区用地分布在铁路以南，铁路分割的影响较大	铁路分割城市有一定的影响，需建立交2~3处
与旧城的关系	关系尚好	关系稍偏远	关系较好
远期发展	如继续向西发展，势必将城区伸展过长	在铁路南北，均可向西发展	在铁路南北，均可向西发展

3. 方案选择与综合

城市总体布局多方案比较的目的之一就是要在不同的方案中找出最优方案，以便付诸实施。方案比较时所考虑的主要内容也在上述比较内容中列出。然而通过比较找出最优方案有时并不是一件容易的事情。通常比较分为定性分析和定量评判两大类。定性分析多采用将各方案需要比较的因素采用简要的文字或指标列表比较的方法。首先通过对方案之间各比较因素的对比找出各个方案的优缺点，并最终通过对各个因素的综合考虑，做出对方案的取舍选择。这种方法在实际操作中较为简便易行，但比较结果较多地反映了比较人员的主观因素。同时参与比较人员的专业知识积累和实践经验至关重要。事实上如果对每个比较因素的含义进行比较严格的定义，并根据具体方案的优劣程度设置相应的评价值，则可以计算出每个方案的得分值。但比较因素的选择、加权值、参评人的构成等均影响到各个方案的总得分值。这种方法虽在一定程度上试图将比较过程量化，但仍建立在主观判断的基础之上。与此相对应的是对方案客观指标进行量化选优的方法，即将各个方案转化成可度量的比较因子，例如，占用耕地面积、居民通勤距离、人均绿地面积等。但在这种方法中，存在某些诸如城市结构、景观等规划内容难以量化的问题。因此，实践中多采取多种方法相结合的方式进行方案比较。

另一方面，城市总体布局的多方案比较仅仅是对城市发展多种可能性的分析与选择，并不能取代决策。城市总体布局方案的最终确定往往还会不同程度地受到某些非技术因素的影响。此外，在某一方案确定后还要吸收其他方案的优点，进行进一步的完善。

城市总体布局关系到城市长期发展的连续性与稳定性，一旦确定就不宜做过多的影响全局的改动。对于涉及城市总体布局的结构性修改一定要慎之又慎，避免出现因城市总体布局的改变而引起的新问题。

5.6 城市近期建设规划的作用、任务与编制

5.6.1 城市近期建设规划的作用与任务

1. 城市近期建设规划的作用

（1）城市近期建设规划产生的背景。城市总体规划的期限一般较长，要充分估计相当

长时期内的发展需要，才能使城市健康地成长、顺利地建设，城市近期建设规划就是最近期内的或是当年的各项建设总的规划布置。1991年版《城市规划编制办法》（1991年建设部令第14号）明确提出城市总体规划的内容应当包括“编制近期建设规划。确定近期建设目标、内容和实施部署”。2005年建设部颁布的《城市规划编制办法》（2005年建设部令第146号）中，对近期建设规划的规定扩大为一章节，体现了规划编制的近远兼顾性，对近期建设规划的编制内容和方法明确了要求。第35条规定“近期建设规划到期时，应当依据城市总体规划组织编制新的近期建设规划”，第36条规定了近期建设规划的六项主要编制内容，侧重点在近期建设用地布局，交通、市政、公共设施、居住用地以及城市环境综合治理。2008年1月1日开始施行的《中华人民共和国城乡规划法》第三章第三十四条明确提出“城市、县、镇人民政府应当根据城市总体规划、镇总体规划、土地利用总体规划和年度计划以及国民经济和社会发展规划，制定近期建设规划，报总体规划审批机关备案”，进一步确立了近期建设规划的法律地位。

（2）城市近期建设规划的作用。近期建设规划是城市总体规划、镇总体规划的分阶段实施安排和行动计划，是落实城市总体规划的重要步骤，只有通过近期建设规划，才有可能实事求是地安排具体的建设时序和重要建设项目，保证城市、镇总体规划的有效落实。近期建设规划是近期土地出让和开发建设的重要依据，土地储备、分年度计划的空间落实、各类近期建设项目的布局和建设时序，都必须符合近期建设规划，保证城镇发展和建设的有序进行。强调适时组织编制近期建设规划的必要性，是十分重要的。

（3）城市近期建设规划编制工作的意义。通过近期建设规划的编制可以使得城市的开发建设更加科学更加合理，在法定规划的指导下来依法开发建设，减少随意性和盲目性；可以确保城市有序开发，尽管从长期来看某个城市的布局是合理的，但这个城市的空间开发时序依然十分重要，会直接影响到城市的投入产出效益和经济运行效率。编制近期建设规划的重要意义具体体现在以下三个方面：完善城市规划体系的需要、发挥规划宏观调控作用的需要、加强城市监督管理的需要。近期建设规划是加强城乡规划监督管理的重要环节，是实施城市总体规划目标的重要手段，是对近期建设项目的引导和控制，是对城市建设和发展进行自始至终的指导和调控。

2. 城市近期建设规划的任务和内容

（1）城市近期建设规划的基本任务。根据城市总体规划、镇总体规划、土地利用总体规划和年度计划、国民经济和社会发展规划以及城镇的资源条件、自然环境、历史情况、现状特点，明确城镇建设的时序、发展方向和空间布局，自然资源、生态环境与历史文化遗产的保护目标，提出城镇近期内重要基础设施、公共服务设施的建设时序和选址，廉租住房和经济适用住房的布局和用地，城镇生态环境建设安排等。

（2）城市近期建设规划的基本内容。近期建设规划以重要基础设施、公共服务设施和中低收入居民住房建设以及生态环境保护为重点内容，明确近期建设的时序、发展方向和空间布局。其具体内容是：依据总体规划，遵循优化功能布局，促进经济社会协调发展的原则，确定城市近期建设的空间布局，重点安排城市基础设施、公共服务设施用地和低收入居民住房建设用地以及涉及生态环境保护的用地，确定经营性用地的区位和空间布局；确定近期建设的重要的对外交通设施、道路广场设施、市政公用设施、公共服务设施、公园绿地等项目的选址、规模，以及投资估算与实施时序；对历史文化遗产保护、环境保护、防灾等方面，提出规划要求和相应措施；依据近期建设规划的目标，确定城市近期建设用地的总量，明确新增建设用地和利用存量土地的数量。

(3) 城市近期建设规划的强制性内容

1) 确定城市近期建设重点和发展规模。

2) 依据城市近期建设重点和发展规模，确定城市近期发展区域。对规划年限内的城市建设用地总量、空间分布和实施时序等进行具体安排，并制定控制和引导城市发展的规定。

3) 根据城市近期建设重点，提出对历史文化名城、历史文化保护区、风景名胜区、生态环境保护等相应的保护措施。

5.6.2 城市近期建设规划的编制

1. 编制近期建设规划必须遵循的原则

编制近期建设规划，必须坚持以科学发展观为指导。要按照加强和改善宏观调控的总要求，统一思想，深入研究，科学论证，坚持实施可持续发展战略，正确处理好近期建设与长远发展，资源环境条件与经济社会发展的关系，注重自然资源、生态环境与历史文化遗产的保护，切实提高规划的科学性和严肃性。

(1) 处理好近期建设与长远发展，经济发展与资源环境条件的关系，注重生态环境与历史文化遗产的保护，实施可持续发展战略。

(2) 与城市国民经济和社会发展计划相协调，符合资源、环境、财力的实际条件，并能适应市场经济发展的要求。

(3) 坚持为最广大人民群众服务，维护公共利益，完善城市综合服务功能，改善人居环境。

(4) 严格依据城市总体规划，不得违背总体规划的强制性内容。

2. 城市近期建设规划的编制方法

(1) 全面检讨总体规划及上一轮近期建设规划的实施情况。对总体规划及上一轮近期建设规划实施情况进行全面客观的检讨与评价是至关重要的。一方面，应对总体规划实施绩效进行评价，特别是找出实施中存在的问题；另一方面，寻找这些问题的原因，为后续的工作打好基础。具体的内容包括：对政府决策的作用、实施绩效及评价、总结实施中偏差出现的原因、在下一个近期规划中需要改进和加强的方面等。

(2) 立足现状，切实解决当前城市发展面临的突出问题。近期规划必须从城市现状做起，改变从远期倒推的方法。因此要对现状进行充分的了解与认识，不仅要调查通常理解的城市建设现状，还要了解形成现状的条件和原因。因为现实情况是在现状的许多条件共同作用下形成的，如果不在条件的可能改变方面下工夫，所谓的规划理想便不可能成立；同时要改变以往仅凭简单事实就能归纳城市发展若干结论的草率判断法，而要从事务的多重关联性出发，对城市问题进行审慎的判断。这样才能较为正确地找出城市发展中的现实问题所在，从而有针对性地提出解决的办法。

(3) 重点研究近期城市发展策略，对原有规划进行必要的调整和修正。在全国城市化加速发展的背景下，五年对于一个城市的发展并不是一个很短的周期。总体规划实施五年后，城市发展的环境可能有较大变化。因此，编制第二个近期规划，必须对城市面临的许多重大问题重新进行思考和分析研究，对五年前确立的城市发展目标和策略进行必要的调整，而不仅仅是局部的微调或细节的深化。面对急剧变动中的内外部发展环境与机遇、自身发展趋势与制约等因素，从产业布局、城市空间拓展与重构、推进城市化、生态保护、区域合作等方面深入研究，对城市的发展方向与策略有一个总体把握。从而确定未来五年的建设策略，并借此明确五年的建设目标，指导具体的用地布局与项目安排。

（4）确定近期建设用地范围和布局。一切城市建设与发展均离不开土地，城市土地既是形成城市空间格局的地域要素，又是人类活动及其影响的载体，它的配置与利用方式成为城市综合发展规划的核心内容，适度有序地开发与合理供应土地资源无疑是发挥政府宏观调控职能的关键环节。我国实行土地的社会主义公有制，在市场经济条件下，对土地资源的配置是政府宏观调控城市发展主要的手段。

依据近期建设规划的目标和土地供应年度计划，遵循优化用地结构与城市布局，促进经济发展的原则，确定近期建设用地范围和布局。制订城市近期建设用地总量，明确新增建设用地和利用存量土地的数量；确定城市近期建设中用地的空间分布，重点安排公益性用地（包括城市基础设施、公共服务设施用地、经济适用房、危旧房改造用地），并确定经营性房地产用地的区位和空间布局；提出城市近期建设用地的实施时序，制定实施城市近期建设用地计划的相关政策。

（5）确定重点发展地区，规划和安排重大建设项目。要使政府公共投资真正能够形成合力，发挥乘数效应，拉动经济增长，必须从城市经营角度出发，确定近期城市发展的重点地区；与此同时，要对那些对于城市长远发展具有重大影响的建设项目进行策划和安排。

确定重点发展地区是近期建设规划的工作重点，同时也是体现总体规划效用的重要方面。分散无序的投资方式既形不成规模，又造成同类设施重复建设，经济效益低下。城市近期建设规划的一个重要功能就是要确定城市总体规划实施的先后次序，要保证新建一片，就要建成一片收益一片。

政府投资的重大建设项目，是城市政府通过财政和实体开发建设的手段影响城市开发和城市布局结构的重要方法，城市规划实际上是通过一个个项目的建设逐步实施的。因此，近期建设规划的工作重点，应当是在确定城市建设用地布局的基础上，提出城市近期用地项目和建设项目，明确这些项目的规模、建设方式、投资估算、筹资方式、实施时序等方面的要求。对于那些对城市发展可能造成重大影响的项目，还必须对其开发运作过程、经营方式进行周密的策划和仔细安排，才能避免政府投资失败。

（6）研究规划实施的条件，提出相应的政策建议。近期建设规划本身的性质就应当是城市政策的总体纲要，是关于城市近期发展的政策陈述；近期建设规划的编制，也并非仅仅是城市规划部门的工作，而是政府部门的实际操作，是政府行政和政策的依据，提出规划实施政策应是近期建设规划工作的一项内容。保障规划实施的政策体系，应由人口政策、产业政策、土地政策、交通政策、住房政策、环境政策、城市建设投融资政策和税收政策等组成；另外，根据城市发展中出现的突出问题，还应当制定具体的政策。在规划成果形式上，要以政策陈述为主要内容，所完成的文本应当是城市未来发展过程中所建议的政策框架，图、表等只是这些政策文本的说明。

（7）建立近期建设规划的工作体系。城市规划并非是单靠规划部门来实施的，而是由城市的各个部门来共同运作的，尤其是作为城市总体规划组成部分的近期建设规划，就更加需要依靠社会各个组成要素之间的相互协同作用。要使近期建设规划真正能够发挥对城市建设活动的综合协调功能，必须从以下几个方面努力：将规划成果转化为指导性和操作性很强的政府文件；建立城市建设的项目库并完善规划跟踪机制；建立建设项目审批的协调机制；建立规划执行的责任追究机制；组织编制城市建设的年度计划或规划年度报告。

3. 城市近期建设规划的成果

城市近期建设规划的成果应当包括规划文本、图纸，以及包括相应说明的附件。在规划文本中应当明确表达规划的强制性内容。

(1) 作为总体规划组成部分的近期建设规划成果。作为总体规划组成部分的近期建设规划成果相对简单，一般是明确提出近期实施城市总体规划的发展重点和建设时序。主要包括：依据城市总体规划提出城市发展目标和原则，明确近期实施城市总体规划的发展重点和建设时序，着重解决城市发展中的突出问题，按照集约紧凑的发展模式，逐步实施城市空间结构的调整与产业的整合，完善交通市政基础设施，提升公共服务设施水平，不断改善生态环境，保持良好发展态势。

(2) 独立编制的近期建设规划成果。独立编制的近期建设规划成果包括规划文本、图纸和说明。

1) 文本内容。规划文本是对规划的各项目标和内容提出规定性要求的文件。主要包括以下各项。

①总则：制定规划的目的、依据、原则，规划范围、规划年限等。

②目标与策略：对建设用地规模与结构、建设标准、产业发展、公共设施、交通、市政设施以及生态环境等方面提出具体的目标与对策。

③行动与计划：确定近期重点发展方向与区域，提出具体的土地与设施的规划建设计划。

④政策与措施：制定保障近期建设实施的相关政策与措施。

⑤附则。

2) 说明和图纸

①规划说明是对规划文本的具体解释。附表包括近期建设指标一览表、近期建设用地平衡表、近期新增建设用地结构表、近期新增建设用地时序表、近期重大公共设施项目一览表、近期重大交通设施项目一览表、近期重大市政设施项目一览表。

②规划图纸包括市域城镇布局现状图、城市现状图、市域城镇体系规划图、近期建设规划图、近期道路交通规划图、近期各项专业规划图。图纸比例为：大、中城市为1:10 000～1:25 000，小城市为1:5 000～1:10 000；市（县）域城镇体系规划图的比例由编制部门根据实际需要确定。

5.7 城市总体规划方案的综合评析

5.7.1 评析的原则及方法

1. 针对性

评析开始之前应判断该总体规划项目可能涉及的主要专业领域（是否有市政、交通、经济、环保等专业）以及所处的阶段（是政策研究阶段还是操作实施阶段），以便做到有的放矢，并准确把握评断的重点。

2. 参与性

规划方案无不隐含特定的立场、观点和方法，涉及不同的主体、专业和利益诉求。大多数的规划具有公共政策属性，方案的形成过程既是一个技术过程，也是一个决策过程。因此，在评析过程中，有关各方（政府、专家、业主、公众等）的参与是十分必要的。

3. 衔接性

每个规划不可能孤立存在，它都是城市整个规划政策体系的组成部分，起着承前启后、相互支持呼应的作用。因此，无论规划是在批准实施还是正在编制过程之中，其评析都着重于方案是否与上层次规划、周边地区规划以及其他相关规划进行了充分的衔接。

4. 规范性

评析应遵循一定的行政程序采取逐级评审的方法，不同层级的机构和人员把握不同的重点。通常情况下低层级机构重点把握微观具体操作性的问题，高层级机构重点把握宏观方向原则性的问题。评析所采用的内容与深度标准应符合国家、省、市等各级政府颁布的有关技术标准和规范的规定，尤其是应符合强制性条文的规定。

5.7.2　评析的主要内容及要点

1. 前期调研是否充分，是否符合城市规划编制办法的要求

前期调研所需要搜集的地质、地形、植被、气象等基础资料是否齐全，规划范围、用地红线、用地权属等地籍资料是否齐全，人口、产业、建筑、市政等社会经济数据是否齐全，调研方法是否符合《城市规划编制办法》等国家和地方等技术管理规定的要求。

2. 指导思想是否正确，是否符合城市规划的基本原理

能否体现经济、社会和环境的协调发展，是否体现节约用地，是否符合上层次规划的要求，是否以满足人的基本需求、符合地方特殊条件为出发点，上层次规划、相关规划以及政府批文等依据性资料是否齐全。

3. 分析论证是否可靠，是否符合相关学科的科学要求

对现状问题的解读分析是否全面、中肯，对未来发展趋势的判断是否到位。采用的专业理论是否适用，案例比较是否具有可比性，分析方法是否科学，应用的公式是否适宜，因果分析和论证的逻辑是否连贯。

4. 规划构思是否合理，是否符合国家现行的方针政策

规划构思是方案水平的集中体现。主要包括：目标是否明确；思路是否清晰；理念是否先进；是否符合相关的法律、法规和现行方针政策；是否体现了地方文化特色；功能安排是否合理，空间组织是否系统有序，设计手法是否灵活巧妙；主要问题和矛盾是否化解，解决方案是否恰如其分等。

5. 成果内容是否完整，是否符合有关技术标准和规范

成果是否齐全，一般包括基础资料汇编（或现状调研报告）、文本、图纸和说明书等。内容与深度是否符合委托要求，是否符合有关技术标准和规范。图文表达是否清晰准确，是否符合《城市规划基本术语标准》GB/T 50280—1998 等规范的规定。

6. 编制程序是否准确，规划管理与实施是否可行

规划作为管理实施的直接或间接依据，其可操作性尤其重要。主要评析其编制程序是否符合国家和地方相关制度的规定，政策保障是否符合国家的大政方针，管理措施是否与当地的行政部门及其管理机制紧密结合，建设实施在投融资体系和预算方面是否切实可行，当遇到不确定性因素时是否有调整的弹性。

5.7.3　评析的重点

城市总体规划评析主要是围绕城市总体规划方案中用地布局的有关内容进行。涉及人口、社会、经济、历史、文化、生态、地质、土地利用、道路交通、给排水、电力电信、燃气、环卫、防灾等众多专业。

（1）目标定位。是否与国土规划、区域规划、江河流域规划及上层次城镇体系规划相衔接和协调，是否准确把握了城市在国家或区域经济社会发展中的地位。城市性质的叙述是否能准确体现城市的主要职能，是否能代表城市发展方向。

（2）发展规模。人口规模是否充分考虑了城市经济发展水平、城市化水平以及土地、水资源、能源等环境条件的制约；是否用科学的预测方法进行了必要的研究和论证。用地规模的确定是否从现状用地水平、职能需求及资源条件的实际出发，是否坚持了节约和集约利用土地的原则；是否符合基本农田保护政策和规划建设用地标准等有关规定。

（3）用地布局。居住、公共设施、工业、仓储、对外交通、道路广场、市政公用设施、绿地、特殊用地等各类用地的空间布局是否有利于提高生活质量和环境质量，有利于繁荣经济，有利于交通组织，有利于历史文化、地方特色、自然景观和风景名胜的保护，有利于分期实施和可持续发展。各类建设用地比例的确定是否科学合理，是否有利于协调发展。

（4）基础设施。以道路网络为骨干的综合交通是否构成了良好的体系；城市内部交通是否顺畅、便捷、高效；对外交通是否与区域城镇发展相衔接，符合主要物流和客流的联系方向。水源和能源的供应、垃圾和污水处理、环境治理和保护、防灾和人防、地下空间、重大市政设施选址等是否得到了妥善安排和落实。

（5）空间管制。是否合理划定“三区”（禁止建设、限制建设和适宜建设）的地域范围，并制定空间管制措施。是否合理划定“四线”（绿线、蓝线、紫线和黄线）保护范围，并制定保护重点和保护措施。近期建设的规模、内容、时序、实施步骤和政策措施是否具有可操作性。

5.8 城市总体规划方案实例简介与分析

5.8.1 实例一

1. 项目概况

A市是位于我国东部沿海经济较发达的地区的一个中心城市，城市性质为该市行政、经济、文化中心，是一个以山水风光为特色的风景旅游城市，现状人均用地129m^2，规划城市人口22万人，用地24km^2，其中工业开发区用地9km^2。城市东南侧有高速公路通过，河流两岸各有一个国家级风景区（含保护范围）。试对该规划方案（图5-6）进行综合评析，并提出问题的解决方法。

2. 方案评析

方案中合理之处在于以下几点：

（1）方案中用地功能分区明确，路网结构合理，与周边的山水地形结合较好，充分体现出山水风景为特色的旅游城市特点。

（2）城市布局中充分体现了生活及景观岸线设计概念，充分利用了条件良好的河流岸线为城市创造了较好的城市景观。

（3）方案中结合山丘、地貌及城市设计构思，保留了大量的绿化用地，改善了城市环境并形成独具特色的城市布局。

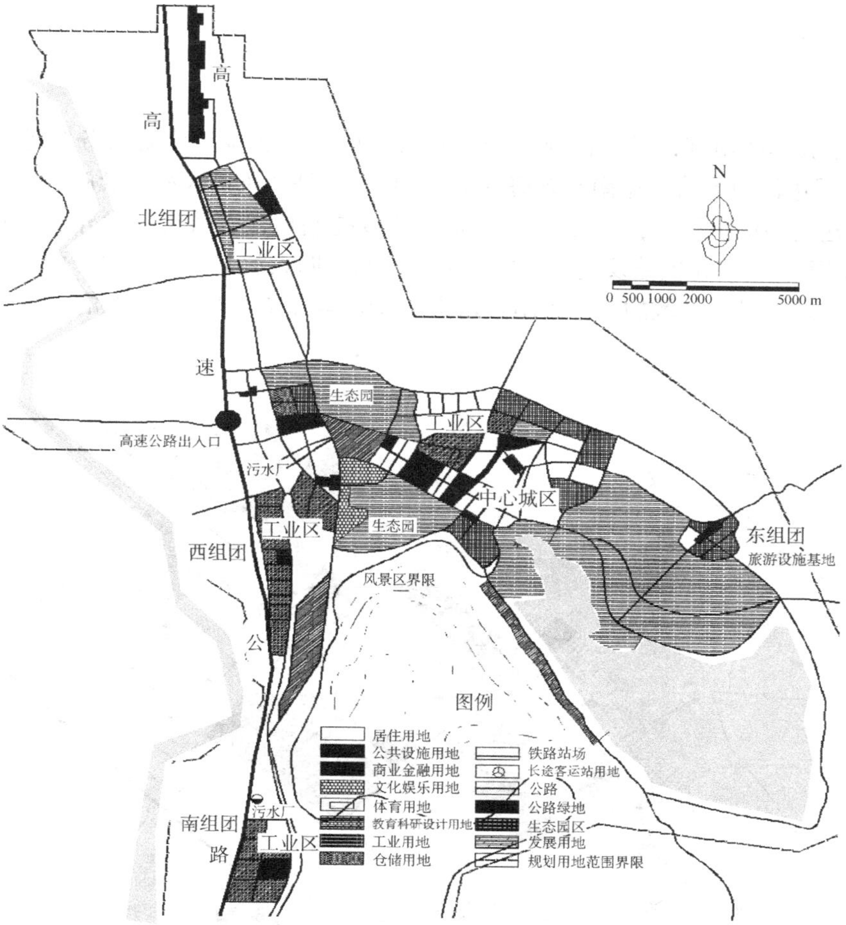

图 5-6　A 城市总体规划用地规划图

方案中存在的主要问题有以下几点：

（1）该城市现状人均用地 129m^2，按照我国《城市用地分类与规划建筑用地标准》，规划人均用地不应超过 105m^2，而规划人口 22 万，城市用地 24km^2，超过用地标准双因子控制的要求。主要原因是开发区规模太大，应减少开发区规模，使城市的人均用地标准低于 104m^2。

（2）城市东南侧有一个风景区，方案中有两块工业用地布置在风景区中，这显然不符合风景区保护及管理要求，严重破坏了风景区的环境，也不符合以山水为特色的风景旅游城市的最基本的布局原则，应该迁出。

（3）220kV 的变电站不应布置在城市中心位置，其出线需要留出较宽的高压走廊，一方面对城市用地和布局产生许多影响，同时严重影响城市景观环境，应根据负荷及电网布局迁到外围合适位置。

（4）在城市中心位置恰好有一条公路穿过城市，尽管留出了很宽的保护绿地，但仍然对城市用地产生很大的分割和干扰，特别是使公路两侧的城市道路联系非常困难，应将公路走线进行调整，可在城市北部外缘通过。

5.8.2 实例二

1. 项目概况

B市位于我国西南部，是中国航天城。省级历史文化名城及旅游服务基地，规划人口50万，城市周边群山起伏，东南有东海（高原湖泊），是个风景区和风景旅游地。根据风景区及生态园建设和保护要求，沿海岸线80米为建设控制地带，城市的对外交通有一条高速公路，108国道、电气化铁路及机场，城市结构呈两片四点放射城市组群，两片是指构成中心区的两片，四点是指分散的四个组团。请指出该方案（图5-7）中存在的问题。

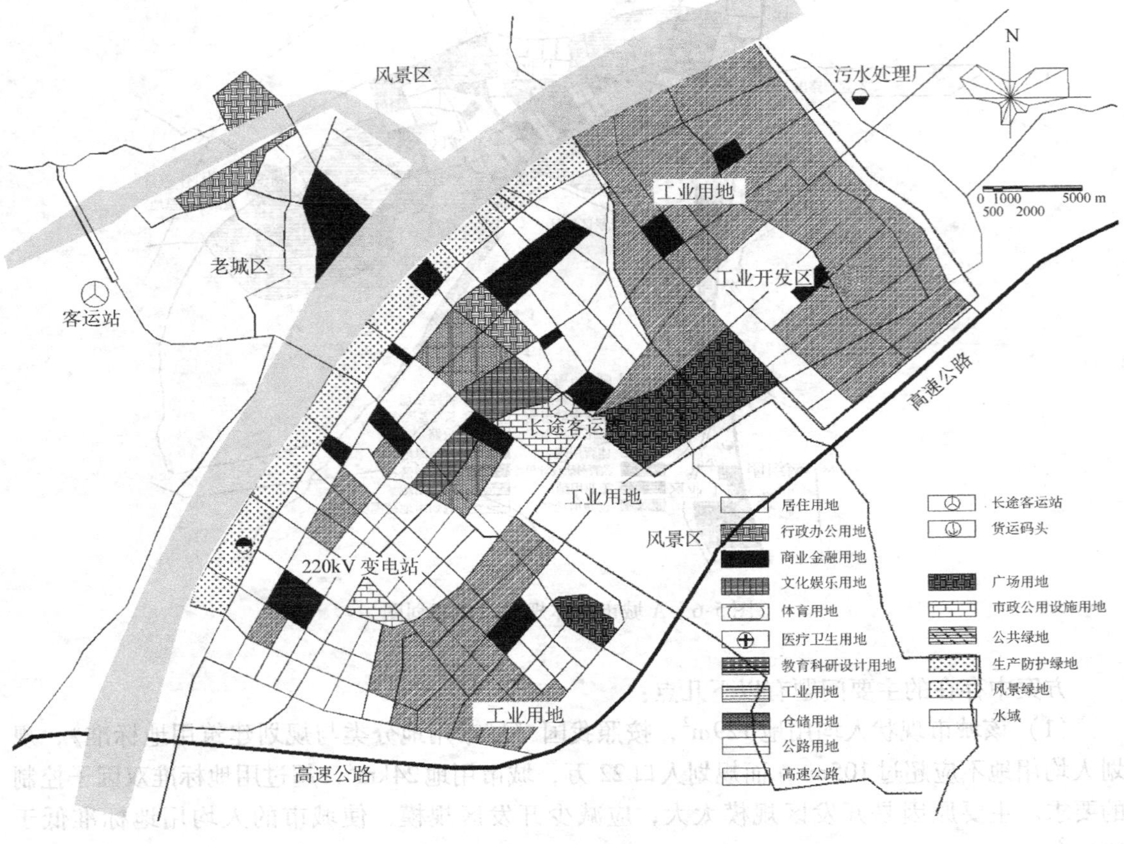

图5-7 B城市总体规划用地规划图

2. 方案评析

方案中存在的主要问题如下：

(1) 根据城市概况，该城市虽然是大城市，对于这样一个人口规模为50万的城市来讲，城市布局呈两片四点放射结构太过于分散，使城市难以形成规模，同时会加大城市基础设施和资金投入，增大城市建设压力，因此应适当集中。

(2) 从方案中发现，沿高速公路的三个组团均布置了工业用地，从表面上看，工业似乎放在了交通非常方便的地方，实际上，高速公路与城市连接的出入口在中心城区西侧，在三个组团并没有出入口，工业运输并不能方便地利用高速公路，同时工业用地布局，过于分散，而且沿高速公路过多的布置工业区，对高速沿线的城市形象不利。

（3）城市中心区不明确，用地过于分散，难以起到带动城市区片发展的作用。作为大城市，并且是我国著名的航天城，城市中心区结构应当清晰，并达到一定的规模。

（4）体育场不应布置在高速公路上出入口位置。

（5）沿东海岸旅游用地及娱乐用地过多，从局部利益看，海滨用地环境好，但开发量过大，及易造成景观的破坏，不利于风景区的景观环境保护和可持续发展，也不符合环境保护控制要求，对滨海岸线的开发利用应进行控制，不可大肆开发占用。特别是应将东海与其北侧生态园之间的旅游及娱乐用地迁走。

（6）在中心城区南，生态园西侧安置了许多工业，对生态园造成污染，这种布局明显不合理，应将工业用地迁走。城市中心区的工业也迁走。

（7）根据城市工业用地布局的基本原则，工业用地应相对集中，不宜过于分散，或将城市包围，本案例中，工业用地布局明显过于分散，且用地过多，对城市环境及景观均会带来不利影响。与历史文化名城及旅游服务基地的城市性质也不相符。

单 元 小 结

本单元主要讲述了城市总体规划纲要、城市总体规划、城市近期建设规划的作用、任务、内容与成果；不同用途的城市用地以及各用地的组成、分类、规模、指标及布置原则与形式；主要城市用地位置及相互关系的确定；城市总体布局方案选择的主要内容及城市总体布局综合评析的原则与方法。本单元主要以城市总体规划项目案例为载体展开教学。在教师的指导下，针对某一城市的现状进行分析研究，提出规划方案并不断完善，提出规划成果。整个过程均作为教学环节，使学生能了解和掌握城市总体规划的全过程。教学过程中采取小组合作和个人成果相结合的方式，共同研究、相互交流、良好协作，使每个学生在掌握城市总体规划知识的同时，培养良好的协作精神，并在教师指导下完成城市总体规划技术文件的编制，包括规划文本、规划说明书和规划图纸等内容。

复习思考题

5-1　简述城市总体规划纲要、城市总体规划、城市近期建设规划的作用、任务、内容与成果。

5-2　简述不同用途的城市用地以及各用地的组成、分类、规模、指标。

5-3　简述主要城市用地的布置原则与形式。

5-4　主要城市用地位置及相互关系如何确定？

5-5　城市总体布局方案选择主要考虑哪些内容？

5-6　简述城市总体布局综合评析的原则与方法。

第 6 单元 城市详细规划

【能力目标】

(1) 具有居住小区、中小型广场、街区等详细规划项目的调研能力。

(2) 具有城市建设项目详细规划方案设计与表达的基本能力。

(3) 掌握编制居住小区、中小型广场、街区等修建性详细规划方案的能力。

【教学建议】

(1) 采用项目教学法，立足于学生实际应用能力的培养，以居住小区、中小型广场、街区等修建性详细规划项目为载体，以学生为主体进行教学活动。以实际的规划设计项目培养学生详细规划设计与表达的职业岗位能力，提高学习兴趣，增强学习的积极性和主动性。

(2) 教学中，安排适量的实践认识与观摩。布置学生进行居住小区、中小型广场、街区等详细规划项目的实地考察与调研。

(3) 理论与实践教学一体化，重点培养学生的设计和绘图能力。

【训练项目】

(1) 居住小区修建性详细规划设计。

(2) 城市街区修建性详细规划设计。

(3) 城市广场修建性详细规划设计。

(4) 控制性详细规划案例分析。

6.1 详细规划的类型、作用和地位

6.1.1 详细规划的类型

详细规划从其作用和内容表达形式上可以大致分为两种类型。一类是以实现规划范围内具体的预定开发建设项目为目标，将各个建筑物的具体用途、体型、外观以及各项城市设施的具体设计作为规划内容，属于开发建设蓝图型的详细规划。该类详细规划多以具体的开发建设项目为导向，我国的修建性详细规划即属于此类型的规划。另一类详细规划并不对规划范围内的任何建筑物做出具体设计，而是对规划范围的土地使用设定较为详细的用途和容量控制，作为该地区建设管理的主要依据，属于开发建设控制型的详细规划。该类详细规划多存在于市场经济环境下的法治社会中，成为协调与城市开发建设相关的利益矛盾的有力工具，通常被赋予较强的法律地位。我国的控制性详细规划即属于此类型的规划。

6.1.2 详细规划的作用

控制性详细规划是城市（镇）总体规划的具体落实，是地方规划行政主管部门依法行

政的依据，可以规范城镇中的开发建设行为，指导修建性详细规划和项目的具体设计。详细规划主要针对城镇中某一地区、街区等局部范围中的未来发展建设，从土地使用、房屋建筑、道路交通、绿化与开敞空间以及基础设施等方面做出统一的安排。详细规划着眼于城镇局部地区，在空间范围上介于整个城镇与单体建筑物之间，因此其规划内容通常依据城镇总体规划等上一层次规划的要求，对规划范围中的各个地块以及单体建筑物做出具体的规划设计或提出规划设计要求。

6.1.3　详细规划的地位

城市规划、镇规划分为总体规划和详细规划两个阶段，详细规划又分为控制性详细规划和修建性详细规划。

控制性详细规划是法定规划。在我国的规划体系中，控制性详细规划是城市总体规划与建设实施之间（包括修建性详细规划和具体建设设计）从战略性控制到实施性控制的编制层次。控制性详细规划通过实现总体规划意图、并对建设实施起到具体指导作用，从而成为城市规划主管部门依法行政的依据。

6.2　控制性详细规划的内容和编制方法

6.2.1　控制性详细规划的内容

（1）确定规划范围内不同性质用地的界线，确定各类用地内适建、不适建或者有条件允许建设的建筑类型。

（2）确定各地块建筑高度、建筑密度、容积率、绿地率等控制指标；确定公共设施配套要求、交通出入口方位、停车泊位、建筑后退红线距离等要求。

（3）提出各地块的建筑体量、体型、色彩等城市设计指导原则。

（4）根据交通需求分析，确定地块出入口位置、停车泊位、公共交通场站用地范围和站点位置、步行交通以及其他交通设施。规定各级道路的红线、断面、交叉口形式及渠化措施、控制点坐标和标高。

（5）根据规划建设容量，确定市政工程管线位置、管径和工程设施的用地界线，进行管线综合。确定地下空间开发利用具体要求。

（6）制定相应的土地使用与建筑管理规定。

6.2.2　控制性详细规划的编制方法

1. 控制性详细规划编制的工作步骤

控制性详细规划的编制通常划分为现状分析研究、规划研究、控制研究和成果编制四个阶段，可以概括为如下四个工作步骤。

（1）现状调研与前期研究。现状调研与前期研究包括上一层次规划即城市（镇）总体规划或分区规划对控规的要求，其他非法定规划提出的相关要求等。还应该包括各类专项研究，如城市设计研究、土地经济研究、交通影响研究、市政设施、公共服务设施、文物古迹保护、生态环境保护等，研究成果应该作为编制控制性详细规划的依据。在《城市规划编制办法》中规定，控制性详细规划成果应包括基础资料和研究报告等内容，其目的是为了在规划实施管理及以后的规划调整时，能对当时规划编制的背景资料有深入的了解，并作为规划弹性控制和规划调整动态管理的依据。

1）基础资料搜集的基本内容

①已经批准的城市（镇）总体规划、分区规划的技术文件及相关规划成果。

②地方法规、规划范围已经编制完成的各类详细规划及专项规划的技术文件。

③准确反映近期现状的地形图（1:1 000～1:2 000）。

④规划范围现状人口详细资料，包括人口密度、人口分布、人口构成等；土地使用现状资料（1:1 000～1:2 000），规划范围及周边用地情况，土地产权与地籍资料，包括城市中划拨用地、已批在建用地等资料，现有重要公共设施、城市基础设施、重要企事业单位、历史保护、风景名胜等资料。

⑤道路交通（道路定线、交通设施、交通流量调查、公共交通、步行交通等）现状资料及相关规划资料。

⑥市政工程管线（市政源点、现状管网、路由等）现状资料及相关规划资料；公共安全及地下空间利用现状资料。

⑦建筑现状（各类建筑类型与分布、建筑面积、密度、质量、层数、性质、体量以及建筑特色等）资料。

⑧土地经济（土地级差、地价等级、开发方式、房地产指数）等现状资料。

⑨其他相关（城市环境、自然条件、历史人文、地质灾害等）现状资料。

2）分析研究的基本要求与内容。在详尽的现状调研基础上，梳理地区现状特征和规划建设情况，发现存在问题并分析其成因，提出解决问题的思路和相关规划建议。从内因、外因两方面分析地区发展的优势条件与制约因素，分析可能存在的威胁与机遇。对现有重要城市公共设施、基础设施、重要企事业单位等用地进行分析论证，提出可能的规划调整动因、机会和方式。

基本分析内容应包括：区位分析、人口分布与密度分析、用地现状分析、建筑现状分析、交通条件与影响分析、城市设计系统分析、现状场地要素分析、土地经济分析等，根据规划地区的建设特点可适当增减分析内容，并根据地方实际需求，在必要的条件下针对重点内容进行专题研究。

(2) 规划方案与用地划分。通过深化研究和综合，对编制范围的功能布局、规划结构、公共设施、道路交通、历史文化环境、建筑空间体型环境、绿地景观系统、城市设计以及市政工程等方面，依据规划原理和相关专业设计要求做出统筹安排，形成规划方案。将城市（镇）总体规划或分区规划思路具体落实，并在不破坏总体系统的情况下做出适当的调整，成为控制性详细规划的总体性控制内容和控制要求。

在规划方案的基础上进行用地细分，一般细分到地块，成为控制性详细规划实施具体控制的基本单位。地块划分考虑用地现状、产权划分和土地使用调整意向、专业规划要求，如城市“五线”（即道路红线、绿地绿线、河湖蓝线、保护紫线、设施黄线）、开发模式、土地价值区位级差、自然或人为边界、行政管辖界限等因素，根据用地功能性质不同、用地产权或使用权边界的区别等进行划分。经过划分后的地块是制定控制性详细规划技术文件的载体。

用地细分应根据地块区位条件，综合考虑地方实际开发运作方式，对不同性质与权属的用地提出细分标准，原则上细分后的用地应作为城市开发建设的基本控制地块，不允许无限细分。

用地细分应适应市场经济的需要，适应单元开发和成片建设等形式，可进行弹性合并。用地细分应与规划控制指标刚性链接，具有相当的针对性，同时提出控制指标做相应调整的要求，以适应地块合并或改变时的弹性管理需要。

（3）指标体系与指标确定。依据规划编制办法，选取符合规划要求和规划意图的若干规划控制指标组成综合指标体系，并根据研究分析分别赋值。综合控制指标体系是控制性详细规划编制的核心内容之一。综合控制指标体系中必须包括编制办法中规定的强制性内容。

指标确定一般采用四种方法：测算法——由研究计算得出；标准法——根据规范和经验确定；类比法——借鉴同类型城市和地段的相关案例比较总结；反算法——通过试做修建规划和形体设想方案估算。指标确定的方法依实际情况决定，也可采用多种方法相互印证。基本原则是先确定基本控制指标，再进一步确定其他指标。

（4）成果编制。按照编制办法的相关规定编制规划图纸、分图控制图则、文本和管理技术规定，形成规划成果。

2. 控制性详细规划的控制方式

在编制控制性详细规划中可针对具体建设情况采取不同的控制手段和方式。

（1）指标量化。指标量化控制是指通过一系列控制指标对用地的开发建设进行定量控制，如容积率、建筑密度、建筑高度、绿地率等。这种方法适用于城市一般建设用地的规划控制。量化指标应有一定的依据，采用科学的量化方法。

（2）条文规定。条文规定是通过对控制要素和实施要求的阐述，对建设用地实行的定性或定量控制，如用地性质、土地使用相容性和一些规划要求说明等。这种方法适用于规划用地的使用说明，开发建设的系统性控制要求以及规划地段的特殊要求。

（3）图则标定。图则标定是在规划图纸上通过一系列的控制线和控制点对用地、设施和建设要求进行的定位控制。如用地边界、“五线”、建筑后退红线、控制点以及控制范围等。这种方法适用于对规划建设提出具体的定位控制。

（4）城市设计引导。城市设计引导是通过一系列指导性的综合设计要求和建议，甚至具体的形体空间设计示意，为开发控制提供管理准则和设计框架，如建筑色彩、形式、体量、空间组合以及建筑轮廓线示意图等。这种方法宜于在城市重要的景观地带和历史保护地带，为获得高质量的城市空间环境和保护城市特色时采用。

（5）规定性与指导性。控制性详细规划的控制内容分为规定性和指导性两大类。规定性是在实施规划控制和管理时必须遵守执行的，体现为一定的“刚性”原则，如用地界限、用地性质、建筑密度、限高、容积率、绿地率、配建设施等。指导性内容是在实施规划控制和管理时需要参照执行的内容。这部分内容多为引导性和建议性，体现为一定的弹性和灵活性，如人口容量、城市设计引导等内容。

规定性指标与引导性指标不是绝对的，应根据城市特色、地方传统、规划范围的实际情况、规划控制重点等因素灵活确定。

6.2.3 控制性详细规划的指标体系

控制性详细规划的核心内容就是控制指标体系的确定，包括控制内容和控制方法两个层面。如表6-1所示，根据规划编制办法、规划管理需要和现行的规划控制实践，控制指标体系包括土地使用、建筑建造、配套设施控制、行为活动、其他控制要求五个方面的内容。

在编制控制性详细规划时，规划控制指标的选取，以及确定哪些是规定性指标，哪些是指导性指标，应该根据具体控制需要确定。对于不同城市，不同用地功能、不同的地段，指标体系的选择也应该有所不同。

表 6-1 控制性详细规划的控制体系与要素表

规划控制指标体系	土地使用	土地使用控制	用地性质	规划控制指标体系	配套设施控制	公共设施配套	教育设施
			用地边界				医疗卫生设施
			用地面积				商业服务设施
			土地使用兼容性				行政办公设施
		使用强度控制	容积率				文娱体育设施
			建筑密度				附属设施
			居住密度		行为活动	交通活动控制	车行交通组织
			绿地率				步行交通组织
	建筑建造	建筑建造控制	建筑高度				公共交通组织
			建筑后退				配建停车位
			建筑间距				其他交通设施
		城市设计引导	建筑体量			环境保护规定	噪声震动等允许标准值
			建筑色彩				水污染允许排放量
			建筑形式				水污染允许排放浓度
			历史保护				废气污染允许排放量
			景观风貌要求				固体废弃物控制
			建筑空间组合		其他控制要求		历史保护
			建筑小品设置				五线控制
	配套设施控制	市政设施配套	给水设施				竖向设计
			排水设施				地下空间利用
			供电设施				奖励与补偿
			其他设施				

1. 土地使用

（1）土地使用控制。土地使用控制是对建设用地的建设内容、位置、面积和边界范围等方面做出的规定。其具体控制内容包括用地性质、土地使用兼容性、用地边界和用地面积等的控制。

1）用地性质控制。用地性质控制是对地块主要使用功能和属性的控制。用地性质采用代码方式标注，一般应参考《城市用地分类与规划建设用地标准》（GBJ137—90）的分类方式和代码。在规划实践中，国内许多城市根据国标，结合自身特点提出了具有实际操作意义的、适应地方控制性详细规划和管理需要的分类标准。

2）土地使用兼容控制。土地使用兼容控制是确定地块主导属性后，在其中规定可以兼容、有条件兼容、不允许兼容的设施类型。一般通过用地与建筑兼容表实施控制。

3）用地边界控制。用地边界控制即用地红线，是对地块界限的控制，具有单一用地性质，应充分考虑产权界限的关系。用地边界是土地开发建设与有偿使用的权属界限，是一系列规划控制指标的基础。

4）用地面积控制。用地面积控制是规划地块用地边界内的平面投影面积。

（2）使用强度控制。使用强度控制是为了保证良好的城市环境质量，对建设用地能够容纳的建设量和人口聚集量做出的规定。其控制指标一般包括容积率、建筑密度、人口密度、绿地率等。

①容积率。容积率是控制地块开发强度的一项重要指标，其计算方法是地块内建筑总面积与地块用地面积的比值，英文缩写 FAR。地块容积率一般采取上限控制的方式。

②建筑密度。建筑密度是控制地块建设容量与环境质量的重要指标，其计算方法是地块内所有建筑基底面积与地块用地面积的百分比。地块建筑密度一般采取上限控制的方式，必要时可采用下限控制方式，以保证土地集约使用的要求。

③人口密度。人口密度是单位居住用地上容纳的人口数。其计算方法是总居住人口数与地块面积的比率，单位：人/hm^2。也常采用人口总量的控制方法。人口密度的控制是衡量城市居住环境品质的一项重要指标。

④绿地率。绿地率是衡量地块环境质量的重要指标，其计算方法是地块内各类绿地面积总和与地块用地面积的百分比。绿地率一般采用下限指标的控制方式。

2. 建筑建造

（1）建筑建造控制。建筑建造控制是为了满足生产、生活的良好环境条件，对建设用地上的建筑物布置和建筑物之间的群体关系做出必要的技术规定。其主要控制内容有建筑高度、建筑退界、建筑间距等的控制。

①建筑高度控制。建筑高度控制指地块内建筑地面以上的最大高度限制，也称建筑限高。建筑高度的限定应综合考虑地块区位、用地性质、建筑密度、建筑间距、容积率、绿地率、历史保护、城市设计要求、环境要求等因素，并保证公平、公正。建筑限高重点考虑城市景观效果、建筑体形效果之间的关系，保证其可操作性。

②建筑退界。建筑退界指建筑控制线与规划地块边界之间的距离。建筑控制线指建筑主体不应超越的控制线。建筑退界的确定应综合考虑不同道路等级、相邻地块性质、建筑间距要求、历史保护、城市设计与空间景观要求、公共空间控制要求等因素。建筑退界指标的意义在于避免城市建设中建设过于拥挤与混乱，保证必要的安全距离和救灾、疏散通道，保证良好的城市空间和景观环境，预留必要的人行活动空间、交通空间、工程管线布置空间和建设缓冲空间。

③建筑间距控制。建筑间距控制是指地块内建（构）筑物之间以及与周边建（构）筑物之间的水平距离要求。日照标准、防火间距、历史文化保护要求、建筑设计相关规范等一般应作为建筑间距确定的直接依据。

（2）城市设计引导。城市设计引导内容在多数情况下是属于建议性、引导性内容，具有相当的弹性与灵活性，但它们对于保持城市特色风貌、塑造良好的城市空间与城市景观、提高城市建设水平与综合环境品质具有积极重要的作用。城市设计引导内容一般包括对建筑体量、形式、色彩、空间组合、建筑小品和其他环境控制要求等内容。

1）建筑体量控制。建筑体量控制指对建筑在空间上的体积，包括建筑的横向尺度、竖向尺度和建筑形体控制等方面，一般采取建筑面宽、平面与立面对角线尺寸、建筑体形比例等提出相应的控制要求和控制指标。

2）建筑形式控制。建筑形式控制指对建筑风格和外在形象的控制。不同的城市和地段由于不同自然环境、历史文化特征将具有不同的建筑风格与形式；应根据城市特色、具体地段的环境风貌要求、整体风貌的协调性等对建筑形式与风格进行相应的控制与引导。

3）建筑色彩控制。建筑色彩控制指对建（构）筑物色彩提出的相关控制要求。建筑色彩与人的感知有关，是城市风貌地方特色保持与延续、体现城市设计意图的一项重要控制内容。一般是从色调、明度与彩度、基调与主色、墙面与屋顶颜色等方面进行控制与引导。

4）空间组合控制。空间组合控制是指对建筑群体环境做出的控制与引导，即对由建筑实体围合成的城市空间环境及周边其他环境要求提出的控制引导原则。一般通过对建筑空间组合形式、开敞空间和街道空间尺度、整体空间形态等提出具体的控制要求。

5）建筑小品控制。建筑小品控制指对建设用地中建筑绿化小品、广告、标识、街道家具等提出的控制引导要求。该内容一般仅针对城市中心区、重点地段和公共空间提出，而不是涉及城市中的每一个街区和地块。

3. 设施配套

配套设施控制是对居住、商业、工业、仓储、交通等用地上的公共设施和市政配套设施提出的定量、定位的配置要求，是城市生产、生活正常进行的基础，是对公共利益的有效维护与保障。一般包括公共设施配套和市政公用设施配套两部分内容。

公共设施配套控制指城市中各类公共服务设施配建要求，主要包括需要政府提供配套建设的公益性设施。公共服务设施配套要求应综合考虑区位条件、功能结构布局、居住区布局、人口容量等因素，按国家相关规范与标准进行配置。

城市的各项市政设施系统为城市生产、生活等社会经济活动提供基础保证，市政设施配套的控制同样具有公共利益保障与维护的重要意义。市政设施一般都为公益性设施，包括给水、污水、雨水、电力、电信、供热、燃气、环保、环卫、防灾等多项内容。规划控制一般应包括各级市政源点位置、路由和走廊控制等，提出相关的建设规模、标准和服务半径，并进行管网综合。

4. 行为活动

行为活动控制是对建设用地内外的各项活动、生产、生活行为等外部环境影响提出的控制要求，主要包括交通活动控制和环境保护规定两个方面。

(1) 交通活动控制。交通活动的控制在于维护正常的交通秩序，保证交通组织的空间，主要内容包括车行交通组织、步行交通组织、公共交通组织、配建停车位和其他交通设施控制（如社会停车场、加油站）等内容。交通组织要求应符合国家和地方的相关规范与标准。

1）车行交通组织。车行交通组织是对街坊或地块提出的车行交通组织要求。一般通过出入口数量与位置、禁止开口地段、交叉口展宽与渠化、装卸场地规定等方式提出控制要求。

2）步行交通组织。步行交通组织是对街坊或地块提出的步行交通组织要求。一般包括步行交通流线组织、步行设施（人行天桥、连廊、地下人行通道、盲道、无障碍设计）位置、接口与要求等内容。

3）公共交通组织。公共交通组织是对街坊或地块提出的公共交通组织要求。一般应包括公交场站位置、公交站点布局与公交渠化等内容。公交组织要求应满足公交专项规划的要求。

4）配建停车位。配建停车位是对地块配建停车位数量的控制。配建停车位的配置标准应符合地方的相关配套标准，没有地方标准的应参照相关国家规范与标准。配建停车位一般采取下限控制方式。

（2）环境保护规定。环境保护控制是通过限定污染物的排放标准，防治在生产建设或其他活动中产生的废气、废水、废渣、粉尘、有毒（害）气体、放射性物质，以及噪声、震动、电磁辐射等对环境的污染和侵害，达到环境保护的目的。环境保护规定主要依据总体规划、环境保护规划、环境区划或相关专项规划，结合地方环保部门的具体要求制定。在国内的相关规划实践中还需要给予关注和技术性探索。

5. 其他控制要求

（1）根据相关规划（历史保护规划、风景名胜区规划）落实相关规划控制要求。

（2）根据国家与地方的相关规范与标准落实“五线”控制范围与控制要求。

（3）竖向设计应包括道路竖向和场地竖向两部分内容，道路竖向应明确道路控制点坐标、标高以及道路交通设施的空间关系等。场地竖向应提出建议性的地块基准标高与平均标高，对于地形复杂区域可采取建议等高线的形式提出竖向控制要求。

（4）根据城市安全、综合防灾、地下空间综合利用规划提出地下空间开发建设建议和开发控制要求。

（5）相关奖励与补偿的引导控制要求。根据实际规划管理与控制需要，对于老城区、附加控制与引导条件的城市地段，为公共资源的有效供给所采用的引导性措施。任何奖励可能带来对建筑环境的影响，因此控制性详细规划中应慎重对待奖励。

6.3　控制性详细规划的成果要求

6.3.1　规划成果内容

控制性详细规划成果应当包括规划文本、图件和附件。图件由图纸和图则两部分组成，附件包括规划说明、基础资料和研究报告。

6.3.2　深度要求

（1）深化和细化城市（镇）总体规划，将规划意图与规划指标分解落实到街坊地块的控制引导之中，保证城镇规划系统控制的要求。

（2）控制性详细规划在进行项目开发建设行为的控制引导时，将控制条件、控制指标以及具体的控制引导要求落实到相应的开发地块上，作为土地租让、招投标的条件。

（3）所规定的控制指标和各项控制要求可以为具体项目的修建性详细规划、具体的建筑设计或景观设计等个案建设提供规划设计条件。

控制性详细规划的内容与深度应结合地方的实际情况和管理需要，编制成果并非越深越细越好，而是应该有针对性适度控制，成果表达应力求简洁明了，避免出现主观盲目的深化与细化，应为开发建设行为、修建性详细规划和具体设计提供一定选择与拓展空间。因此，控制性详细规划的深度应以是否具有规划依据为准绳，有充分依据的该细化就应该细化。对于不同的城市（镇）以及城市（镇）中的不同地段，不必强求规划深度的统一。

6.3.3 规划文本内容与深度要求

1. 总则

总则主要阐明制定规划的依据、原则、适用范围、主管部门与管理权限等。

（1）编制目的。简要说明规划编制的目的，规划的背景情况以及编制的必要性和重要性，明确经济、社会、环境目标。

（2）规划依据与原则。简要说明与规划相关的上层次规划、法律、法规、行政规章、政府文件和相关技术规定。提出规划的原则，明确规划的指导思想、技术手段和价值取向。

（3）规划范围与概况。简要说明规划自然地理边界、规划面积、现状区位条件、形状自然、人文、景观、建设等条件以及对规划产生重大影响的基本情况。

（4）适用范围。简要说明规划控制的适用范围，说明在规划范围内哪些行为活动需要遵循本规划。

（5）主管部门与管理权限。明确在规划实施过程中，执行规划的行政主体，并简要说明管理权限以及管理内容。

2. 土地使用和建筑规划管理通则

（1）用地分类标准、原则与说明。规定土地使用的分类标准，一般按《城市建设用地分类与规划建设用地标准》（GBJ137—90）说明规划范围中的用地类型，并阐明哪些细分到中类、哪些细分至小类，新的用地类型或细分小类应加以说明。

（2）用地细分标准、原则与说明。对规划范围内用地细分标准与原则进行说明，其内容包括划分层次、用地编码系统、细分街坊与地块的原则，不同用地性质和使用功能的地块规模大小标准等。

（3）控制指标系统说明。阐述在规划控制中采用哪些控制指标，区分规定性指标和引导性指标。说明控制方法、控制手段以及控制指标的一般性通则规定或赋值标准。

（4）各类使用性质用地的一般控制要求。阐明规划用地结构与规划布局，各类用地的功能分布特征；用地与建筑兼容性规定及适建要求；混合使用方式与控制要求；建设容量（容积率、建筑面积、建筑密度、绿地率、空地率、人口容量等）一般控制原则与要求；建筑建造（建筑间距、后退红线、建筑高度、体量、形式、色彩等）一般控制原则与要求。

（5）道路交通系统的一般控制规定。明确道路交通规划系统与规划结构、道路等级标准，提出一般控制原则与要求（道路红线、交通设施、车行、步行、公交、交通渠化、配建停车等）。

（6）配套设施的一般控制规定。明确公共设施系统、各市政工程设施系统（给水、排水、供电、电信、燃气供热等）的规划布局与结构，设施类型与等级，提出公共服务设施配套要求，市政工程设施配套要求及一般管理规定；提出城市环境保护、城市防灾（公共安全、抗震、防火、防洪等）、环境卫生等设施的控制内容以及一般管理规定。

（7）其他通用性规定。规划范围内的“五线”的控制内容、控制方式、控制标准以及一般管理规定；历史文化保护要求及一般管理规定；竖向设计原则、方法、标准以及一般性管理规定；地下空间利用要求及一般管理规定；根据实际情况和规划管理需要提出的其他通用性规定。

3. 城市设计引导

（1）城市设计系统控制。根据城市设计研究，提出城市设计总体构思、整体结构框架，落实上层次规划的相关控制内容；阐明规划格局、城市风貌特征、城市景观、城市设计系统控制的相关要求和一般性管理规定。

（2）具体控制与引导要求。根据片区特征、历史文化背景和空间景观特点，对城市广场、绿地、滨水空间、街道、城市轮廓线、景观视廊、标志性建筑、夜景、标识等空间环境要素提出相关控制引导原则与管理规定；提出各功能空间（商业、办公、居住、工业）的景观风貌控制引导原则与管理规定。

4. 关于规划调整的相关规定

调整范畴：明确界定规划调整的含义范畴，规定调整的类型、等级、内容区分与相关的调整方式。

调整程序：明确规定不同的调整内容需要履行的相关程序，一般应包括规划的定期或不定期检讨、规划调整申请、论证、公众参与、审批、执行等程序性规定。

调整的技术规范：明确规划调整的内容、必要性、可行性论证、技术成果深度、与原规划的承接关系等技术方法、技术手段以及所采用的技术标准。

5. 奖励与补偿的相关措施与规定

奖励与补偿规定：对老城区公共资源缺乏的地段，以及有特殊附加控制与引导内容的地区，提出规划控制与奖励的原则、标准和相关管理规定。

6. 附则

（1）阐明规划成果组成、使用方式、规划生效、解释权、相关名词解释等。

规划成果组成与使用方式：说明规划成果的组成部分、规划成果的内容之间的关系。

（2）阐明如何使用、查询方法与法律效力等内容。

规划生效与解释权：说明规划成果在何种条件下以及何时生效，在实施过程中，对于具体问题的协调解释的执行主体。

相关名词解释：对控制性详细规划文本中所使用的名词、技术术语、概念术语等内容给出简明扼要的定义、内涵、使用方式等方面的必要的解释。

7. 附表

一般应包括《用地分类一览表》、《现状与规划用地平衡表》、《土地使用兼容控制表》、《地块控制指标一览表》、《公共服务设施规划控制表》、《市政公用设施规划控制表》、《各类用地与设施规划建筑面积汇总表》以及其他控制与引导内容或执行标准的控制表。

6.3.4　规划图纸内容与深度要求

1. 规划图纸

1）位置图（比例不限）：反映规划范围及位置，与城市重要功能片区、组团之间的区位关系，周围城市道路走向，毗邻用地关系等。

2）用地现状图（1∶2 000～1∶5 000）：标明自然地貌、各类用地范围和产权界限、用地性质、现状建筑质量等内容。

3）土地使用规划图：（1:2 000～1:5 000）标明各类用地细分边界、用地性质等内容。土地使用规划图应与用地现状图比例一致。

4）道路交通规划图：（1:2 000～1:5 000）标明规划范围内道路分组系统、内外道路衔接、道路断面、交通设施、公交系统、步行系统、交通流线组织、交通渠化、主要控制点坐标、标高等内容。

5）绿地景观规划图：（1:2 000～1:5 000）标明不同等级和功能的绿地、开敞空间、公共空间、视廊、景观节点、特色风貌区、景观边界、地标、景观要素控制等内容。

6）各项工程管线规划图：（1:2 000～1:5 000）标明各类市政工程设施源点、管线布置、管径、路由走廊、管网平面综合与竖向综合等内容。

7）其他相关规划图：（1:2 000～1:5 000）根据具体项目要求和控制必要性，可增加绘制其他相关规划图，如开发强度区划图、建筑高度区划图、历史保护规划图、竖向规划图、地下空间利用规划图等。

2. 规划图则

（1）用地编码图：（1:2 000～1:5 000）标明各片区、单元、街区、街坊、地块的划分界限，并编制统一的可以与周边地段衔接的用地编码系统。

（2）总图则：（1:2 000～1:5000）各项控制要求汇总图，一般应包括地块控制总图则、设施控制总图则、"五线"控制总图则。总图则应重点体现控制性详细规划的强制性内容。

1）地块控制总图则：标明规划范围内务类用地的边界，并标明每个地块的主要控制指标。需标明的控制指标一般应包括用地编号、用地性质代码、用地面积、容积率、建筑密度、建筑限高、绿地率等强制性内容。

2）设施控制总图则：应标明各类公益性公共服务设施、市政工程设施、交通设施的位置、界限或布点等内容。

3）"五线"控制总图则：根据国家和地方相关规范与标准绘制红线、绿线、紫线、蓝线、黄线等控制界限总图。

（3）分图图则：（1:500～1:2 000）规划范围内针对街坊或地块分别绘制的规划控制图则，应全面系统地反映规划控制内容，并明确区分强制性内容。

分图图则的图幅大小、格式、内容深度、表达方式应尽量保持一致。根据表达内容的多少，可将控制内容分类整理形成多幅图则的表达方式，一般可分为用地控制分图则、城市设计指引分图则。

6.3.5 附件的内容与深度要求

1. 规划说明书

说明对规划背景、规划依据原则与指导思想、工作方法与技术路线、现状分析与结论、规划构思、规划设计要点、规划实施建议等内容做系统详尽的阐述。

2. 相关专题研究报告

针对规划重点问题、重点区段、重点专项进行必要的专题分析，提出解决问题的思路、方法和建议，并形成专题研究报告。

3. 相关分析图纸

规划分析、构思、设计过程中必要的分析图纸，比例不限。

4. 基础资料汇编

规划编制过程中所采用的基础资料整理与汇总。

6.3.6 控制性详细规划强制性内容

根据建设部《城市规划强制性内容暂行规定》，所称强制性内容，是指省域城镇体系规划、城市总体规划、城市详细规划中涉及区域协调发展、资源利用、环境保护、风景名胜资源管理、自然与文化遗产保护、公众利益和公共安全等方面的内容。城市规划强制性内容是对城市规划实施进行监督检查的基本依据。

调整详细规划强制性内容的，城乡规划行政主管部门必须就调整的必要性组织论证，其中直接涉及公众权益的，应当进行公示。调整后的详细规划必须依法重新审批后方可执行。历史文化保护区详细规划强制性内容原则上不得调整。因保护工作的特殊要求确需调整的，必须组织专家进行论证，并依法重新组织编制和审批。

违反城市规划强制性内容进行建设的，应当按照严重影响城市规划的行为，依法进行查处。城市人民政府及其行政主管部门擅自调整城市规划强制性内容，必须承担相应的行政责任。2006 年 4 月 1 日颁布实施的《城市规划编制办法》第四十二条明确规定，控制性详细规划确定的规划地段地块的土地用途、容积率、建筑高度、建筑密度、绿化率、公共绿地面积、规划地段基础设施和公共服务设施配套建设的规定等应当作为强制性内容。

6.4 修建性详细规划

相对于控制性详细规划侧重于对城市开发建设活动的管理与控制，修建性详细规划则侧重于具体开发建设项目的安排和直观表达，同时也受控制性详细规划的控制和指导。相对于城市设计强调方法的运用和创新，修建性详细规划则更注重实施的技术经济条件及其具体的工程施工设计。

6.4.1 修建性详细规划的内容

1. 修建性详细规划的特点

（1）以具体、详细的建设项目为依据，实施性较强。修建性详细规划通常以具体、详细的开发建设项目策划以及可行性研究为依据，按照拟定的各种建筑物的功能和面积要求，将其落实到具体的城市空间中。

（2）通过形象的方式表达城市空间与环境。修建性详细规划一般采用模型、透视图等形象的表达手段将规划范围内的道路、广场、绿地、建筑物、小品等物质空间构成要素综合地表现出来，具有直观、形象的特点。

（3）多元化的编制主体。修建性详细规划的编制主体不仅限于城市政府，根据开发建设项目主体的不同而异，也可以是开发商或者是拥有土地使用权的业主。

2. 修建性详细规划的编制内容

（1）建设条件分析及综合技术经济论证

1）地形条件分析：对场地的高度、坡度、坡向进行分析，选择可建设用地、研究地形变化对用地布局、道路选线、景观设计的影响。

2）地貌分析：分析可保留的自然（河流、植被、动物栖息场所等）、人工（建筑、构筑物）及人文（人群活动场所、文物古迹、文化传统）要素、重要景观点、界面及视线要素。

3）场地现状建筑情况分析：调查建筑建设年代、建筑质量、建筑高度、建设风格，提出建筑保留、整治、改造、拆除的建议。

4）城市发展研究：对城市经济社会发展水平、影响规划场地开发的城市建设因素、市民生活习惯及行为意愿等进行调研。

5）区位条件分析：规划场地的区位和功能、交通条件、公共设施配套状况、市政设施服务水平、周边环境景观要素等。

（2）建筑、道路和绿地等的空间布局和景观规划设计，布置总平面图

1）建筑布局：设计及布置场地内建筑，合理有效地组织室内外空间；建筑平面形式应与其使用性质相适应，符合建筑设计的基本尺度特点；规划总平面布局应满足人流、车辆进出要求，符合卫生、消防等国家规范要求。

2）建筑高度及体量设计：确定建筑高度、建筑体量，塑造整体空间形象，保证视线走廊，突出景观标志。

3）建筑立面及风格设计：对建筑立面及风格提出设计建议，应与地方文化及周边环境相协调。

4）绿地平面设计：根据功能布局、规范要求、空间环境组织及景观设计的需要，确定绿地系统，并规划设计相应规模的绿地。

5）绿化设计：通过对乔木、灌木、草坪等绿化元素的合理设计，达到改善环境、美化空间景观形象的作用。

6）植物配置：提出植物配置建议并应具有地方特色。

7）室外活动场地平面设计：规划组织广场空间，包括休息场地、步行通道等人流活动空间，确定建筑小品位置等。

8）城市硬质景观设计：对室外铺装、坐椅、路灯等室外家具、室外广告等进行设计。

9）夜景及灯光设计：对夜景色彩、照度进行整体设计。

（3）对住宅、医院、学校和托幼等建筑进行日照分析。对场地内的住宅、医院、学校和幼托等建筑进行日照分析，满足国家标准和地方标准要求；对周边受本规划建筑物日照影响的住宅、医院、学校和幼托等建筑进行日照分析，满足国家标准和地方标准要求。

（4）根据交通影响分析，提出交通组织方案和设计。合理解决规划场地内部机动车及非机动车交通；基地内各级道路的平面及断面设计；根据有关规定合理配置地面和地下的停车空间；进行无障碍通路的规划安排，满足残障人士出行要求。

（5）市政工程管线规划设计和管线综合。其具体工作内容应当符合各有关专业的要求。

（6）竖向规划设计。竖向设计应本着充分结合原有地形地貌，尽量减少土方工程量的原则；道路竖向设计宜满足行车、行人、排水及工程管线的设计要求；场地竖向设计应考虑雨水的自然排放，考虑规划场地及周边景观环境的要求。

（7）估算工程量、拆迁量和总造价，分析投资效益

1）土地成本估算：向规划委托方了解土地成本数据；对旧区改建项目和含有拆迁内容的详细规划项目，还应统计拆迁建筑量和拆迁人口与家庭数，根据当地的拆迁补偿政策估算拆迁成本。

2）工程成本估算：对规划方案的土方填挖量、基础设施、道路桥梁、绿化工程、建筑建造与安装费用等进行总量估算。

3）相关税费估算：包括前期费用、税费、财务成本、管理费、不可预见费用等。

4）总造价估算：综合估算项目总体建设成本，并初步论述规划方案的投资效益。

5）综合技术经济论证：在以上各项工作的基础上对方案进行综合技术经济论证。

6.4.2 修建性详细规划的成果要求

1. 成果的内容与深度

根据《城市规划编制办法》的规定，修建性详细规划成果应包括规划说明书、图纸。成果的技术深度应该能够指导设计项目的总平面设计、建筑设计和工程施工图设计，满足委托方的规划设计要求和国家现行的相关标准、规范的技术规定。

2. 成果的表达要求

（1）修建性详细规划说明书的基本内容

1）规划背景：编制目标、编制要求（规划设计条件）、城市背景介绍、周边环境分析。

2）现状分析：用地现状、道路、建筑、景观特征、地方文化等分析。

3）规划设计原则与指导思想：根据项目特点确定规划的基本原则及指导思想，使规划设计既符合国家、地方建设方针，又具有项目特色。

4）规划设计构思：介绍规划设计的主要构思。

5）规划设计方案：分别详细说明规划方案的用地及建筑空间布局、绿化及景观设计、公共设施规划与设计、道路交通及人流活动空间组织、市政设施设计等。

6）日照分析说明：说明住宅、医院、学校和幼托等建筑进行日照分析情况。

7）场地竖向设计：竖向设计的基本原则、主要特点。

8）规划实施：建设分期建议、工程量估算。

9）主要技术经济指标：用地面积、建筑面积、容积率、建筑密度（平均层数）、绿地率、建筑高度、住宅建筑总面积、停车位数量、居住人口。

（2）修建性详细规划应当具备的基本图纸

1）位置图：标明规划场地在城市中的位置、周边地区用地、道路及设施情况。

2）现状图（1:500～1:2 000）：标明现状建筑性质、层数、质量和现有道路位置及宽度、城市绿地、植被状况。

3）场地分析图（1:500～1:2 000）：标明地形的高度、坡度及坡向、场地的视线分析；标明场地最高点、不利于开发建设的区域、主要观景点、观景界面、视廊等。

4）规划总平面图（1:500～1:2 000）：明确表示建筑、道路、停车场、广场、人行道、绿地及水面；明确各建筑基地平面，以不同方式区别表示保留建筑和新建筑，标明建筑名称、层数；标明周边道路名称，明确停车位布置方式；表示广场平面布局方式；明确绿化植物规划设计等。

5）道路交通规划图（1:500～1:2 000）：反映道路分级系统，表示各级道路的名称、红线位置、道路横断面设计、道路控制点的坐标、标高、道路坡度、坡向、坡长及路口转弯半径、平曲线半径；标明停车场位置、界限和出入口；明确加油站、公交首末站、轨道交通站场等其他交通设施用地；标明人行道路宽度、主要高程变化及过街天桥、地下通道等人行设施位置。

6）竖向规划图（1∶500～1∶2 000）：标明室外地坪控制点标高、场地排水方向、台阶、坡道、挡土墙、陡坎等地形变化设计要求。

7）效果图：局部透视图、鸟瞰图。

还可以根据项目特点增加功能分区图、空间景观系统规划图、绿化设计图、住宅建筑选型等，也可以增加模型、动画等三维表现手段。

6.5 城市居住区规划

6.5.1 基本概念

居住是人类基本的生存需求之一，其形态受到生产力水平、地理气候条件、家庭结构、建筑技术、文化传统和风俗习惯等因素的影响。19 世纪末至 20 世纪以后，逐步形成了以“邻里单位”和“居住小区”为代表的现代居住区规划理论。

1. 邻里单位

1929 年美国社会学家克莱伦斯·佩里以控制居住区内部车辆交通、保障居民的安全和环境安宁为出发点，首先提出了“邻里单位”的理论（图 6-1），试图把邻里单位作为组织居住区的基本形式和构成城市的“细胞”，从而改变城市中原有居住区组织形式的缺陷。为此他提出了邻里单位的六条原则：①邻里单位周边为城市道路所包围，城市交通不穿越邻里单位内部；②邻里单位内部道路系统应限制外部车辆穿越，一般应采用尽端式道路，以维护内部的安全和安静；③以小学的合理规模为基础控制邻里单位的人口规模，使小学生不必穿越城市道路，一般邻里单位的规模是 5 000 人左右，规模小的邻里单位为 3 000～4 000 人；④邻里单位的中心是小学，与其他服务设施一起布置在中心广场或绿地中；⑤邻里单位占地约 160 英亩（约合 65 公顷），每英亩 10 户，保证儿童上学距离不超过半英里（0.8km）；⑥邻里单位内小学周边设有商店、教堂、图书馆和公共活动中心。

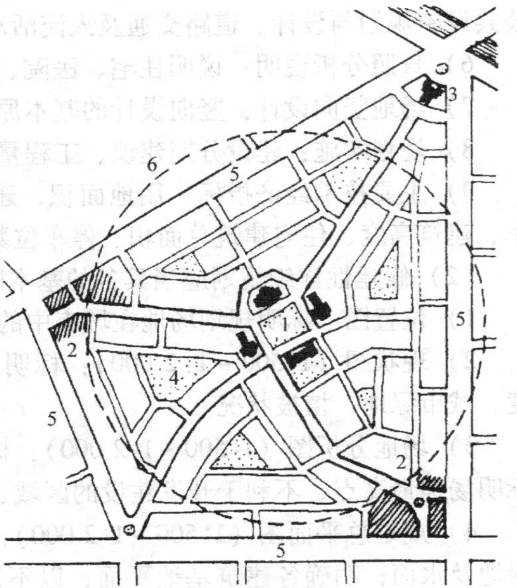

图 6-1 佩里的邻里单位示意图

1—邻里中心 2—商业和公寓

3—商店或教堂 4—绿地（占 1/10 的用地）

5—大街 6—半径（1/2 英里）

1928 年 C·斯坦和 H·莱特提出了美国新泽西州雷德邦规划方案，如图 6-2 所示，规划表现出的特点有：更大的居住空间单元、防止机动车交通穿越、人车分流、街道按功能加以区分、住宅面向花园、绿化带形成网络并连接公共设施等。

佩里的邻里单位理论和雷德邦的人车分流

措施对以后的居住区规划产生了深远的影响，但因美国当时的经济萧条而没有实现。在第二次世界大战后，西方各国住房奇缺，邻里单位理论在英国和瑞典等国的新城建设中得到广泛应用。

图6-2 雷德邦规划方案

1—小学 2—商店 3—公寓楼群 4—小住宅

2. 居住小区

在邻里单位被广泛采用的同时，前苏联提出了扩大街坊的居住区规划原则，与邻里单位十分相似，只是在住宅的布局上更强调周边式布置。如图6-3所示，我国20世纪50年代初建设的北京百万庄居住区就属于这种形式。但由于存在日照通风死角、过于形式化、不利于利用地形等问题，在此后的居住区规划中没有继续采用。20世纪50年代后期产生小区的概念，前苏联建设了实验小区——莫斯科齐廖摩什卡区9号街坊，如图6-4所示，其特点是不再强调平面构图的轴线对称，打破了住宅周边式的封闭布局，并且增加配套服务设施，除学校、托儿所、幼儿园、餐饮和商店外，还建有电影院和大量的活动场地。

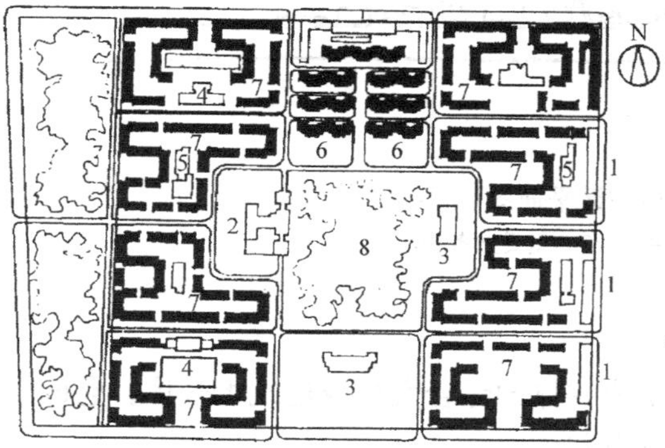

图6-3 百万庄居住区总平面图

1—办公 2—商场 3—小学 4—托幼

5—锅炉房 6—2层并联住宅 7—3层住宅 8—绿地

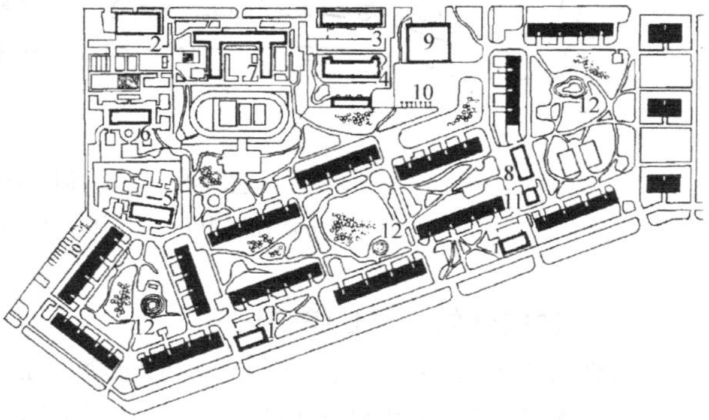

图6-4 莫斯科齐廖摩什卡区9号街坊总平面图

1—粮食商店 2—食堂 3—百货商店

4—自动电话站 5—托儿所 6—幼儿园

7—学校 8—集中杂物院 9—电影院

10—小汽车库 11—变电所 12—戏水池

由此可以看出，居住小区的基本特征有以下几项。

（1）以城市道路或自然界限（如河流）划分，不被城市交通干路所穿越的完整地段。

（2）小区内有一套完善的居民日常使用的配套设施，包括服务设施、绿地、道路等。

（3）小区规模与配套设施相对应，一般以小学的最小规模对应小区人口规模的下限，以公共服务设施的最大服务半径作为控制用地规模上限的依据。

随着住宅建设的规模越来越大，小区的概念也随之发展，继而出现了居住区的概念。

在居住区规划和建设实践中进一步总结，逐步形成了居住区—居住小区—居住组团的城市居住区组织形式，上海曲阳新居住区就是典型的代表（图6-5）。

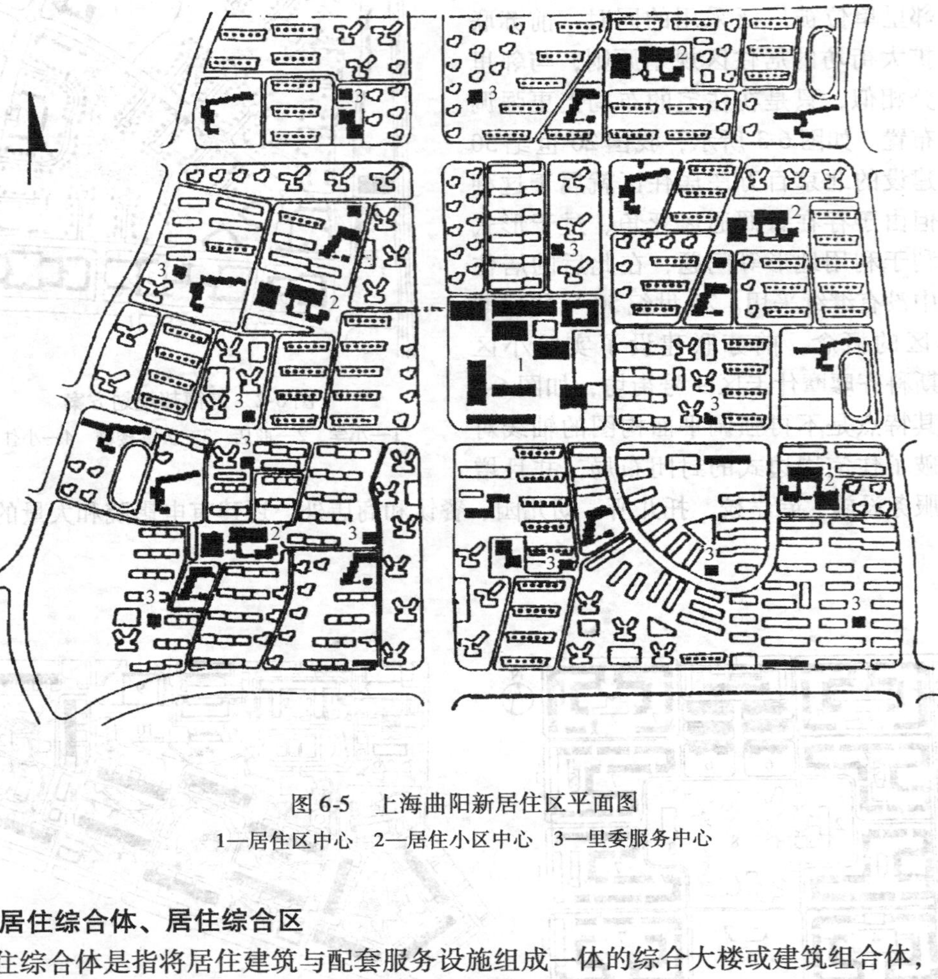

图6-5 上海曲阳新居住区平面图

1—居住区中心 2—居住小区中心 3—里委服务中心

3. 居住综合体、居住综合区

居住综合体是指将居住建筑与配套服务设施组成一体的综合大楼或建筑组合体，它的服务设施内容丰富，对生活方便度和节约土地都十分有益。

居住综合区是指居住和工作布置在一起的一种居住区组织形式，可以由住宅与商业、文化、办公以及无污染工业等相结合。居住综合区不仅使居民的通勤更加方便，节省上下班交通时间，减轻城市交通压力，同时由于不同性质建筑的综合布置，使城市景观更加丰富。

4. 居住小区与居住区体系

居住小区的核心概念是按照配套设施的服务半径和城市干路网的间距，综合确定居住小区的用地规模和人口规模，对应一定的人口规模配建一套生活服务设施，并通过减少城市交通穿越，保证日照、通风和一定绿地等措施，保证较好的居住环境。

居住区的概念是在小区理论与实践的基础上总结发展而来的。主要原因包括：一是城市中往往存在几万人规模的居住地区；二是医院、大型商业文化设施等需要更大规模的人群使用，才能保证其经营管理的要求，为满足居民更多的生活需求，提高生活方便度，需要将若干小区相对集中起来，以支撑更高一级的服务设施。因此，需要在居住小区的基础上进行组织形式的扩展，在空间上应将不同的配套服务设施与不同规模的居住人口分级对应，这就形成了居住区—小区—组团的体系。可以说，居住区是一个由住宅、公共服务设施、道路、绿地等四类基本要素构成的、具有内在联系和内部用地平衡关系的、有层次特征的城市基本居住单元。

居住区规划的目的是按照居住区理论和原则，以人为核心，建设安全、卫生、舒适、方便、优美的居住环境。市场经济体制下，居住区规划要面对更加综合的问题，涉及投资收益、社会问题、城市环境等方面。因此，当代的居住区规划应同时具有技术、经济、社会、城市环境等多重属性，需要规划师做更多的调查研究工作。

6.5.2 居住区的组织形式与空间布局形式

居住区的组织形式与空间布局形式是不同的概念。居住区的组织形式是居住区规模与配套的关系，根据《城市居住区规划设计规范》（GB 50180—93，2002年版）（后简称居住区规范）的规定：居住区按居住户数或人口规模可分为居住区、小区、组团三级，并相应提供配套设施；而空间布局形式是住宅、道路、绿地和配套服务设施等的具体空间布局形态。

居住区难以完全按照理想的居住区、小区的规模要求进行建设，有的还存在功能混合的情况，尤其在城市旧区中这种情况比较突出。城市机动化交通的发展也要求城市道路网的密度进一步提高，尤其在城区内部，很难实现小区不被城市道路（支路）穿越。但是只要满足配套设施与人口规模相对应、按照服务半径相对集中布置住宅、不被城市干路分割等基本要求，都认为是符合现代居住区规划原则的。因此，居住区的规划布局形式可采用居住区—小区—组团，居住区—组团、小区—组团及独立式组团和街坊式等多种类型。

6.5.3 不同规划阶段的居住区规划内容

居住区规划曾一直被认为是修建性详细规划的一个类型。但是，市场经济和政府职能转变，使得居住区相关要素的主体发生变化，居住区建设的组织、管理、规划设计、建造等过程也变得非常复杂，从技术方法和政府职能的角度看，单靠修建性详细规划层面的工作难以解决居住区的所有问题。

在总体规划层面，居住区规划的重点是住房类型及空间布局、居住区用地规模、公共服务设施布局、交通及基础设施供应、就业、环境质量保障等内容，从宏观的角度，统筹把握分类，规模及公共服务等问题，对下一步的控制性详细规划提供条件和依据。

在控制性详细规划中，重点落实上层次规划的要求，并且结合居住需求，以及开发、管理的特点，通过合理的用地布局与空间环境控制，构建居住区体系、合理布局配套设施、设定开发地块、控制公共空间、保证基础设施建设，并将居住区的有关要求转换为地块控制指标，作为居住区修建性详细规划设计条件的依据。

居住区修建性详细规划往往是针对居住用地地块的详细规划，其任务是落实控制性详细规划所确定的规划设计条件，并根据区位分析、地块条件、市场需求等，具体布局各类建筑及设施等，创造良好的居住环境。

6.5.4 居住区规划的基本要求

1. 安全、卫生的要求

安全、卫生是满足人们基本的生存和生理要求，安全包括了交通安全、治安安全、防火安全、防灾减灾和抗灾等内容；卫生包括日照、通风、采光、噪声与空气污染防治、水环境控制等方面。

2. 物质舒适性要求

居住区规划应以人为本，充分考虑居住区的舒适性，包括生活便利和环境舒适两个方面。在生活便利方面，要求居住区合理布局、综合配套、服务半径合理，保证居民日常生活的便利，如上学、购物、交往、户外活动、娱乐、出行等；环境舒适是指环境与居民生理、心理要求的适应与和谐，通过建筑布局、绿化等提高声、光、热的环境质量的舒适度，还包括设施使用的舒适性要求，如无障碍、坡度控制等。

3. 精神享受方面的要求

创造优美的居住环境，提高居住区的文化内涵，体现地方文化与特色，使居住区环境与居民心理要求和谐一致，包括美学、居住文化、社区等方面的要求。此外还应有利于促进居民交往，创造归属感和认同感，适应社区发展的需要，促进社区组织和管理机制的建立。

4. 与城市相协调的要求

居住区是构成城市的重要部分，具有较强的外部性，对城市的交通、环境、公共服务、城市风貌等都有巨大的影响。因此，居住区规划应符合城市总体规划的要求，并与其周边环境相协调，包括道路系统、交通组织、环境景观、配套设施等方面的协调，居住区规划设计应同时对城市发展起到积极的推动作用。

5. 可持续性的要求

应强调生态先行的方法，综合考虑用地周围的环境条件和居住区用地的自然条件，充分保护和利用规划用地内有保留价值的河湖水域、地形地物、植被等，并运用有关的技术手段，促进资源节约和循环利用。

6. 产业化的要求

居住区规划也要为建筑集成化和工业化生产、机械化施工创造条件。

6.5.5 居住区规划的方法和主要内容

1. 居住区规划的方法

居住区规划有完整的工作过程和内容，可以分为调查分析、规划设计、成果表达等三个步骤。

(1) 调查分析阶段。调查分析是做好居住区规划的重要基础工作，包括调查气候条件、区位条件、交通条件、基地建设条件、基地自然条件、周边环境及设施、地方文化、市场需求、有关政策法规等，全面系统地了解居住区规划的影响要素，论证存在的问题、机会、优势、劣势等。

(2) 规划设计阶段。提出合理的目标定位、功能构成、开发强度以及其他设想，并应合理地对居住区各项构成要素进行规划。

(3) 成果表达阶段。体现规范性，达到有关的技术规范、规定的要求，以满足对规划方案的审查、比较、统计等方面的需要。

2. 居住区规划的主要内容

居住区规划的主要内容包括：规划结构、配套服务设施、道路交通、绿地与景观、竖向、管线综合等多个方面，并且按照前述居住区规划的层次性特点，在总体规划、控制性详细规划和修建性详细规划等不同层次的规划阶段中的侧重点有所不同。

（1）居住区规划结构。　一般情况下，居住区包括住宅、道路、配套公共服务设施、公共绿地四个部分，在考虑具体的居住区规划设计之前，第一步工作应该是对空间结构进行组建，将四部分要素加以组合，确定基本布局和空间形态。居住区规划结构的分析是实现规划目标的关键步骤，也是一个创造性较强的过程，需要综合考虑，既要符合居住区规划的基本原则，同时也要考虑诸多的影响因素。影响居住区规划结构的主要因素包括：区位及规划要求、场地及环境条件、人的生活需求、经济性、社会管理制度等。

1）用地规模。为使居住区具备基本的生活服务设施，满足居民日常生活需要，一般要求居住区的人口和用地达到一定的规模，《居住区规范》规定：居住区按居住户数或人口规模可分为居住区、小区、组团三级，各级规模控制应符合表6-2 的规定。居住区内部四项用地的构成因各级别配套设施的不同而不同，并且随着生活方式、住宅类型、区位等因素的变化而变化。居住区用地平衡是在长期的实践中总结出来的规律，四项用地的合理比例关系是构建良好居住环境和保证设施服务质量的前提。

表 6-2　居住区分级控制规模

指标	居住区	小区	组团
户数/户	10 000 ~ 16 000	3 000 ~ 5 000	300 ~ 1 000
人口/人	30 000 ~ 50 000	10 000 ~ 15 000	1 000 ~ 3 000

在居住区用地平衡控制指标中，居住区级的配套服务设施（中学等除外）、道路、公共绿地在属性上属于城市设施，在城市建设用地分类中分别属于公共设施用地、市政设施用地、道路交通用地和公共绿地等，纳入居住区规划指标的目的是衡量居住区配套水平。

小区和组团级的配套设施用地属于居住用地。此外，指标的幅度适应了区位、建筑形式、容积率、经济条件、需求等方面的差异，在现实中，也存在规模介于居住区、小区、组团之间规模的居住区的情况，这时应该根据实际的需要，增配上一级的部分配套设施，如中学、医疗设施等，以保证一定的生活质量。在城市新区建设和旧区改建中，居住区周边的城市服务设施的条件不同，也是影响指标幅度选择的依据。

2）居住区空间结构与形态。居住区空间结构是根据居住区组织结构、功能要求、用地条件等因素所确定的住宅、公共服务设施、道路、绿地等的相互关系。空间结构本身具有一定的基本形式，受建筑形态、建筑布局、空间构成、地形变化等影响，空间结构又可以表现出不同的空间形态。

目前常见的居住区规划空间结构类型主要有内向型、开放型、自由型等。内向型居住区布局形态有中心式（图 6-6）、围合式（图 6-7）、轴线式（图 6-8）等，都是将居住组团或院落围绕中心绿地和配套公建排列，并以顺畅的环形路网连接，形成强烈地向心性的空间布局。开放型居住区布局一般是用地规模较大的居住区，在城市路网规划的条件要求下形成的由若干居住地块组合的布局形态；有的是受新都市主义等思想的影响，主动地恢复传统的街坊式布局形式，通过小地块（街坊）的封闭管理，保证基本的私密性要求，公共服务设施一般结合道路布局，形成具有开放性的空间环境和场所氛围。自由型的居住区空间结构常用于山地或地形复杂的用地，建筑及道路、绿地等灵活布局，与用地条件结合，突出与山、水的融合。以上主要的居住区规划布局形态在实际运用中常会组合、混合使用，兼容多种形式，并且随着生活需求的变化，居住区规划布局形式还会增加和发展。

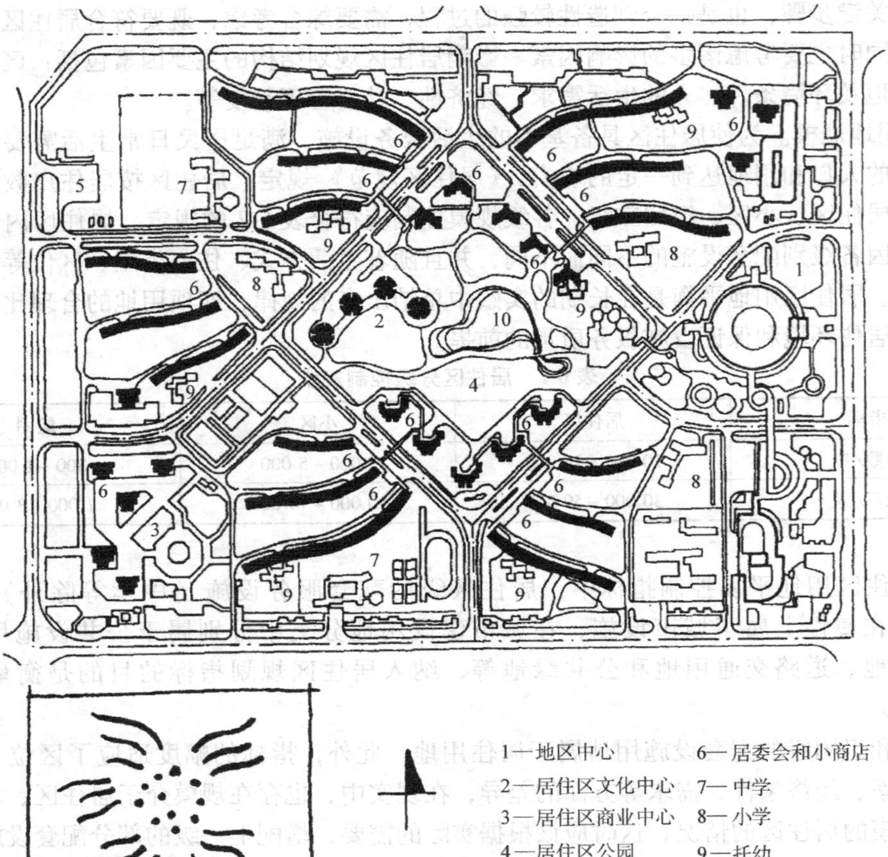

图 6-6 深圳白沙岭居住区中心式规划布局

(2) 公共服务设施的分级与布局。居住区公共服务设施（也称配套公建），是指居住区内除住宅建筑之外的其他建筑，主要是为居民生活配套的服务型建筑，是居住生活的重要的物质基础，涉及居民生活服务质量和方便程度。居住区配套公建的基本要求是：配建水平必须与居住人口规模相对应，并应与住宅同步规划、同步建设和同时交付。

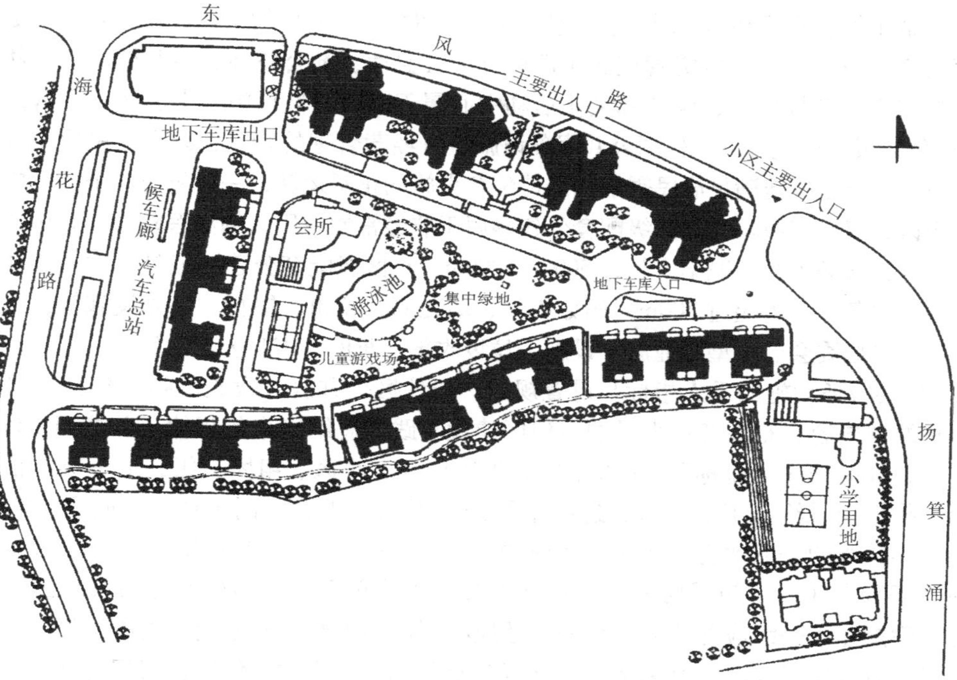

图6-7 广州锦城花园小区围合式规划布局

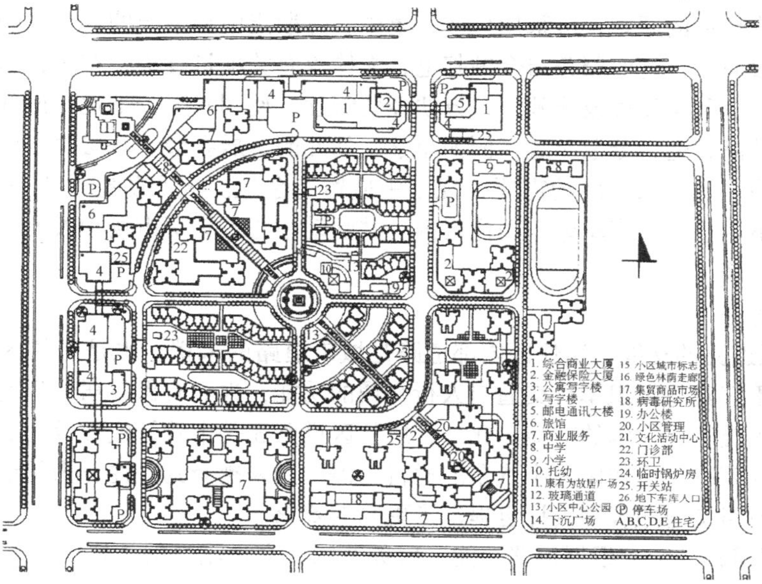

图6-8 北京大吉城小区轴线式规划布局

1）公共服务设施分类。按性质分为教育、医疗卫生、文化、体育、商业服务、金融邮电、社区服务、市政公用和行政管理及其他等九类设施。每一类又包含若干项目，例如商业服务类包括了综合食品店（超市）、综合百货店、餐饮、中西药店、书店、市场、便民店和其他第三产业设施等。按投资管理的属性可分为公益性、准公益性和经营性设施三种，例如中小学校属于公益性设施，医院和文化活动中心属于准公益性设施，书店属于经营性设施。

2）公共服务设施分级。根据公共服务设施自身经营管理的特点，以及居民使用频率的特点，分级布置能更好地满足居民需求和维持配套设施的正常运转，一般将公共服务设施分为居住区、小区、组团三级。居住区级配套公建多属于非经常性使用，例如医院、文化中心、大型商业设施等，服务半径一般不宜超过500～1 000m；小区级配套公建一般是日常使用和经常使用的设施，服务半径不超过300m，例如小学、幼儿园、超市、银行、健身设施等；组团级配套公建主要是居委会、小型商业服务设施、垃圾收集、车库、市政公用设施等。

3）公共服务设施的千人指标与设置规定。居住区公共服务设施的指标包括建筑面积和用地面积两项内容，是在各地大量的居住区建设实践中总结出来的规律，并按照1 000人为单位提出，成为“千人指标”，千人指标分为居住区、小区、组团三级，上一级包括下一级的指标，指标同时给出了上下限，适应不同经济发展水平、不同区位、不同居民需求的特点。例如小区级的公共服务设施建筑面积的千人指标为968～2 397m^2/千人，用地面积为1 091～3 835m^2/千人。当规划用地内的居住人口规模介于组团和小区之间或小区和居住区之间时，除配建下一级应配建的项目外，还应根据所增人数及规划用地周围的设施条件，增配高一级的有关项目及增加有关指标；旧区改建和城市边缘的居住区，其配建项目与千人总指标可酌情增减。

居住区公共服务设施的不同项目还有各自的设置规定，以保证公共服务设施的服务质量，例如对中小学提出了服务半径、日照标准、运动场等要求。

4）公共服务设施的规划布局。公共服务设施的规划布局应体现方便生活、减少干扰、有利经营、美化环境的原则，可采用分散、集中、分散集中相结合的方式布局，保证合理的服务半径。一般而言，商业服务与金融邮电、文体等有关项目宜集中布置，形成居住区各级公共活动中心，有利于发挥设施效益，方便经营管理、使用和减少干扰，但部分服务设施的服务半径要求较高，适合分散布置，例如小学、幼儿园、居委会、基层服务设施等。

另外，应该注意未来发展的需要，规划中应留有余地。按照防空地下室平战结合的原则，一般情况下用于地下停车库。居住区内公共活动中心、集贸市场和人流较多的公共建筑应配建公共停车场（库）。

（3）道路系统

1）居住区道路的功能。居住区内部道路是城市道路的末梢，也是居住区的骨架。居住区道路的作用不仅具有组织车行交通与人行交通的功能，也具有保持居住环境、避免穿越式交通，提供居民交往、休闲的功能。此外，居住区道路还是市政管线敷设的通道。随着小汽车进入中国百姓家庭，居住区内小汽车的通行与停放越来越受到关注，为保证居住区环境质量，对居住区道路交通的规划设计也提出了更高的要求。

2）居住区道路分级。根据道路功能、服务范围、交通流量的不同，居住区道路分为居住区道路、小区道路、组团道路、宅间小路四级。当采用人车分流模式时，相应级别的道路还可分为车行路和步行路。在特殊地段，还可根据功能和景观的需要，增加商业步行街、滨水景观步行道等。

居住区级道路一般是城市的次干路或城市支路，既有组织居住区交通的作用，也具有城市交通的作用；小区级道路具有连接小区内外、组织居住组团的功能，也称为小区主路，一般不允许城市交通和公共交通进入；组团道路主要用于沟通组团的内外联系，主要通行组团内部机动车、自行车、行人的交通，也称为小区次路；宅间小路是进出庭院及住宅的道路，主要通行自行车及行人，但也要满足消防、救护、搬家、垃圾清运等车辆的通行。

3）居住区道路规划的基本要求。居住区道路的规划布局应考虑以下基本要求：

①根据地形条件、气候条件、居住区规模、居民出行方式、周边环境条件以及外围城市交通系统的特点，选择合理的居住区道路系统。

②通过道路功能组织或物业管理等手段，避免无关的交通进入或穿越居住小区，并应采取措施，降低车速，减少交通噪声。

③道路宽度应满足人流、车流的交通以及管线敷设的要求。一般居住区道路红线宽度不宜小于20m；小区路路面宽6~9m，建筑控制线之间的宽度，需敷设供热管线的不宜小于14m，无供热管线的不宜小于10m；组团路路面宽3~5m，建筑控制线之间的宽度，需铺设供热管线的不宜小于10m，无供热管线的不宜小于8m；宅间小路路面宽不宜小于2.5m。当人流较大时，可设置自行车和人行道，自行车道单车道1.5m，两车道2.5m，人行道最小宽度1.5m。

④出入口的设置应考虑车行、人行的主要交通流向，车行出人口不应设置在城市快速路、主干路以及道路交叉口70m范围内。

⑤在地震烈度不低于六度的地区，应考虑防灾救灾要求。小区内主要道路至少应有两个出入口，居住区内主要道路至少应有两个方向与外围道路相连，机动车道对外出入口间距不应小于150m；沿街建筑物长度超过150m时，应设不小于4m×4m的消防车通道。

人行出口间距不宜超过80m，当建筑物长度超过80m时，应在底层加设人行通道。

⑥机动车道最大纵坡为8%，多雪严寒地区最大纵坡为5%；非机动车道最大纵坡为3%，多雪严寒地区最大纵坡为2%；当坡度过大时，车行与人行宜分开设置自成系统。

⑦居住区内应设置贯通的无障碍通路，坡道宽度不应小于2.5m，纵坡不应大于2.5%。

⑧居住区内尽端式道路的长度不宜大于120m，并应在尽端设不小于12m×12m的回车场地。

⑨在多雪严寒的山坡地区，居住区内道路路面应考虑防滑措施；在地震设防地区，居住区内的主要道路宜采用柔性路面。

⑩为减少干扰和保证行人安全，居住区内道路边缘至建筑物、构筑物应保持一定的最小距离（表6-3）。

表6-3　道路边缘至建（构）筑物最小距离　（单位：m）

道路级别 / 与建（构）筑物的关系			居住区道路	小区路	组团路及宅间路
建筑物面向道路	无出入口	高层	5	3	2
		多层	3	3	2
	有出入口		—	5	2.5
建筑物山墙面向道路		高层	4	2	1.5
		多层	2	2	1.5
围墙面向道路			1.5	1.5	1.5

（4）居住区道路网形式。居住区道路网形式可以从形态和交通组织两个方面进行分类。

居住区道路网结构在形态上有贯通式、环通式、尽端式等（图6-9）。此外还有以上三种基本形式相结合的混合式或自由式等多种形式。

居住区道路网结构在交通组织上分为人车混行、人车分流两种形式。人车混行是行人、自行车、机动车混合使用道路，当交通流量较大时，一般会在小区级道路断面设计中独立安排自行车道和人行道，路网的形式多样；采用人车分流的交通组织模式时，机动车道路可以采用尽端式，与步行系统分离，在密度较高的居住区，也可以形成立体人车分流，形成地上步行、地下停车、出入口分流的模式；有的居住小区局部采用人车分流，道路网的形式就更加混合。

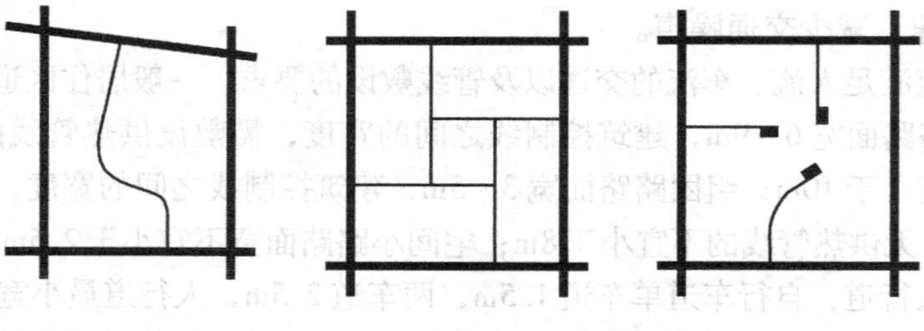

图6-9 小区内部道路的常见布置形式

a）贯通式 b）环通式 c）尽端式

（5）停车设施的规划设计。居住区内必须配套设置机动车和非机动车的停车场（库），停车场的布局应考虑使用方便的要求，服务半径不宜大于150m，并应尽可能减少对环境的影响。为节约用地和保证绿地率，停车场（库）宜采用地面、地下、半地下相结合的方式，一般情况下，地面停车率不宜大于0.1辆/每户（地面停车率10%）。配套服务设施也应按照规范要求，配套机动车和非机动车的停车场（库）。

考虑景观效果，车位宜铺设植草砖，2～3个车位间种植乔木。采用独立的地下或半地下车库，当停车数量超过50辆时，应设2个出入口，并且双向出入口的宽度不小于7m。自行车停放可利用住宅地下室，或在组团入口、单元入口结合景观设置车棚。

3. 住宅布置

（1）住宅建筑的形式与布局形式。住宅形式可按照高度分为低层（1～3层）、多层（4～6层）和高层住宅；按照户型组合可以分为板式和塔式住宅。住宅设计灵活丰富，例如塔式住宅可以设计成方形、圆形、“十”字形、“Y”字形等，通过不同形式的住宅进行组合还可以产生更加丰富的建筑形态。

通过住宅建筑的不同布局，可产生不同特点的居住空间与环境，“行列式”、“周边式”、“点群式”是住宅群体空间的三种基本形式（图6-10）。行列式是板式住宅按一定间距和朝向重复排列，可以保证所有住宅的物理性能，但是空间较呆板，领域感和识别性都较差；周边式是住宅四面围合的布局形式，其特点是内部空间安静、领域感强，并且容易形成较好的街景，但也存在东西向住宅的日照条件不佳和局部的视线干扰等问题，点群式是底层独立式住宅或多层、高层塔式住宅成组成行的布局形式，日照通风条件好，对地形的适应性强，但也存在外墙多，不利于保温、视线干扰大的问题，有的还会出现较多东西向和不通透的住宅套型。通过以上形式的混合使用，就形成混合型布局，空间丰富且多样性强；还可以通过不同高度的住宅加以组合，产生更丰富的建筑景观。此外还有自由式布局，通过自由的建筑形态，或因地就势的自由布局，可以产生流动变化的空间效果。

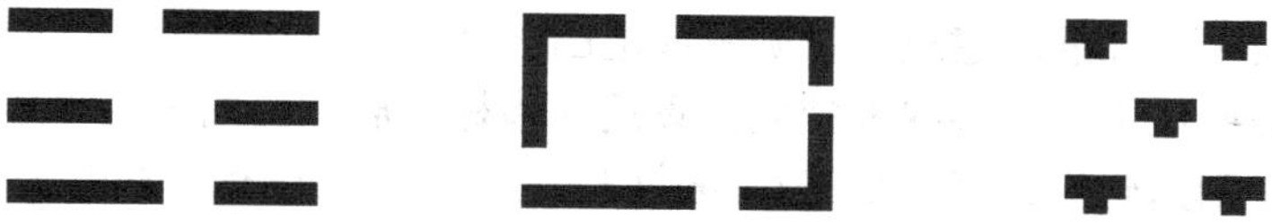

a)　　b)　　c)

图6-10　住宅组群空间的三种基本形式

a）行列式　b）周边式　c）点群式

（2）住宅布置中的日照和通风。住宅的日照和通风是居住区规划的根本性问题，北方在冬季都以获得更多的日照为主，南方在夏季则把遮阳作为主要矛盾来解决，对住宅布局提出了不同的要求。充分利用太阳高度角和方位角，通过住宅错位、塔板结合等方式达到国家建筑日照标准，并使住宅组群不致过于呆板。

通风包括室内自然通风和室外风环境质量两个方面。住宅室内的自然通风设计、居住环境舒适性和建筑节能应该高度重视。一般而言，住宅间距越大通风条件越好，一般情况下满足了日照间距，就可以满足基本的通风要求。室外风环境包括夏季通风、冬季防风，在多数城市通过建筑布局的“南敞北闭”可以提高居住区内部的风环境舒适度，此外高层住宅增多后，楼间风应通过建筑立面设置导流板或通过建筑小品、地形、绿化等方式加以解决。

（3）住宅布置中的噪声问题。城市噪声是影响居住环境的一个重要因素，其中主要来自交通噪声。对居住区外部噪声的防治主要采用隔离法，住宅后退城市道路一定距离，并种植绿化带，或设置隔声墙、地形等。也可以采用沿街布局公共建筑的做法，例如把商店、办公等建筑平行道路布置。沿街适当布置少量住宅，也是保证多数住宅相对安静的做法，住宅临街面还可以通过设置阳台、安装防噪门窗等手段减少干扰。

对居住区内部的交通噪声的防治，可以采用车辆不进入小区内部，而将车行道设在地块边缘；采用尽端路，减小交通噪声的影响范围；采取减速措施，降低车速等。

（4）居住环境中的邻里关系。现代社会要求居住区提供物质性服务与便利外，还应具备社会功能。居住区是家庭、工作与学习之外第三种最基本的社会关系组合形式，应该有助于提供休闲功能，促进居民间的交往和互助，也能提供行为上的约束。在封闭性较强的环境中，居民有较强的领域感和安全感，住宅成组团布置比松散布置更能激发人的归属感，行为也能得到规范。

4. 绿地与环境景观

（1）居住区绿地的功能。绿地的功能可以概括地分为休闲功能、物理功能、生态功能和精神功能等四个方面。休闲功能是指为居民提供散步、休息、健身、儿童游戏等场所；物理功能是指绿化可以降低温度、遮阳、降低噪声、防风防尘等；生态功能是指对水土的保持、动植物与人的共生、改善小气候、减少热岛效应、杀菌等方面；精神功能包括对居住环境的美化、给人愉快放松的感受、创造各类交往空间、传递文化信息等。

（2）绿地的概念与指标。《居住区规范》规定“居住区内绿地，应包括公共绿地、宅旁绿地、配套公建所属绿地和道路绿地，其中包括了满足当地植树绿化覆土要求、方便居民出入的地下或半地下建筑的屋顶绿地”，即居住区内各类绿化用地统称绿地，具有活动、观赏和防灾疏散等功能。其中，公共绿地应集中成片布置，最小宽度不小于8m、面积不小于$400m^2$，绿化面积（含水面）不宜小于70%，至少应有一个边与相应级别的道路相邻，有不少于1/3的绿地面积在标准的建筑日照阴影线范围之外。

居住区内各类绿地中，公共绿地独立计算用地指标。居住区内公共绿地的总指标，应根据居住人口规模分别达到：组团不少于$0.5m^2$/人，小区（含组团）不少于$1.0m^2$/人，居住区（含小区与组团）不少于$1.5m^2$/人，旧区改建可酌情降低，但不得低于相应指标的70%。绿地率是指居住区内所有绿地面积与用地面积的比值，反映居住区的环境条件，新区建设不应低于30%；旧区改建不宜低于25%。

（3）居住区绿地规划的基本要求

1）可达性：绿地应尽量接近住宅，方便居民进入，无论集中设置或分散设置，公共绿地应该结合人的行为特点，设在人经常经过并能自然到达的地方。

2）功能性：绿化布置应讲究实用，合理选择植物种类，合理使用水景，避免不必要的人工养护和水资源浪费，注重植物配置以产生良好的景观，同时应配建一定的铺装地面、坐椅、庭院灯、垃圾箱、游戏健身器械等设施，供不同年龄的居民使用。

3）亲和性：居住区绿地一般面积不大，应处理好绿化和各种设施的尺度关系，按照行为心理规律，塑造宜人的场所，也可增加文化元素，烘托居住区文化氛围。

（4）绿地的布局。绿地的布局首先要成系统，通过地形、水体、植物、小品等多种环境要素的组合，反映环境特点，并应根据规划用地周围的环境特点综合确定，形成"点、线、面"相结合的完整的绿化空间序列。

居住区绿地分为：居住区公园、小区级绿地、组团绿地、宅间绿地四个层次。居住区公园属于城市公园，可以满足多元化的需求；小区级绿地更加接近居民，是居民日常活动交往的场所，应以绿化为主，并安排供人驻足、休息以及儿童游戏等的设施；组团绿地的服务半径小，更容易到达，服务组团内部居民，有的小区并不强调组团绿地，而是强化小区级绿地；宅间绿地是最接近人的绿地类型，在调查中发现，宅间绿地也是居民使用频率最高的空间，宅间绿地既是出入必经之处，又在人们的视野之内，是适合成人休息、交流、儿童游戏的场所。

5. 市政工程

居住区的市政工程由居住区给水、排水、供电、燃气、供热、通信、环卫、防灾等工程组成，它们有各自的功能，保障居住区的正常使用。

（1）居住区工程管线分类

1）居住区工程管线按照性能与用途可分为以下几类：

①给水管道：包括生活给水和消防给水。

②排水管道：包括雨水、污水管道，以及居住区周边的排洪、截洪渠等。

③中水管道：污水、废水经过中水处理设施的净化后产生的再生水称为中水，可用于冲洗马桶、洗车、浇花、喷洒道路等，输送中水的管道称为中水管道。

④燃气管道：包括人工煤气、天然气、液化石油气等管道。

⑤热力管道：包括热水、蒸汽等管道。

⑥电力线路：包括高低压输配电线路。

⑦电信线路：包括电话、有线电视及宽带网等线路。

2）按敷设方式分类：可以分为架空线路和地下埋设线路，地下埋设线路又可分为直埋管线和沟埋管线。居住区内的管线应尽量采用地下埋设的方式，以保证环境的美观。

3）按埋设深度分类：可以分为深埋管线和浅埋管线，一般以管线覆土深度1.5m作为划分深埋管线和浅埋管线的分界线，在北方寒冷地区，由于冰冻线较深需要防冻的管线需要采用深埋敷设。

4）按管线弯曲程度分类：可以分为可弯曲管线和不易弯曲管线两种类型。可弯曲管线是通过加工将其弯曲的工程管线，包括电力电缆、电信电缆和自来水管。其他管线在加工过程中容易受到破坏，属于不宜弯曲管线。

（2）居住区市政工程规划内容。城市居住区市政工程规划首先要对规划范围内的现状工程设施、管线进行调查、核实，在依据各专业总体工程规划和分区工程规划确定的技术标准、工程设施和管线布局，计算居住区内的各项工程设施的负荷（需求量），布置工程设施和工程管线，提出有关设施、管线布局、敷设方式以及防护规定。在基本确定工程设施和工程管线的布置后，进行规划范围内工程管线综合规划，检验和协调各工程管线的布置，若发现矛盾，应及时反馈各专业工程规划和居住区详细规划，提出调整和协调建议，以便完善居住区规划布局。

6. 竖向规划设计

竖向规划设计是为了有效利用地形、满足居住区道路交通、地面排水、建筑布置和城市景观等方面的要求，对自然地形进行改造和利用，确定坡度、控制高程和平衡土（石）方等进行的规划设计，包括道路竖向设计和场地竖向设计。

（1）竖向规划设计的主要内容。竖向规划设计的主要内容包括：分析规划用地的地形坡度，为各项建设用地提供参考；制定自然地形的改造和利用方案，合理利用地形；确定道路控制点的坐标和高程，以及道路的坡度、曲线半径等；确定建筑用地的室外地面标高和建筑室内正负零标高；结合建筑布局、道路交通规划和工程管线规划，确定其他用地的标高和坡度；确定挡土墙、护坡等室外防护工程的类型、位置、规模；估算土（石）方及护坡工程量，进行土（石）方平衡。

（2）竖向规划设计的原则。竖向规划应与用地划分及建筑布局同时进行，使各项规划内容统一协调；应有利于建筑布局及空间环境的规划设计；应满足各项建设用地及工程管线敷设的高程要求，满足道路布置、车辆通行和人行交通的技术要求，满足地面排水及防洪、排涝的要求；在满足各项用地功能要求的前提下，应避免高填、深挖，减少土（石）方、建（构）筑物及挡土墙、护坡工程量。

（3）竖向规划的技术规定。按照有关技术标准的规定，道路的最小坡度不低于0.3%～0.5%，最大坡度不大于7%～9%，并对不同坡度的坡长有限制，对居住区内部通行小汽车为主的入户道路最大坡度可适当放宽，当平原地区道路纵坡小于0.2%时，应采用锯齿形街沟；非机动车道纵坡宜小于2.5%，超过时应按规定限制坡长，机动车与非机动车混行道路应按非机动车道坡度要求控制；车道和人行道的横坡应为1.0%～2.0%；道路交叉口范围内的纵坡应小于或等于3.0%；广场坡度应为0.3%～3.0%；停车场和运动场坡度应为0.2%～0.5%，为保证雨水的排除，居住区场地内的排水坡度应大于0.2%，且场地高程应比周边道路的最低路段高出0.2m以上。

根据居住区的规模与结构，结合自然地形，一般将地面设计为平坡、台阶、混合式等三种形式，当用地的平均坡度小于5%时，地面常设计为平坡，当用地的平均坡度大于8%时，或者当建筑垂直等高线布置，高差大于1.5m时，宜采用台阶式，或台阶与平坡结合的混合式。划分台地应适应建筑物的布置、功能联系、日照通风和土地节约等要求，台地之间应用挡土墙或护坡连接。

护坡分为草皮土质护坡和砌筑型护坡两种，草皮土质护坡的坡比值应小于1:0.5，砌筑型护坡的坡比值为1:0.5~1:1.0。对用地条件受限制或地质不良地段，可采用挡土墙，挡土墙适宜的经济高度为1.5~3.0m，一般不超过6m，超过6m时宜作退台处理，退台宽度不应小于1m，条件许可时，挡土墙宜以1.5m左右的高度退台。高度大于2m的挡土墙上缘与建筑物的水平距离应不小于3m，其下缘与建筑物的水平距离应不小于2m。

7. 居住区规划指标与成果表达

（1）技术经济指标。居住区规划技术经济指标是从量的方面衡量和评价规划质量以及综合效益的重要依据，技术经济指标一般由两部分组成：用地平衡及主要技术经济指标。《居住区规范》对居住区规划设计的技术经济指标表达形式和内容作出了具体规定，强调指标统计的规范性，要求指标的概念、计算口径统一，以便于数据统计、对比、分析。

（2）居住区规划设计的成果表达。总体规划和控制性详细规划阶段的居住区规划内容和成果表达形式应符合总体规划和控制性详细规划的有关要求。修建性详细规划层面的居住区规划设计的成果一般应有规划设计图纸及文件等两大类。

1）分析图

①基地现状及区位关系图：包括人工地物、植被、毗邻关系、区位条件等。

②基地地形分析图：包括地面高程、坡度、坡向、排水等分析。

③规划设计分析图：包括规划结构与布局、道路系统、交通组织、公建系统、绿地与景观系统等分析。

2）规划设计编制方案图

①居住区规划总平面图：包括各项用地界线及建筑布置、道路、停车设施及绿化布置等。

②建筑造型设计方案图：包括主要住宅户型、公建平面图、立面图、剖面图等。

3）工程规划设计图

①竖向规划图：包括道路竖向、室内外地坪标高、建筑定位、室外挡土工程、地面排水以及土石方量平衡等。

②管线综合工程规划图：包括给水、污水、雨水和电力等基本管线的布置，在采暖区还应增设供热管线。同时还需考虑燃气、电信等管线的设置。

4）形态意向规划设计图及模型

①全区鸟瞰图或轴测图。

②主要街景立面图。

③住宅及重要地段和空间节点的透视图。

5）规划设计说明及技术经济指标

①规划设计说明书：包括设计依据、任务要求、自然条件、区位条件及场地现状分析、规划意图及方法等。

②技术经济指标：应按照规范要求进行计算，并使用规范的表达方式。

6）居住区规划设计的基础资料

①政策法规性文件：包括有关技术规范、上层规划、有关政策文件等。

②自然及人文地理资料：包括地形图、气象数据、工程地质数据、道路交通、市政设施

及人文历史方面的数据及资料。

6.6　城市公共空间规划

6.6.1　城市公共空间概述

1. 城市公共空间的概念、作用与类型

城市公共空间狭义的概念是指供城市居民日常生活和社会生活公共使用的室外空间，包括街道、广场、居住区户外场地、公园、体育场地等。根据居民的生活需求，在城市公共空间可以进行交通、商业交易、表演、展览、体育竞赛、运动健身、休闲、观光游览、节日聚会及人际交往等各类活动。公共空间又分开放空间和专用空间。开放空间有街道、广场、停车场、居住区绿地、街道绿地及公园等，专用公共空间有运动场等。

城市公共空间的广义概念可以扩大到公共设施用地的空间，如城市中心区、商业区、城市绿地等。

2. 城市公共空间的构成要素及规划设计

城市公共空间由建筑物、道路、广场、绿地与地面环境设施等要素构成。城市公共空间一般是在城市经济与社会发展的过程中，由于居民生活的需要逐步建设形成。

城市公共空间除有各种使用功能要求外，其数量与城市的性质、人口规模有密切关系。城市人口越多，城市公共空间的需求量也越大，功能也更复杂。城市人口规模大，也有条件设置内容更丰富的公共空间。

城市公共空间规划设计的内容很多，包括总体布局和具体设计。它与城市规划编制的各阶段有密切关系，在城市总体规划、详细规划和修建设计阶段都应当作相应的规划研究。城市公共空间的规划设计在本质上属于城市设计范畴，需要作城市设计，其目的是创造功能良好、城市空间有特色的环境。城市公共空间的重点是城市中心、干道、广场和公共绿地。

6.6.2　城市中心区

1. 城市中心区构成

城市中心区是城市主要公共建筑分布集中的地区，是居民进行各种活动、相互交往的场所，是城市社会生活中心，主要由各类建筑、活动场所、绿地、环境设施和道路构成。人们在城市中心区的各种活动行为都与各类建筑有直接关系，因此公共建筑是构成城市中心区的主要内容，一般包括以下几个部分：

（1）行政管理机构：如党政机关、经济管理机构、社会团体等的建筑。

（2）科学文化机构：如科学技术馆，工业、农业展览馆，广播、电视台，文化馆，图书馆、博物馆，学校等。

（3）文娱、体育设施：如电影院、俱乐部、体育馆、运动场等。

（4）商业服务设施：如综合商场、专业商店、宾馆、饭店、招待所等。

（5）邮电、金融机构：如邮政局、电信局、银行、保险公司等。

（6）医疗卫生设施：如各类专业医院、卫生站、防疫站等。

（7）交通设施：如各类车站、码头、航空港等。

2. 城市中心区布局形式

(1) 沿街线状布置。城市中心主要公共建筑布置在街道两侧，沿街呈线状发展，是传统的布置方式，有便利的交通条件，易于形成繁华热闹的城市景观。

沿城市主要道路布置公共建筑时，应注意：将功能上有联系的建筑成组布置在道路一侧，或将人流量大的公共建筑集中布置在道路一侧，以减少人流频繁穿越街道。在人流量大、人群集中的地段应适当加宽人行道或建筑适当后退形成集散场地，减少对道路交通的影响，在过街人流较大的区域，应根据具体环境设高架或地下人行通道。

城市中心是人流、车流集中的区域，人车混行，既妨碍车辆行驶，又威胁行人安全。因此，在城市中心采用封锁、部分封锁或定时封锁车流的方法开辟步行街，把商业中心从人车混行的交通道路中分离出来，形成步行商业街。目前，有以下几种方式：

①完全步行街：步行街上禁止任何车辆通行，供应商店货物的车辆只能在专用道路或步行街两侧的交通性道路上行驶。

②半步行街：以步行交通为主，但允许专为本中心区服务的车辆慢速行驶。

③定时步行街：在交通管理上限定白天步行，夜间通车，或星期天、节假日为步行街，其他时间允许车辆通行。

④公共步行街：只允许公交车辆通行，其他车辆禁止通行。在街道上布置“街道家具”，如路灯、电话亭、座椅、花池、垃圾箱等。如图 6-11 所示，美国明尼亚波利斯市尼古莱大街是市中心区的主要商业街，其车行道有意设计成曲线形，宽度为 7m，只允许公共汽车通行。人行道有宽有窄，局部宽度可达 11m。车辆呈曲线形缓慢行驶，以保证行人安全。

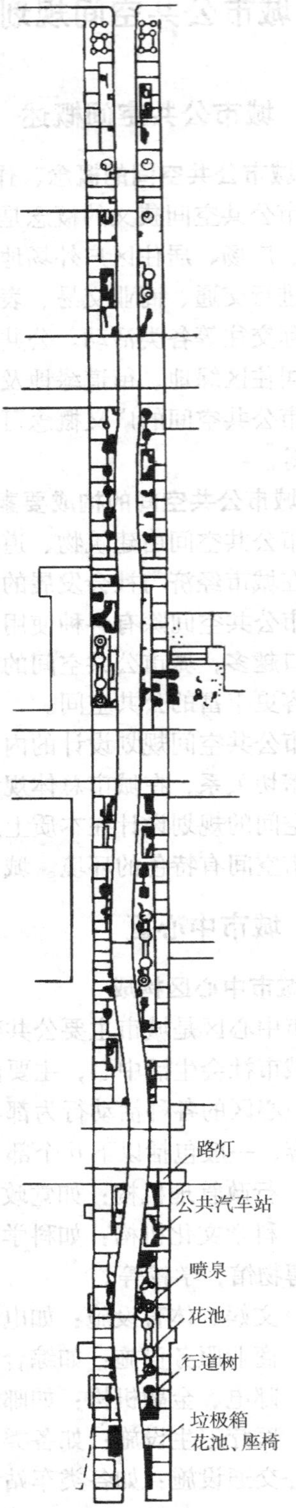

图 6-11 明尼亚波利斯市尼古莱大街

(2) 在街区内呈组团状布置。在城市干道划分的街区内，根据使用功能呈组团状布置各类公共建筑组群，使步行道路、场地、环境设施、绿地与建筑群有机结合在一起。这种组团式的集中布局，有利于城市交通的组织，同时也避免了城市交通对中心区域公共活动的干扰。如英国哈罗新城中心，如图 6-12 所示，位于城市干道围成的街区内，中心区的核心部分为步行区，周围是停车场带，有一条环形道路将这些停车场连接起来。城市的独立自行车道和步行道从干道下面通过，并与自行车停车场和内环路系统相连。这条街的南端，由一组行政办公建筑为对景，北部是市场广场。市场的南面和东面由树带限定空间范围，并且在周围布置了座椅、雕塑，形成休息空间。中心的南部由三个相互联系的广场形成市民广场，中央是市民集会场所。市民广场所在的高地在建筑物的下方逐渐扩展为有绿化的谷地平台，由坡道和层层台地将建筑环境与自然环境有机地联系在一起。

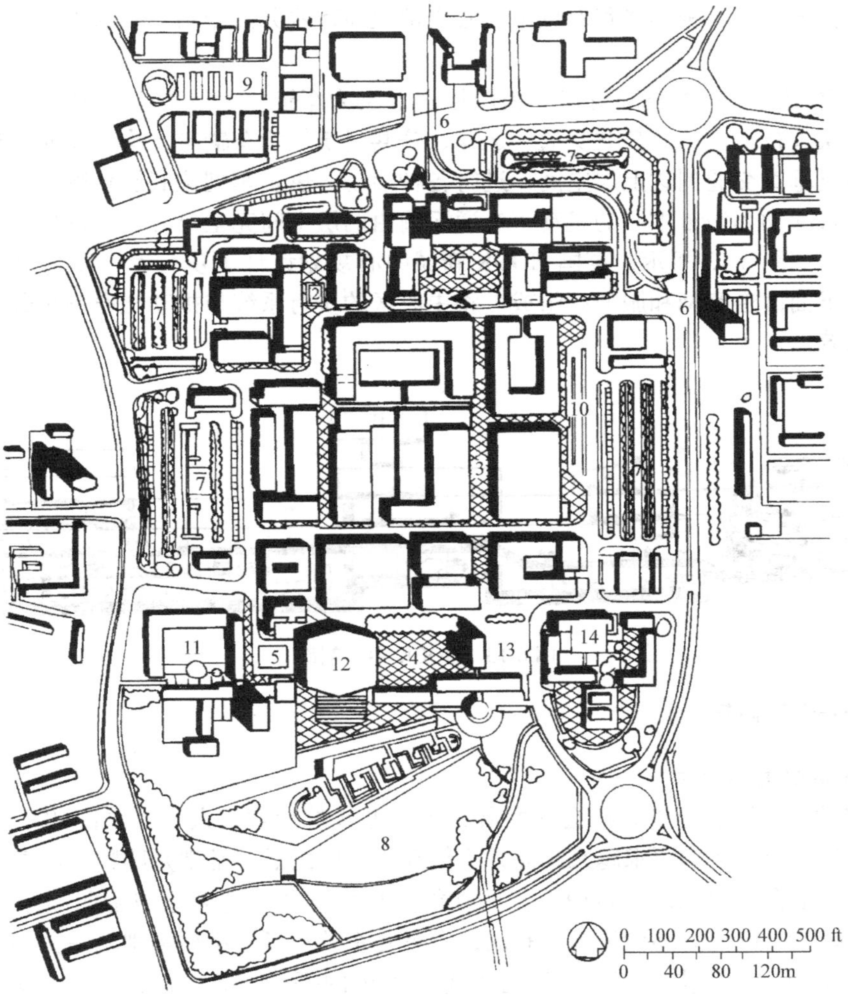

图6-12　哈罗新城中心

1—市场　2—电影院广场　3—主要商店　4—市民广场　5—教堂广场　6—地下自行车道　7—停车场　8—几何形庭院　9—服务区　10—公共汽车站　11—科技大学　12—公会堂　13—行政建筑　14—法院

（3）多层立体化布置。在满足城市中心各种功能要求的同时，为综合解决日益发展的交通运输与城市中心的矛盾，国外一些城市中心采取多层立体化的布置形式。把立体化的道路系统引入城市中心，在地下设地下商业街、库房群及停车场等，发展地上大体量的综合性建筑，把办公楼、旅馆、剧院、超级市场等组织在一幢或一组建筑中。

3. 城市中心的交通组织

城市中心是行人密集、交通频繁的地区，既要有良好的交通条件，又要避免交通拥挤、人车干扰。一般有以下几种交通组织方式：

（1）人车分流。在城市中心区开辟完整的步行系统，把人流量大的公共建筑组织在步行系统之中，使人流、车流明确分开，各行其道。

（2）交通分散。在城市中心区设分散道路，避免城市交通穿越中心人流密集区域。这种分散交通的道路可平行城市主干道，也可环绕中心区。在分散交通的道路与城市中心之间建立若干连接道路，这种连接路对城市中心内部交通起着分散作用，确保中心区交通循环的灵活性。

（3）立体交通。将中心区道路分为两层，下层为车道，上层为人行道。各类公共建筑均布置在上层人行道两侧。公共交通、运输、公共建筑供货车辆等，均能畅通直达各点，人们下车后通过垂直交通到达上层空间，进行各种活动。供货车到达底层仓库，由电梯送到上层空间。步行活动和城市中心的机动车交通运输由两层空间完全分开，既保持一定联系，又相互不干扰。如图6-13所示，英国HOOK新城中心规划设计了步行者可以自由活动的购物平台，平台下面由道路网和服务区组成。将中心区的步行系统与机动交通系统分别布置在两层，各成系统。

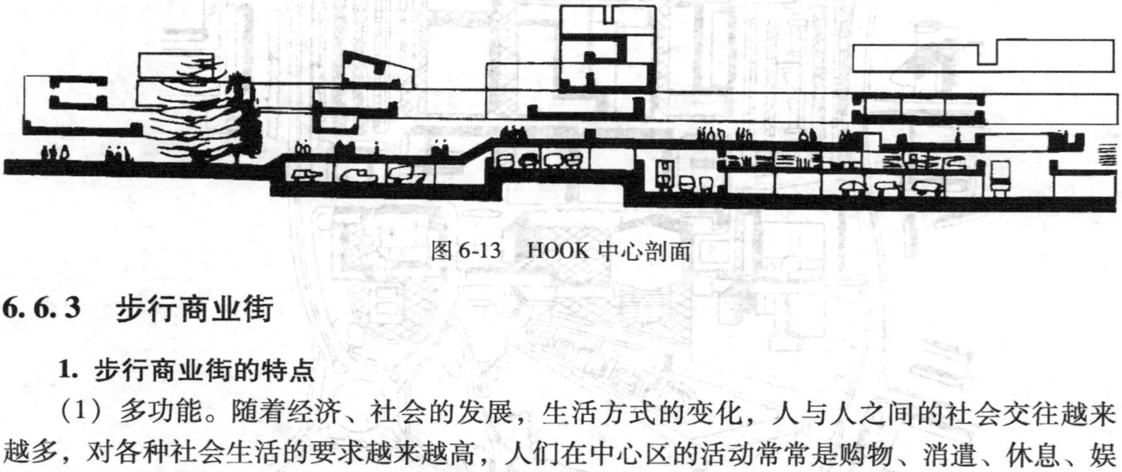

图6-13　HOOK中心剖面

6.6.3　步行商业街

1. 步行商业街的特点

（1）多功能。随着经济、社会的发展，生活方式的变化，人与人之间的社会交往越来越多，对各种社会生活的要求越来越高，人们在中心区的活动常常是购物、消遣、休息、娱乐、交往等相结合。因此，步行商业街的功能呈现多样化，把商业与游憩相结合，布置绿地、水面、雕塑、座椅等环境设施。有的还布置儿童游戏场、小型影剧院等文娱设施。

（2）多空间。现代步行商业街区已不再是简单的平面布置，而是向多层多空间发展。如瑞典斯德哥尔摩卫星城魏林比中心区，加拿大蒙特利尔“城下城”的步行商业街，德国汉诺威下沉式商业街等。

（3）有方便、舒适的环境设施。如休息用具——座椅、凳子；卫生用具——饮水器、废物箱；情报信息设施——电话亭、标志、导游图；景观设施——种植容器、雕塑、路灯、喷泉、钟塔等。

2. 步行商业街的形式

（1）街道式。在步行街的两端出入口处进行处理，限定车辆出入。如图6-14所示，布置建筑时应避免街道视线穿透整个商业街，用建筑立面限定视线，形成相对封闭的活动空间。

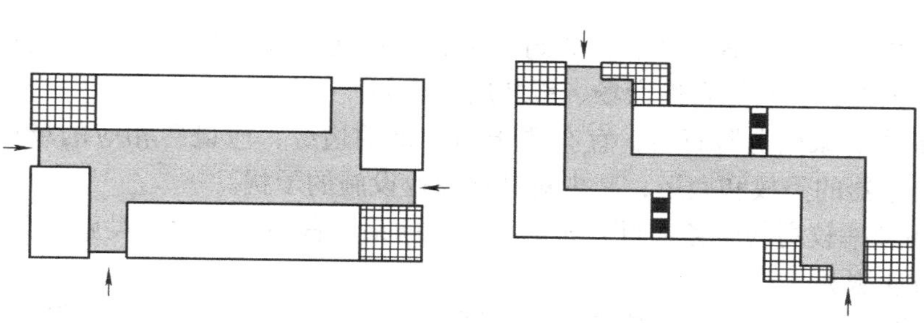

a)　　　　b)

图 6-14　步行商业街入口处理示意图

（2）商业街与广场结合。在商业街的端部或中部设广场。如图 6-15 所示，为端部设广场的形式，其广场是视线交点，位于街道的一端。广场上宜布置水面、绿地、座椅等环境设施，丰富空间内容，满足不同行为要求。如图 6-16 所示，广场位于商业街的中部，这是市民购物时易于集聚的场所。这种形式适合于占地较少的多层商业区，当周围建筑超过 2 层时，应考虑其空间有充足的光线和通风。空间内可设自动梯和楼梯解决垂直交通。

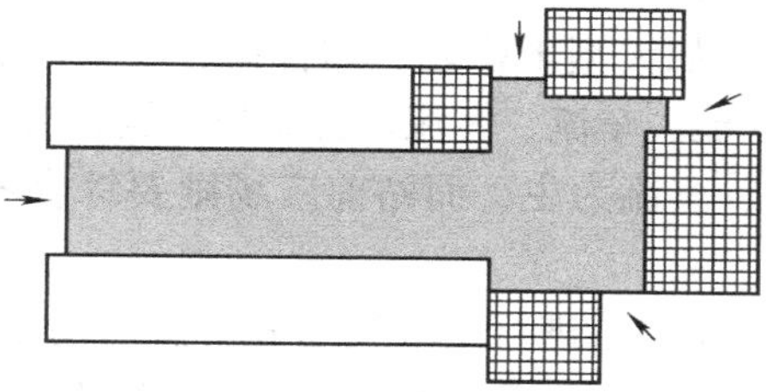

图 6-15　商业街端部设置广场示意图

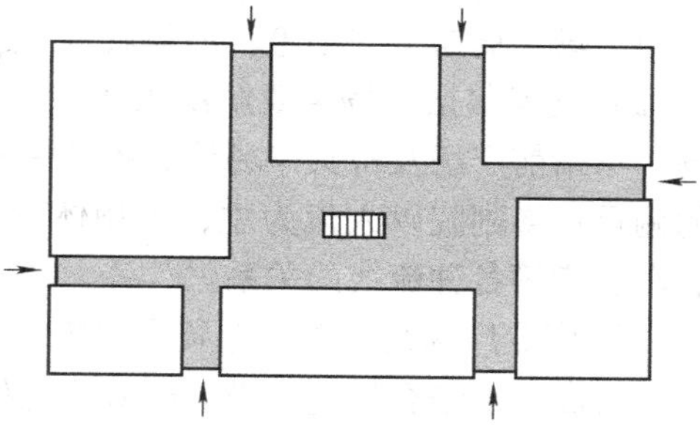

图 6-16　商业街中部设置广场示意图

（3）十字步行商业街。如图 6-17 所示，十字街布置的关键是封闭视线，可在中央设广场，使四角的建筑均成为四条道路视线的集中点。布置建筑时应注意让每一条街道都成为人流量较大的步行街，应把公共汽车站、停车场等布置在出入口附近。通向中心广场的街道应尽可能短，减少步行者的疲劳感。

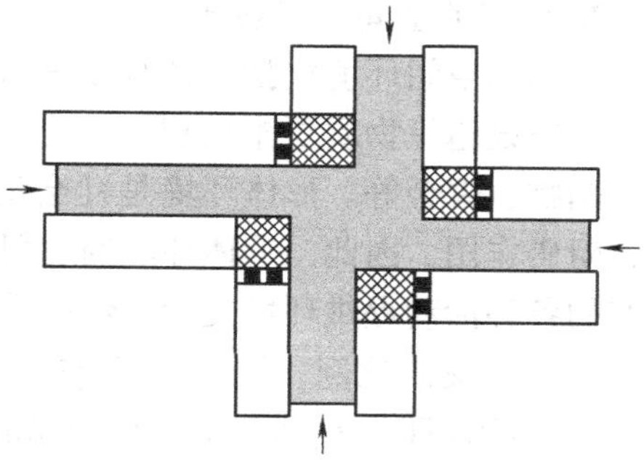

图 6-17　十字步行街示意图

3. 建筑布置

应根据人们的购物行为，心理和活动习惯等考虑商业步行街建筑的布置。

（1）根据各商店的具体性质和内容，将强、弱吸引力的商店结合布置，使人流畅通、均衡。避免因人流密度悬殊，使某一时间、某一地段的人流过于拥挤。

（2）同类商业服务设施宜成组布置，以利顾客比较选择，易产生更大吸引力。

（3）日用百货商店、杂货店等宜布置在街区边缘，提供便捷服务。

（4）大型综合商场是商业街区的重要建筑，宜布置在商业街的中部或端部，并应设休息和集散广场。

（5）以妇女为主要顾客的商店，如妇女用品、儿童用品、床上用品、化妆用品商店等，宜布置在街道内部，并与综合性商场、服装店等相邻。

（6）家具店、家用电器商店，宜布置于商业街的边缘，应设置相应的场地，以利于家具及大件家用电器的停放和搬运，减少对其他商业设施的干扰。

（7）使用频率较高的服务项目，如烟、酒、糖果、食品、冷饮等设施应分散间隔布置，可随时提供方便服务。

（8）影剧院和其他文娱场所应布置在街区边缘，以利疏散，并应设置集散场地。

6.6.4 城市广场

1. 广场的分类

广场是城市公共空间体系中的一个组成部分。根据广场的性质、功能可分为市民集会广场、交通集散广场、商业广场、文化休息广场等。

（1）市民集会广场常常是城市的核心，供市民集会、节假日欢庆、休息等活动使用。一般由行政办公楼，展览性、纪念性建筑，结合雕塑、水体、绿地等形成气氛比较庄严、宏伟、完整的空间环境，一般布置在城市中心交通干道附近，便于人流、车流的集散；如北京天安门广场、莫斯科红场等，都与城市干道有良好的联系。

（2）交通集散广场主要解决人流、车流的集散。如大型影剧院、体育馆、展览馆前的广场，车站前广场及桥头广场等。各类集散广场对人流、车流、客流、货流的组织要求有不同的侧重：影剧院以人流为主，大型体育馆以人流、车流为主，而站前广场则要综合考虑人、车、货等各种流线的关系。

（3）商业广场是布置商业贸易建筑，供市民集中购物或进行市场贸易和游憩活动场所，常与步行商业街结合设置。设计时应注意处理好广场出入口和活动区域的关系，并且在时间与空间上避免进出广场的车辆与人们步行活动的相互干扰。

（4）文化休息广场是一种为市民提供历史、文化教育和休息的室外空间。广场的建筑、环境设施等均要求有较高的艺术价值。广场的空间、比例、尺度、视线和视角均应有良好的设计。

2. 广场的空间环境规划

广场的空间环境包括形体环境和社会环境两方面。形体环境由建筑、道路、场地、植物、环境设施等物质要素构成。社会环境由人们的各种社会活动构成，如欣赏、游览、交往、购物、聚会等。形体环境是社会生活活动的场所，对各种行为活动起容纳、促进或限制、阻碍作用。因此，形体环境的规划设计应满足人的生理、心理需求，符合行为规律，为人们的各种活动提供环境支持，创造适合时代要求的广场空间。

（1）广场的比例、尺度。广场的大小应与其性质功能相适应，并与周围建筑高度相称。舍特（COSIITTE）等从艺术观点考虑的结论是：广场的大小是依照与建筑物的相关因素决定的。设计成功的广场大致有下列的比例关系。

①$1 \leq D/H < 2$。

②$L/D < 3$。

③广场面积 < 建筑物界面面积 ×3。

式中，D 为广场宽度；L 为广场长度；H 为建筑物高度。

广场过大，与周围建筑关系不大，就难于形成有形的、可感觉的空间。越大给人的印象越模糊。大而空、散、乱的广场是吸引力不足的主要原因，对这种广场应采取一些措施来缩小空间感。如天安门广场，周围建筑高度均在30~40m之间，广场宽度为500m，宽高比为12∶1，以致使人感到空旷，但由于广场中布置了人民英雄纪念碑、纪念堂、旗杆、花坛、林带等分隔了空间，避免了过大的感觉。

（2）广场的平面形状。广场的平面形状可以分为规则和不规则的两种，其空间多由方形、圆形、三角形等几何形体通过变形、重合、融合、集合、切除、变位等演变而来。可以是对称和外形完整的，也可以是不对称和外形不完整的。广场平面形状不同，给人的感受是不同的。

1）正方形广场无明显的纵横方向，可以突出广场中央部位。如果强调方向上的主次，可借助于建筑群朝向，借助于道路系统关系，亦可借助于建筑的艺术处理（如体量、色彩上的变化）。

2）长方形广场有纵横方向的区别。纵、横向都可设计为主要方向，应根据实际需要和环境条件而定。其纵横向长短之比以3∶4、1∶2为宜。当越过1∶3时便难于处理，易失去广场的理想空间效果。

3）梯形广场有明显的方向性，主轴线只有一条，易于突出主题。主要建筑布置在短边上，可显雄伟庄重，布置在长边上则亲切宜人，可利用透视效果增加空间的纵深感。

4）圆形广场可突出中央圆心部位。

5）不规则形广场适宜于特殊的环境条件，可以打破严谨的、对称的平面构图，比较活泼。

（3）广场的空间形态。广场的空间形态有平面形与空间形两种，平面形的广场其空间形态主要取决于空间平面形状的变化。空间型广场又可分为上升式广场与下沉式广场，其目的主要是为解决交通问题，实行人车分流。

1）上升式广场可以行人，让车辆在低的地面上行驶；也可以相反，让轻轨交通等在高架的平台上行驶，而把地面留给行人。如某市中心广场，如图6-18所示，广场上升空间是步行区，其下层为公交车辆、小汽车站场和通行层，再下部为地下商场，三者互不干扰，又便于换乘、游憩和购买，为市民和旅客提供了极大的方便。

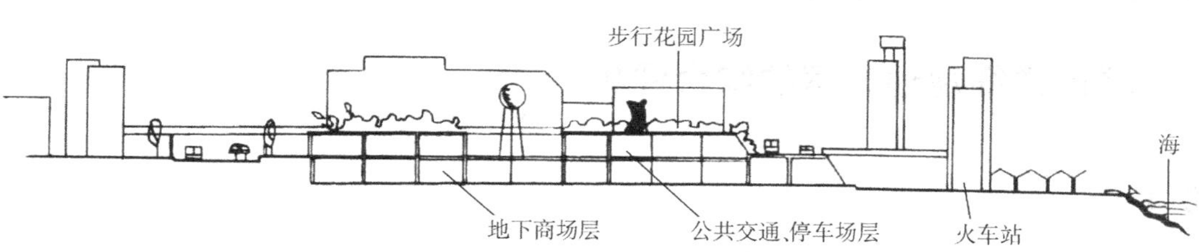

图6-18　某市中心广场剖面示意图

2）下沉式广场，其下沉部分多供步行者使用，常布置在闹市中，以创造闹中取静的空间环境，如图6-19所示。也可结合地下空间或地铁车站的出入口设置，以方便出入，有利于地上与地下结合，可以把自然光线和空气渗透到地下空间。为保证下沉广场有适宜的空间环境，其下沉面积不宜小于400m^2，最小宽度不小于12m，或不小于其深度的3倍。

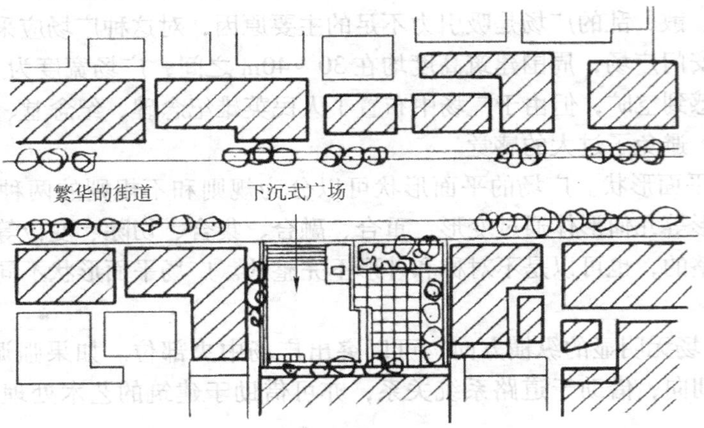

图 6-19 设置在街边的下沉式广场

(4) 广场空间的艺术处理

1) 广场的边界线清楚，能成为“图”、此边界线最好是建筑物的外墙，而不是仅仅遮挡视线的围墙。

2) 具有良好的封闭条件——阴角，容易形成“图”。

3) 铺装面直到边界，空间领域明确，容易形成“图”。

4) 周围的主要建筑具有某种统一和协调，D/H 有良好的比例。

5) 广场周围的主要建筑物和主要出入口，是空间设计的重点和吸引点，处理得当，可以为广场增添光彩。

6) 应突出广场的视觉中心。特别是较大的广场空间，假如没有一个视觉焦点或心理中心，会使人感觉虚弱空泛，所以一般在公共广场中利用雕塑、水池、大树、钟塔、旗杆、纪念柱等形成视线焦点，使广场产生较强的凝聚力。

7) 广场绿地布置，应适合广场使用性质要求，植物配置力求简洁。公共活动广场集中成片绿地的比重，一般不宜少于广场总面积的25%；站前广场、集散广场的集中成片绿地不宜少于10%，一般为15%～25%。

6.7 城市详细规划方案的综合评析

实例1

《某市滨湖核心区控制性详细规划方案》评析

1. 规划方案简介

某市（历史文化名城）决定编制滨湖核心区面积约40hm² 的用地控制性详细规划方案（图6-20）。由于湖面及外围地段是重要的风景旅游区，有十分丰富的传统人文景观和自然景观。因此，要求核心区开发项目的安排充分考虑旅游风景区的特点，开发强度不宜过高，沿湖设立保护绿带以保证湖面的景观，并且交通组织上要将旅游线路和主要车流分开。

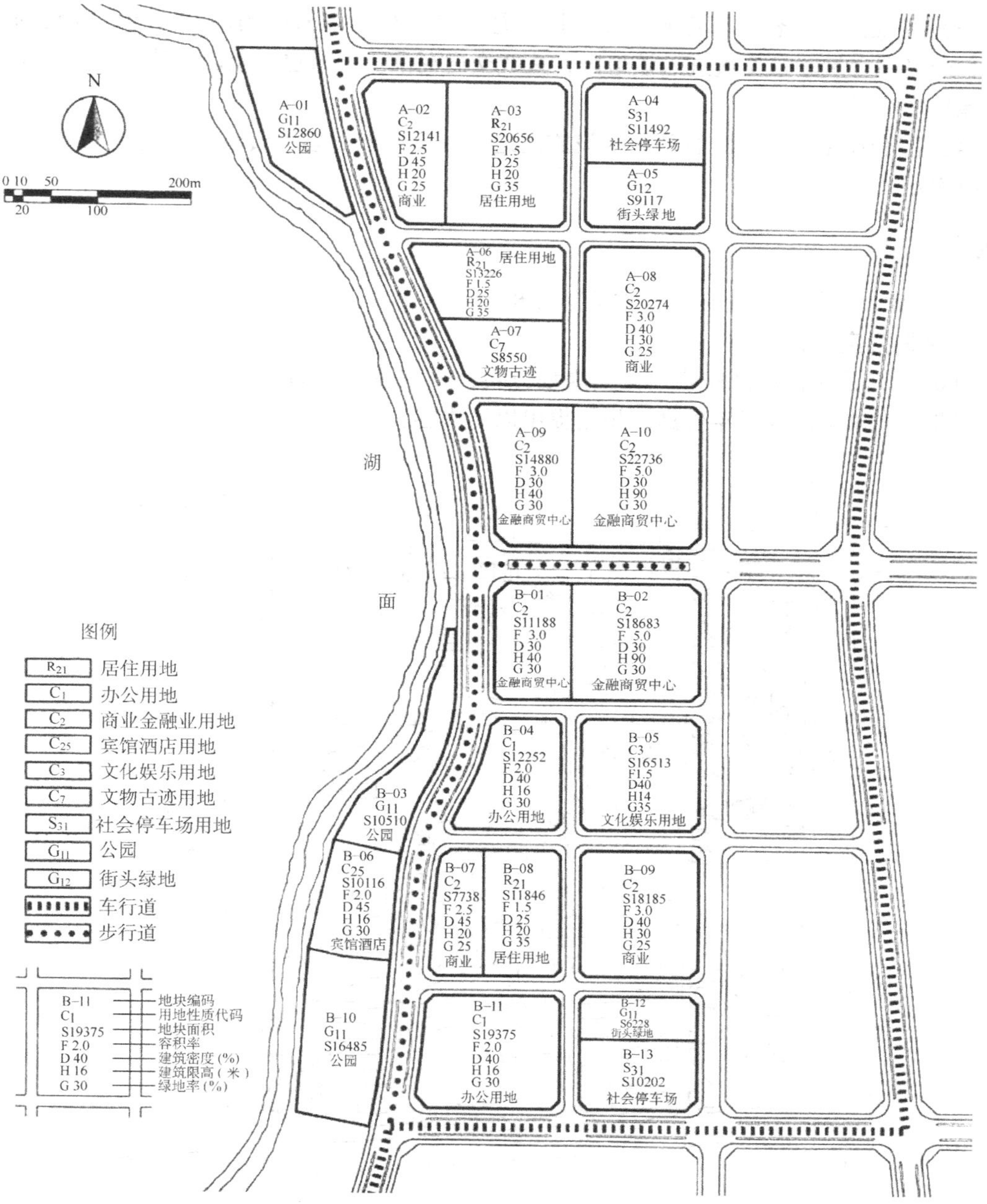

图6-20　某市滨湖核心区控制性详细规划示意图

2. 方案评析要点

（1）交通组织：交通组织较为合理，方案将主要车流与步行人流进行了有效分离，保证了游览线路的畅通，在主要道路旁设置了两处停车场，有效截留了进入核心区的车行交通。

（2）规划布局：由于该地区的主要功能为旅游休闲，因此在A-09、A-10、B-01、B-02地块布置大量的金融贸易中心不太适宜，建议安排商业服务、文化娱乐等设施。为保证湖滨绿带的连续畅通，不应在滨湖保护绿带中设置宾馆（B-06）。

（3）开发强度：容积率普遍过高，特别是安排高层、高密度的商贸区与湖滨路的特色不符，会吸引大量车行交通进入该地区，造成交通混乱。同时也对景区的传统风貌和文物古迹的保护影响极大。

（4）配套设施：必须配置的市政设施用地（如变电站、垃圾转运站、消防站等），在图上没有表示。

实例 2

《某居住小区修建性详细规划方案》评析

1. 规划方案简介

图 6-21 是某居住小区修建性详细规划方案，住宅建筑分为四个组团布置，其中，在东北组团北侧安排了四幢老年公寓。规划提出以下内容：

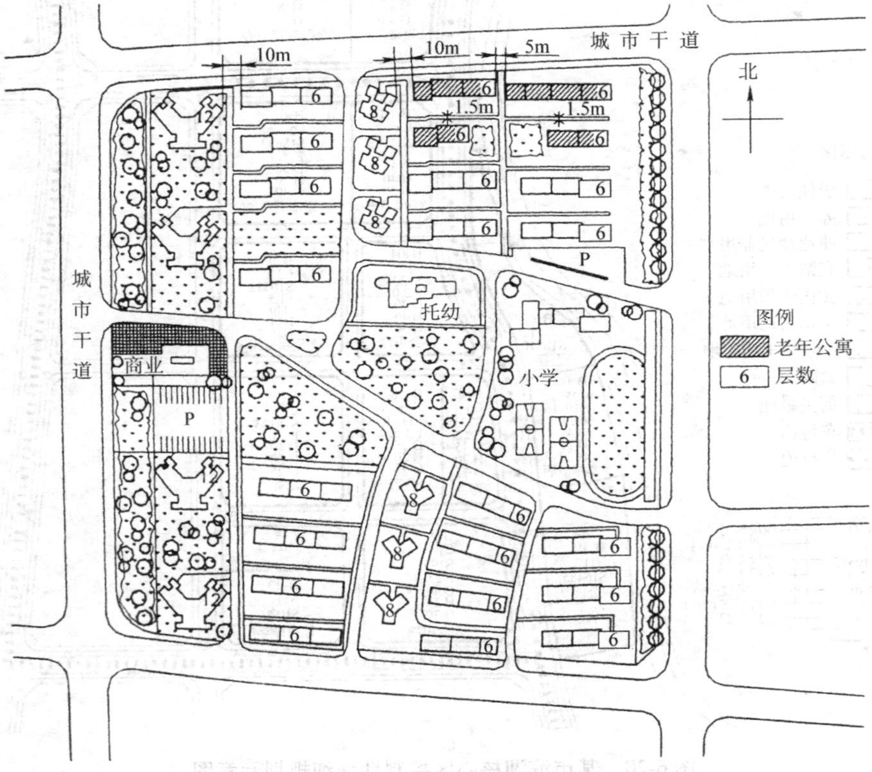

图 6-21 某居住小区规划方案示意图

（1）所有条式住宅之间的正面间距均按冬至日照 1 小时的标准计算。

（2）宅间小路的路面宽度为 1.5m。

（3）所有 6 层条式住宅和 8 层塔式住宅均不设电梯。

2. 方案评析要点

（1）主要优点：平面布局合理，小学、幼托和商业建筑安排恰当，空间层次丰富有序。临街住宅的出入口不直接开向城市干道。

（2）住宅建筑间距有错误：多层条式住宅侧面间距不宜小于6m，多层条式住宅和高层住宅侧面间距不宜小于13m。老年住宅建筑的日照标准不应低于冬至日照2小时的标准。

（3）小区道路断面有错误：宅间小路的宽度不应小于2.5m。

（4）8层塔式住宅和6层老年住宅应设电梯。

6.8　城市详细规划方案实例与分析

福州儒江东村小区（图6-22）位于福建福州市开发区快安延伸区，北面为鼓山，南面为闽江，北面隔路有一铁路线通过。用地9.4hm²，总居住人口4 025人，总建筑面积12 8055m²。

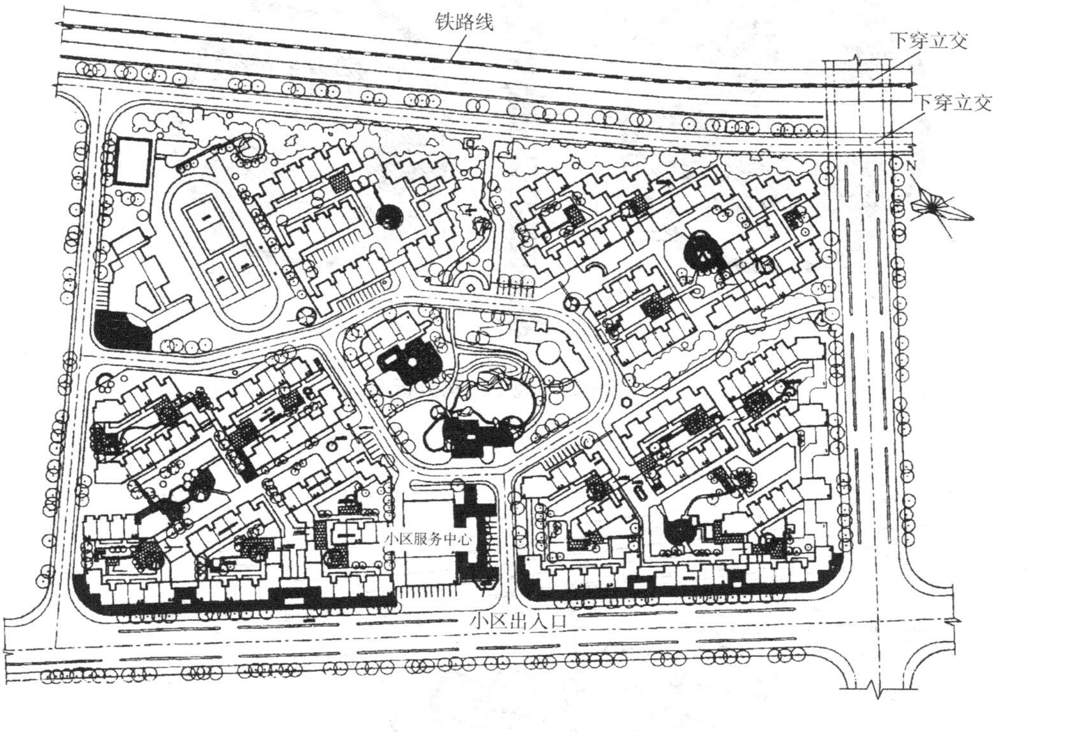

图6-22　规划平面图

1. 规划结构分析（图6-23）

小区分为三个组团，一个扩大院落。一个公建中心和一个小游园联合形成社区中心。每个组团为3～5个院落组成。片块式布局形式，多个组团、院落围绕中心绿地——小游园布置。功能结构布局清晰、明确、合理。

2. 道路系统分析（图6-24）

路网主干道采用环通式，次干道为枝状尽端式，入户小路以步行为主，可减速通行小汽车。小区入口朝向主要人流方向，道路分级明确。机动车停车库按组团集中设置，自行车各组团分散布置二三处，机动车临时停车位设在小区和各组团入口处，使用方便。

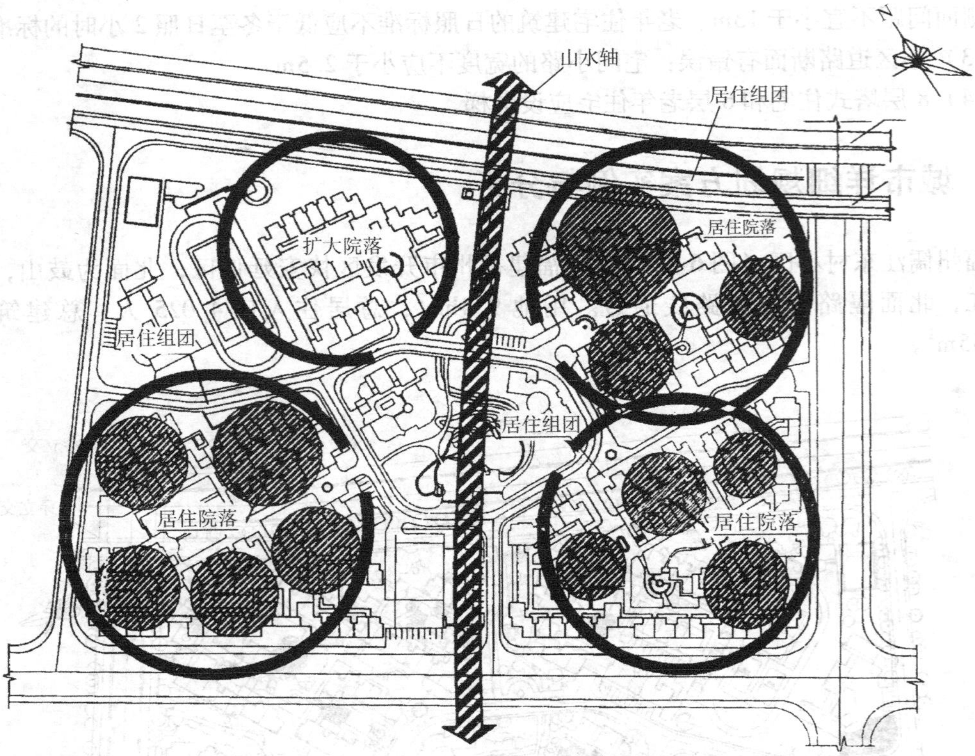

图 6-23　规划结构分析图

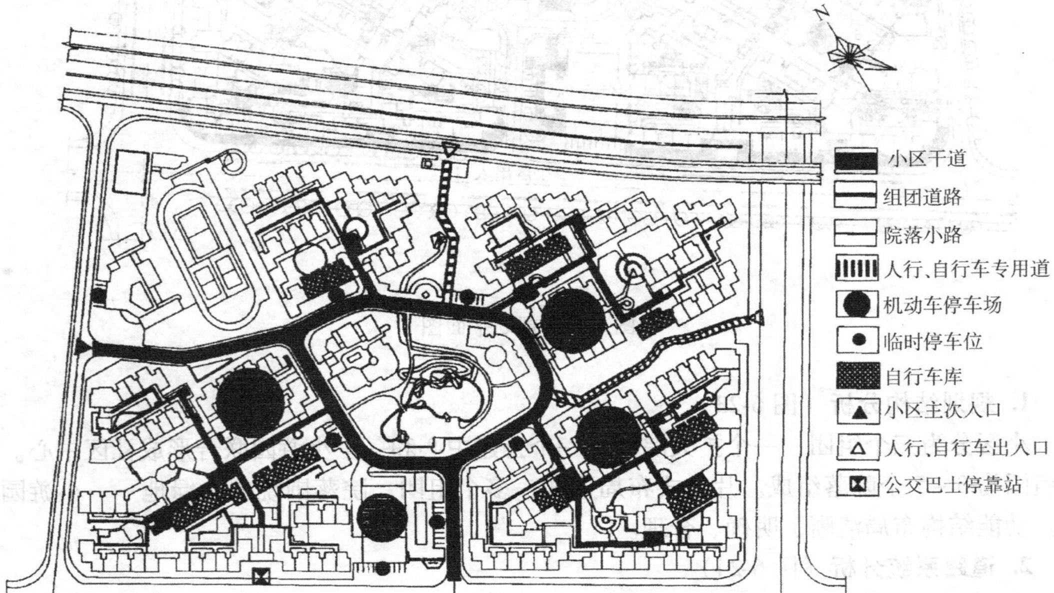

图 6-24　道路系统分析图

3. 公建系统分析（图6-26）

商业服务中心设于小区南入口，文化活动中心设于小区中心，小学设于西北一角独立地段，各公建位置适中，但幼托面临小区干道宜作空间围合，加以隔离与维护。

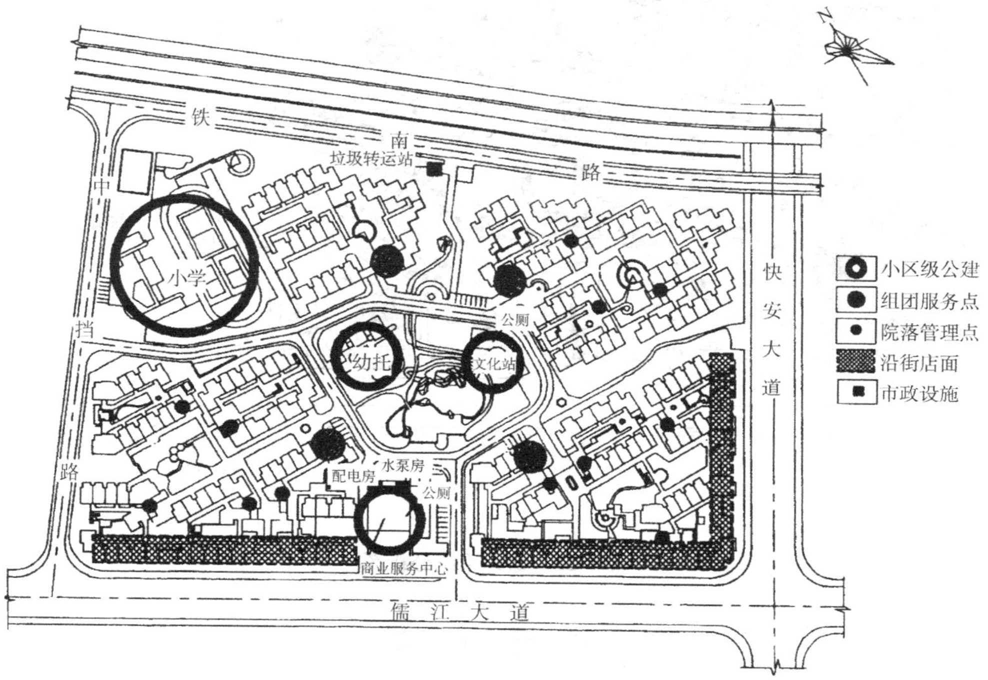

图6-25　公建系统分析图

4. 绿化系统分析（图6-26）

居住空间组织有序，南入口商业服务中心为前景，文化活动中心达到全区高潮，林荫步道为结尾。小区、组团、院落各层次入口都做了一定处理，有较强的识别性。北部设防护林带、隔声墙、减震沟利于隔减噪声，缓解火车运行震颤，同时，防护林带可阻挡冬季风，也是区内的绿化景观和活动场所。由于过于强调南北向方位，规划布置空间变化不够丰富。

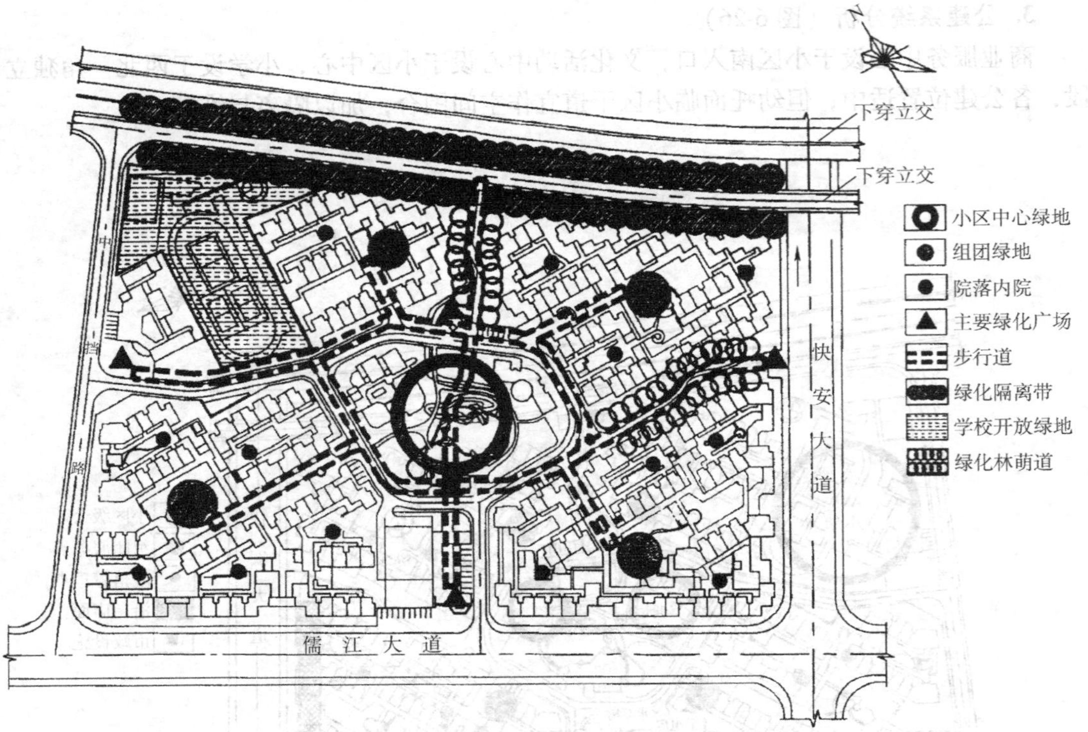

图 6-26 绿化系统分析图

单 元 小 结

城市详细规划是城乡规划的重要组成部分，居住区、城市公共空间是城市的有机组成部分。本单元以控制性详细规划和修建性详细规划的内容与编制方法为切入点，进而重点讲述居住区规划、城市公共空间规划的内容与方法。其中，居住区规划的内容与方法是需要重点掌握的内容。

复习思考题

6-1 简述控制性详细规划的作用与编制内容。

6-2 简述控制性详细规划的控制体系。

6-3 简述修建性详细规划的编制方法与成果要求。

6-4 简述居住区、居住小区、居住组团的概念。

6-5 简述居住区规划的内容。

6-6 简述城市公共空间的概念。

6-7 简述城市中心区的构成与布局形式。

6-8 简述城市广场的分类。

第7单元　城市规划的主要专项规划

【能力目标】

(1) 掌握城市规划的主要专项规划的任务、内容与工作程序。

(2) 对各主要专项规划具有初步的分析和规划方案的优选能力，能按规划原则较合理地规划布局各类市政公用设施；能合理地选择各项规划指标及各项设施的用地指标。

(3) 对城市对外交通与城市道路网络规划、绿地景观规划、历史文化遗产保护规划、工程管线综合规划、用地竖向规划和防灾系统规划具有初步规划设计的能力。

(4) 通过认识实习、课程设计等教学环节，掌握综合解决各类城市专项规划的能力。

【教学建议】

(1) 结合各层次的项目（城镇总体规划、详细规划、乡村规划等）训练，将在各规划项目的训练任务中体现出各专项规划的内容。

(2) 重视学生实习过程中关于各专项规划的内容。

(3) 加强各专项规划教学过程中的案例教学，通过课程设计培养学生综合解决实际问题的能力。

【训练项目】

进行各类规划项目(城镇总体规划、详细规划、乡村规划等)中关于各项专业规划的编制训练;结合各类规划项目的编制进行各专项规划的训练,或进行各专项规划的单项训练。

7.1　城市道路与交通规划

7.1.1　城市综合交通规划的主要内容

1. 城市综合交通规划基本概念

(1) 城市综合交通。城市综合交通包括了存在于城市中及与城市有关的各种交通形式。城市综合交通可分为城市对外交通和城市交通两大部分。城市对外交通泛指城市之间的交通，以及城市地域范围内的城区与周围城镇、乡村之间的交通。其主要交通形式有：公路交通、铁路交通、航空交通和水运交通。城市交通是指城市内部的交通，包括城市道路交通、城市轨道交通和城市水上交通等，其中，以城市道路交通为主体。城市对外交通与城市交通具有相互联系、相互转换的关系。

(2) 城市交通系统。城市交通是一个由许多相关元素组成的大系统，城市道路交通是其中的主体。城市交通系统由城市运输系统、城市道路系统和城市交通管理系统组成。城市道路系统和交通管理系统都是为城市运输系统完成交通行为服务的，但是道路系统是为运输体系提供活动场所的，而交通管理系统则是整个城市交通系统正常、高效运转的保证。城市交通系统是城市社会、经济和物质结构的基本组成部分。城市交通系统的作用是把分散在城市各处的城市生产、生活活动连接起来。鉴于城市交通的综合性，城市交通与城市对外交通具有密切的联系，通常把二者结合起来进行综合研究和综合规划。

2. 城市道路系统规划及红线划示

（1）影响城市道路系统布局的因素。城市道路系统是组织城市各种功能用地的“骨架”，是城市进行生产和生活活动的“动脉”。城市道路系统布局是否合理，直接关系到城市是否可以合理、经济地运转和发展。影响城市道路系统布局的因素主要有三个：城市在区域中的位置（城市外部交通联系和自然地理条件）、城市用地布局形态（城市骨架关系）、城市交通运输系统（市内交通联系）。

（2）城市道路系统规划的基本要求。满足城市各部分用地布局形态的要求：城市各级道路应成为划分城市各分区、组团、各类城市用地的分界线。城市各级道路应成为联系城市各分区、组团、各类城市用地的通道，城市道路的选线应有利于组织城市的景观，满足城市交通运输的要求。道路的功能必须同毗邻道路的用地性质相协调，道路系统需要完整、交通均衡分布，要有适当的道路网密度和面积率。道路系统要有利于实现交通分流；有利于交通组织管理。道路网尽量正交，并便于组织交叉口的交通。道路系统应与城市对外交通有方便的联系，满足城市环境保护的要求，满足各种工程管线的要求。

（3）城市道路系统规划的程序。城市道路系统规划是城市总体规划的重要组成部分，它不是一项单独的工程技术规划设计，而是受到很多因素的影响和制约。一般规划程序如下：

1）现状调查和资料准备

①城市用地现状和地形图：包括城市市域或区域范围两种图，比例分别为1:25 000（或1:50 000）、1:10 000（或1:5 000）。

②城市发展经济资料：包括城市发展期限、性质、规模、经济和交通运输发展资料。

③城市交通现状调查资料：包括城市机动车、非机动车数量统计资料，城市道路及交叉口的机动车、非机动车、行人交通量分布资料和过境交通资料。

④城市用地布局和交通系统初步方案，城市土地使用规划方案。

2）提出城市道路系统初步规划方案。

3）研究交通规划初步方案。

4）修改道路系统规划方案。

5）绘制道路系统规划图。道路系统规划图包括平面图及横断面图。平面图要根据总体规划（或详细规划）的编制规定，标出干道网（或道路网）的中心线及控制点的位置（以及坐标、高程、平曲线要素），广场及各种交通设施用地、位置，以及交叉口形式和平面形状方案，亦可同时标注城市主要用地的功能布局，比例为1:20 000~1:5 000。横断面图要标出各种类型道路的红线控制宽度、断面形式及标准横断面尺寸，比例为1:500或1:200。

6）编制道路系统规划文字说明。

（4）城市道路分类。城市道路作为城市交通的主要设施，首先应满足交通的功能要求，又要起到组织城市用地的作用，城市道路系统规划要求按道路在城市总体布局中的骨架作用对道路分类，还要按照道路的交通功能进行分析，同时满足“骨架”和“交通”的功能要求。通常在设计城市道路时，是按照城市道路设计规范进行道路分类的；在分析道路与城市用地性质的关系时，按道路的功能来分类。

1）《城市道路设计规范》中有关规定的分类（按城市骨架分类）

①快速路。快速路又称城市快速干道，是城市中为联系城市各个组团中、长距离快速机动车交通服务的道路，属于全市性交通主干道。快速路是大城市交通运输的主要动脉，也是城市与高速公路的联系通道。在快速路两侧不宜设置吸引大量人流的公共建筑物出入口，而对两侧一般建筑物的进出口也应加以控制。

②主干路。主干路又称全市性干道，是城市中主要的常速交通道路，主要为相邻组团间及与城市中心区的中距离交通服务，是联系城市各个组团及与城市对外交通枢纽联系的主要通道。主干路在城市道路网中起骨架作用，交叉口间距以700～1 200m为宜。

③次干路。次干路是城市各组团内的主要道路,在交通上起集散交通的作用,兼有生活性服务功能。次干路联系各主干路,并与主干路组成城市干道网。交叉口间距以350～500m为宜。

④支路。支路又称城市一般道路，在交通上起汇集作用，直接为用地服务，以生活性功能为主，支路间距以150～250m为宜。

2）按道路的功能分类。城市道路按功能分类的依据是道路与城市用地的关系，按道路两旁用地所产生的交通流性质来确定道路的功能。城市道路按功能可分为以下两类：

①交通性道路。交通性道路是以满足交通运输的要求为主要功能的道路，承担城市主要的交通流量及与对外交通的联系。其特点为车速高、车辆多、车行道宽，道路线形要符合快速行驶的要求，道路两旁要求避免布置吸引大量人流的公共建筑。

②生活性道路。生活性道路是以满足城市生活性交通要求为主要功能的道路,主要为城市居民购物、社交、游憩等活动服务,以步行和自行车交通为主,机动车交通较少,道路两旁多布置为生活服务的、人流较多的公共建筑及居住建筑,要求有较好的公共交通服务条件。

图7-1　方格网式路网（锡林浩特市）

(5) 城市道路系统的空间布置。

1）城市干道网类型。常见的城市道路网可归纳为以下四种类型：

①方格网式道路系统。方格网式又称棋盘式，是最常见的一种道路网类型，适用于地形平坦的城市。其优点是道路划分的街坊形状整齐，利于建筑布置，交通分散，灵活性大。缺点是对角线方向的交通联系不便，非直线系数（道路距离与空间距离之比）大，如图 7-1 所示。

②环形放射式道路系统。这种道路系统的放射形干道的优点是有利于市中心同外围市区和郊区的联系，环形干道又有利于中心城区外的市区及郊区的相互联系。缺点是放射形干道容易把外围的交通迅速引入市中心，引起交通在市中心过分地集中，同时会出现许多不规则街坊，交通灵活性不如方格网道路，如图 7-2 所示。

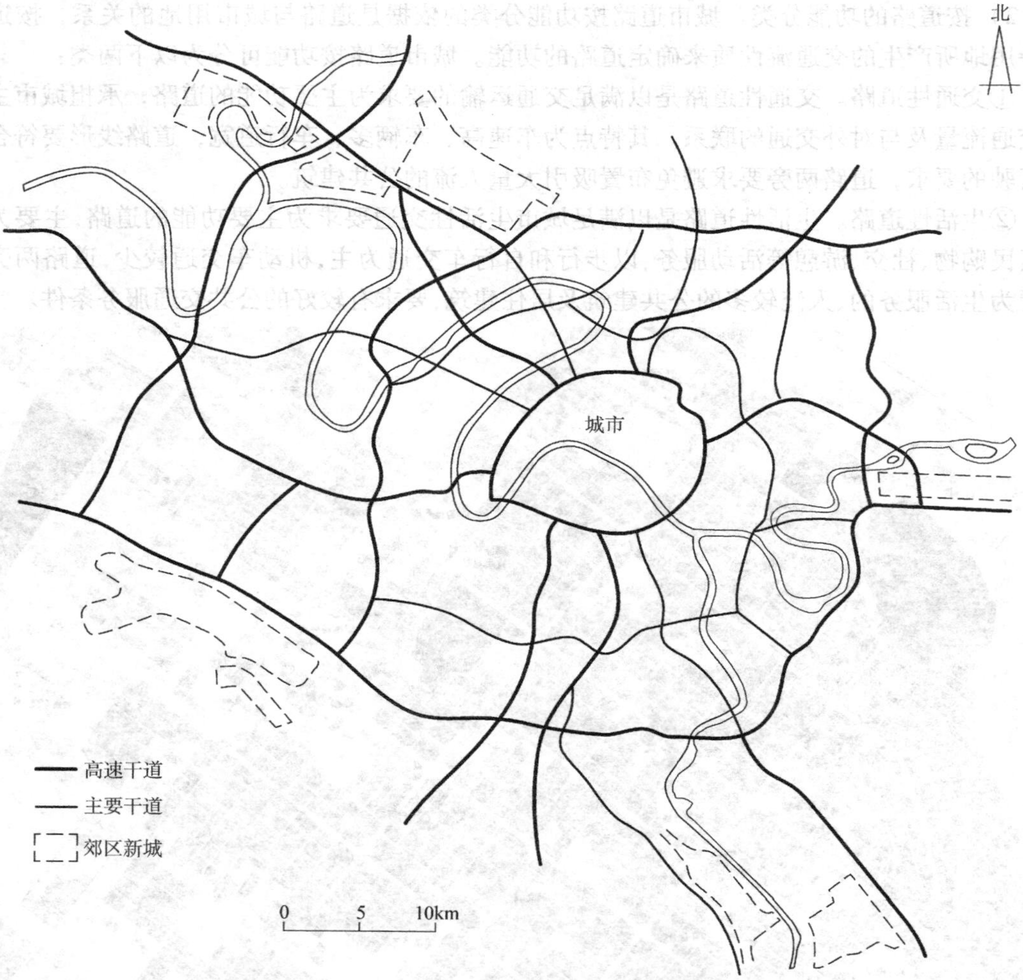

图 7-2 环形放射式路网（巴黎市）

③自由式道路系统。自由式道路常是由于地形起伏变化较大，道路结合自然地形呈不规则状布置而形成的。这种类型的路网没有一定的格式，变化很多，非直线系数较大。如果综合考虑城市用地的布局、建筑的布置、道路工程及创造城市景观等因素精心规划，不但能取得良好的经济效果和人车分流效果，而且可以形成生动活泼、丰富的景观效果，如图7-3所示。

④混合式道路系统。在城市不同的历史发展阶段中，有的地区受地形条件约束，形成了不同的道路形式；有的则是在不同的建设规划思想下形成了不同的路网，从而在同一城市中同时存在几种类型的道路网，组合而成为混合式的道路系统。还有一些城市，在现代城市规划思想的影响下，结合各种类型道路网优点，对原有道路结构进行调整和改造，形成新型的混合式的道路系统，如图7-4所示。

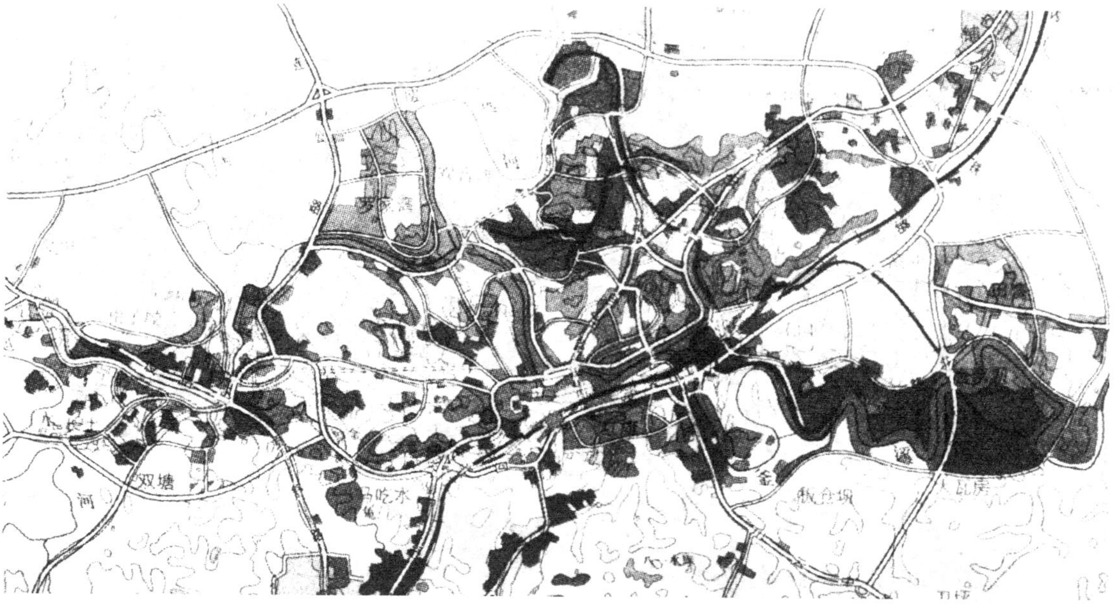

图7-3　自由式路网（自贡市）

2）城市道路的分工

①城市道路网按速度的分工，分为快速道路网和常速道路网两大路网。对于大城市和特大城市，城市快速道路网可以适应现代城市交通对快速、畅通和交通分流的要求，不但能起到疏解城市交通的作用，而且可以成为高速公路与城市道路的中介系统。城市常速道路网包括一般机非混行的道路网和步行、自行车专用系统。

②城市道路网按性质（功能）的分工，可以大致分为交通性路网和生活服务性路网这两个相对独立又有机联系（也可能部分重合为混合性道路）的路网。

交通性路网要求快速、畅通、避免行人频繁过街干扰。

生活性道路网要求的行车速度相对低些，要求不受交通性车流的干扰，同居民要有方便的联系，同时要求有一定的景观要求。

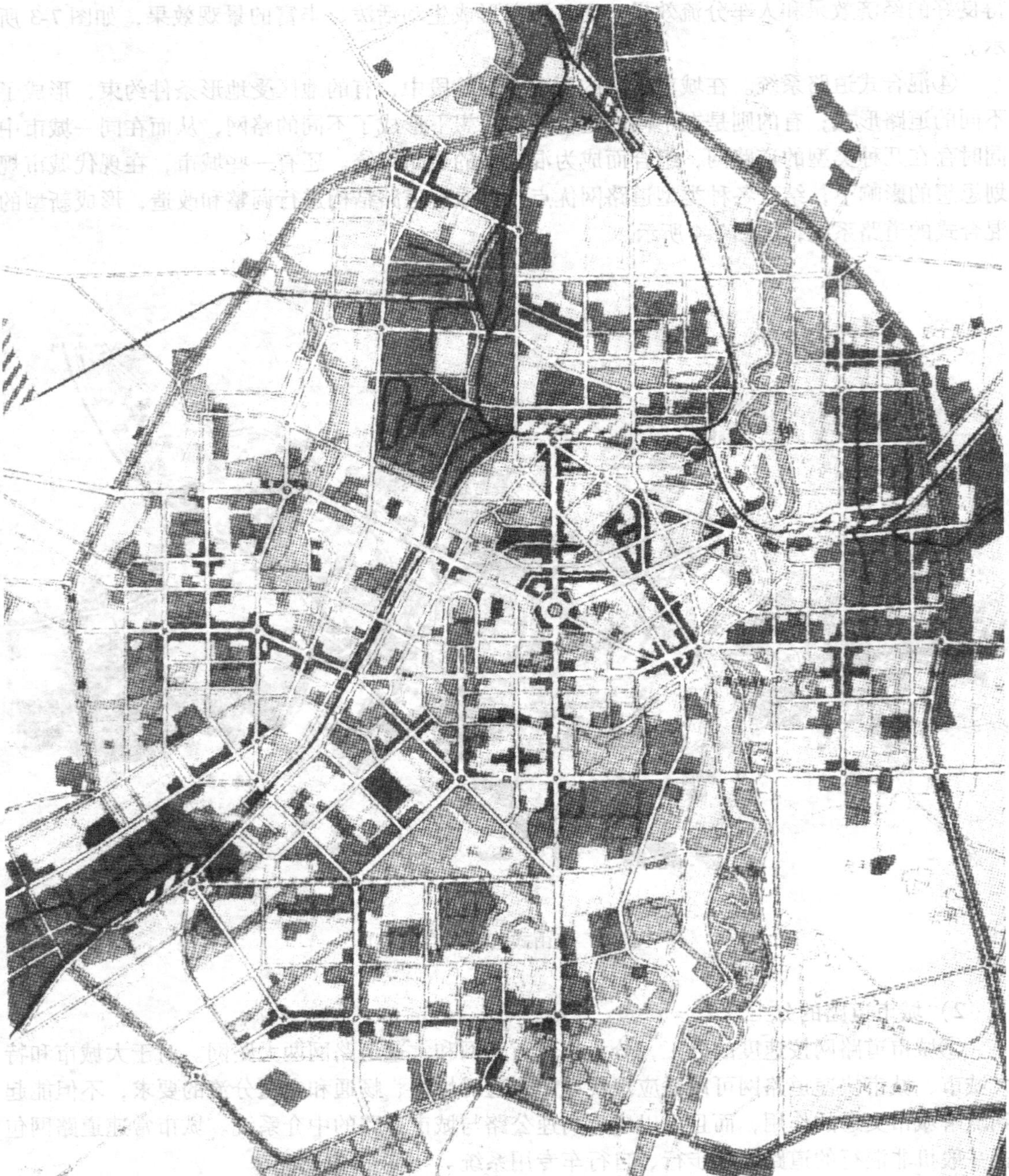

图 7-4　混合式路网（长春市）

3）城市各级道路的衔接

①城市道路衔接的原则：低速让高速、次要让主要、生活性让交通性、适当分离。

②城镇间道路与城市道路网的连接。城镇间道路把城市对外联络的交通引出城市，又把大量入城交通引入城市。所以，城镇间道路与城市道路网的连接应有利于把城市对外交通迅速引出城市，避免入城交通对城市道路，特别是对城市中心地区道路上交通的过多冲击，还要有利于过境交通方便地绕过城市，而不应该把过境的穿越性交通引入城市和城市中心地区。

（6）城市道路系统的技术空间布置

1）交叉口间距。不同规模的城市有不同的交叉口间距要求，不同性质、不同等级的道路也有不同的交叉口间距要求。城市各级道路的交叉口间距可按表7-1的推荐值使用。

表7-1　城市各级道路的交叉口间距表

道路类型	快速路	主干路	次干路	支路
设计车速/(km/h)	≥80	40～60	40	≤30
交叉口间距/m	1500～2500	700～1200	350①～500	150①～250

注：①小城市取低值。

2）道路网密度。列入城市道路网密度计算的包括上述四类道路，街坊内部道路不列入计算。要从使用的功能结构上考虑，按照是否参加城市交通分配来决定是否应列入城市道路网密度的计算范围。城市道路网密度有两种：

①城市干道网密度$\delta_{干}$

$$\delta_{干}=\frac{城市干道总长度}{城市用地总面积}$$

城市干道总长度包括城市快速路、城市主干路和城市次干路的总长度。规范规定大城市一般$\delta_{干}=2.4\sim3km/km^2$，中等城市$\delta_{干}=2.2\sim2.6km/km^2$。

②城市道路网密度$\delta_{路}$。城市道路总长度是指所有城市道路的总长度。单纯考虑机动车交通的，可忽略步行、自行车专用道。规范规定大城市一般$\delta_{路}=5\sim7km/km^2$，中等城市$\delta_{路}=5\sim6km/km^2$。

3）道路红线宽度。道路红线是道路用地和两侧建筑用地的分界线，即道路横断面中各种用地总宽度的边界线。道路红线内的用地包括：车行道、步行道、绿化带、分隔带四部分。城市规划各阶段的道路红线划示要求：在城市总体规划阶段，常根据交通规划、绿地规划和工程管线规划要求确定道路红线大致的宽度要求，并满足交通、敷设地下管线、绿化、通风日照和建筑景观等的要求。在详细规划阶段，应该根据毗邻道路用地和交通的实际需要确定道路的红线宽度。也可以根据具体用地建设要求，适当后退红线，以求得好的景观效果，并为将来的发展留有余地。

确定道路红线时，要避免两种不良倾向：一是过于担心拆迁损失将红线定得过窄，结果造成道路建成不久就不能满足交通发展要求；或是将红线定得过宽，造成建设成本过高。不同等级道路对道路红线宽度的要求见表7-2。

表7-2　不同等级道路的红线宽度表

	快速路	主干路	次干路	支路
红线宽度/m	60～100	40～70	30～50	20～30

4）道路横断面类型，如图 7-5 所示通常按车行道的布置命名道路横断面类型。

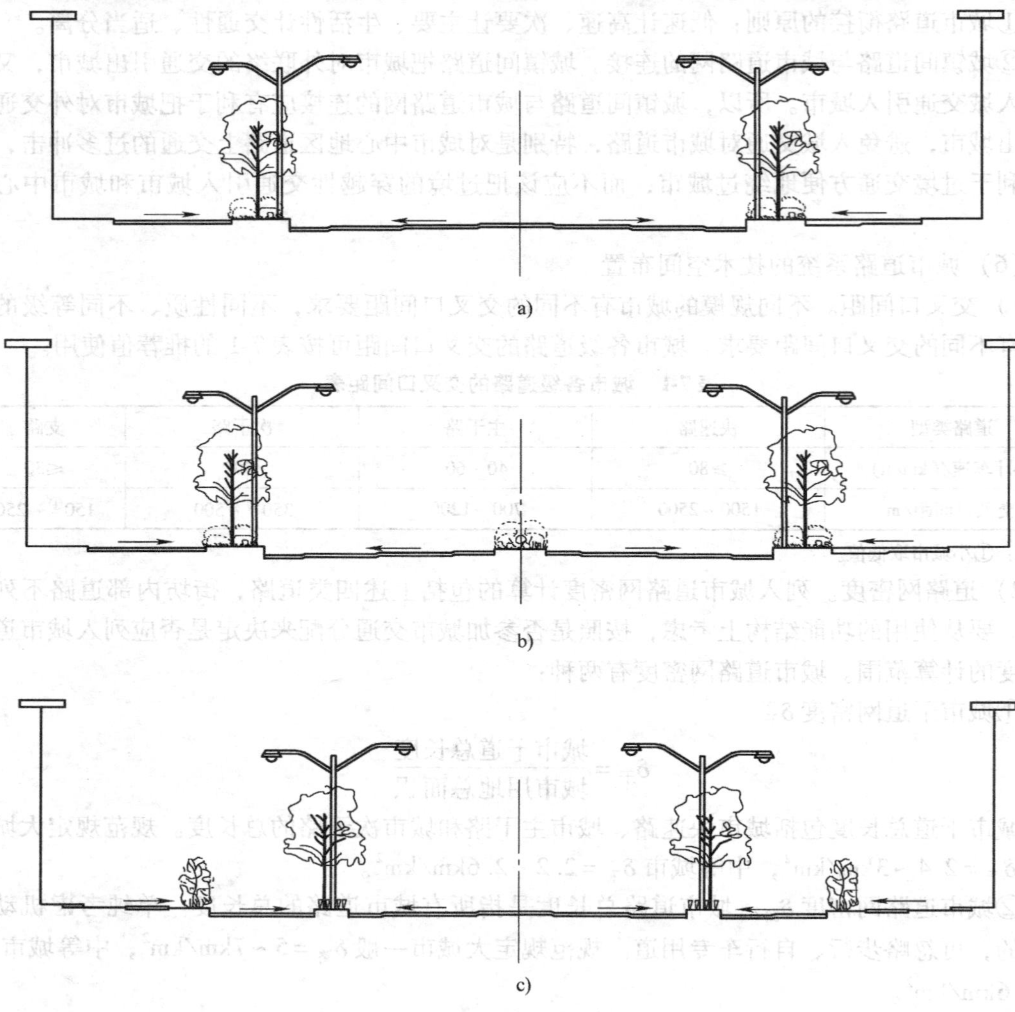

图 7-5　道路横断面类型

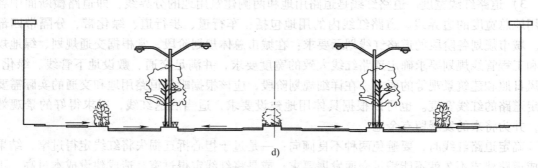

a）单幅路　b）双幅路　c）三幅路　d）四幅路

①单幅路道路横断面。不用分隔带划分车行道的横断面称为单幅路断面，单幅路道路的车行道可以用作机动车专用道、自行车专用道以及大量作为机动车与非机动车混合行驶的次干路及支路。

②双幅路道路横断面。用分隔带划分车行道为两部分的横断面称为双幅路断面。双幅路通常是利用中央分隔带（可布置低矮绿化）将车行道分成两部分。当道路设计车速大于50km/h时，解决对向机动车流的相互干扰问题时，有较高的景观、绿化要求时，两个方向车行道布置在不同平面上时，采用双幅路的形式。

③三幅路道路横断面。用分隔带将车行道划分为三部分的横断面称为三块板断面。三块板道路用两条分隔带将机动车与非机动车分道行驶，一般三块板横断面适用于机动车交通量不十分大而又有一定的车速和车流畅通要求，自行车交通量较大的生活性道路或交通性客运干道。

④四幅路道路横断面。用分隔带将车行道划分为四部分的横断面称为四幅路断面。四幅路道路比三幅路的道路增加一条中央分隔带，解决了对向机动车相互干扰问题。当道路上机动车和非机动车都比较多时可采用它。

3. 城市交通的特征及交通调查的基本知识

（1）交通调查的目的。城市交通调查是进行城市交通规划、城市道路系统规划和城市道路设计的基础工作。通过对城市交通现状的调查与分析，摸清城市道路上的交通状况，城市交通的产生、分布、运行规律以及现状存在的主要问题。从而达到以下目的：①了解和分析城市交通的现状；②预测未来交通量；③便于交通管理和控制；④制定交通规划。

（2）交通调查的内容。调查内容包括土地使用调查、居民出行调查、货物流动调查、机动车出行调查、公共交通调查、社会经济因素调查、其他调查、出入口调查和车速调查等。

（3）交通出行OD调查。

①概念：OD调查就是出行的起终点调查。

②目的：为了得到现状城市交通的流动特性。主要包括居民出行抽样调查和货运抽样调查两类，根据交通规划需要还可以分别进行流动人口出行调查、公共交通客流调查、对外交通客货流调查、出租车出行调查等。

③交通区划分：为了对OD调查获得的资料进行科学分析，需要把调查区域分成若干个交通区，每个交通区又可以分为若干交通小区。

划分交通区应符合下列条件：交通区应与城市规划和人口等调查的划区相协调，以便于综合一个交通区的土地使用和出行生成的各种资料；应便于把该区的交通分配到交通网上，如城市干道网、公共交通网、地铁网等；应使一个交通区预期的土地使用动态和交通的增长大致相似；交通区大小也取决于调查类型，交通区划得越小精度越高，但资料整理会越困难。

④OD调查的分类

A. 居民出行调查。调查内容包括：调查对象的社会经济属性和调查对象的出行特征。为了减少调查工作量，多采用抽样法，抽样率根据城市人口规模大小在4%～20%之间选用。

调查收集方法：有家庭访问法、路旁询问法、邮寄回收法等，其中家庭访问法效果最佳。

居民出行规律包括出行分布和出行特征。城市居民的出行特性有下列四项要素：出行目的、出行方式、平均出行距离、日平均出行次数。

B. 货运出行调查。货运调查常采用抽样发调查表或深入单位访问的方法，调查各工业企业、仓库、批发部、货运交通枢纽、专业运输单位的土地使用特征、产销储运情况、货物种类、运输方式、运输能力、吞吐情况、货运车种、出行时间、路线、空驶率以及发展趋势等情况。

4. 城市交通规划的要求

(1) 城市交通规划的基本概念。城市交通规划是确定城市交通发展目标，设计达到该目标的策略，制订和实施计划的过程，包括确定城市交通政策、城市客货运交通组织、道路交通流量分配等主要内容。城市交通规划必须同土地使用规划和道路系统规划密切结合、相互协调。交通规划应为决策者提供足够的决策信息。

(2) 城市交通规划的基本作用

1) 建立完善的城市交通系统，全面协调各种运输方式之间的关系，并对城市交通设施提出任务和要求，使各种运输方式能密切配合、相互补充，共同完成运输任务。

2) 提出解决城市交通问题的根本措施。

3) 使城市交通系统获得最佳效益。

(3) 城市交通规划的内容

1) 现状交通问题的调查与分析。

2) 确定规划目标。通过改善与经济发展直接相关的交通出行来提高城市的经济效益；确定城市合理的交通结构，充分发挥各种交通工具的联合运输潜力，使最有效率的交通方式的作用得到充分发挥；在充分保护有价值的地段（如历史遗迹等）、解决居民搬迁和财政允许的前提下，尽快建成相对完善的城市交通设施；通过交通投资来提高可达性，拓展城市的发展空间，保证新开发的地区都能获得有效的公共交通服务；在满足各种交通方式合理的运行速度的前提下，把城市道路上的交通拥挤控制在一定的范围内；有效的财政补贴和科学的、多元化交通经营，并尽可能使价格水平接近经营成本。

3) 交通需求预测。交通需求预测应注重城市土地使用发展与交通之间动态的相互影响关系的分析。交通需求预测有三种方法：顺序总体需求预测、接总体需求预测、个体行为需求模式。

4) 制定规划方案需要确定。城市交通发展目标和城市交通结构的规划目标；提出一定时期的交通政策；在城市土地使用规划方案和城市道路系统规划方案的基础上，根据交通需求预测结果，提出城市综合交通网络规划方案，包括公共交通线网布局方案、轨道公共交通网布局方案（仅对大城市）、自行车交通网布局方案，对道路系统规划方案的修改方案；进行城市交通系统的运量与运力的平衡；对规划方案作技术经济评估。

5) 规划方案评价。方案评价的准则必须是基于所确立的目的及目标；必须包括决策者评价及选取方案时可能采用的所有因素；必须能实际加以衡量及预测；必须具有对系统变动的敏感性。方案评价要遵循两个原则：一是效率原则，即是在一组固定能完成的目标之下，选择所需成本最少的方案；二是有效性原则，是在已知固定预算及资源限制条件下，选择最能完成目标的方案。

6) 规划方案实施。决定未来交通系统的方案后，需要就所建议的交通系统方案拟订较为详细的实施计划，包括提出有关交通发展政策和交通需求管理政策的建议，提出实施规划过程中的重要技术对策，交通投资计划分析，提出分期建设与交通建设项目排序的建议等。

交通规划目标应与城市总体规划同步，一般为 20 年，以 5 年为一期对方案实施进行评价并做修订，修订的过程与规划的过程相仿。

5. 城市交通政策的概念及制定的原则

（1）城市交通政策的概念。城市交通政策是在一定的交通发展战略控制之下，政府部门对于涉及城市交通所做出的一系列决策，是用以指导、约束和协调城市交通的观念和行为的准绳，是正确处理城市交通需求与供给、交通资源的投入和分配、经济补偿与使用者（受益者）合理负担等一系列相互关系的管理手段，同时也是制定交通法规的基本依据。

（2）城市交通政策的内容。政策目标、政策背景、区域范围、政策种类、政府的执行机构、城市交通法规。

（3）城市交通政策的基本特征。交通政策的针对性与目标效用、交通政策的多相关性和整体性、交通政策的稳定性和可变性、交通政策向交通法规延伸。

（4）我国城市交通政策概况。交通政策是随着时代的发展而不断变化和调整的，目前的交通政策大多是关于交通工具的发展政策、交通管理政策等产业政策及标准性政策。综合这几年国家关于城市交通发展的文件，主要有以下一些城市交通发展的政策：大力发展公共交通、特大城市应逐步发展地铁等快速轨道交通、适度发展私人交通。

7.1.2　城市交通发展战略研究的要求和方法

1. 城市综合交通发展战略的研究框架

（1）市域交通发展战略研究框架。

（2）城市交通发展战略研究框架。

2. 城市综合交通发展战略研究的基本内容

（1）城市交通发展分析

1）经济、社会与城市空间发展的趋势与规律分析。

2）预估城市交通总体发展水平。

（2）城市交通发展战略分析

1）指导思想。适应城市经济、社会和城市空间发展的需要，为城市经济、社会和城市发展提供空间。贯彻以人为本和可持续发展的思想，提倡节能、减排、经济、安全、可靠；不断完善城市交通系统，使城市交通系统始终保持高效、良性运作，以满足城市居民对城市交通出行的需求。

2）发展模式。城市交通发展模式主要有以小汽车为主体的交通模式；以轨道公交为主、小汽车和地面公交为辅的交通模式；以小汽车为主、公交为辅的交通模式；以公交为主、小汽车为主导（公交与小汽车并重）的交通模式；以公交为主、小汽车为辅的交通模式。

3）发展目标。城市交通发展战略的总目标就是要形成一个优质、高效、整合的城市交通系统，以适应不断增长的交通需求，提升城市的综合竞争力，促进城市经济、社会和城市建设的全面发展。

4）发展策略。制定适合城市交通发展的交通政策；整合城市的交通设施；协调各类交通的运行，实现交通的综合科学管理；建立强有力的综合协调管理机构，全面协调城市土地使用规划管理、综合交通规划建设、交通运营与管理。

（3）城市交通政策制定

1）城市交通政策的内容。包括政策目标、政策背景、地域范围、政策种类、政策执行机构等。

2）三大城市交通政策。城市交通方式引导政策；城市交通地域差别化发展政策；城市道路交通设施建设与城市交通协调发展政策。

3）实施城市交通发展战略的相关政策。

7.1.3 城市对外交通与城市道路网络规划的要求和基本方法

城市对外交通是指以城市为基点，与城市外部进行联系的各类交通的总称，主要包括铁路、公路、水运和航空。

1. 铁路

铁路是城市主要的对外交通设施。

（1）铁路设施的分类。城市范围内的铁路设施基本上可分两类。一类是直接与城市生产、生活有密切关系的客、货运设施，如客运站、综合性货运站及货场等；另一类是与城市生产、生活设施没有直接关系的铁路专用设施，如编组站、客车整备场、迂回线等。

（2）铁路设施在城市中的布置

1）客运站的位置要方便旅客，提高铁路运输效能，并应与城市的布局有机结合。客运站的服务对象是旅客，为方便旅客，位置要适当。中小城市客运站可以布置在城市边缘，大城市有可能有多个客运站，应在城市中心区边缘布置。客运站的布置有通过式、尽端式和混合式三种。中小城市客运站通常采用通过式的布局形式，可以提高客运站的通过能力；大城市客运站常采用尽端式或混合式布置，可减少干线铁路对城市的分割。

2）编组站是为货运列车服务的专业性车站，承担车辆解体、汇集、甩挂和改编业务。

编组站由到发场、出发场、编组站、驼峰、机务段和通过场组成，用地范围一般比较大，其布置要避免与城市的相互干扰，同时也要考虑职工的生活。

3）货运站应按其性质分别设于其服务的地段。以到发为主的综合性货运站（特别是零担货物）一般应接近货源或结合货物流通中心布置；以某几种大宗货物为主的专业性货运站应接近其供应的工业区、仓库区等大宗货物集散点，一般应设在市区外围；不为本市服务的中转货物装卸站则应设在郊区，结合编组站或水陆联运码头设置；危险品（易爆、易燃、有毒）及有碍卫生（如牧畜货场）的货运站应设在市郊，要有一定的安全隔离地带。

中小城市一般设置一个综合性货运站或货场，其位置既要满足货物运输的经济合理要求，也要尽量减少对城市的干扰。

2. 公路

公路是城市与其他城市及市域内乡镇联系的道路。规划时应结合城镇体系总体布局和区域规划，合理地选定公路线路的走向及其站场的位置。

（1）公路的分类、分级。

1）公路分类。根据公路的性质和作用及其在国家公路网中位置，可分为：国道（国家级干线公路）、省道（省级干线公路）、县道（联系各乡镇）三级；设市城市可设置市道，作为市区联系市属各县城的公路。

2）公路分级。按公路的使用任务、功能和适应的交通量，可分为高速公路、一级、二级、三级、四级公路。高速公路为汽车专用路，是国家级和省级的干线公路；一、二级常用做联系高速公路和中等以上城市的干线公路；三级公路常用作联系县和城镇的集散公路；四级公路常用作沟通乡、村的地方公路。高速公路的设计时速多为100～120 km/h（山区可降为60 km/h）。大城市可布置高速公路环线联系各条高速公路，并与城市快速路网衔接。对于中小城市，考虑城市未来的发展，高速公路应远离市中心，以专用的入城道路与城市联系。

（2）公路在城市中的布置。公路在市域范围内的布置主要取决于国家和省公路网的规划。规划应注意以下问题：有利于城市与市域内各乡、镇间的联系，适应城镇体系发展的规划要求；干线公路要与城市道路网有合理的联系。过境公路应绕城（切线或环线）而过；逐步改变公路直穿小城镇的状况，并注意防止新的沿公路建设的现象发生。

（3）公路汽车站场在城市的布置。公路汽车站又称长途汽车站，按其性质可分为客运站、货运站、技术站和混合站；按车站所处的位置又可分为起（终）点站、中间站和区段站。应依据城市总体规划功能布局和城市道路系统规划，合理布置长途汽车站场的位置，既要使用方便，又不影响城市的生产和生活，并与铁路车站、轮船码头有较好的联系，便于组织联运。

1）客运站。大城市和作为地区公路枢纽的城市，公路客货流量和交通量都很大，常为多个方向的长途客运设置多个客运站，并与货运站和技术站分开设置。为方便旅客，客运站常设在城市中心区边缘，用城市交通性干道与公路相连。中小城市因规模不大，车辆数不多，为便于管理和精简人员，一般均设一个客运站，或客运站与货运站合并，也可与技术站组织在一起。有的城市在铁路客运量和长途客运量都不大时，将长途汽车站与铁路车站结合布置，形成城市对外客运交通枢纽，既方便旅客，又有益于布局的合理。

2）货运站、技术站。货运站场的位置选择与货主的位置和货物的性质有关。供应城市日常生活用品的货运站应布置在城市中心区边缘；以工业产品、原料和中转货物为主的货运站应布置在工业区、仓库区或货物较为集中的地区，亦可设在铁路货运站、货运码头附近，以便组织水陆联运。货运站要与城市交通干道有较好的联系。技术站主要负责检修汽车的工作，用地较大，对居民有一定的干扰。技术站一般设在市区外围靠近公路附近，与客、货站都能有方便的联系，要避免对居住区的干扰。

3）公路过境车辆服务站。为了减少进入市区的过境交通量，可在对外公路交汇的地点或城市入口处设置公路过境车辆服务设施，可避免不必要的车辆和人流进入市区。这些设施也可与城市边缘的小城镇结合设置，亦有利于小城镇的发展。

3. 港口

港口是水陆联运的枢纽，是所在城市的交通系统的重要组成部分，在城市总体规划中需要全面考虑。

（1）港口的分类。城市港口分为客运港和货运港两类

1）客运港是城市对外客运交通设施。

2）货运港是对外货运交通设施。小规模港口可合并设置。港口分为水域和陆域两大部分，水域供船舶航行、运转、锚泊和其他水上作业使用，陆域是供旅客上下、货物装卸、存储的作业活动，要求有一定的岸线长度、纵深和高程。

（2）港口的布置及与城市其他用地的关系。港口城市的规划要妥善处理岸线利用、港区布置及城市布局之间的关系，综合考虑船舶航行、货物装卸、库场储存及后方集疏等四个环节的布置。

1）港口建设应与区域交通综合考虑。货运港的疏港公路应与干线公路及城市货运交通干道连接；客运港要与城市客运交通干道衔接，并与铁路车站、长途汽车站有方便的联系。

2）港口建设与工业布置要紧密结合。货运量大而污染易于治理的工厂尽可能沿河、海

有建港条件的岸线布置。特别是深水港的建设可以推动港口工业区的发展。

3）合理进行岸线分配与作业区布置。岸线分配应遵循“深水深用、浅水浅用、避免干扰、各得其所”的原则。

4）加强水陆联运的组织。港口是水陆联运枢纽，要妥善安排水陆联运和水水联运，提高港口的疏运能力。

4. 航空港

（1）机场的分类

1）民用航空港（机场）按其航线性质可分为：国际航线机场、国内航线机场。

2）民用机场按航线布局分为：枢纽机场，是全国航空运输网络和国际航线的枢纽，运输业务量特别繁忙；干线机场，是以国内航线为主，可开辟少量国际航线，可以建立跨省区的国内航线，运输量较为集中的机场；支线机场，是分布在各省市区内及至邻近省区的短途、运输量少的机场。

（2）机场的选址及与城市的关系。目前机场与城市关系日趋密切，同时也带来了对城市的机场净空限制、噪声和电磁波干扰控制等影响。机场与城市客运交通联系的强度和方式也会对城市交通产生影响。

1）净空限制要求：机场选址应尽可能使跑道轴线方向避免穿过市区，机场跑道中心与市区边缘的最小距离应5～7km以上，这样有益于减少飞机起降时噪声对城市的影响。

2）通信联络的要求：避免电波、磁场等对机场导航、通信系统的干扰，在选择机场位置时，要考虑对机场周围的高压线、变电站、发电站、电信台、广播站、电气铁路以及有高频设备或X光设备的工厂、企业、科研、医疗单位的影响，并应按有关技术规范规定与它们保持一定距离。另外，也应与铁路编组站保持适当的距离。

3）与城市距离的要求：国际民航机场与城市的距离一般应超过10km。我国城市与机场的距离一般为20～30km，在满足机场选址的要求前提下，尽量缩短机场与城市的距离。机场与城市之间的时间距离保持在30min车程以内。

7.1.4 城市交通设施规划的要求和基本方法

1. 城市交通枢纽的类型

城市交通枢纽可分为三类：货运交通枢纽、客运交通枢纽、设施性交通枢纽。

2. 城市交通枢纽的布置

（1）货运交通枢纽的布置。货运交通枢纽包括城市仓库、铁路货站、公路运输站、水运货运码头、市内汽车运输站场等，是市内和城市对外的仓储、转运的枢纽，也是主要货流的重要出行端。一般仓储设施靠近转运设施布置。在城市道路系统规划中，应注意使货运交通枢纽尽可能与交通性的货运干道有良好的联系，尽可能在城市中结合转运枢纽布置若干个集中的货运交通枢纽。

（2）客运交通枢纽的布置。城市客运交通枢纽是指城市对外客运设施（铁路客站、公路客站、水运客站和航空港等）和城市公共交通枢纽站。公路长途客运设施常布置在城市中心区边缘、铁路客站、水运客站附近。在布局中应注意结合城市对外客运设施布置，形成对外客运与市内公共交通相互转换的客运交通枢纽。客运交通枢纽必须与城市客运交通干道有方便的联系，又不能过多地影响其畅通。其位置的选择主要结合城市交通系统的布局，并与城市中心、生活居住区的布置综合考虑。

（3）设施性交通枢纽的布置。设施性交通枢纽包括为解决人流、车流相互交叉的立体交叉（包括人行天桥和地道）和为解决车辆停驻而设置的停车场等。立体交叉的布置主要取决于城市道路系统的布局，是为快速交通之间的转换和快速交通与常速交通之间的转换或分离而设置的，主要应设置在快速干道的沿线上。在交通流量很大的疏通性交通干道上，也可设置立体交叉。城市机动车公共停车场有三种类型：城市各类中心附近的市内机动车公共停车场（包括停车楼和地下车库），停车量可以按社会拥有客运车辆的15%～20%规划停车场的用地；城市主要出入口的大型机动车停车场，主要为外来车辆（货运车辆为主）服务，截阻不必要的穿城交通；超级市场、大型城外游憩地的机动车停车场，应布置在设施的出入口附近，以客运车辆为主，也可以结合公共汽车站进行布置。城市还应考虑自行车公共停车场地的布置要求。城市公共停车场的用地总面积可以按城市人口每人0.8～1.0m^2安排。

7.1.5　城市公共交通系统规划的要求和基本方法

城市公共交通是指城市中供公众乘用的各种交通方式的总称。

1. 城市公共交通的类型和特征

（1）城市公共交通的类型：公共汽车、电车、轮渡、出租汽车、地铁、轻轨以及缆车、索道等客运交通工具及相关设施。

（2）城市公共交通的特征：运量大、集约化经营、节省道路空间、污染小等。

（3）我国城市交通政策为优先发展公共交通。

（4）对公共交通服务质量的考核，应从迅速、准点、快速、方便和舒适四个方面衡量。

2. 城市公共交通规划的一般要求

合理分布车辆数、线路网、换乘枢纽和站场等设施。大中城市应优先发展公共交通。城市公共交通规划应做到在客运高峰时使95%的居民乘用公共交通单程最大出行时间符合表7-3的规定。规划城市人口超过200万人的城市，应控制预留设置快速轨道交通的用地。

表7-3　不同规模城市的最大出行耗时和主要公共交通方式表

城市规模/万人		最大出行时间/min	公共交通主要方式
大城市	>200	60	大、中运量快速轨道交通、公共汽车、电车
	100～200	50	中运量快速轨道交通、公共汽车、电车
	<100	40	公共汽车、电车
中等城市		35	公共汽车
小城市		25	公共汽车

3. 公共交通线路系统规划

（1）系统的确定

1）要根据不同的城市规模、布局和居民出行特征进行选定。小城镇可以不设公共交通线路，或所设的公共交通线路只起联系城市中心、对外交通枢纽、工业中心、体育游憩设施和乡村的辅助作用。中等城市应形成以公共汽车为主体的公共交通线路系统。大城市和特大城市应形成以快速大运量的轨道公共交通为骨干的公共交通网。

2）最理想的系统是快速轨道交通承担组团间、组团与市中心以及联系市一级大型人流集散点（如体育场、市级公园、市级商业服务中心等）的客运。

3）公共汽车分为两类。一类是联系相邻组团及市一级大型人流集散点的市级公共汽车网，解决快速轨道交通所不能解决的横向交通联系；另一类以组团中心的轨道交通站点为中心（形成客运换乘枢纽）联系次一级（组团级）的人流集散点的地方公共汽车网。

4）为了满足居民夜间活动的需要，一些城市需要设置三套公共交通线路网。平时线路网、平时线路网上增加高峰小时线路（高峰线、区间线和大站快车线）、通宵公共交通线路网。

5）一般城市公共交通线网类型有五种：棋盘型、中心放射型（又分中心放射型和多中心放射型）、环线型、混合型、主辅线型。轨道公共交通线路网通常为放射型加环线。

（2）线路规划

1）规划依据。城市土地使用规划确定的用地和主要人流集散点布局、城市交通运输体系规划方案、城市交通调查和交通规划的出行形态分布资料。

2）规划原则。首先满足城市居民上下班出行的乘车需要，其次还需满足生活出行、旅游等乘车需要；合理地安排公交线路，提高公交覆盖面积，使客流量尽可能均匀并与运载能力相适应；尽可能在城市主要人流集散点（如对外交通枢纽、大型商业文体中心、大型居住区中心等）之间开辟直接线路，线路走向必须与主要客流流向一致；综合考虑市区线、近郊线和远郊线的密切衔接，在主要客流的集散点设置不同交通方式的换乘枢纽，方便乘客停车与换乘，尽可能减少居民乘车出行的换乘次数。

3）公共交通线网规划的基本步骤。根据城市性质、规模、总体规划的用地布局结构；城市居民出行的主要出发点和吸引点；在城市居民出行调查和交通规划的客运交通分配的基础上，分析城市主要客流吸引中心的客流吸引希望线和吸引量；综合各活动中心客流相互流动的空间分布要求，初步确定在主要客流流向上满足客流量要求，并把各居民出行的主要起终点联系起来的公共交通线路网方案；根据城市总体客流量的要求及公共交通运营的要求进行线路网的优化设计，满足各项规划指标，确定规划的公共交通线路网；随着城市的发展，逐步开辟公交线路，并不断根据客流的变化和需求进行调整。

（3）场站规划

1）公交车场。公交车场担负公共交通线路分区、分类运营管理、维修，通常设置为综合性管理、车辆保养和停放的“中心车场”，也可以专为车辆大修设“大修厂”，专为车辆保养设“保养场”或专为车辆停放设“中心站”。

2）公交枢纽站。公交枢纽站担负公共交通线路运营调度和换乘，可分为客运换乘枢纽站、首末站和到发站三类。客运换乘枢纽站位于多条公共交通线路汇合点，还有城市主要交叉口处的中途换乘枢纽站。

3）公交停靠站，公共交通的站距应符合表7-4的规定。

表7-4 公共交通站距表

公共交通方式	市区线/m	郊区线/m
公共汽车与电车	500~800	800~1 000
公共汽车大站快车	1 500~2 000	1 500~2 500
中运量快速轨道交通	800~1 200	1 000~1 500
大运量快速轨道交通	1 000~2 000	1 500~2 000

7.2 城市绿化景观系统规划

7.2.1 城市绿地系统规划

1. 城市绿地系统规划的任务

城市绿地是指以自然和人工植被为地表主要存在形态的城市用地，包括城市建设用地范围内用于绿化的土地和城市建设用地之外对城市生态、景观和居民休闲生活具有积极作用、绿化环境较好的特定区域。

城市绿地系统是城市中具有一定数量和质量的各类绿化及其用地、相互联系并具有生态效益、社会效益和经济效益的有机整体。

城市绿地系统规划是对各种城市绿地进行定性、定位、定量的统筹安排，形成具有合理结构的绿色空间系统，以实现绿地所具有的生态保护、游憩休闲和社会文化等功能。

城市绿地系统专项规划是城市总体规划阶段的多个专项规划之一，属于城市总体规划的必要组成部分，该层次的规划主要涉及城市绿地在总体规划层次上的统筹安排，其任务是调查与评价城市发展的自然条件，参与研究城市的发展规模和布局结构，研究、协调城市绿地与其他各项建设用地的关系，确定和部署城市绿地，处理远期发展与近期建设的关系，指导城市绿地系统的合理发展。

2. 城市绿地系统的功能

（1）改善小气候。包括调节气温和湿度，增强城市的竖向通风，分散并减弱城市热岛效应，降低风速，防止风沙。

（2）改善空气质量。包括增加氧气含量，吸收二氧化碳等有害气体，降低二氧化硫、氟化物、氯化物、氮氧化物的含量，降低空气飘尘的浓度，缓解城市噪声，使空气含菌量明显降低。

（3）减少地表径流，减缓暴雨积水，涵养水源，蓄水防洪。

（4）减灾功能。包括防止火灾蔓延；有效减轻雪崩、滑坡、泥石流等灾害；成为防空防震的避难通道；作为地震后城市居民的避灾场所。

（5）改善城市景观。包括完善城市天际线，协调建筑物之间的关系，满足现代人回归自然的强烈需求，创造宜人的富有情调的城市生活空间等。

（6）对游憩活动的承载功能。城市绿化能吸引定居、容纳户外游憩，也为野生动物提供栖息场所。

（7）城市节能。通过攀缘绿化、屋顶绿化和庭院栽植等，冬季挡风、夏季遮阴，城市绿化可以减少城市热辐射，降低采暖和制冷的能耗。

3. 城市绿地分类

按照《城市绿地分类标准》（CJJ/T 85—2002），城市绿地划分为五大类，即公园绿地G_1、生产绿地G_2、防护绿地G_3、附属绿地G_4、其他绿地G_5。

（1）公园绿地（G_1）是指向公众开放，以游憩为主要功能，兼具生态、美化、防灾等综合功能的绿地，包括城市中的综合公园、社区公园、专类公园、带状公园以及街旁绿地。公园绿地与城市的居住、生活密切相关，是城市绿地的重要部分。

（2）生产绿地（G_2）主要是指为城市绿化提供苗木、花草、种子的苗圃、花圃、草圃等生产园地。它是城市绿化材料的重要来源，对城市植物多样性保护有积极的作用。

(3) 防护绿地 (G_3) 是指城市中具有卫生、隔离和安全防护功能的绿地，包括城市卫生隔离带、道路防护绿地、城市高压走廊绿带、防风林、城市组团隔离带等。

(4) 附属绿地 (G_4) 是指城市建设用地中除 G_1、G_2、G_3 之外的各类用地中的附属绿化用地。包括居住用地、公共设施用地、工业用地、仓储用地、对外交通用地、道路广场用地、市政设施用地和特殊用地中的绿地。

(5) 其他绿地 (G_5) 是指对城市生态环境质量、居民休闲生活、城市景观和生物多样性保护有直接影响的绿地。包括风景名胜区、水源保护区、郊野公园、森林公园、自然保护区、风景林地、城市绿化隔离带、野生动植物园、湿地、垃圾填埋场恢复绿地等。

4. 城市绿地指标的计算

城市绿地指标是反映城市绿化建设质量和数量的量化方式，在城市绿地系统规划编制中主要控制的绿地指标为：人均公园绿地面积 (m^2/人)、城市绿地率(%)和绿化覆盖率(%)。根据《城市绿化规划建设指标的规定》(建城[1993]784 号) 和《城市绿地分类标准》(CJJ/T 85—2002)，城市绿地指标的统计计算公式为：

(1) 人均公园绿地面积(m^2/人) = 城市公园绿地面积 ÷ 城市人口数量。

(2) 城市绿地率(%) = (城市建成区内绿地面积之和 ÷ 城市用地面积) × 100%。

式中，城市建成区内绿地面积包括城市中的公园绿地 G_1、生产绿地 G_2、防护绿地 G_3 和附属绿地 G_4 的面积总和。

(3) 城市绿化覆盖率(%) = (城市内全部绿化种植垂直投影面积 ÷ 城市用地面积) × 100%。

城市建成区内绿化覆盖面积包括各类绿地（公园绿地、生产绿地、防护绿地以及附属绿地）的实际绿化种植覆盖面积（含被绿化种植包围的水面）、屋顶绿化覆盖面积以及零散树木的覆盖面积，乔木树冠下的灌木和地被草地不重复计算。

5. 城市绿地规划指标要求

(1) 在《城市用地分类与规划建设用地标准》(GBJ 137—1990) 中规定：在对城市总体规划编制和修编时，人均单项用地绿地指标≥9.0m^2，其中公共绿地≥7.0m^2。

(2) 1993 年，根据《城市绿化条例》第九条，为加强城市绿化规划管理，提高城市绿化水平，原国家建设部颁布了《城市绿化规划建设指标的规定》(建城[1993]784 号) 文件，提出了根据城市人均建设用地指标确定人均公共绿地面积指标，见表 7-5。

表 7-5 城市人均建设用地指标与人均公共绿地面积指标

人均建设用地面积/m^2	人均公共绿地/(m^2/人)		城市绿化覆盖率(%)		城市绿地率(%)	
	2000 年	2010 年	2000 年	2010 年	2000 年	2010 年
小于 75	>5	>6	>30	>35	>25	>30
75 ~ 105	>5	>7	>30	>35	>25	>30
大于 105	>7	>8	>30	>35	>25	>30

6. 绿地系统规划布局原则

城市绿地系统规划布局的总目标是：保持城市生态系统的平衡，满足城市居民的户外游憩需求，满足卫生和安全防护、防灾、城市景观的要求。

(1) 整体性原则。各种绿地互相连成网络，城市被绿地楔入或外围以绿带环绕，可充分发挥绿地的生态环境功能。

（2）均衡分布原则。各级各类公园绿地及附属绿地按各自的有效服务半径均匀分布；不同级别、类型的公园一般不互相代替。

（3）自然原则。重视土地使用现状和地形、历史遗迹等条件，绿地规划尽量结合山脉、河湖、坡地、荒滩、林地及优美景观地带。

（4）地方性原则。乡土物种和古树名木代表了自然选择或社会历史选择的结果，规划中要反映地方植物生长的特性。地方性原则能使物种及其生存环境之间迅速建立食物链、食物网关系，并能有效缓解病虫害。

7. 城市绿地系统布局

布局结构是城市绿地系统的内在结构和外在表现的综合体现，其主要目标是使各类绿地合理分布、紧密联系，组成有机的绿地系统整体。如图7-6所示，通常情况下，城市绿地的布局有八种基本模式。

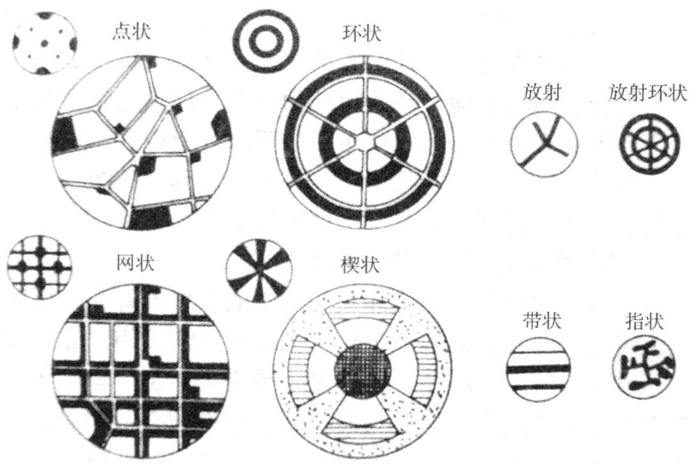

图7-6 城市绿地系统布局的基本模式

我国的城市绿地系统从形式上可以归纳为下列四种：

（1）块状绿地布局。这类情况多出现在旧城改造中，目前我国多数城市属于此类。块状绿地的布局比较均匀，接近居民，但绿地之间没有很好的联系，对构成城市整体的艺术面貌作用不大，对改善城市气候的作用不明显。

（2）带状绿地布局。这种布局多数利用河湖水系、城市道路、旧城墙等线性因素，形成纵横向绿带、放射状绿带与环状绿地交织的绿地网。带状绿地布局对城市的景观形象和艺术面貌有较好的体现。

（3）楔形绿地布局。利用自然河流、放射干道、防护林等形成由市郊向市中心分布的绿地系统，对城市小气候改造有较好的作用，也有利于城市景观面貌的表现。

（4）混合式绿地布局。它是前三种形式的综合利用，体现城市绿地布局点、线、面结合的较完整的绿化体系。其优点是能够使生活居住区获得最大的绿地接触面，方便居民游憩，有利于小气候与城市环境卫生条件的改善，有利于丰富城市景观的艺术风貌。

8. 城市绿地系统规划的内容

（1）依据城市经济社会发展规划和城市总体规划的战略要求，确定城市绿地系统规划的指导思想和规划原则。

（2）调查、分析、评价城市绿化现状、发展条件及存在问题。

（3）根据城市的自然条件、社会经济条件、城市性质、发展目标、总体布局等要求，确定城市绿化建设的发展目标和规划指标。

（4）确定城市绿地系统的规划结构，合理确定各类城市绿地的总体关系。

（5）统筹安排各类城市绿地，分别确定其位置、性质和发展指标；划定各种功能绿地的保护范围（绿线），确定城市各类绿地的控制原则。

（6）提出城市生物多样性保护与建设的目标、任务和保护建设的措施。

（7）对城市古树名木的保护进行统筹安排。

（8）确定分期建设步骤和近期实施项目，提出城市绿地系统规划的实施措施。

7.2.2 城市景观系统规划

1. 城市景观规划与城市总体规划、详细规划的关系

一个城市的规划，不仅要创造良好的工作、生活环境，而且应具有优美的景观。在选择城市用地时，除根据城市的性质和规模进行用地的调查分析外，还要考虑城市的景观艺术要求，对用地的地形地势、河湖水系、名胜古迹、绿化林木、有保留价值的建筑以及周围地区的优美人文景观等，进行分析研究，以便能组织到城市总体布局之中。

城市景观规划是根据城市的性质规模、现状条件、城市总体布局，形成城市建设景观布局的基本构思。如结合城市用地的客观条件，对城市主要建筑群体组合等提出某些设想，作为城市设计和详细规划设计时考虑问题的基础。要根据城市总体规划的景观布局，进行城市空间的组合、河湖水面及高地山丘的结合、广场建筑群的组合、绿化和风景视线的考虑，以便能全面地实现城市总体景观布局的要求。所以，总体规划和详细规划对城市景观的考虑是同样内容的前后阶段，互相渗透、充实，达到和谐统一，但有时两者之间也难截然分开，更不能前后工作各行其是，造成不协调的后果。

2. 城市景观规划与城市环境面貌的关系

无论城市的总体布局或详细规划中的布置处理，都要体现城市美学的要求。美有自然美与人工美之分。起伏的地势山丘，多变的江河湖海，富有生气的花草树木等之美为自然美。建筑、道路、桥梁、雕塑、舟车等之美为人工美。自然条件在城市中亦常经人工修饰。城市之美则为城市环境中自然美与人工美的有机结合，如建筑、道路、桥梁等的布置能很好地与山势、水面、林木相结合，以期获得相得益彰的效果。

城市中的广场、道路、建筑、绿化林木等，均需有一定的空间地域和环境气氛的衬托，没有适合的空间地域的组织，它们的美感便难以展现。人们对城市美的观赏，有静态观赏和动态观赏之分。人们固定在某一地方，对城市某一组成部分的观赏为静态观赏；在乘车或步行中对城市的观赏为动态观赏。静态观赏有细赏慢品的要求，动态观赏有步移景异的要求。

实际上，城市的艺术面貌，常是自然与人工、空间与时间、静态与动态的相互结合、交替变化而构成。无论在城市景观规划中或详细规划的布置处理中，都应根据城市环境的实际情况，加以综合考虑。

3. 城市景观规划与环境保护、公用设施、城市管理等方面的关系

一个城市的环境艺术面貌，除了取决于城市总体艺术布局，并在详细规划中逐步实现外，也与环境保护、公用设施、城市管理等方面有关系。如城市有“三废”污染排放、河流水体污浊、交通拥塞、照明不够、供水不足、排水不畅等，即使有较好的景观布置，也不能充分展现出来。没有良好的城市管理，也不能很好地提供观赏城市艺术面貌的条件。

7.2.3 自然环境、历史条件、工程设施与城市景观规划

1. 自然环境的利用

不同的地理位置，不同的自然地形，不同的环境条件，与城市景观规划均有密切的关

系。

（1）平原地区，地势平坦，城市的规划布局有比较紧凑整齐的条件。在建筑群的布置上，高层建筑、低层建筑要配置得当，广场、干道的比例尺度要处理得宜，使城市获得丰富的轮廓线。艺术性较强的建筑群，宜布置在面南背北的地段上，并多作为干道、广场的主景或对景。加强绿化，使城市景观因植物配置得当，增加生动活泼的气氛。北京就是位于平原地区的大城市，封建时代的北京利用了自然的河湖水面，人工堆筑的山丘，进行大面积的绿化，布置高低不同的建筑群落，特别是城楼、高塔等比较突出的高大建筑，给城市创造了丰富而有变化的立体轮廓和气氛不同的空间组合，使城市表现出特有的景观特色。

（2）丘陵山区，地形变化较大，城市的规划布局应充分凸现城市的主要景观，并结合自然及地形条件，多采用建筑体量相宜、分散与集中相结合的布置。若将市中心或一些主要建筑群布置在高地上，或在高地上布置造型优美的园林风景建筑，如宝塔、高阁等，如图7-7所示，能使城市的轮廓更加丰富。如拉萨的布达拉宫，建筑群依山建立，将最主要的建筑布置在山顶，充分发挥了山势的作用，因而具有雄伟壮丽的艺术效果（图7-8）。

图7-7　北京北海公园的景观示意图

图7-8　拉萨布达拉宫的景观示意图

(3) 河湖水域，不但可以解决城市的水运交通及用水、排水问题，并可利用水面组成秀丽的城市景色。位于河湖海滨、水网地区的城市，应充分考虑水域条件，进行城市景观规划。或临江傍水，如杭州；或将水域包围在城市之中，如桂林、堪培拉；或将主要道路系统与水网系统配合布置，能一街一水，表现出水乡特色，如苏州、绍兴、无锡、威尼斯和阿姆斯特丹；或辟滨水路、滨水绿地和水上公园。在一些岸线的凹弯处或突入水域的半岛尖端，布置艺术上要求较高的建筑群，能获得很好的表现力。水中有岛，或在可能条件下，结合其他工程的需要，布置人工堤、人工岛，既可增加水面空间层次，又能成为风景视线的集中点。有河流经过城市，常有桥梁设施。实用性、艺术性较高的桥梁，富有城市艺术的表现力，往往能组成城市的重要景点。如南京、武汉、重庆、九江、江阴的长江大桥，长沙的湘江大桥，广州的珠江大桥，上海的南浦大桥、杨浦大桥等，都是人们常去观赏的地方。

2. 结合城市工程设施，组织城市景观规划

结合城市的防洪、排涝、蓄水、护坡、护堤等工程设施，进行城市环境面貌的处理与改造。如上海整治臭水沟肇嘉浜时，就将其建成了肇嘉浜林荫路。20 世纪 90 年代初期，结合黄浦江防汛墙的扩建，以及拓宽江边道路交通的需要，在沿江外滩地段，修筑旅游、观赏、休闲平台，完善滨水地带的功能效用，深受大众喜爱（图 7-9）。

图 7-9　上海外滩景观示意图

3. 历史遗迹、人文景观的利用

我国历史上遗留下来的城市，都有一定的物质基础，包括文化遗产和人文景观。在城市的扩建改造中，应充分利用，特别是城市的总体布局，应充分考虑历史条件。有历史和艺术价值的建筑群等，必须保留。有保留条件者，应完整保留，如北京的故宫。或在保留原有风格和艺术、历史价值的条件下，组织到城市艺术布局中去，如天安门广场。有些保留不全，或部分残缺，可在原有基础上加以利用，如各地的宫、观、祠、庙等，可适当成为公园或旅游胜地。有些因所处位置与现实要求发生矛盾，可进行迁移，如北京中南海的船坞云绘楼，移至陶然亭公园中重建，继续发挥其应有的作用。有些无法保留或与现实要求有很大的矛盾，可考虑移址搬迁。有些原物已毁，如革命纪念地区、历史上有名的建筑、园林等，可适当恢复重建。有历史艺术价值的建筑、建筑群或文化古迹，必须保留者，除进行完整的修复保留外，在其附近地区的建设，不能有损保留项目的完整性和艺术价值。

总之，城市景观规划及其内容构成，要因各个城市的具体条件而定。有山依山，有水傍水，因山水地势的规律组织到景观布局中去，有文化古迹、风景名胜的条件也应充分加以利用。在道路选线的走向上、市中心的空间布局上，结合考虑对景、借景、风景视线的要求，并加强绿化配置和公用设施，以丰富城市景观。

7.3 城市历史文化遗产保护规划

7.3.1 历史文化遗产的概念

历史文化遗产包括物质文化遗产和非物质文化遗产。物质文化遗产是具有历史、艺术和科学价值的文物，包括古遗址、古墓葬、古建筑、石窟寺、石刻、壁画、近现代重要史迹及代表性建筑等不可移动文物，历史上各时代的重要实物、艺术品、文献、手稿、图书资料等可移动文物；以及在建筑式样、分布均匀或与环境景色结合方面具有突出普遍价值的历史文化名城（街区、村镇）。非物质文化遗产是指各种以非物质形态存在的与群众生活密切相关、世代相承的传统文化表现形式，包括口头传统、传统表演艺术、民俗活动和礼仪与节庆、有关自然界和宇宙的民间传统知识和实践、传统手工艺技能等，还包括与上述传统文化表现形式相关的文化空间。

7.3.2 城市历史文化遗产保护的意义

城市是历史文化发展的载体，每个时代都在城市中留下自己的痕迹；保护历史的连续性，保存城市的记忆是人类现代生活发展的必然需要。经济越发展，社会文明程度越高，保护历史文化遗产的工作就越显重要。《中华人民共和国城乡规划法》第四条规定，制定和实施城乡规划，应当保护历史文化遗产，保持地方特色、民族特色和传统风貌。规划法第三十一条要求，对于城市旧城区的改建，应当保护历史文化遗产和传统风貌，合理确定拆迁和建设规模，有计划地对危房集中、基础设施落后等地段进行改建。规划法明确要求自然与历史文化遗产保护等内容，应当作为城市总体规划、镇总体规划的强制性内容。

7.3.3 历史文化名城保护规划

1. 历史文化名城的申报条件

对于“保存文物特别丰富并且具有重大历史价值或者革命纪念意义的城市”，由国务院核定公布为“历史文化名城”。保存文物特别丰富并且具有重大历史价值或者革命纪念意义的城镇、街道、村庄，由省、自治区、直辖市人民政府核定公布为历史文化街区、村镇，并报国务院备案。

《历史文化名城名镇名村保护条例》第七条规定了历史文化名城、名镇、名村的申报条件。

（1）保存文物特别丰富。

（2）历史建筑集中成片。

（3）保留着传统格局和历史风貌。

（4）历史上曾经作为政治、经济、文化、交通中心或者军事要地，或者发生过重要历史事件，或者其传统产业、历史上建设的重大工程对本地区的发展产生过重要影响，或者能够集中反映本地区建筑的文化特色、民族特色。

申报历史文化名城的，在所申报的历史文化名城保护范围内还应当有两个以上的历史文化街区。

历史文化名城和历史文化街区、村镇所在地的县级以上地方人民政府应当组织编制专门的历史文化名城和历史文化街区、村镇保护规划，并纳入城市总体规划。历史文化名城、名镇、名村的保护应当遵循科学规划、严格保护的原则，保持和延续其传统格局和历史风貌，维护历史文化遗产的真实性和完整性，继承和弘扬中华民族优秀传统文化，正确处理经济社会发展和历史文化遗产保护的关系。

本节重点介绍历史文化名城保护规划和历史文化街区保护规划。关于历史文化名镇保护规划和历史文化名村保护规划在第八单元“镇、乡和村庄规划”中介绍。

2. 历史文化名城的类型

对历史文化名城进行分类是为了对其有进一步的认识以便于采取相应的保护对策。根据标准不同有各种不同的分类方法，简单可以分为两种。

(1) 根据名城的特征进行分类。根据历史文化名城的形成历史、自然和人文地理以及它们的城市物质要素和功能结构等方面进行对比分析，归纳为七大类型。然后根据名城的第一归属性和第二归属性等来确定名城的类型，因为一个城市可能同时属于2~3种类型，利用归属性是一个较好的区别方法。

①古都型。以都城时代的历史遗存物、古都的风貌为特点的城市。

②传统风貌型。保留了某一时期及几个历史时期积淀下来的完整建筑群体的城市。

③风景名胜型。自然环境往往对城市特色的形成起着决定性的作用，由于建筑与山水环境的叠加而显示出其鲜明的个性特征。

④地方及民族特色型。位于民族地区的城镇由于地域差异、文化环境、历史变迁的影响，而显示出不同的地方特色或独自的个性特征，民族风情、地方文化、地域特色已构成城市风貌的主体。

⑤近现代史迹型。以反映历史的某一事件或某个阶段的建筑物或建筑群为其显著特色的城市。

⑥特殊职能型。城市中的某种职能在历史上有极突出的地位，并且在某种程度上成为城市的特征。

⑦一般史迹型。以分散在全城各处的文物古迹作为历史传统体现的主要方式的城市。

(2) 根据名城的保护现状进行分类。从古城性质、历史特点方面分类，如古都、地方政权所在地、风景名胜城市等，这种分类就认识历史价值方面是有意义的，如从制定保护政策的需要出发，可以按保护内容的完好程度、分布状况等来进行分类。这样，现有名城可以分为以下四种情况。

①古城的格局风貌比较完整，有条件采取整体保护的政策。古城面积不大，城内基本为传统建筑，新建筑不多。这种历史文化名城数量很少，如平遥、丽江等。对这类市一定要严格管理，坚决保护好。

②古城风貌犹存，或古城格局、空间关系等尚有值得保护之处。这种名城为数不少，如北京、苏州、西安等，它们如前一种古城一样，是历史文化名城中的精华，有效地保护好这些古城方可真正展现历史文化名城的风采。对这类城市除保护文物古迹、历史文化街区外，

要针对尚存的古城格局和风貌采取综合保护措施。如北京，要保护好城市中轴线，要对皇城周围进行高度控制；苏州要保护宋代延续至今的水路并行的街道格局；西安要保护好明城格局，特别要保护城墙，城楼及鼓楼、钟楼间的空间关系。

保护这些古城的风貌，一方面要保护文物古迹、历史文化街区，当然也就保存了外部形象，它们是构成古城风貌的点睛之笔；另一方面要在城区有限的范围内，对新建、改建的建筑要求体现古城风貌的特色。

③古城的整体格局和风貌已不存在，但还保存有若干体现传统历史风貌的历史文化街区。这类名城数量最多，整体风貌既已不存，保护好历史文化街区则要全力为之。用这些局部地段来反映城市延续和文化特色，用它来代表古城的传统风貌，这既是一个不得已而为之的做法，也是一个突出重点、减少保护与建设之间矛盾的现实可行的办法。

④少数历史文化名城，目前已难以找到一处值得保护的历史文化街区。对它们来讲，重要的不是去再造一条仿古街道，而是要全力保护好文物古迹周围的环境，否则和一般其他城市就没什么区别了。要整治周围环境，拆除违章建筑，把保护文物古迹的历史环境提高到新水平，表现出这些文物建筑的历史功能和当时达到的艺术成就。

3. 历史文化名城保护规划的主要内容

历史文化名城保护规划是以保护历史文化名城、协调保护与建设发展为目的，确定保护的原则、内容和重点，划定保护范围，提出保护措施为主要内容的规划，是城市总体规划中的专项规划。

历史文化名城保护规划应当包括下列内容：保护原则、保护内容和保护范围；保护措施、开发强度和建设控制要求；传统格局和历史风貌保护要求；历史文化街区、名镇、名村的核心保护范围和建设控制地带；保护规划分期实施方案。《历史文化名城保护规划规范》进一步细化了历史文化名城保护规划的主要内容。

（1）历史文化名城保护的内容应包括：历史文化名城的格局和风貌；与历史文化密切相关的自然地貌、水系、风景名胜、古树名木；反映历史风貌的建筑群、街区、村镇；各级文物保护单位；民俗精华、传统工艺、传统文化等。

（2）历史文化名城保护规划必须分析城市的历史、社会、经济背景和现状，体现名城的历史价值、科学价值、艺术价值和文化内涵。

（3）历史文化名城保护规划应建立历史文化名城、历史文化街区与文物保护单位三个层次的保护体系。

（4）历史文化名城保护规划应确定名城保护目标和保护原则，确定名城保护内容和保护重点，提出名城保护措施。

（5）历史文化名城保护规划应包括城市格局及传统风貌的保持与延续，历史地段和历史建筑群的维修改善与整治，文物古迹的确认。

（6）历史文化名城保护规划应划定历史地段（历史文化街区）、历史建筑（群）、文物古迹和地下文物埋藏区的保护界线，并提出相应的规划控制和建设的要求。

（7）历史文化名城保护规划应合理调整历史城区的职能，控制人口容量，疏解城区交通，改善市政设施，以及提出规划的分期实施及管理的建议。

4. 保护规划的编制原则

《历史文化名城保护规划规范》规定，保护规划必须遵循保护历史真实载体的原则；保护历史环境的原则；合理利用、永续利用的原则。

1994年建设部、国家文物局颁布的《历史文化名城保护规划编制要求》，对保护规划的内容深度及成果做了具体规定，为名城保护规划的编制修订以及名城保护规划的审批工作提供了依据。编制保护规划应遵循以下原则：

（1）历史文化名城应该保护城市的文物古迹和历史地段，保护和延续古城的风貌特点，继承和发扬城市的传统文化，保护规划应根据城市的具体情况编制和落实。

（2）编制保护规划应当分析城市历史演变及性质、规模和相关特点，并根据历史文化遗存的性质、形态、分布等特点，因地制宜确定保护原则和工作重点。

（3）编制保护规划要从城市总体上采取规划措施，为保护城市历史文化遗存创造有利条件，同时又要注意满足城市经济、社会发展、改善人民生活和工作环境的需要，使保护与建设协调发展。

（4）编制保护规划应当注意对城市传统文化内涵的发扬与继承，促进城市物质文明和精神文明的协调发展。

（5）编制保护规划应当突出保护重点，即保护文物古迹、历史文化街区、风景名胜及其环境。特别要注意濒临破坏的历史实物遗存的抢救和保护。对已不存在的文物古迹一般不提倡重建。

5. 保护规划的基础资料收集

保护规划方案是在充分掌握和分析名城历史、现状的基础上产生的，调查的资料是保护规划的依据之一。需收集的基础资料主要有以下几项：

（1）城市演变历史、建制沿革、城址兴废变迁。

（2）城市现存地上地下文物古迹、历史文化街区、风景名胜、古树名木、革命纪念地、近现代代表性建筑、历史建筑以及有历史价值的水系、地貌遗迹等。

（3）城市特有的传统手工艺、传统产业及民俗精华等非物质文化遗产。

（4）现在历史文化遗产及其环境遭受破坏威胁的状况。

6. 保护规划的成果要求

历史文化名城保护规划的成果由规划文本、规划图纸和附件三部分组成。

（1）规划文本。表述规划意图、目标和对规划有关内容提出的规定性要求。文本表达应当规范、准确、肯定、含义清楚。它一般包括以下内容：城市历史文化价值概述；历史文化名城保护原则和保护工作重点；城市整体层次上保护历史文化名城的措施，包括古城功能的改善、用地布局的选择或调整、古城空间形态和视廊的保护等；各级文物保护单位的保护范围、建设控制地带以及各类历史文化街区的范围界线，保护和整治的措施要求；对重要历史文化遗存修整、利用和展示的规划意见；重点保护、整治地区的详细规划意向方案；规划实施管理措施等。

（2）规划图纸。用图像表达现状和规划内容。包括文物古迹、历史文化街区、风景名胜分布图，比例尺为1:5 000～1:10 000。可以将市域或古城区按不同比例尺分别绘制，图中标注名称、位置、范围（图面尺寸小于5mm者可只标位置）；历史文化名城保护规划总图，比例尺为1:5 000～1:10 000，图中标绘各类保护控制区域，包括古城空间保护视廊、各级文物保护单位、风景名胜、历史文化街区的位置、范围和其他保护措施示意；重点保护区域界线图，比例尺为1:500～1:2 000，在绘有现状建筑和地形地物的底图上，逐个、分张画出重点文物的保护范围和建设控制地带的具体界线；逐片、分线画出历史文化街区、风景名胜保护的具体范围；重点保护、整治地区的详细规划意向方案图。

（3）附件。包括规划说明和基础资料汇编。规划说明书的内容是分析现状、论证规划意图、解释规划文本等。

规划文本和图纸具有同等的法律效力。

7.3.4 历史文化街区保护规划

1. 历史文化街区的概念

历史文化街区的概念源自国际上通用的历史性地区（Historic Area）概念。我国的文物法规定“保存文物特别丰富并且具有重大历史价值或者革命纪念意义的城镇、街道、村庄由省、自治区、直辖市人民政府核定公布为历史文化街区、村镇，并报国务院备案”。同时要求所在地的县级以上地方人民政府应当组织编制专门的历史文化街区、村镇保护规划。

在历史文化街区内，单看这里的每一栋建筑，其价值可能尚不足以作为文物加以保护，但它们加在一起形成的整体面貌却能反映出城镇历史风貌的特点，从而使其整体价值得到了升华。法国1962年8月4日颁布《马尔罗法令》规定建立“历史保护区”。1967年英国通过《城市文明法案》（Civie Amenity Act），也提出了历史保护区的概念。它规定，地方规划部门有责任对其管辖地区内具有特别建筑艺术或历史价值的地区划定保护区。保护的概念从威尼斯宪章提出的古迹及其环境逐步引申出历史地段的概念。

1987年，“国际古迹遗址理事会”通过了《保护历史城镇与城区宪章》（即华盛顿宪章），宪章所涉及的历史城区，包括城市、城镇以及历史中心或居住区，也包括这里的自然和人工环境，“它们不仅可以作为历史的见证，而且体现了城镇传统文化的价值”。

我国历史文化保护区的概念是1986年在国务院公布第二批历史文化名城时提出的，强调对于文物古迹比较集中或能完整地体现出某一历史时期传统风貌和民族特色的街区、建筑群、小镇村落等予以保护。这里的历史文化保护区不仅包括历史文化街区，还包括了建筑群和小镇村落。

2002年12月3日颁布修改的文物法，提出了“历史文化街区”的法定概念。历史文化街区是指保存有一定数量和规模的历史建筑、构筑物且传统风貌完整的生活地域。它有较完整的传统风貌，具有历史典型性和鲜明的地方特色，能够反映城镇的历史面貌，代表城镇的个性特征。2003年12月17日建设部颁布的《城市紫线管理办法》规定：“在编制城市规划时应当划定保护历史文化街区和历史建筑的紫线”。2008年4月21日国务院公布的《历史文化名城名镇名村保护条例》，进一步规定了历史文化街区的保护要求。

2. 历史文化街区的基本特征

（1）历史文化街区要有一定的规模，并具有较完整或可整治的景观风貌，没有严重的视觉环境干扰，能反映某历史时期某一民族及某个地方的鲜明特色，在这一地区的历史文化上占有重要地位。代表这一地区历史发展脉络和集中反映地区特色的建筑群，或许其中每一座建筑都达不到文物的等级要求，但从整体环境来看，却具有非常完整而浓郁的传统风貌，是这一地区历史的见证。

（2）有一定比例的真实遗存，携带着真实的历史信息。历史文化街区不仅包括有形的建筑群及构筑物，还包括蕴藏其中的“无形文化资产”，如世代生活在这一地区人们所形成的价值观念、生活方式、组织结构、人际关系、风俗习惯等。从某种意义上讲，“无形文化资产”更能表现历史文化街区特殊的文化价值。

（3）历史文化街区应在城镇生活中仍起着重要的作用，是生生不息的、具有活力的社区，这也就决定了历史文化街区不但记载了过去城市的大量的文化信息，而且还不断并继续记载着当今城市发展的大量信息。

3. 历史文化街区的划定原则

《历史文化名城保护规划规范》中规定历史文化街区应具备以下条件：

（1）有比较完整的历史风貌。

（2）构成历史风貌的历史建筑和历史环境要素基本上是历史存留的原物。

（3）历史文化街区占地面积不小于1hm^2。

（4）历史文化街区内文物古迹和历史建筑的占地面积宜达到保护区内建筑总用地的60%以上。

历史文化街区的范围划定应符合历史真实性、生活延续性及风貌完整性原则。历史文化街区内有真实的历史遗存。街区内的建筑、街巷及院墙、驳岸等反映历史面貌的物质实体应是历史遗存的原物，而不是仿古假造的。由于年代久远，难免有后代改动的部分存在，但改动的部分应该只占少部分，而且风格上是统一的。

范围划定应兼顾两个方面的要求。历史文化街区是建设行为受到严格限制的地区，也是实施环境整治、施行特别经济优惠政策的范围，所以划定的规模不宜过大；历史文化街区要求有相对的风貌完整性，要求能具备相对完整的社会结构体系，因此范围划定亦不宜过小。之所以强调有一定规模，是因为只有达到一定规模才能形成环境气氛，使人从中找到历史文化的感受。

历史文化街区保护界线的划定应按下列要求进行定位：文物古迹或历史建筑的现状用地边界；在街道、广场、河流等处视线所及范围内的建筑物用地边界或外观界面；构成历史风貌的自然景观边界。历史文化街区的外围应划定建设控制地带的具体界线，也可根据实际需要划定环境协调区的界线。考虑到保护管理条例的可操作性，保护层次的设定不宜过多。

4. 历史文化街区保护规划的内容

（1）现状调查。包括如下内容：①历史沿革；②功能特点，历史风貌所反映的时代；③居住人口；④建筑物建造时代，历史价值、保存状况、房屋产权、现状用途；⑤反映历史风貌的环境状况，指出其历史价值、保存完好程度；⑥城市市政设施现状，包括供电、供水、排污、燃气的状况，居民厨、厕的现状。

（2）保护规划。包括如下内容：①保护区及外围建设控制地带的范围、界线；②保护的原则和目标；③建筑物的保护、维修、整治方式；④环境风貌的保护整治方式；⑤基础设施的改造和建设；⑥用地功能和建筑物使用的调整；⑦分期实施计划、近期实施项目的设计和概算。

7.4 城市市政公用设施规划

7.4.1 城市市政公用设施规划概述

1. 城市市政公用设施规划的基本概念

市政公用设施泛指由国家或各种公益部门建设管理、为社会生活和生产提供基本服务的行业和设施。其内容十分广泛，本书中的市政公用设施主要指城镇建成区及规划区范围内的水资源、给水、排水、再生水、能源、电力、燃气、供热、通信、环卫设施等工程，是城市基础设施中最主要、最基本的内容。

市政公用设施规划是一个由各个专业规划组成的系统规划和综合规划，从城市市政公用设施资源条件、现状基础和发展趋势等方面分析论证城市经济社会规划目标的可行性、城市规模及布局的可行性和合理性，从本系统提出对城市发展目标、规模和总体布局的调整意见和建议。市政公用设施的各专业规划则是在城市经济社会发展总体目标下，根据本专业规划的任务目标，结合城市实际情况，依照国家法律、法规和标准，按照本专业规划的理论、程序、方法以及要求进行的规划。

2. 城市市政公用设施规划的主要任务

（1）城市总体规划阶段。根据确定的城市发展目标、规模和总体布局以及本系统上级主管部门的发展规划确立本系统的发展目标，提出保障城市可持续发展的水资源、能源利用与保护战略；合理布局本系统的重大关键性设施和网络系统，制定本系统主要的技术政策、规定和实施措施；综合协调并确定城市供水、排水、防洪、供电、通信、燃气、供热、消防、环卫等设施的规模和布局。

（2）城市详细规划阶段。依据城市总体规划，结合详细规划范围内的各种现状情况，从市政公用设施方面对城市详细规划的布局提出相应的完善、调整意见。

3. 城市市政公用设施规划的规划期限和规划文件的组成

（1）规划期限。城市市政公用工程规划的规划期限一般与城市规划的规划期限相同，分为近期和远期。近期规划期限为5年，远期规划期限为20年左右。

（2）规划文件组成。城市市政公用工程规划的规划文件主要有规划文本、规划图纸和规划附件。规划附件包括规划说明书、规划基础资料和专题研究成果等。

4. 城市市政公用设施规划的强制性内容

2006年4月1日起施行的《城市规划编制办法》中第三十二条“城市规划的强制性内容”提出：“划定湿地、水源保护区等应当控制开发建设的生态敏感区范围；落实城市水源地及其保护区范围和其他重大市政基础设施。”

2008年1月1日起施行的《中华人民共和国城乡规划法》中第十七条提出：“规划区范围、规划区内建设用地规模、基础设施和公共服务设施用地、水源地和水系、基本农田和绿化用地、环境保护、自然与历史文化遗产保护以及防灾减灾等内容，应当作为城市总体规划、镇总体规划的强制性内容。”

7.4.2 城市给水工程规划

1. 城市给水工程规划的任务、内容

（1）主要任务：根据城市和区域水资源的状况，合理选择水源，科学合理地确定用水量标准，预测城乡生产、生活等需水量，确定城市自来水厂等设施的规模和布局；布置给水设施和各级供水管网系统，满足用户对水质、水量、水压等要求。

（2）主要内容

1）城市总体规划中的主要内容：确定用水量标准，预测城市总用水量；平衡供需水量，选择水源，确定取水方式和位置；确定给水系统的形式、水厂供水能力和厂址，选择处理工艺；布置输配水干管、输水管网和供水重要设施，估算干管管径。

2）城市详细规划中的主要内容：计算用水量，提出对用水水质、水压的要求；布置给水设施和给水管网；计算输配水管渠管径，校核配水管网水量及水压。

2. 城市用水量预测方法

城市用水量预测的方法有人均综合指标法、单位用地指标法、线性回归法、年递增率法、生长曲线法、生产函数法、城市发展增量法、分类加和法等，在城市规划的实践中，通常以人均综合指标法、单位用地指标法、年递增率法和分类加和法等较为常用。在实际计算城市用水量时应参照《城市给水工程规划规范》（GB 50282—98）对用水量指标进行合理选定。

3. 城市给水系统

给水工程按其工作过程，大致可分为三个部分：取水工程、净水工程和输配水工程。

（1）取水工程包括选择水源和取水地点，建造适宜的取水构筑物，其主要任务是保证城市用水量。

（2）净水工程主要是建造给水处理构筑物，对天然水质进行处理，以满足生活饮用水水质标准或工业生产用水水质标准要求。

（3）输配水工程将足够的水量输送和分配到各用水地点，并保证水压和水质。为此需敷设输水管道、配水管网和建造泵站以及水塔、水池等调节构筑物。水塔或高地水池常设于城市较高地区，借以调节用水量并保持管网中有一定压力。

在输配水工程中，输水管道及城市管网较长，它的投资占很大比重，一般约占给水工程总投资的50%~80%。

配水管网又分为干管和支管，前者主要向市区输水，而后者主要将水分配到用户。

城市给水水源有地面水和地下水之分。城市取用地面水及地下水系统的一般组成，如图7-10、图7-11所示。

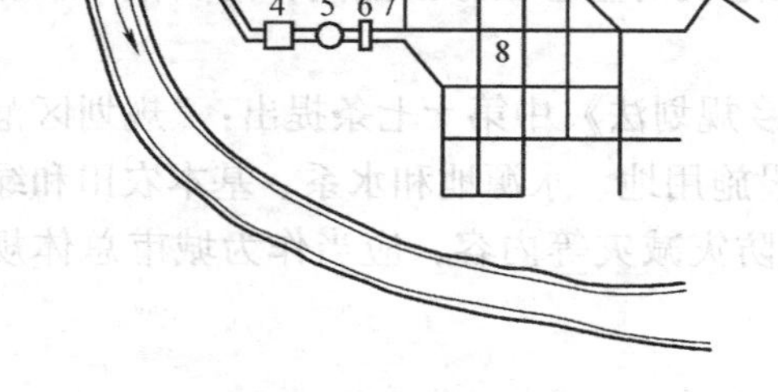

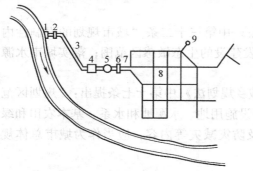

图 7-10　地面水源的给水系统示意图

1—取水构筑物　2—一级泵站　3—原水输水管

4—水处理厂　5—清水池　6—二级泵站

7—输水管　8—管网　9—调节构筑物

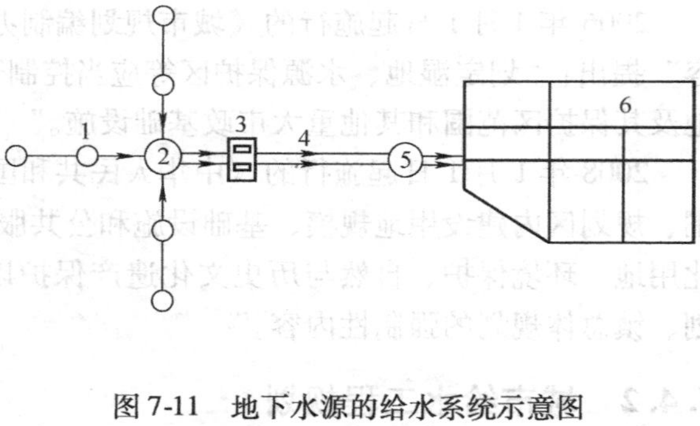

图 7-11　地下水源的给水系统示意图

1—管井群　2—集水池　3—泵站

4—输水管　5—水塔　6—管网

4. 城市给水工程规划

（1）城市水源选择。城市水源是指可供城市利用的水资源，即城市可以利用的地下水、地表水、海水、其他水源等，还包括再生水、暴雨洪水。

选择城市给水水源时应遵循以下原则：

1）水源具有充足的水量，满足城市近、远期发展的需要。城市饮用水选用的顺序为：先地表水，后地下水；先节水，后远距离调水；城市水源应优先保证城市居民生活用水。

2）水源具有较好的水质。

3）水源地的选择要结合城市总体规划的布局，与城区的距离要适当，既防止远距离供水，也要便于水源地的防护。

4）城市可选用一个水源或多个水源，城市布局分散时，常用多个水源。

（2）城市水源保护

1）水源保护的一般措施。水源保护应从区域着手，应在区域的开发规划中考虑。要对河流、地下水进行常年的监测；对开采是否过量、水质是否污染进行观测与报告；对流域进行水土保护工作；在城市总体规划布局时，对水资源有污染的企业的布置及污水处理的措施应严格审批控制。

2）水源地的卫生防护。在城市总体规划或区域范围较大的市域规划中应划定水源的保护地及保护范围。保护区可以分一级、二级保护区及准保护区。

在地表水水源取水口的附近一定陆域应作为地表水源一般保护区，其水源标准应不低于二类，在其余的水域或陆域划定二级保护区，其水源标准应不低于三类。

取水点周围要禁止捕捞、泊船、游泳等。取水点上游100m以内不得有工业及生活污水排入。

（3）净水工程设施规划

1）给水处理的工艺。给水工程常用的净水工艺包括自然沉淀、混凝沉淀、过滤、消毒等，不同水质采用不同的处理工艺。净水处理一般在水厂中进行。

2）水厂规划

①水厂布局原则。

水源条件：新建水厂应有可靠的水源保障。

建设条件：新建水厂厂址应有良好的工程地质、交通和供电条件。

安全条件：新建水厂必须远离化学危险品生产储存设施。

配水条件：新建水厂应尽可能与现状水厂形成布局合理、便于配水的多水源供水系统。

②水厂建设用地指标。

表7-6是不同规模的地表水厂和地下水厂建设用地控制指标。其中地表水厂为常规净水工艺，地下水厂为消毒工艺。水厂厂区周围应设置宽度不小于10m的绿化地带，以利于水厂的卫生防护和降低水厂的噪声对周围的影响。

表7-6　水厂建设用地控制指标

建设规模/(万 m^3/d)	地表水水厂/(m^2·d/m^3)	地下水水厂/(m^2·d/m^3)
5～10	0.7～0.5	0.4～0.3
10～30	0.5～0.3	0.3～0.2
30～50	0.3～0.1	0.2～0.08

注：1. 建设规模大的取下限，建设规模小的取上限。

2. 本表指标未包括厂区周围绿化地带用地。

（4）输配水管网规划。城市用水经过净化之后，还要通过安装大口径的输水干管和敷设配水管网，将水输配到各用水地区。输水管道不宜少于两条。管网的布置一般有两种形式：树枝状和环状。

树枝状管网（图7-12）的管道总长度较短，一旦管道某一处发生故障，供水区容易断水，因此其总投资较省，供水安全性较差。环状管网（图7-13）的利弊恰恰相反。城镇中心地区配水管网一般敷设成环状，在允许间断供水的边缘地区，可敷设成树枝状。在实践中，常采用两者相结合的布置方式。

供水管网是供水工程中一个主要部分，它的修建费用约占整个供水工程投资的40%～70%。管网的合理布置，不仅能保证供水，并且有很大的经济意义。

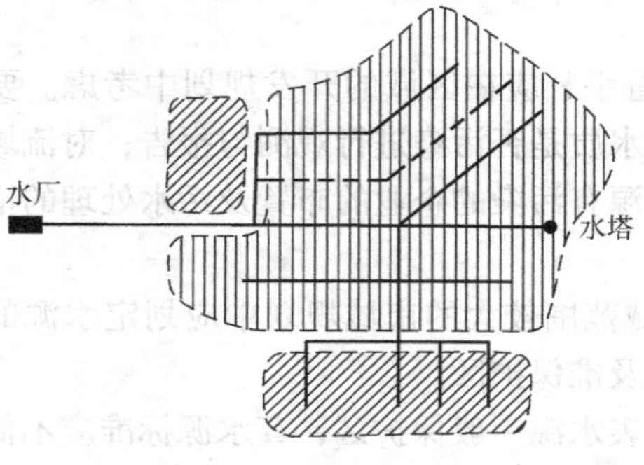

图7-12 树枝状管网

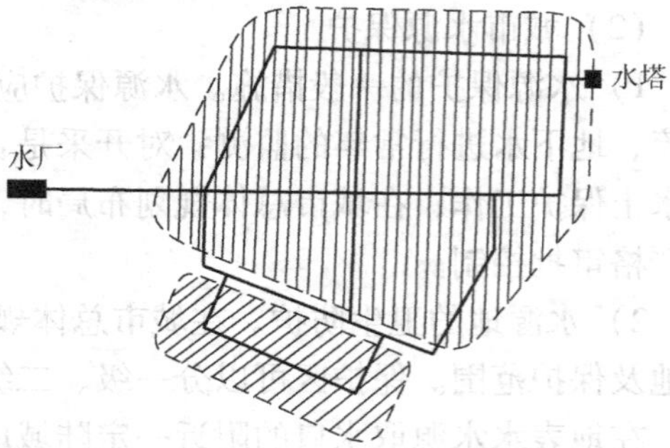

图7-13 环状管网

1）管网布置应根据城市地形、城市规划或发展方向、道路系统、大用水量用户的分布、水压的要求、水源位置以及与其他管线综合布置等因素进行规划设计。一般要求管网比较均匀地分布在整个用水地区。用输水干管通向水量调节构筑物（水塔、高地水池）和用水量大的用户。干管要布置在地形较高的一边。环状管网环的大小，即干管间距离应根据建筑物用水量和对水压的要求而定。管道应尽量少穿越铁路和河流。过河的管道，一般要设两条，以保安全。

2）居住区内的最低水头，平房为10m，二层居住房屋为12m，二层以上每层增加水头4m。高层居住大多自设加压设备，规划管网时可不予考虑，以免全面提高供水水压。

3）地形高低相差大的城市，为了满足地形较高地区的水压要求，避免较低地区的水压过大，应考虑结合地形，分设不同水压的管网系统；或按低地要求的压力送水，在地形较高地区加压。

4）必须节约用水，在用水量很大的工业企业，应尽可能地考虑水的重复利用，如电厂的冷却用水循环使用，或供给其他工厂使用。

7.4.3 城市排水工程规划

1. 城市排水工程规划的任务、内容

（1）主要任务：根据城市用水状况和自然环境条件，确定规划期内污水处理量，污水处理设施的规模与布局，布置各级污水管网系统；确定城市雨水排除与利用系统规划标准、雨水排除出路、雨水排放与利用设施的规模与布局。

（2）主要内容

1）城市总体规划中的主要内容。确定排水制度；划分排水区域，估算雨水、污水总量，制定不同地区污水排放标准；进行排水管、渠系统规划布局，确定雨水、污水主要泵站数量、位置，以及水闸位置；确定污水处理厂数量、分布、规模、处理等级以及用地范围；确定排水干管、渠的走向和出口位置；提出污水综合利用措施。

2）城市详细规划中的主要内容。对污水排放量和雨水量进行具体的统计计算；对排水系统的布局、管线走向、管径进行计算校核，确定管线平面位置、主要控制点标高；对污水处理工艺提出初步方案。

2. 城市排水体制

城市排水的对象是雨水和污水。对雨水和污水采用不同的排放方式所形成的排水系统，称为排水体制。排水体制分为合流制和分流制两大类。

（1）合流制排水系统。合流制排水系统是指雨水和污水统一由一套管道排放的排水系统，这种排水管称为合流管。合流制排水系统的特点：工程投资较省；施工建设比较简单；运行管理比较复杂；环境效益较差。

（2）分流制排水系统。分流制排水系统是指雨水和污水单独收集、处理和排放的排水系统。分流制排水系统的特点：工程投资较多；施工建设比较复杂；运行管理比较简单；环境效益较好。

（3）排水体制的选择。城市排水体制应在综合分析的基础上因地制宜的选择，《城市排水工程规划规范》（GB 50318—2000）规定：新建城市、扩建新区、新开发区或旧城改造地区的排水体制应采用分流制。

3. 污水工程规划

（1）污水量估算。一般分流制系统中，污水量可由规划期末平均日用水量乘以污水排放系数得到。污水排放系数可按如下估计：生活污水排放系数为0.8～0.9；工业废水排放系数为0.7～0.9；城市污水排放系数为0.7～0.8。

（2）污水处理厂

1）污水处理程度。污水处理程度应根据污水水质、水量、处理后的出路及受纳水体的环境容量来确定，目前一般要求达到二级处理，如考虑污水回用，则需进一步提高污水处理的程度。

2）污水处理工艺。污水处理工艺一般包括沉砂、沉淀、曝气、生物过滤以及消毒等，分别由各种处理构筑物来进行处理。一级处理以沉淀工艺为主，主要去除悬浮物；二级处理以生物处理为主体，以去除有机污染物为主。

3）污水处理厂布局。污水处理厂应设在地势较低处，便于城市污水汇流入厂内，其位置应靠近河道，最好布置在城市水体的下游，这样不致污染城市附近的水面，并应在城市最小风频的上风侧；污水处理厂应离开居住区，并保持有一定宽度的隔离地带；用地的水文地质条件须能满足构筑物的要求；少拆迁，少占农田；地形宜有一定的坡度，有利于污水污泥的自流；厂址应考虑使用处理后污水的主要用户靠近，要考虑污泥的运输及处置，厂址要有良好的电力供应，最好是双电源；卫生防护距离一般大于300m；应留有扩建的余地。污水处理厂规划用地指标见表7-7。

表7-7 污水处理厂规划用地指标

处理能力/（万 m^3/d）	一级处理/（$m^2 \cdot d/m^3$）	二级处理/（$m^2 \cdot d/m^3$）	深度处理/（$m^2 \cdot d/m^3$）
1～5	0.55～0.45	1.20～0.85	1.60～1.20
5～10	0.45～0.40	0.85～0.70	1.20～0.95
10～20	0.40～0.30	0.70～0.60	0.95～0.80
20～50	0.30～0.20	0.60～0.50	0.80～0.65
50～100		0.50～0.40	

（3）污水收集系统

1）系统组成。城市污水收集系统包括室内污水管道和设备、室外污水管道、检查井和污水泵站等。规划阶段，污水收集系统主要进行室外污水管道和污水泵站布置。

2）污水管道的平面布置。在污水管道的平面布置中，尽量用较短的管线，较小的埋深，把最大排水面积上的污水送到污水处理厂或水体。

影响污水管道平面布置的主要因素有：城市地形、水文地质条件；城市的远景规划、竖向规划和修建顺序；城市排水体制、污水处理厂、出水口的位置；排水量大的工业企业和大型公共建筑的分布情况；街道宽度及交通情况；地下管线、其他地下建筑及障碍物等。

污水管道平面布置，要充分利用有利条件，综合考虑各主要影响因素，并按下述原则进行。

①污水主干管一般布置在排水区域内地势较低的地带，沿集水线或沿河岸低处敷设，以便支管、干管的污水能自流入主干管。按照城市的地形，污水管道常布置成平行式和正交式。

②平行式布置的特点是污水干管与地形等高线平行，而主干管与地形等高线正交，如图7-14所示。

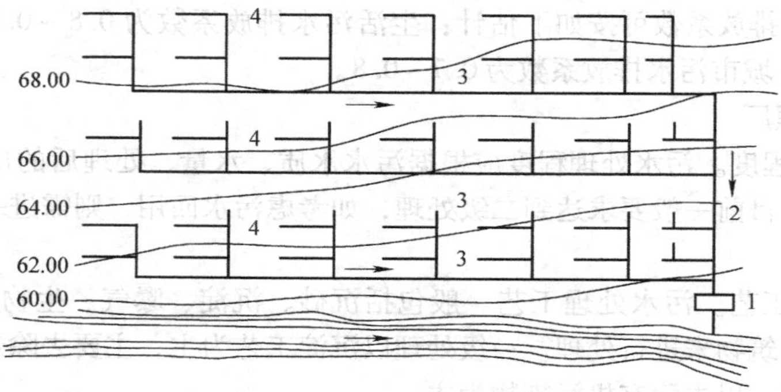

图 7-14 污水干管平行式布置

1—污水处理厂 2—主干管 3—干管 4—支管

③正交式布置形式适用于地形比较平坦，略向一边倾斜的城市或排水区域。污水干管与地形等高线正交，而主干管布置在城市较低的一边，与地形等高线平行，如图7-15所示。

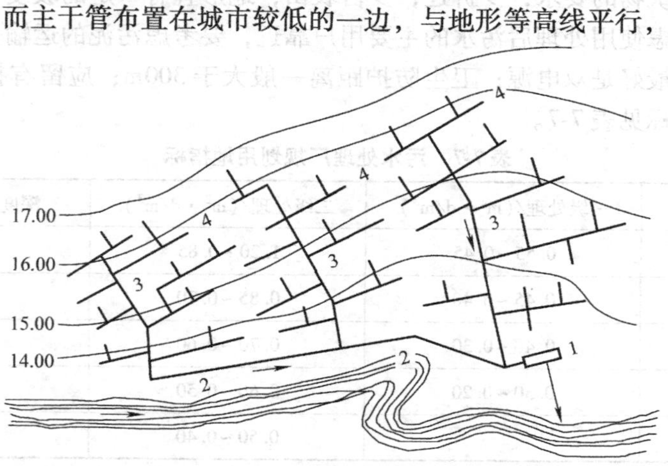

图 7-15 污水干管正交式布置

1—污水处理厂 2—主干管 3—干管 4—支管

④污水干管一般沿城市道路布置。通常设置在污水量较大、地下管线较少一侧的人行道、绿化带或慢车道下。当道路宽度大于40m时，可以考虑在道路两侧各设一条污水干管。

⑤污水管道应尽可能避免穿越河道、铁路、地下建筑或其他障碍物。也要注意减少与其他地下管线交叉。尽可能使污水管道的坡降与地面坡度一致，以减少管道的埋深。

3）污水泵站。污水泵站在污水收集系统中主要起提升污水的作用。当污水管道埋深超过当地地下管线允许埋深时，就应考虑设置污水泵站。

4. 雨水工程规划

（1）雨水系统。城市雨水系统由雨水口、雨水管渠、检查井、排水出口及雨水泵站等排水设施组成。规划阶段，雨水系统主要是进行雨水管渠和雨水泵站的布置。

（2）雨水管渠布置。雨水管渠一般沿道路布置，在确定管渠走向时，要充分利用地形和水系，在地势较高、地形坡度较大的排水分区，雨水应当以最短的距离分散排入附近水系；在地势低平的排水分区，当排水出口建设比较简单，雨水管渠也应按照就近、分散排放的原则布置，当出水口需要穿越城市干路、铁路、防洪堤等设施时，雨水宜适度集中排放。

在道路宽度大于40m的路段，雨水管渠宜采用双侧布置。

（3）雨水泵站布置。雨水泵站应综合考虑分区内雨水管渠、水系分布、控制设施等情况，优化布置。雨水泵站一般布置在雨水管渠出口附近，立交桥下的雨水泵站一般布置在路面最低点附近。

7.4.4 城市供电工程规划

1. 城市供电工程规划的任务、内容

（1）主要任务：根据城市和区域电力资源状况，合理确定规划期内的城市用电量、用电负荷，进行城市电源规划；确定城市输配电设施的规模、布局以及电压等级；布置变电所（站）等变电设施和输配电网络；制定各类供电设施和电力线路的保护措施。

（2）主要内容

1）城市总体规划中的主要内容：预测城市供电负荷；选择城市供电电源；确定城市电网供电电压等级和层次；确定城市变电站容量和数量；布局城市高压送电网和高压走廊；提出城市高压配电网规划技术原则。

2）城市详细规划中的主要内容：计算用电负荷；选择和布局规划范围内的变、配电站；规划设计10kV电网；规划设计低压电网。

2. 城市供电系统

城市供电系统由城市电源、送电网、高压配电网和中、低压配电网组成。

（1）城市电源指城市发电厂和接受市域外电力系统电能的电源变电所（站）。目前，我国作为城市电源的发电厂以火电厂、水电厂为主，并正在发展核电厂。

（2）送电网指与城网有关的220kV送电线路和220kV变电所（站）。送电网是电力系统的组成部分，又是城网的电源。

（3）高压配电网包括110kV、63kV、35kV的线路和变电所（站）。

（4）中、低压配电网包括10kV线路配电所、开闭所和380/220V线路。

3. 城市供电工程规划

（1）电力负荷预测方法。城市电力总体规划阶段负荷预测方法常选用电力弹性系数法、回归分析法、增长率法、人均用电指标法、负荷密度法等。

城市电力详细规划阶段负荷预测方法常选用单位建筑面积负荷指标法、单耗法等。

（2）电源规划布局

1）城市发电厂的布置：应符合城市总体规划的要求，尽量布局在三类工业用地内；尽量靠近铁路、港口的运输线，靠近水源；燃煤电厂应有足够的储灰场；厂址应考虑电厂输电线路的出线要求，留有适当的出线走廊宽度；电厂厂址应设在城市主导风向的下风向，并应有一定的防护距离；厂址应满足地震防震、防洪等建厂条件要求，厂址标高应高于百年一遇的洪水位。

2）城市变电所的布置。城市变电所应根据城市总体规划布局、负荷分布及其与地区电力系统的连接方式合理确定位置；交通运输方便，宜避开易燃、易爆区和大气严重污秽的区域；应考虑对周围环境和邻近工程设施的影响和协调，如：军事设施、通讯电台、电信局、飞机场、领（导）航台、国家重点风景旅游区等；应满足防洪、抗震标准的要求；应有良好的地质条件，避开断层、滑坡、塌陷区、溶洞地带、山区风口等不良地质构造；在国家重点保护的文化遗址或有重要开采价值的矿藏上不得设置电源变电所。

3）城市变电所的合理供电半径。城市变电所的合理供电半径见表7-8。

表7-8 城市变电所的合理供电半径

变电的电压等级/kV	变电所二次侧电压/kV	合理供电半径/km
500	220	200～300
330	220、110	100～200
220	110、66、35、10	50～100
110	10	15～50
66	10	5～15
35	10	5～10
10		0.25～8

4）公用配电所（简称配电所）。宜采用户内型结构的公用配电所的情况有：市中心地区；住宅小区、高层楼群、旅游网点的负荷密度较高时；对市容有特殊要求的街区及分散的大用电户。

（3）电力线路。城市电力线路分为架空线路和地下电缆线路两类。

1）城市架空电力线路。城市架空电力线路的路径应根据城市地形、地貌特点和城市道路网规划来选择，沿道路、河渠、绿化带架设。路径应做到短捷、顺直，尽可能减少与道路、河流、铁路等的交叉，避免跨越建筑物；应满足防洪、抗震的要求。

2）城市电力电缆线路。在市区内规划新建的35kV以上的电力线路，当敷设在城市中心地区、高层建筑群区、市区主干道、繁华街道等及风景旅游景区及对架空裸导线有严重腐蚀的地区时，应采用地下电缆。

（4）城市高压走廊规划。城市35kV及以上高压架空电力线路应规划专用通道加以保护，其规划走廊宽度应根据所在城市的地理位置、地形、地貌、水文、地质、气象等条件，根据表 7-9 合理选定。

表 7-9　市区 35—500kV 高压架空电力线路规划走廊宽度

线路电压等级/kV	高压线走廊宽度/m	线路电压等级/kV	高压线走廊宽度/m
500	60～75	66,110	15～25
330	35～45	35	15～20
220	30～40		

7.4.5　城市通信工程规划

1. 城市通信工程规划的任务、内容

（1）主要任务：根据城市通信实况和发展趋势，确定规划期内城市通信发展目标，预测通信需求；确定邮政、电信、广播、电视等各种通信设施和通信线路；制定通信设施综合利用对策与措施，以及通信设施保护措施。

（2）主要内容

1）城市总体规划中的主要内容：依据城市经济社会发展目标、城市性质与规模及通信有关基础资料，宏观预测城市近期和远期通信需求量，预测与确定城市近、远期电话普及率和装机容量，确定邮政、移动通信、广播、电视等发展目标和规模。

2）城市详细规划中的主要内容：计算规划范围内的通信需求量；确定邮政、电信局所、广电设施等设施的具体位置、用地及规模；确定通信线路的位置、敷设方式、管孔数、管道埋深等；划定规划范围内电台、微波站、卫星通信设施控制保护界线。

2. 城市通信系统

城市通信业务包括邮政通信和电信通信。

（1）邮政系统指将用户的信息资料（包括固体、液体和气体的）由人工方式进行传输的行为。

（2）电信系统指在城镇区域内外的电信部门（局）与微波站、卫星及卫星地面站，电信局与中转设备，电信局与用户集中设备，电信局与用户终端设施以有线和无线的形式进行信息传播的系统。

3. 城市通信工程规划

（1）邮政规划

1）邮政规划内容。邮政通信网是邮政支局（所）和各级邮件处理中心及其他设施（邮政支局、所是基本服务网点），通过邮路的相互连接，组成的传递邮件的网络系统。涉及城市总体规划用地布局的邮政设施主要有邮政处理中心、邮政局、邮件转运站。在详细规划阶段，应考虑规划范围内邮政支局（所）的分布位置、规模等。

2）邮政局（所）的选址原则。邮政局是城市邮政部门的行政机关，较多设在城市中心区、居民集聚区、公共活动场所及大专院校所在地；局址应交通便利，便于运输邮件的车辆通行；地形宜平坦，有良好的地质条件；车站、机场、港口及宾馆等场所内应设邮电业务设施；应符合城市规划的要求。

（2）电信工程规划

1）电话业务预测方法。电话普及率（泛指主线或号线普及率、话机普及率）是电信的行业指标。家庭电话普及率一般按住宅电话或住宅电话普及率的增长规律预测。

2）电信局（所）选址的原则：接近计算的线路网中心；为避免强电对弱电的干扰，应避开靠近110kV以上变电站和线路的地点；应便于进局电缆两路进线和电缆管道的敷设；兼营业服务点的局所和单局制局所一般宜在城市中心选址。

7.4.6 城市供热工程规划

1. 城市供热工程规划的任务、内容

（1）主要任务：根据当地气候条件，结合生活与生产需要，确定城市集中供热对象、供热标准和供热方式；确定城市供热量和负荷选择并进行城市热源规划，确定城市热电厂、热力站等供热设施的规模和布局；布置各种供热设施和供热管网；制定节能保温的对策与措施以及供热设施的防护措施。

（2）主要内容

1）城市总体规划中的主要内容：预测城市热负荷；选择城市热源和供热方式；确定热源的供热能力、数量和布局；布局城市供热重要设施和供热干线管网。

2）城市详细规划中的主要内容：计算规划范围内热负荷；布局供热设施和供热管网；计算供热管道管径。

2. 城市集中供热系统

城市集中供热是指由热电联产、区域锅炉、工业余热等所产生的蒸汽、热（冷）水通过管网供给一个城市或部分地区生产或生活用热（冷）的方式。

城市集中供热系统由热源、供热管网、热用户及热转换设施组成。

热源是指将天然或人造的能源形态转化为符合供热要求的供热装置。城市热源是城市供热系统的起始点，常指热电厂、区域供热锅炉房等。

供热管网又称热网，是指由热源向热用户输送和分配供热介质的管线系统。

热用户是指由供暖、生活及生产用热系统与设备组成的热用户系统。

热转换设施是指在热源与用户之间设置的将热源提供的热能转换为适应不同热用户工况的设施。

根据热媒不同，城市集中供热系统可分为热水供热系统和蒸汽供热系统。

3. 城市供热工程规划

（1）热负荷预测。热负荷的预测方法有概算指标法和计算法。在规划中常用概算指标法进行估算。计算法常用于计算或预测较小范围内有确定资料地区的热负荷。

（2）热源规划

1）热源选择原则。城市热源选择应根据具体情况，进行技术经济比较后确定。

热电厂实行热电联产，能源利用率高，产热量大，但热电厂适合有较为稳定的常年工业生产热负荷以及供电不足的地方。

区域供热锅炉房与热电厂相比，投资小，建设周期短；与工业与民用锅炉相比，供热面积大、效率高，可有效地节能和保护环境，区域供热锅炉房可作为中小城市的主热源，也可作为大城市的区域主热源和调峰热源。

在城市有条件的地区，可选择热泵、工业余热、地热和垃圾焚化厂等作为城市某个地区或小区的热源。

2）热源布局原则

①热电厂的选址原则。热电厂的厂址应符合城市总体规划的要求；尽量靠近热负荷中心；要有方便的交通条件；要有可靠的供水条件；要有妥善解决排灰的条件；要有方便的出

线条件；要有一定的防护距离；应不占或少占农田；要有较好的工程地质条件；要有利于减少烟尘对居住区和主要环境保护区的影响。

②供热锅炉房布置原则。靠近热负荷比较集中的地区；便于引出管道；便于燃料储运和灰渣排除；有利于自然通风与采光；位于地质条件较好的地区；应留有扩建的余地。

③热力站。热力站是供热管网和热用户的连接场所，它将热媒加以调节和转换，向不同用户分配热量。热力站是小区的热源，其位置最好位于热负荷中心，对于居民区来说，一个小区一般设置一个热力站。

（3）供热管网规划

1）平面布置方式。管网根据平面布置可分为枝状管网和环状管网两种。枝状管网布置简单，运行管理方便，供热管道的管径随距热源越远而逐渐缩小，管道投资小，经济性好，但供热的可靠性低，发生故障时，在故障点以后的热用户都将停止供热。枝状管网是热水管网采用最普遍的方式。环状管网的可靠性较高，但系统复杂，造价高，自动化程度要求较高，不易管理。

2）热力管网的布置原则

①经济上合理：主干线力求短直，主干线尽量走热负荷集中的地区。

②对周围环境影响小而协调：城市道路上的热力网管道应平行于道路中心线，并宜敷设在车行道以外的地方，同一条管道应只沿街道的一侧敷设。

③技术上可靠：热力网管道选线时宜避开土质松软地区、地震断裂带、滑坡危险地带以及高地下水位区等不利地段。

3）供热管网敷设。热力管道敷设方式分为地上架空敷设和地下敷设两种方式，城市街区道路和居民区内宜采用地下铺设，工厂区的热力管道宜采用地上铺设。

7.4.7　城市燃气工程规划

1. 城市燃气工程规划的任务、内容

（1）主要任务：根据城市和区域燃料资源状况，选择城市燃气气源，合理确定规划期内各种燃气的用量，进行城市燃气气源规划；确定各种供气设施的规模、布局；选择确定城市燃气管网系统；科学布置气源厂、气化站等产、供气设施和输配气管网；制定燃气设施和管道的保护措施。

（2）主要内容

1）城市总体规划中的主要内容：预测城市燃气负荷；选择城市气源种类；确定城市气源厂和储配站的数量、位置与容量；选择城市燃气输配管网的压力级制；布局城市输气干管。

2）城市详细规划中的主要内容：计算燃气用量；规划布局燃气输配设施，确定其位置、容量和用地；规划布局燃气输配管网；计算燃气管网管径。

2. 城市燃气系统

（1）城市燃气种类。燃气按来源可分为天然气、人工煤气、液化石油气和生物气（沼气）四大类，一般在城市系统中，采用前三种类型燃气，生物气适宜在村镇等居民点选择。

（2）城市燃气系统组成。城市燃气系统包括气源、输配系统和用户系统三部分。城市气源不同，其输配系统也不同。

天然气供气系统通过长输管线将天然气输送至天然气门站，通过调压系统，进入城市输

配系统；人工煤气厂一般距城市较近，大部分直接进入城市输配系统；液化天然气均采用汽车或火车运输至小区气化站，直接减压输送至用户管道系统。液化石油气也采用瓶装送至用户。

3. 城市燃气工程规划

（1）城市燃气负荷预测方法。城市燃气负荷预测方法，在总体规划阶段常采用分项相加法和比例估算法；在详细规划阶段常采用不均匀系数法。

（2）城市燃气种类选择。遵照国家能源政策和燃气发展方针，结合各地区燃料资源的情况，选择技术上可靠、经济上合理的气源；应根据城市的地质、水文、气象等自然条件和水、电、热的供给情况，选择合适的气源；应合理利用现有气源，并争取利用各工矿企业的余气；应根据城市的规模和负荷的分布情况，合理确定气源的数量和主次分布，保证供气的可靠性；在城市选择多种气源联合供气时，应考虑各种燃气间的互换性，或确定合理的混配燃气方案；选择气源时，还必须考虑气源厂之间和气源厂与其他工业企业之间的协作关系。

（3）燃气输配系统规划

1）长输管线。长输管线是指将天然气和人工燃气输送至城市或其他用气地区的长距离输送管线。长输管线线路选择原则为：尽量通过开阔地带和地势平坦地区，力求取直，转折角不小于120°，线路避免穿越矿藏区、风景名胜区、历史保护区等。

2）城市燃气管网系统。城镇燃气输配系统设计，应符合城镇燃气总体规划的要求，做到远、近期规划相结合，以近期为主，经技术经济比较后确定合理的方案。应尽量靠近用户，以保证在相同的供气效果下，采用最短的线路长度；减少穿、跨越河流、水域、铁路等工程，以减少投资。为确保供气可靠，一般各级管网应沿路布置。由于感应电场对管道会造成严重腐蚀，因此，燃气管网应避免与高压电缆平行敷设。

7.4.8 城市环境卫生设施规划

1. 城市环境卫生设施规划的任务、内容

（1）主要任务：根据城市发展目标和城市布局，确定城市环境卫生设施配置标准和垃圾集运、处理方式；确定主要环境卫生设施的规模和布局；布置垃圾处理场等各种环境卫生设施，制定环境卫生设施的隔离与防护措施；提出垃圾回收利用的对策与措施。

（2）主要内容

1）城市总体规划中的主要内容：测算城市固体废弃物产量，分析其组成和发展趋势，提出污染控制目标；确定城市固体废弃物的收运方案；选择城市固体废物处理和处置方法；布局各类环境卫生设施，确定服务范围、设置规模、设置标准、用地指标等；进行可能的技术经济方案比较。

2）城市详细规划中的主要内容：估算规划范围内固体废物产量；提出规划区的环境卫生控制要求；确定垃圾收运方式；布局废物箱、垃圾箱、垃圾收集点、垃圾转运点、公厕、环卫管理机构等，确定其位置、服务半径、用地、防护隔离措施等。

2. 城市固体废物处理工程规划

城市固体废物是人类在生产、生活过程中所产生的失去其使用价值而丢弃的固体、半固体物质，是工业固体废物、有毒有害固体废物和城市生活垃圾的总称。

（1）城市生活垃圾产生量预测。城市生活垃圾产生量预测一般有人均指标法和增长率法。

在人均指标法中，我国城市生活垃圾的规划人均指标常以0.9～1.4kg为宜，由人均指标乘以规划的人口数则可得到城市生活垃圾总量。

（2）城市生活垃圾收集与运输

1）城市生活垃圾收集方式。城市生活垃圾常采用垃圾箱（桶）收集、垃圾管道收集、袋装化上门收集等收集方式，在高层楼房和现代化住宅密集区内可采用自动化程度高的垃圾气动系统收集。

2）城市生活垃圾的运输。城市垃圾运输中的清运线路设计应注意：应尽可能将收集路线的出发点接近停放车辆场所；为方便出入，线路的开始与结束点应临近城市的主要道路；在陡峭地区，应空车上坡，下坡收集，从而节省燃料，减少车辆损耗；线路应使每日清运的垃圾量、运输路程、花费时间尽可能相同。

3）城市固体废物的处理。固体废物处理的总原则应优先考虑减量化、资源化，尽量做到回收利用，对无法回收利用的固体废物或其他处理方式产生的残留物进行最终无害化处理。

目前，各国处理、处置固体废物的方法主要有土地填埋法、焚烧法、热解法、自然堆存法、堆肥法等。而对有毒有害的固体废物的处理，宜通过改变其物理化学性质，达到减少或消除危险废物对环境的有害影响的目的，常用的处置手段有安全土地填埋、焚化、投海、地下或深井处置等方法。如我国对城市医院垃圾采取集中焚烧的方法进行处理。

3. 城市环境卫生设施规划

（1）公共厕所

1）公共厕所的设置范围。城市中下列范围应设置公共厕所：商业区、市场、客运交通枢纽、体育文化场馆、游乐场所、广场、大型社会停车场、公园及风景名胜区等。

2）公共厕所的设置标准

①居住用地的公共厕所：设置密度为3～5座/km^2，设置间距为500～800m，建筑面积为30～60m^2/座。

②车站（含站前广场）、码头、体育场（馆）等场所的公共厕所：设置密度为4～11座/km^2；设置间距为300～500m；建筑面积为50～120m^2/座。

③工业用地、仓储用地的公共厕所：设置密度为1～2座/km^2；设置间距为800～1000m；建筑面积为30m^2/座。

（2）废物箱的设置要求

1）废物箱的设置应满足行人生活垃圾的分类收集要求，行人生活垃圾分类收集方式应与分类处理方式相适应。

2）废物箱应设置在道路的两侧，各类公共设施、交通客运设施、广场等的出入口的附近。

3）设置在道路两侧的废物箱，其间距按道路功能划分，商业、金融业街道：50～100m；主干路、次干路，有辅道的快速路：100～200m；支路、有人行道的快速路：200～400m。

（3）生活垃圾收集点。生活垃圾收集点的服务半径一般不应超过70m，在新建住宅区，未设垃圾管道的多层住宅，一般每4幢建筑设一个垃圾收集点。

（4）生活垃圾转运站。生活垃圾转运站的选址宜尽可能靠近服务区域中心或垃圾产量最多的地方，同时其周围应满足交通方便的要求，不宜设置靠近人流、车流的地区。

(5) 生活垃圾卫生填埋场。生活垃圾卫生填埋场原则上应在城市建成区外选址建设，使用年限不应小于10年，场地应具有良好的地质条件，便于运输和取土，人口密度低，并且土地及地下水利用价值不大；严禁在水源保护区建设垃圾填埋场。

生活垃圾填埋场距大、中城市规划建成区应大于5km，距小城市建成区应大于2km，距居民点应大于0.5km。场地内应设置不小于20m的绿化隔离带，且沿周边设置，场地四周宜设置宽度不小于100m的防护绿地或生态绿地。

(6) 生活垃圾焚烧厂。当生活垃圾热值大于500kJ/kg，且卫生填埋场选址困难时，可建设垃圾焚烧厂。

生活垃圾焚烧厂宜布置在城市规划建成区以外或边缘，综合用地指标采用50~100m²/t·d，并不小于1hm²，厂区周边绿化隔离带宽度不小于10m，并沿周边布置。

7.5 城市工程管线综合规划

7.5.1 城市工程管线综合规划的任务与内容

1. 城市工程管线总体规划的任务、内容

(1) 确定各种管线的干管走向，在道路路段上大致水平排列位置。

(2) 分析各种工程管线分布的合理性，避免各种管道过于集中在某一城市干道上。

(3) 确定关键点的工程管线的具体位置。

(4) 提出对各工程管线规划的修改建议。

2. 城市工程管线详细规划的任务、内容

(1) 检查规划范围内各主要工程详细规划的矛盾。

(2) 确定各种工程管线的平面分布位置。

(3) 确定规划范围内道路横断面和管线排列位置。

(4) 初定道路交叉口等控制点工程管线的标高。

(5) 提出工程管线基本埋深和覆土要求。

(6) 提出对各专业工程详细规划的修正意见。

7.5.2 工程管线的分类

城市工程管线的种类多而复杂，根据不同性质和用途、不同的运送方式、弯曲程度等有不同的分类。

(1) 按工程管线性能和用途可分为给水管道、排水沟管、电力线路、电信线路、热力管道、燃气管道等。

(2) 按工程管线输送方式可分为压力管线和重力自流管线。

7.5.3 城市工程管线综合规划

各工程管线在地下、地上建构筑物周围和道路间的有限空间敷设时，必然存在位置上的矛盾。城市工程管线综合规划就是按照一定的规划原则和排列顺序，通过规定工程管线的最小水平净距和最小垂直净距，城市工程管线在架空敷设时管线、杆线的平面位置及周围建筑物、相邻工程管线间的距离以及最小覆土深度等参数，来满足不同管线在城市空间中位置上的要求，保证城市工程管线的顺利施工及正常运转。

1. 城市工程管线的综合布置

（1）地下敷设的一般规定

1）城市工程管线宜地下敷设。

2）规划中，各种管线的位置都要采用统一的城市坐标系统及标高系统。

3）工程管线综合规划应结合城市道路网规划，在不妨碍工程管线正常运行、检修和合理占用土地的情况下，尽量实现线路短捷。

4）应充分利用现状工程管线。当现状工程管线不能满足需要时，经综合技术、经济比较后，方可废弃或抽换。

5）平原城市宜避开土质松软地区、地震断裂带、沉陷区以及地下水位较高的不利地带。起伏较大的山区城市，应结合城市地形特点，确定工程管线位置，并应避开滑坡危险的地带和洪峰口。

6）管线的布置应与道路或建筑红线平行。同一管线不宜自道路一侧转到另一侧。

7）工程管线在道路下面的规划位置，应布置在人行道或非机动车道下面。电信电缆、给水输水、燃气输气、污雨水排水等工程管线可布置在非机动车道或机动车道下面。

8）应减少管线与铁路、道路及其他干线的交叉。当干线与铁路或道路交叉时，宜采用垂直交叉方式布置。受条件限制，可倾斜交叉布置，其最小交叉角宜大于30°。

9）工程管线在道路下的规划位置宜相对固定。从道路红线向道路中心线方向平行布置的次序，应根据工程管线的性质、埋设深度等确定。布置次序宜为：电力电缆、电信电缆、燃气配气、给水配水、热力干线、燃气输气、给水输水、雨水排水、污水排水。

（2）架空敷设的一般规定

1）沿城市道路架空敷设的工程管线的位置应根据规划道路的横断面确定，并应保障交通畅通、居民的安全以及工程管线的正常运行。

2）架空线线杆宜设置在人行道上距路缘石不大于1m的位置；有分车带的道路，架空线线杆宜布置在分车带内。

3）同一性质的工程管线宜合杆架设。

4）工程管线跨越河流时，宜采用管道桥或利用交通桥梁进行架设，但可燃、易燃工程管线不宜利用交通桥梁跨越河流，而且工程管线的规划设计应与桥梁设计相结合。

5）架空管线与建（构）筑物等的最小水平净距、架空管线交叉时的最小垂直净距应符合有关规定。

6）电力架空杆线与电信架空杆线宜分别架设在道路两侧，且与同类地下电缆位于同侧。

2. 城市地下工程管线避让原则

（1）压力管线让自流管线。

（2）分支管线让主干管线。

（3）可弯曲的管线让不易弯曲的管线。

（4）临时性的管线让永久性的管线。

（5）管径小的管线让管径大的管线。

（6）工程量小的管线让工程量大的管线。

（7）新建的管线让现有的管线。

（8）检修次数少的、方便的管线让检修次数多的、不方便的管线。

3. 城市工程管线共沟敷设原则

（1）热力管不应与电力、通信电缆和压力管道共沟。

（2）排水管道应布置在沟底，当沟内有腐蚀性介质管道时，排水管道应位于其上面。

（3）腐蚀性介质管道的标高应低于沟内其他管线。

（4）火灾危险性属于甲、乙、丙类的液体，液化石油气，可燃气体，毒性气体和液体以及腐蚀性介质管道，不应共沟敷设，并严禁与消防水管共沟敷设。

（5）凡有可能产生互相影响的管线，不应共沟敷设。

7.6 城市用地竖向规划

城市用地竖向规划是指城市开发建设地区（或地段），对自然地形进行利用、改造，确定坡度、控制高程和平衡土石方等，以满足道路交通、地面排水、建筑布置和城市景观等方面的综合要求而进行的规划设计。城市用地竖向规划是城市规划的一个重要组成部分。

7.6.1 城市用地竖向规划的原则与内容

1. 城市用地竖向规划的原则

（1）应对城市用地的控制高程进行综合考虑、统筹安排，以避免各项用地在平面与空间布局上的相互冲突。解决用地与建筑、道路交通、地面排水、工程管线敷设以及建设的近期与远期、局部与整体的矛盾，以达到工程合理、造价经济、空间丰富、景观优美的效果。

（2）遵循安全、适用、经济、美观的方针，注意相互协调；从实际出发，因地制宜，充分利用地形地质条件，合理改造地形，满足城市各项建设用地的使用要求；减少土石方及防护工程量；重视保护城市生态环境，增强城市景观效果。

（3）城市用地竖向工程规划应充分发挥土地潜力，节约土地，保护耕地。

2. 城市用地竖向规划的内容

（1）总体规划阶段的内容

1）配合城市用地选择与总图布局方案，做好用地地形地貌分析，充分利用与适应、改造地形，确定主要控制点规划标高。

2）分析规划用地的地形、坡度，评价建设用地条件，确定城市规划建设用地。

3）分析规划用地的分水线、汇水线、地面坡向，确定防洪排涝及排水方式。

4）确定防洪（潮、浪）堤顶及堤内地面最低控制标高。

5）确定无洪水危害的内江河湖海岸的最低控制标高。

6）根据排洪、通航的需要，确定大桥、港口、码头等的控制标高。

7）确定城市主干路与公路、铁路交叉口点的控制标高。

8）分析城市雨水主干路进入江、河的可行性，确定道路及控制标高。

9）选择城市主要景观控制点，确定主要观景点的控制标高。

（2）控制性详细规划阶段的内容

1）确定主、次、支三级道路范围的全部地块的排水方向。

2）确定主、次、支三级道路交叉点、转折点的标高和它们的坡度、长度等技术数据。

3）初定用地地块或街坊用地的规划控制标高。

4）补充与调整其他用地控制标高。

（3）修建性详细规划阶段的内容

1）落实防洪、排涝工程设施的位置、规模及控制标高。

2）确定建筑室外地坪规划控制标高。

3）进一步分析、核实各级道路标高等技术数据；落实街区内外联系道路（宽3.5m以上）的控制标高，保证通车道及步行道的可行性。

4）结合建筑物布置、道路交通、工程管线敷设，进行街区内其他用地的竖向规划，确定各项用地标高。

5）确定挡土墙、护坡等室外防护工程的类型、位置、规模、估算土（石）方及防护工程量，进行土（石）方平衡。

7.6.2　城市用地竖向规划的方法

城市用地竖向工程规划的设计方法，一般采用设计等高线法、高程箭头法和纵横断面法。

1. 设计等高线法

如图7-16所示，以居住区为例，根据规划结构，在已确定的干路网中，确定居住小区内的道路线路，定出这些道路的红线。

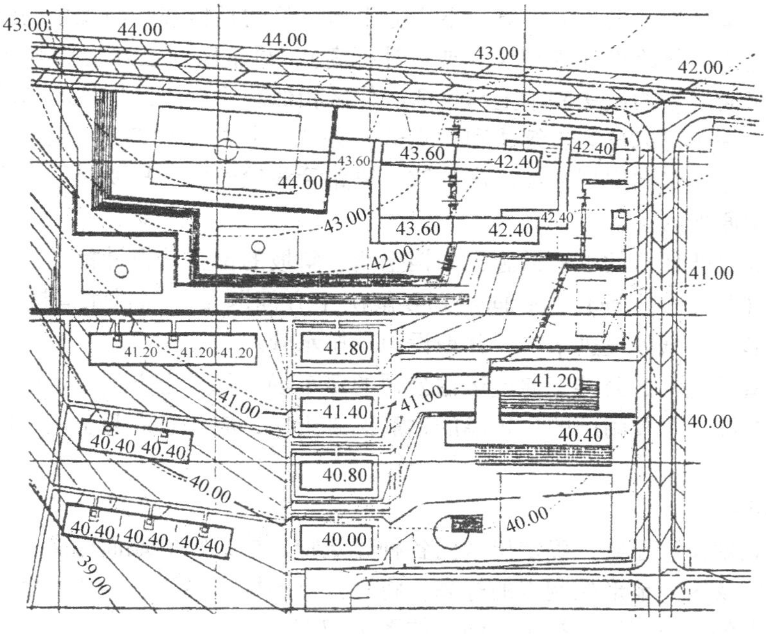

图7-16　用设计等高线法进行竖向规划的示例

对居住小区每一条道路作纵断面设计，以已确定的城市干路交叉口的标高及变坡点的标高，定出支路与干路交叉点的设计标高，从而求出每一条路的中心线设计标高。

以道路的横断面，求出红线的设计标高。有时，道路红线的设计标高与居住小区内自然地形的标高相差较大，在红线内可以做一段斜坡，不必要将居住小区内部的设计标高普遍压低，以免挖方太多。

居住小区内部的车行道，由外面道路引入，起点标高根据相接的城市道路的车行道边的设计标高而定。配合自然地形，减少土石方，定出沿线的设计标高。

在布置建筑物时应尽量配合原地形，采用多种布置方式，在照顾朝向的条件下，争取与等高线平行，尽量做到不要过大的改动原有的自然等高线，或只改变建筑物基底周围的自然等高线（即定出设计标高）。

居住小区内用地坡度较大时，可以建挡土墙，形成台地，以便布置建筑物，并能保持在底层房屋的前面有一块较平的室外用地。

居住小区的人行通道，坡度及线型可以更加灵活的配合自然地形，在某些坡度大的地段，人行通道不一定设计成连续的坡面，可以加一些台阶。

居住小区内的地面排水，根据不同的地形条件，采用不同方式。要进行地形分析，划分为几个排水区域，分别向邻近的道路排水。坡度大时要用石砌以免冲刷，部分也可用管沟，在低处设进水口。

经过上述步骤，已初步确定了居住小区四周的红线标高，内部车行道、房屋四角的设计标高，就可以联结成大片地形的设计等高线。联结时要尽量注意与同样高度的自然等高线相重复，这就意味着该部分用地完全可以不改动原地形。全部作出设计等高线，对经过竖向规划后的全部地形及建筑的空间布局可以一目了然。在实际应用时，可以按此原理，简化具体做法，即在地面上多标明一些设计标高，而不必要联结成设计等高线。

设计等高线全部标出后，应估算一下土方平衡，目的是检查竖向规划的经济合理性。如土方量过大，应适当修改设计等高线（或设计标高），尽量做到土方量基本就地平衡。

工厂用地竖向规划的做法基本上与生活居住区相似。要按厂区用地的情况采用不同的更为简化的方式，一般可以分为连续式和重点式。如果建筑物、构筑物、道路、管线较密集，要对整个厂区用地作竖向规划；如厂房分散，道路管线较简单，只要对厂房附近用地作竖向规划，其余保留原地形。

确定必要的改造地形的工程措施，如挡土墙、斜坡的位置及设计标高。

大型广场（如集会广场）的竖向规划要解决土方问题及地面排水问题，需要做成有平缓坡度的折线形，在低处设进水口，并埋设地下排水管。

承重的大型场地，如公共交通或运输公司的停车场，除了土方与排水问题与一般大型广场相同外，还要铺承重及耐磨的、较厚的钢筋混凝土层，应注意混凝土块中的伸缩缝的划分问题。

2. 高程箭头法

根据竖向规划设计原则，确定出区内各种建筑物、构筑物的地面标高，道路交叉点、变坡点的标高，以及区内地形控制点的标高，将这些点的标高标注在居住区竖向规划图上，并以箭头表示区内各种类用地的排水方向，如图7-17所示。

高程箭头法的规划设计工作量较小，图纸制作较快，且易于变动、修改。为居住区竖向设计一般常用的方法。缺点是比较粗略，确定标高要有充分经验，有些部位的标高不明确，准确性差，仅适用于地形变化比较简单的情况。为弥补上述不足，在实际工作中也有采用高程箭头法和局部剖面的方法，进行居住区的竖向规划设计。

3. 纵横断面法

多用于地形比较复杂的地区。如图7-18所示，先根据需要的精度在所需规划的居住区平面图上绘出方格网，再在方格网的每一交点上注明原地面标高和设计地面标高。沿方格网长轴方向称为纵断面，沿短轴方向称为横断面。其优点是对规划设计地区的原地形有一个立体的形象概念，容易着手考虑地形的改造。

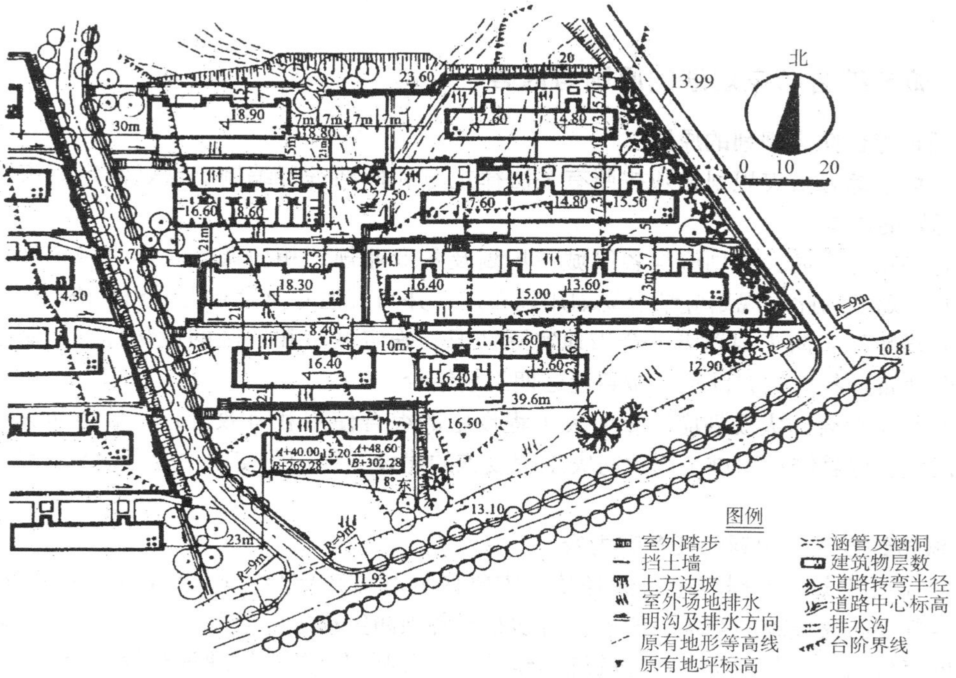

图 7-17　用高程箭头法进行竖向规划的示例

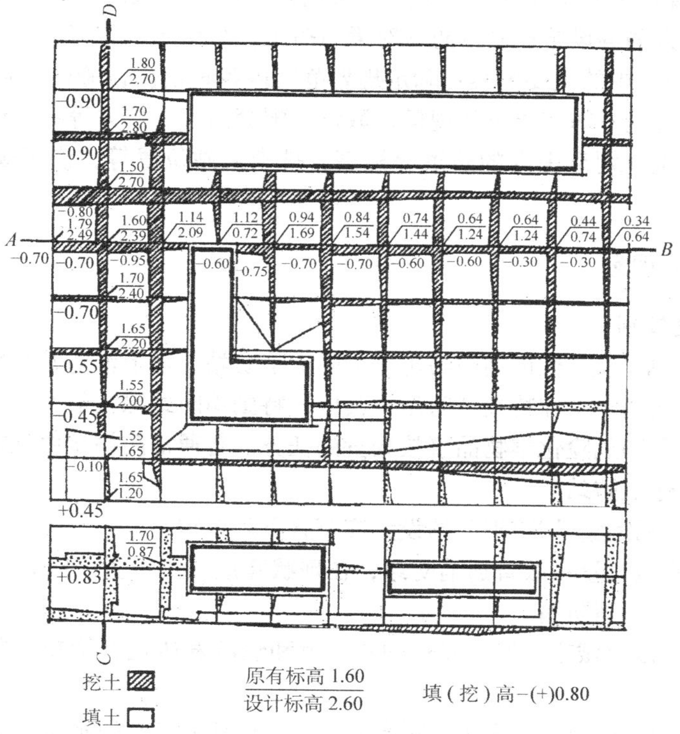

图 7-18　用纵横断面法进行竖向规划的示例

7.7 城市综合防灾规划

7.7.1 城市综合防灾规划的原则与内容

1. 城市综合防灾规划的原则

（1）城市综合防灾规划必须按照有关法律规范和标准进行编制，这是制定城市防灾工程设施规划的依据。

（2）城市综合防灾规划应与各级城市规划及各专业规划相协调，若作为城市规划中的一项专业规划，则此项规划应结合规划用地布局，并与其他专业设施规划相互协调。

（3）城市综合防灾规划应结合当地实际情况，确定城市和地区的设防标准，制定防灾对策，合理布置各项防灾设施，做到近远期规划结合。

（4）城市综合防灾规划应注重防灾工程设施的综合使用和有效管理。城市防灾工程设施投资巨大，保养维护困难，因此防灾工程设施的建设、维护和使用，应考虑平灾结合，综合利用。

2. 城市综合防灾规划的任务和内容

（1）主要任务：根据城市自然环境、灾害区划和城市定位，确定城市各项防灾标准，合理确定各项防灾设施的等级、规模；科学布局各项防灾措施；充分考虑防灾设施与城市常用设施的有机结合，制定防灾设施的统筹建设、综合利用、防护管理等对策与措施。

（2）主要内容

1）城市总体规划中的主要内容：确定城市消防、防洪、人防、抗震等设防标准；布局城市消防、防洪、人防等设施；制定防灾对策与措施；组织城市防灾生命线系统。

2）城市详细规划中的主要内容：确定规划范围内各种消防设施的布局及消防通道间距等；确定规划范围内地下防空建筑的规模、数量、配套内容、抗力等级、位置布局，以及平战结合的用途；确定规划范围内的防洪堤标高、排涝泵站位置等；确定规划范围内疏散通道、疏散场地布局。

7.7.2 城市消防规划

1. 城市消防站规划

（1）城市消防站分类。城市消防站可分为陆上消防站、水上消防站和航空消防站。陆上消防站又可分为普通消防站和特勤消防站，其中，特勤消防站除一般性火灾扑救外，还要承担高层建筑火灾扑救和危险化学物品事故处置的任务。普通消防站按照规模大小分为一级普通消防站和二级普通消防站。

（2）城市消防站设置。城市消防站设置应符合下列要求：

1）所有城市都应设置一级普通消防站，在现状建成区内设置一级普通消防站确有困难的区域可设置二级普通消防站。

2）中等及中等以上城市、经济发达的县级市和经济发达且有特勤需要的城镇应设置特勤消防站。

3）城市规划区内的河流、湖泊、海洋等，有水上消防需要的水域，应结合港口、码头设置水上消防站，水上消防站应有陆上基地。

4）特大城市、大城市宜设置航空消防站，航空消防站也应有陆上基地。

（3）消防辖区。辖区划分的基本原则是：陆上消防站在接到火警后，按正常行车速度5min内可以到达辖区边缘；水上消防站在接到火警后，按正常行船速度30min可以到达辖区边缘。

按照上述原则，普通消防站和兼有辖区消防任务的特勤消防站，在城区内辖区面积不大于$7km^2$，在郊区辖区面积不大于$15km^2$；水上消防站至辖区水域边缘距离不大于30km。

（4）消防站选址要求

1）布置在辖区适中位置便于车辆迅速出动的主、次干路临街地段，距道路交叉口不宜小于30m。

2）主体建筑距医院、学校、幼儿园、托儿所、影剧院、商场等人员较多的公共建筑的主要疏散出口不小于50m。

3）若辖区内有危险化学品设施，消防站应布置在常年主导风向的上风或侧风处，距危险化学品设施不小于200m。

4）距道路红线不小于15m。

（5）用地标准。一级普通消防站3 300～4 $800m^2$，二级普通消防站2 000～3 $200m^2$，特勤消防站4 900～6 $300m^2$。

2. 消防基础设施规划

消防基础设施主要包括消防通信、消防供水和消防车通道。

（1）消防通信。消防通信要充分利用有线和无线多种通信手段，并与计算机网络技术结合，建立适应城市消防安全的通信系统。

（2）消防供水。城市消防供水水源主要有城市公共供水系统、自然水体和消防水池等。

在公共供水系统规划设计中，供水管网宜布置成环状，并配置消防取水所需的消火栓和消防水鹤，供水水量和水压要满足消防供水要求。

消火栓应沿道路设置，间距不大于120m，服务半径不大于150m。当道路宽度大于60m时，消火栓宜双侧布置。消火栓距路缘不大于2m，距建（构）筑物外墙不小于5m。

（3）消防车通道布置规定。

1）按中心线计消防车通道间距不宜超过160m。

2）当建筑物沿街部分长度超过150m或总长度超过220m时，应设置穿过建筑物的消防车通道。

3）高层建筑宜设环形消防车道，或沿两长边设消防车道。

4）尽端式消防车道的回车场面积应大于12m×12m。

5）消防车通道净宽和净空高度应大于4m。

7.7.3　城市防洪排涝规划

1. 防洪排涝标准

（1）防洪标准。在防洪工程中，城市设防标准用洪水的发生频率或重现期来表示，频率和重现期为倒数关系，城市防洪标准，要根据保护区重要程度和人口规模来确定，见表7-10。

表 7-10 城市防洪标准

重要程度	城市人口/万人	防洪标准（重现期，年）		
		河洪、海潮	山洪	泥石流
特别重要城市	≥150	≥200	100～50	>100
重要城市	150～50	200～100	50～20	100～50
中等城市	50～20	100～50	20～10	50～20
一般城镇	≤20	50～20	10～5	20

（2）排涝标准。目前，我国还没有正式颁布城市排涝标准，在工程规划设计中主要是参考农业部门的农田排涝标准。

2. 城市防洪排涝措施

（1）防洪安全布局原则

1）城市建设用地应避开洪涝、泥石流灾害高风险区。

2）城市建设用地应根据洪涝风险差异，合理布局。如将城市中心区、居住区、重要的基础设施和公共设施等布置在洪涝风险相对较小的地段；而将公园绿地、广场等布置在洪涝风险相对较高的地段。

3）根据防洪排涝的需要，为行洪和雨水调蓄留出足够的用地。

（2）防洪排涝工程措施。防洪排涝工程措施可分为挡洪、泄洪、蓄滞洪、排涝等四类。挡洪工程主要包括堤防、防洪闸等，其功能是将洪水挡在防洪保护区外。泄洪工程主要包括现有河道整治、新建排洪河道和截洪沟等，其功能是增强河道排洪能力，将洪水引导到下游安全区域。蓄滞洪工程主要包括分蓄洪区、调洪水库等，其功能是暂时将洪水存蓄，削减下游洪峰流量。排涝工程主要是排涝泵站，其功能是通过动力强排低洼区积水。

洪水致灾的形式与城市的地形地貌有关，在城市规划中，应当根据城市的地形地貌和洪灾形式，合理确定工程措施。

（3）防洪排涝设施规划。在城市规划中，常见的防洪排涝工程设施有防洪堤、截洪沟、排涝泵站等。

1）防洪堤：防洪堤规划主要确定其走向、堤型、堤距和堤顶标高。

2）截洪沟：截洪沟的作用是阻止山洪进入城区，减轻城区排水负担。截洪沟应在地势较高的地段，基本平行于等高线布置。

3）排涝泵站：排涝泵站布局方案应根据排水分区、雨水管渠布置、城市水系格局等确定。

7.7.4 城市抗震防灾规划

1. 地震强度与灾害形式

地震是一种破坏力很大的自然灾害。我国地处世界最强大的环太平洋地震带与欧亚地震带之间，构造复杂，地震活动频繁，是世界大陆地震最多的国家。衡量地震的大小有两个指标。一是地震震级，是反映地震过程中释放能量大小的指标，释放能量越多，震级越高，强度越大。到目前为止，世界上记录到的最大地震震级为8.9级。二是地震烈度，是反映地震对地面和建筑物造成破坏的指标，烈度越高，破坏力越大。地震烈度与地质条件、距震源的距离、震源深度等多种因素有关。同一次地震，主震震级只有一个，而烈度在空间上呈现明显差异。

强烈地震不但会造成建筑物损毁、人员伤亡、财产损失，而且还可能引发火灾、水灾、地质灾害、爆炸、有毒物体泄漏、瘟疫等次生灾害。

2. 城市抗震设防标准和目标

我国城市抗震防灾的设防区为地震基本烈度六度及六度以上的地区。一般建设工程应按照基本烈度进行设防。重大建设工程和可能发生严重次生灾害的建设工程，必须进行地震安全性评价，并根据地震安全性评价结果确定抗震设防标准。

城市抗震防灾规划目标是：①当遭受多遇地震（即地震烈度低于基本烈度）时，城市一般功能正常；②当遭受相当于抗震设防烈度的地震时，城市一般功能及生命线系统基本正常，重要工矿企业能正常或者很快恢复生产；③当遭受罕遇地震（即地震烈度高于基本烈度）时，城市功能不瘫痪，要害系统和生命线工程不遭受破坏，不发生严重的次生灾害。

3. 抗震防灾规划措施

在规划阶段，抗震防灾措施主要有城市用地布局、建筑物抗震设防、抗震防灾基础设施建设和次生灾害的防止。

（1）城市用地布局。编制城市规划，首先要认真分析研究城市的自然条件，尽量选择对抗震有利的地段进行城市建设，避免将城市建设用地选择在地震危险地段，重要建筑尽量避开对抗震不利的地段。容易发生次生灾害的危险化学物品生产、储存设施必须布置在独立的安全地带。

（2）建筑物抗震设防。抗震设防包括新建筑物的设防和原有未采取设防措施建筑的抗震加固。

（3）抗震救灾基础设施建设。抗震救灾基础设施包括避震疏散场地、疏散通道和生命线工程。

单元小结

本单元主要介绍了城市各专项规划的基本概念和规划任务要求，分别对城市道路交通、绿地景观、历史文化遗产保护、给水、排水、电力、通信、供热、燃气、环卫设施等进行了展开讲述，内容主要涵盖各专项规划的规划内容、系统组成、布局原则、规划方法、指标确定等。通过本单元的学习，可以对城市各专项规划有一个较为系统的认识，能够初步掌握各层次规划中关于专项规划的规划分析和设计能力。

复习思考题

7-1　绘制城市道路横断面图。

7-2　绘制城市路网的基本形式并论述其特点。

7-3　简述各专项规划的任务和内容要求。

7-4　简述各专项规划的规划布局原则。

7-5　各专项规划指标及用地指标的选取与计算原则是什么？

7-6　城市绿地如何分类？

7-7　简述城市景观规划与城市总体规划、城市详细规划的关系。

7-8　简述历史文化名城的类型。

7-9　简述历史文化名城保护规划的主要内容。

第8单元　镇、乡和村庄规划

【能力目标】

(1) 具有分析镇、乡与村庄的现状及基本特征的能力。

(2) 具有编制镇、乡与村庄规划的能力，掌握镇、乡与村庄规划的方法。

【教学建议】

(1) 以镇、乡与村庄规划能力为目标。

(2) 以镇、乡与村庄规划项目为载体展开教学，尽可能结合乡村实际建设项目。

(3) 充分体现以学生为主体进行镇、乡、村庄规划的教、学、做一体化学习过程，如以学生（个人或小组）为主体，在教师指导下完成某镇或乡、村庄规划编制工作。

【训练项目】

(1) 编制镇（乡）总体规划。

(2) 编制村庄建设规划。

8.1　镇、乡和村庄规划概述

8.1.1　城镇与乡村的一般关系

在我国的城乡关系中，城市和乡村作为两个相对的概念，存在着诸多差异。同时，城乡之间还存在着亦乡亦城的中间层面——镇。一般来讲，把人口规模较大的城市聚落称为城市，把人口数量较少、与农村还保持着直接联系的城市聚落称为镇。镇在我国是一级行政单元，镇以上是城市，镇以下是乡村。

1. 我国的城乡划分

(1) 我国的城乡行政体系。国家统计局《关于统计上划分城乡的暂行规定》及说明中，对城镇和乡村从行政体制上有比较明确的定义：城镇是指我国市镇建制和行政区划的基础区域，乡村是指城镇以外的其他区域。城镇包括城区和镇区。城区是指在市辖区和不设区的市（包括不设区的地级市和县级市）中，街道办事处所辖的居民委员会地域，以及城市公共设施、居住设施等连接到的其他居民委员会地域和村民委员会地域。镇区是指在城区以外的镇和其他区域中，镇所辖的居民委员会地域，镇的公共设施、居住设施等连接到的村民委员会地域，常住人口在3 000人以上独立的工矿区、开发区、科研单位、大专院校、农场、林场等特殊区域。乡中心区是指乡、民族乡人民政府驻地的村民委员会地域和乡所辖居民委员会地域。村庄是指农村村民居住和从事各种生产活动的区域，以及未划入城镇的农场、林场等区域。

《关于统计上划分城乡的暂行规定》以国务院关于市镇建制的规定和我国的行政区划为基础，以民政部门确认的居民委员会和村民委员会为最小划分单元，将我国的地域划分为城镇和乡村。这和《城乡规划法》中，城乡规划包括城镇体系规划、城市规划、镇规划、乡规划和村庄规划的划分体系基本一致。

（2）城乡的行政建制构成。我国的城市是人口数量达到一定规模，人口和劳动力结构、产业结构达到一定要求，基础设施达到一定水平，或有军事、经济、民族、文化等特殊要求，并经国务院批准设置的具有一定行政级别的行政单元，通常称设市城市，也称建制市。

在我国，除了建制市以外的城市聚落都称之为镇。其中具有一定人口规模，人口和劳动力结构、产业结构达到一定要求，基础设施达到一定水平，并被省（直辖市、自治区）人民政府批准设置的镇为建制镇，其余为集镇。县城关镇是县人民政府所在地的镇，其他镇是县级建制以下的一级行政单元，而集镇不是一级行政单元。

图 8-1 表示了我国典型的城乡行政建制。以一个地级城市举例来看，它的市域由中心城市和由其所辖的县级市和县组成，中心城市是地级市的行政、经济、文化中心（一般下设区级建制，又称设区城市），它包括中心城区和所辖的乡、镇行政区。县级市由其城区和所辖的镇和乡组成。县和县级市平级，其区域经济和服务对象更侧重农村，它的中心是县政府所在地镇，也称县城关镇或城厢，具有城市的属性。县下面辖有镇和乡。

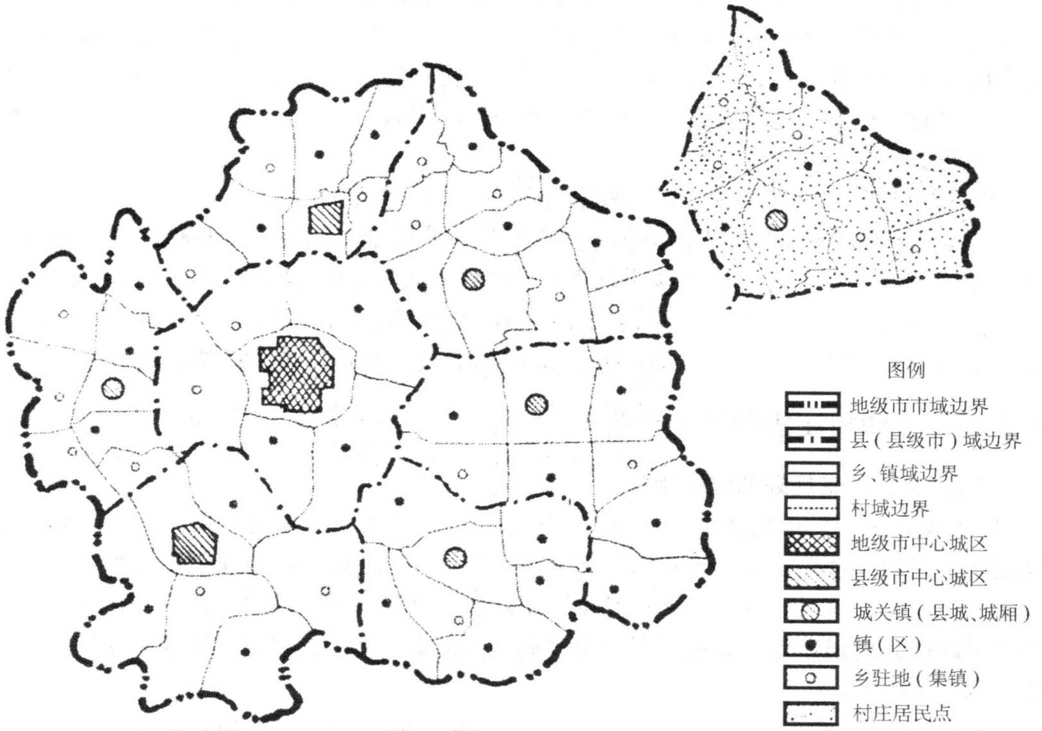

图 8-1　我国行政地域市、县、镇、村关系示意

镇和乡一般是同级行政单元。传统意义上的乡是属于农村范畴的，乡政府驻地一般是乡域内的中心村或集镇，通常情况下没有城镇型聚落。而镇则有更多的含义。第一，在镇的建制中存在的镇区，总体上被认为是“小城镇”，镇区具有城镇的特性，与城市有更大的相似；第二，镇与农村有千丝万缕的联系，是农村的中心社区；第三，镇偏重于乡村间的商业中心，在经济上是有助于乡村的。可以认为镇是城乡的中间地带，是城乡的桥梁和纽带，具

有为农村服务的功能，也是农村地区城镇化的前沿。

镇和乡的下级单位是行政村，行政村可以是一个村落，也可以包括多个村落或自然聚落。行政村是我国最小的一级农村地区的基层组织。

(3) 我国城乡建制的设置特点。在我国，广义的市是指其行政辖区，既包括主城区，还包括主城区之外的城镇和农村地区（郊区），规划上一般称市域。镇是属于城市聚落，有其自身的镇区，同时，镇也含有其所辖的其他集镇和农村区域，同样具有“城带乡”的二重性，规划上一般称镇域。镇与市的二重性有着本质区别，市的社会经济活动是以“城”为中心，具有更强的聚集作用，其所辖的城镇和乡村的从属地位比较明显；而镇的社会经济活动是以“乡村”为服务对象，其聚集功能的产生，是经济发展的结果，其所辖乡村和集镇体现相对更多的自主性。

乡的设置是针对其农村地区的属性，这是乡与镇的典型区别。由于乡的社会经济发展背景处在农业社会的大环境下，乡所辖村虽然和镇所辖村一样，也体现一定的自主性，但经济产业条件使其不具备聚集的内因趋势，乡中心也不具备镇区的聚集条件，通常乡驻地职能是行政管理和服务。

除了理论上的城乡差异，我国的城乡还存在制度和政策性差异。由于我国城乡的二元结构，在城乡聚落的不同层次上反映出差异的变化。对于城市，人口主要是城市居民，城市建设是在国有土地上进行；而乡村人口基本上都是农村户口，村庄内的建设基本上全部属于集体用地。在城市和农村之间的镇和乡集镇则两种情况同时存在。

2. 我国设镇的标准

1984 年民政部《关于调整建制镇标准的报告》中有以下规定：

(1) 总人口在 20 000 人以下的乡，乡政府驻地非农业人口超过 2 000 人的，或总人口在 20 000 人以上的乡，乡政府驻地非农业人口占全乡人口 10% 以上的，可以设建制镇。

(2) 少数民族地区、人口稀少的边远地区、山区和小型工矿区、小港口、风景旅游、边境口岸等地，非农业人口不足 2 000 人，如确有必要，也可以设置镇的建制。

8.1.2 镇、乡和村庄规划的工作范畴

1. 镇、乡和村庄规划的法律地位

《城乡规划法》把镇规划与乡规划作为法定规划，含在同一规划体系内，纳入同一法律管辖范畴，明确了镇政府和乡政府的规划责任。《城乡规划法》将镇规划单独列出，顺应了我国城镇化建设的需求，有助于促进城乡协调发展。这种基于行政层级的规划体系，有利于明确基层政权的规划责任，通过规划为农村地区提供更好的公共服务，进而为小城镇的发展提供基本的法律保障。

《城乡规划法》中明确规定，在城乡规划体系中，镇规划、乡规划和村庄规划是不同的组成部分，并自成系统。镇、乡和村庄规划要更好地为社会主义新农村建设服务，注意保护资源和生态环境。从满足乡村广大村民和居民需要出发，因地制宜，量力而行，实现农村和小城镇的经济、社会和生态环境的可持续发展。所有的镇必须制定规划，而乡和村庄并非都必须编制规划，这基本上是把镇作为城市型居民点对待，有别于农村居民点相对宽泛的要求。

(1) 镇规划的法律地位。我国原有城乡规划法律制度受到历史形成的城乡二元结构的影响，把城市和乡村分别对待。不同的法律和法规，分别就城市论城市、就乡村论乡村，不利于城乡统筹发展，还使得处在中间的镇规划缺少法律依据，在一些地区无法进行有效的规划

管治。目前全国约两万个建制镇中，大部分是由原先的集镇在近些年来发展升格而形成的。从原有的立法角度说，建制镇和集镇的规划分别依据《城市规划法》与《村庄和集镇规划建设管理条例》，对于集镇的规划，《村庄和集镇规划建设管理条例》是把集镇和村庄归于同一范畴，而在规划理论与方法上又多采用城市规划的基本思路。集镇到建制镇的行政级别的质变，是居民点发展的一种量变过程，但由于不同的法律，制度上的突变使得原来与村庄有着密切联系的集镇，在行政上成为建制镇后，具备了城市规划的法律属性。

镇规划的编制组织、编制内容随着形势的发展需要，应加强规划的综合协调和社会服务与管理职能，积极稳妥地推进中国特色的城镇化进程，保证镇的健康发展和社会主义新农村建设的正确方向。2007 年 11 月 28 日颁布的《城乡规划法》将镇的规划单独设置，区别于城市规划、乡和村庄规划，使其成为一个独立的规划，是法律确定的新城乡规划体系的重要环节。《城乡规划法》还特别强调了小城镇建设和发展要为周边农村服务的要求，突出了小城镇作为农村地区经济和服务中心的角色。与此同时，《城乡规划法》顺应体制改革的需要和部分小城镇迅猛发展的现实，赋予一些小城镇拥有部分规划行政许可的权利。对于镇规划建设重点，法律提出了有别于城市和村庄的要求，这是考虑到镇自身特点提出的，是统筹城乡发展的重要制度安排。

（2）乡和村庄规划的法律地位。《城乡规划法》对乡规划和村庄规划的制定和实施做出了相关规定，明确了乡规划和村庄规划的编制组织、编制内容等，将城镇体系规划、城市规划、镇规划、乡规划和村庄规划统一纳入一个法律管理，确立了乡和村庄规划的法律地位，为真正实现统筹城乡发展，充分发挥城乡规划在引导城镇化健康发展、促进城乡经济社会可持续发展中的统筹协调和综合调控作用确定了法律基础。

2. 镇规划的工作范畴

镇域是镇人民政府行政的地域；镇区是镇人民政府驻地的建成区和规划建设发展区。

（1）镇的现状等级层次——行政体系。镇的现状等级层次一般分为县城关镇（县人民政府所在地镇）、县城关镇以外的建制镇（一般建制镇）、集镇（农村地区）。

（2）镇的规划等级层次——规划体系。镇的规划等级层次在县城城镇体系中一般分为县城关镇、中心镇、一般建制镇。

（3）县城关镇（县人民政府所在地镇）规划的工作范畴。县人民政府所在地的县城关镇的规划参照城市规划的标准编制。县城关镇编制规划时，应编制县域城镇体系规划。县域城镇体系是县级人民政府行政地域内，在经济、社会和空间发展中有机联系的城、镇（乡）群体。

（4）一般建制镇（县城关镇外的其他建制镇）规划的工作范畴。介于城市和乡村之间，服务农村，有其特定的侧重面，既是有着经济和人口聚集作用的城镇，又是服务镇域广大农村地区的村镇。一般建制镇编制规划时，应编制镇域镇村体系规划，镇域镇村体系是镇人民政府行政地域内，在经济、社会和空间发展中有机联系的镇区和村庄群体。镇村体系村庄的分类有中心村和基层村（一般村），中心村是镇村体系中设有兼为周围村庄服务的公共设施的村；基层村是中心村以外的村。

3. 乡和村庄规划的工作范畴

乡规划可按《镇规划标准》执行。这是由于镇与乡同为我国基层政权机构，且都实行以镇（乡）管村的行政体制，随着我国乡村城镇化的进展、体制的改革，使编制的规划得以延续，避免因行政体制的变更而重新进行规划，因此，乡规划也属于镇规划的工作范畴。

在考虑乡规划的变化时，乡规划可以与镇规划采用同一标准，是指乡域总体规划，包括乡域村庄体系规划，采用与镇总体规划相同的工作方法。在乡域村庄体系中，一般分为中心村和基层村。乡政府所在地的村或集镇为乡中心区。乡规划更注重为农村人口服务，为农村产业服务。由于行政体制和管理权限的不同，以及不同发展情况，乡中心集镇的规划可以按照《镇规划标准》参照镇区的编制方法编制，也可根据具体情况，依据《村庄和集镇建设管理条例》，采用类似村庄规划的编制方法。

《村庄和集镇规划建设管理条例》所称的村庄，是指农村村民居住和从事各种生产的聚居点。其规划区，是指村庄建成区和因村庄建设及发展需要实行规划控制的区域。村庄规划的对象是农村地区，是最基层的行政单位所辖范围和居民点。村庄规划和乡规划同样都应当从农村实际出发，尊重农民意愿，体现地方和农村特色。一些经济比较发达、规模比较大的村庄，可以根据村庄发展建设的实际需要，研究村域发展，编制专项规划。目前，其规划编制的主要依据是《村庄和集镇规划建设管理条例》，所采用的技术标准是《村镇规划编制办法》。村庄、集镇规划区的具体范围，在村庄、集镇总体规划中划定。

4. 把握规划任务的属性

镇、乡和村庄的规划，不同经济发展水平地区、不同类别、不同等级应采用不同的发展策略，规划也要采用不同的编制手段。把握不同情况下镇、乡和村庄的规划任务属性，体现规划编制中实事求是的务实作风。

（1）确定不同乡镇的规划范畴。镇、乡和村庄作为我国基层的行政组织和居民点，都与广大农村地区有不同程度的关系。但由于我国地域广阔，地区差别大，不同地区不同发展条件的镇、乡和村庄，在规划编制的内容和方法上存在较多的差异。在实际工作中应因地制宜地确定相应规划对象的规划类别，这一点在镇、乡和村庄规划中至关重要。

（2）经济发达的镇、乡和村庄规划范畴采用更高层次。有些乡、集镇已经具有建制镇甚至小城市的特性，就不能纳入村镇规划范畴，而应以城镇规划考虑。

（3）不具备现实发展条件的乡镇规划范畴采用低一层次。有些建制镇仍处在第一产业为主导的发展阶段，仅仅具有建制镇的行政级别，可考虑纳入村镇规划的范畴。

（4）特殊情况下的镇、乡和村庄规划范畴。有的镇、乡和村庄，现状发展条件一般，但从区位上有特殊的地位，或许已有或即将有良好的交通条件，或许和中心城市或村镇的核心建设区域临近，或许因为其他的社会、经济、政治等原因，在规划工作中需要考虑这些外部因素，来决定其规划的范畴。

8.1.3 镇、乡和村庄规划的主要任务

1. 镇规划的主要任务

（1）镇规划的作用。对镇行政区内的土地利用、空间布局以及各项建设的综合部署，是管制空间资源开发、保护生态环境和历史文化遗产、创造良好生活生产环境的重要手段，是指导与调控镇发展建设的重要公共政策之一，是一定时期内镇的发展、建设和管理必须遵守的基本依据。

（2）镇规划的任务。镇规划的任务是对一定时期内城镇的经济和社会发展、土地使用、空间布局以及各项建设的综合部署。

镇总体规划的主要任务是：综合研究和确定城镇性质、规模和空间发展形态，统筹安排城镇各项建设用地，合理配置城镇各项基础设施，处理好远期发展和近期建设的关系，指导

城镇合理发展。镇（乡）域规划的任务是：落实市（县）社会经济发展战略及城镇体系规划提出的要求，指导镇区、村庄规划的编制。对于区域范围内形成城乡覆盖的规划体系具有重要意义。镇区总体规划的任务是：落实市（县）域城镇体系规划和镇域规划提出的要求，合理利用镇区土地和空间资源，指导镇区建设和详细规划的编制。

镇区控制性详细规划的任务是：以镇区总体规划为依据，控制建设用地性质、使用强度和空间环境。制定用地的各项控制指标和其他管理要求。控制性详细规划是镇区规划管理的依据，并指导修建性详细规划的编制。镇区修建性详细规划的任务是：对镇区近期需要进行建设的重要地区做出具体的安排和规划设计。

镇规划的具体任务包括以下内容：

1）收集和调查基础资料，研究满足镇的经济社会发展目标的条件和措施。

2）研究确定城镇的发展战略，预测发展规模，拟定分期建设的技术经济指标。

3）确定城镇功能和空间布局，合理选择各项用地，并考虑城镇用地的长远发展方向。

4）提出镇（乡）域镇村体系规划，确定镇（乡）域基础设施规划原则和方案。

5）拟定新区开发和旧城更新的原则、步骤和方法。

6）确定城镇各项市政设施和过程设施的原则和技术方案。

7）拟定城镇建设用地布局的原则和要求。

8）安排城镇各项重要的近期建设项目，为各单项工程设计提供依据。

9）根据建设的需要和可能，提出实施规划的措施和步骤。

10）控制性详细规划应详细制定用地的各项控制指标和其他管理要求；修建性详细规划直接对建设做出具体的安排和规划设计。

（3）镇规划的特点

1）镇规划的对象特点。我国镇的数量多，分布广，差异大，具有很强的地域性；镇的产业结构相对单一，经济具有较强的可变性和灵活性；镇的社会关系、生活方式、价值观念处于转型期，具有不确定性和可塑性；镇的基础设施相对滞后，需要较大的投入；镇的环境质量有待提高。生态建设有待改善，综合防灾减灾能力亟待加强；在地域发展中，镇的依赖性较强，需要在区域内寻求互补与协作；镇的形成和发展一般多沿综合交通走廊和经济轴线发展，对外联系密切，交通联系可达性强。

2）镇规划的技术特点。我国镇规划技术层次较少，成果内容不同于城市规划；规划内容和重点应因地制宜，解决问题具有目的性；规划技术指标体系地域性较强，具有特殊性；规划资料收集及调查对象相对集中，但因基数小，数据资料具有较大变动性；原有规划技术水平和管理技术水平相对较低，更需正确引导以达到规划的科学性和合理性；规划更注重近期建设规划，强调可操作性。

3）镇规划的实施特点。目前政策、法规和配套标准不够完善，支撑体系较弱，更需要具体实施指导性。规划管理人员缺乏，需要更多技术支持和政策倾斜性。不同地区、不同等级与层次、不同规模、不同发展阶段的镇差异性较大，规划实施强调因地制宜。镇的建设应强调根据自身特点，采用适宜技术，形成特色。我国的镇量大面广，规划实施应强调示范性和带动性；镇的建设要强调节约土地、保护生态环境；镇的发展变化较快，规划实施动态性强。

2. 乡和村庄规划的主要任务

（1）乡和村庄规划的作用。乡规划和村庄规划是做好农村地区各项建设工作的先导和基础，是各项建设管理工作的基本依据；对改变农村落后面貌，加强农村地区生产生活服务设施、公益事业等各项建设，推进社会主义新农村建设，统筹城乡发展，构建社会主义和谐社会具有重大意义。

(2) 乡和村庄规划的任务。从农村实际出发，尊重农民意愿，科学引导，体现地方和农村特色。坚持以促进生产发展、服务农业为出发点，处理好社会主义新农村建设与工业化、城镇化快速发展之间的关系，加快农业产业化发展，改善农民生活质量与水平。贯彻“节水、节地、节能、节材”的建设要求，保护耕地与自然资源，科学、有效、集约利用资源，促进广大乡村地区的可持续发展，保障构建和谐社会总体目标的实现。加强农村基础设施、生产生活服务设施建设以及公益事业建设的引导与管理，促进农村精神文明建设，培育新型农民。乡和村庄规划各阶段的主要任务如下

1) 乡和村庄的总体规划是乡级行政区域内村庄和集镇布点规划及相应的各项建设的整体部署，包括乡级行政区域的村庄、集镇布点，村庄和集镇的位置、性质、规模和发展方向，村庄和集镇的交通、供水、供电、商业、绿化等生产和生活服务设施的配置。

2) 乡和村庄的建设规划应当在总体规划指导下，具体安排村庄和集镇的各项建设，包括住宅、乡（镇）村企业、乡（镇）村公共设施、公益事业等各项建设的用地布局、用地规划，有关的技术经济指标，近期建设工程以及重点地段建设具体安排。

8.2 镇规划的编制

8.2.1 镇规划概述

1. 镇规划的依据

(1) 法律法规依据。镇规划的法律依据主要包括《中华人民共和国城乡规划法》、《中华人民共和国土地管理法》、《中华人民共和国环境保护法》、《城市规划编制办法》、《城市规划编制办法实施细则》、《城镇体系规划编制审批办法》、《村庄和集镇规划建设管理条例》以及各省（自治区）、地（市、自治州）、县（市、旗）村镇规划技术规定、村镇规划建设管理规定和村镇规划编制办法等。

(2) 规划技术依据。镇规划的技术依据是相关标准规范以及上层次规划和相关的专项规划，主要包括《镇规划标准》和《村镇规划卫生标准》，城镇体系规划、城市总体规划、相关区域性专项规划、镇域土地利用总体规划等。

(3) 政策依据。国家小城镇战略及社会经济发展对小城镇规划建设的宏观指导和相关要求；国家和地方对小城镇建设发展制定的相关文件；各省（自治区）、地（市、自治州）、县（市、旗）对本地区小城镇的发展战略要求；地方政府国民经济和社会发展计划；地方政府《政府工作报告》；上级政府及相关职能部门对小城镇建设发展的指导思想和具体意见。

2. 镇规划的原则

(1) 宏观指导性原则：人本主义原则、可持续发展原则、区域协同、城乡协调发展原则、因地制宜原则、市场与政府调控相结合原则。

(2) 规划技术原则：科学合理性原则、完整性原则、独特性原则、灵活性原则、创新性原则、集约性原则、连续性原则、可操作性原则。

3. 镇规划的指导思想

制定镇总体规划必须以建立构建资源节约型、环境友好型城镇，构建和谐社会，服务“三农”、促进社会主义新农村建设为基本目标，坚持城乡统筹的指导思想。落实城市总体规划等上层次规划对镇发展的战略要求，以促进城乡协调发展，全面落实科学发展观和建设社会主义新农村为出发点。依据自身区位、资源与特点，分类指导、突出优势。全面履行政府在社会管理、公共服务方面的职能，构建和谐社会。强化生态环境和资源集约利用的前提地位，节约水、地、能源、原材料，加强生态环境的保护与建设，建设资源节约型和生态保护型社会；保护历史文化，尊重地方民族特色和优良传统，促进镇的经济、社会、环境的协调可持续发展。

4. 镇规划的阶段和层次划分

（1）镇规划包含县人民政府所在地镇的规划和其他镇的规划，分为总体规划和详细规划，详细规划分为控制性详细规划和修建性详细规划。总体规划之前可增加总体规划纲要阶段。

（2）县人民政府所在地镇的总体规划包括县域城镇体系规划和县城区规划；其他镇的总体规划包括镇域规划（含镇村体系规划）和镇区（镇中心区）规划两个层次。

（3）镇可以在总体规划指导下编制控制性详细规划以指导修建性详细规划，也可根据实际需要在总体规划指导下，直接编制修建性详细规划。

5. 镇规划的期限

镇的规划期限应与所在地域城镇体系规划期限一致，并且应编制分期建设规划，合理安排建设程序，使开发建设程序与国家和地方的经济技术发展水平相适应。一般来讲，镇总体规划期限为20年，近期建设规划可以为5～10年。镇总体规划同时可对远景发展做出轮廓性的规划安排。

8.2.2　镇规划编制的内容

1. 镇总体规划纲要

对于规模较大的镇，发展方向、空间布局、重大基础设施等不太确定，在总体规划之前可增加总体规划纲要阶段，论证城镇经济、社会发展条件，原则确定规划期内发展目标；原则确定镇（乡）域镇村体系的结构与布局；原则确定城镇性质、规模和总体布局，选择城镇发展用地，提出规划区范围的初步意见。

2. 县人民政府所在地镇规划编制的内容

县人民政府所在地镇对全县经济、社会以及各项事业的建设发展起到统领作用，其性质职能、机构设置和发展前景都与其他镇不同。该类镇的总体规划应按照省（自治区、直辖市）域城镇体系规划以及所在市的城市总体规划提出的要求，对县域镇、乡和所辖村庄的合理发展与空间布局、基础设施和社会公共服务设施的配置等内容提出引导和调控措施。

（1）县域城镇体系规划主要内容。综合评价县域发展条件；制定县城城乡统筹发展战略，确定县域产业发展空间布局；预测县域人口规模，确定城镇化战略；划定县域空间管制分区，确定空间管制策略；确定县域城镇体系布局，明确重点发展的中心镇；制定重点城镇与重点区域的发展策略；划定必须制定规划的乡和村庄的区域，确定村庄布局基本原则和分类管理策略；统筹配置区域基础设施和社会公共服务设施，制定专项规划。专项规划应当包括：交通、给水、排水、电力、邮政通信、教科文卫、历史文化资源保护、环境保护、防灾减灾、防疫等规划；制定近期发展规划，确定分阶段实施规划的目标及重点。提出实施规划的措施和有关建议。

(2) 县城关镇区总体规划主要内容。分析确定县城性质、职能和发展目标，预测县人口规模；划定规划区，确定县城规划用地的规模；划定禁止建设区域，限制建设区和适宜建设区，制定空间管制措施；确定各类用地空间布局；确定绿地系统、河湖水系、历史文化、地方传统特色等的保护内容、要求，划定各类保护范围，提出保护措施；确定交通、给水、排水、供电、邮政、通信、燃气、供热等基础设施和公共服务设施的建设目标和总体布局；确定综合防灾和公共安全保障体系的规划原则、建设方针和措施；确定空间发展时序，提出规划实施步骤、措施和政策建议。

3. 一般建制镇规划编制的内容

一般建制镇规划，应首先依据经过法定程序批准的所在地的城市总体规划、县域城镇体系规划，结合本镇的经济社会发展水平，对镇内的各项建设做出统筹布局与安排。

(1) 镇域规划主要内容。提出镇发展战略和发展目标，确定镇域产业发展空间；布局确定镇域人口规模；明确规划强制性内容，划定镇域空间管制分区，确定空间管制要求，确定镇区性质、职能及规模，明确镇区建设用地标准与规划区范围；确定镇村体系布局，统筹配置基础设施和公共设施，制定专项规划；提出实施规划的措施和有关建议，明确规划强制性内容。

(2) 镇域镇村体系规划主要内容。调查镇区和村庄的现状，分析其资源和环境等发展条件，预测一、二、三产业的发展前景以及劳力和人口的流向趋势；落实镇区规划人口规模，划定镇区用地规划发展的控制范围；根据产业发展和生活提高的要求，确定中心村和基层村，结合村民意愿，提出村庄的建设调整设想；确定镇域内主要道路交通、公用工程设施、公共服务设施以及生态环境、历史文化保护、防灾减灾防疫系统。

(3) 镇区总体规划主要内容。确定规划区内各类用地布局；确定规划区内道路网络，对规划区内的基础设施和公共服务设施进行规划安排；建立环境卫生系统和综合防灾减灾防疫系统；确定规划区内生态环境保护与优化目标，提出污染控制与治理措施；划定江、河、湖、库、渠和湿地等地表水体保护和控制范围；确定历史文化保护及地方传统特色保护的内容及要求。

4. 镇规划的强制性内容

规划区范围、规划区内建设用地规模、基础设施和公共服务设施用地、水源地和水系、基本农田和绿化用地、环境保护、自然与历史文化遗产保护以及防灾减灾等内容，应当作为镇总体规划的强制性内容。

5. 镇区详细规划编制的内容

(1) 镇区控制性详细规划主要内容。确定规划区内不同性质用地的界线；确定各地块主要建设指标的控制要求与城市设计指导原则；确定地块内的各类道路交通设施布局与设置要求；确定各项公用工程设施建设的工程要求；制定相应的土地使用与建筑管理规定。

(2) 镇区修建性详细规划主要内容。建设条件分析及综合技术经济论证；建筑、道路和绿地等的空间布局和景观规划设计；提出交通组织方案和设计；进行竖向规划设计以及公用工程管线规划设计和管线综合；估算工程造价，分析投资效益。

8.2.3 镇规划编制的方法

1. 镇规划的现状调研和分析

（1）规划基础资料搜集。基础资料包括地质、测量、气象、水文、历史、经济与社会发展、人口、镇域自然资源、土地利用、工矿企事业单位的现状及规划、交通运输、各类仓储、经济和社会事业、建筑物现状、工程设施、园林、绿地、风景区、文物古迹、古民居保护、人防设施及其他地下建筑物、构筑物、环境等资料，以及其他相关资料，包括年度政府工作报告、近五年统计年鉴、五年经济发展计划、地方志等。详细规划的基础资料还包括：规划建设用地地形图、地质勘探报告、建设用地及周边用地状况、市政工程管线分布状况及容量、城镇建筑主要风貌特征分析等。

（2）现状调研的技术要点。现状调研要与相关上层次规划要求保持一致，尤其在地区性道路系统、市政廊道和站点、生态安全系统等方面应符合有关专项规划的要求。在生态环境保护、工程地质、地震地质、安全防护、绿化林地等方面应满足基本农田保护区、水源保护区、绿色空间等限建要求。

加强村庄整合规划研究，促进新农村建设，对涉及大规模村庄搬迁改造的规划项目应充分征求当地群众的意见，确保村庄改造搬迁先期实施，避免规划编制批复后项目难以实施或实施中断遗留各种问题。

对现状用地应增加用地权属的调查，对国有划拨用地、已出让国有用地使用权用地、农村集体土地进行全面分析，公平合理地统筹制订用地规划，避免因调查不清引起的规划纠纷。对现状土地使用情况进行调查统计，明确现状保留用地、可改造用地和新增用地，在规划时优先考虑存量土地的利用。

现状调查不仅应调查已经建成的项目，还应注意对已批未建项目（搁浅或暂停项目）、未批已建项目（手续不全或违法违章建设）进行认真逐一调查分析，在注重法律证据（是否有政府正式批复）的前提下与当地政府、建设单位和有关主管部门进行充分沟通，分析研究后再提出规划解决方案。

2. 镇的性质的确定

在镇规划编制过程中，镇的性质与规模是属于优先要确定的战略性工作。合理正确地拟定镇的性质与规模，对于明确其发展方向，调整优化用地布局，获取较好的社会经济效益都具有重要的意义。科学拟定镇的性质是搞好镇规划建设，引导镇社会经济健康发展的基本前提，也有利于充分发挥优势，扬长避短，促进镇经济的持续发展和经济结构的日趋合理。

确定性质的依据有：区域地理条件、自然资源、社会资源、经济资源、区域经济水平、区域内城镇间的职能分工、国民经济和社会发展计划、镇的发展历史与现状。

确定性质的方法有定性分析和定量分析。定性分析通过分析镇在一定区域内政治经济文化生活中的地位作用、发展优势、资源条件、经济基础、产业特征、区域经济联系和社会分工等，确定镇的主导产业和发展方向。定量分析在定性分析的基础上对城市的职能，特别是经济职能，采用以数量表达的技术经济指标来确定主导作用的生产部门。分析主要生产部门在其所在地区的地位和作用；分析主要生产部门在经济结构中的比重，通常采用同一经济技术指标（如职工数、产值、产量等），从数量上去分析，以其超过部门结构整体的20%～30%为主导因素。分析主要生产部门在镇用地结构中的比重，以用地所占比重的大小来表示。

镇性质的表述方法：区域地位作用+产业发展方向+城镇特色或类型。

3. 镇的人口规模预测

人口规模包括两个方面的内容：一是在规划期末小城镇的总人口，即镇域人口，应为其行政地域内户籍、寄住人口数之和，即镇域常住人口。二是规划期末镇区人口，即居住在规划区内的非农业人口、农业人口和居住一年以上的暂住人口。人口规模应以县域城镇体系规划预测的数量为依据，结合具体情况进行核定。人口规模预测方法如下：

1）综合分析法：将自然增长和机械增长两部分叠加，是镇规划时普遍采用的一种比较符合实际的方法。

2）经济发展平衡法：依据“按一定比例分配社会劳动”的基本原则，根据国民经济与社会发展计划的相关指标和合理的劳动构成，以某一类关键人口的需求总量乘以相应系数得出小城镇镇区人口总数。

3）劳动平衡法：劳动平衡法建立在“按一定比例分配社会劳动”的基本原理上，以社会经济发展计划确定的基本人口数和劳动构成比例的平衡关系来估算城镇人口规模。

4）区域分配法：以区域国民经济发展为依据，对镇域总人口增长采用综合平衡法进行分析预测，然后根据区域经济发展水平预测城市化水平，将镇域人口根据区域生产力布局和城镇体系规划分配给各个城镇或基层居民点。

5）环境容量法：根据小城镇周边区域自然资源的最大、经济及合理供给能力和基础设施的最大，经济及合理支持能力计算小城镇的极限人口容量。

6）线性回归分析法：线性回归分析法是根据多年人口统计资料所建立的人口发展规模与其他相关因素之间的相互关系，运用数理分析的方法建立数学预测模型。

预测人口机械增长应考虑的因素：根据产业发展前景及土地经营情况预测劳动力转移时，宜按劳力转化因素对镇域所辖地域土地和劳力进行平衡，预测规划期内数量，分析镇区类型、发展水平、地方优势、建设条件和政策影响以及外来人口进入情况等因素，确定镇区的人口数量。根据镇区的环境条件预测人口发展规模时，宜按环境容量因素综合分析当地的发展优势、建设条件、环境和生态状况等因素，预测镇区人口的适宜规模。

建设项目已经落实、规划期内人口机械增长比较稳定的情况下，可按带眷情况估算人口发展规模；建设项目尚未落实的情况下，可按平均增长预测人口的发展规模。

4. 镇区建设用地标准

（1）镇区的用地规模。镇用地规模是规划期末镇建设用地的面积。镇用地规模计算需在镇人口规模预测的基础上，按照国家标准确定的人均镇建设用地指标计算。人均建设用地指标应为规划范围内的建设用地面积除以常住人口数量的平均数值，其中人口统计应与用地统计的范围相一致。由于镇的差异性比较大，通常镇的人均建设用地指标应在120m^2以内，也可根据现状人均建设用地指标设定规划调整幅度，《镇规划标准》中考虑调整因素后，人均建设用地指标为75～140m^2。特殊情况，如地多人少的边远地区的镇区，可根据所在省、自治区人民政府规定的建设用地指标确定。

（2）建设用地比例。根据《镇规划标准》，建设用地应包括用地分类中的居住用地、公共设施用地、生产设施用地、仓储用地、对外交通用地、道路广场用地、工程设施用地和绿地八大类。建设用地比例是人均建设用地标准的辅助指标，是反映规划用地内部各项用地数量的比例是否合理的重要标志。镇区规划中的居住、公共设施、道路广场以及绿地中的公共绿地四类用地占建设用地的比例具有一定的规律性，其幅度基本可以达到用地结构的合理要求，而其他类用地比例，由于不同类型的镇区的生产设施、对外交通等用地的情况相差极为悬殊，其建设条件差异较大，应按具体情况因地制宜来确定。

（3）建设用地选择。建设用地宜选在生产作业区附近，并充分利用原有用地调整挖潜，同土地利用总体规划相协调。需扩大用地规模时，宜选择荒地、薄地，不占或少占耕地、林地和牧草地；建设用地宜选在水源充足，水质良好，便于排水、通风和地质条件适宜的地段；建设用地应避开河洪、海潮、山洪、泥石流、滑坡、风灾、地震断裂等灾害影响和生态敏感地段；应避开水源保护区、文物保护区、自然保护区和风景名胜区，位于或邻近各类保护区的镇区，应通过规划减少对保护区的干扰；应避开有开采价值的地下资源和地下采空区一级文物埋藏区；应避免被铁路、重要公路、高压输电线路、输油输气管线等穿越。在不良地质地带严禁布置居住、教育、医疗及其他公众密集活动的建设项目。

5. 镇区用地规划布局

（1）镇规划总体布局的影响因素及原则。城镇总体布局是对城镇各类用地进行功能组织。在进行总体布局时，应在研究各类用地的特点要求及其相互之间的内在联系的基础上，对镇内各组成部分进行统一安排和统筹布局，合理组织全镇的生产、生活，使它们各得其所并保持有机的联系。镇的总体布局要求科学合理，做到经济、高效，既满足近期建设的需要，又为长远发展留有余地。镇总体布局的影响要素包括：现状布局，建设条件，资源环境条件，对外交通条件，城镇性质，发展机制。镇布局原则有：旧城改造原则、优化环境原则、用地经济原则、因地制宜原则、弹性原则、实事求是原则。

（2）镇规划空间形态及布局结构。镇布局空间形态模式可分为集中布局和分散布局两大类。集中布局的空间形态模式可分为块状式、带状式、双城式、集中组团式四类。分散布局可分为分散组团式布局和多点分散式布局。

（3）居住用地规划布局。居住用地的选址应符合小城镇用地布局的要求，有利于生产、方便生活，具有适宜的卫生条件和建设条件；应具有适合建设的工程地质与水文地质条件；还应考虑在非常情况时居民安全的需要，如战时的人民防空、雨季的防汛防洪、地震时的疏散躲避等需要；并应综合考虑相邻用地的功能、道路交通等因素；应根据不同住户的需求，选定不同的类型，相对集中地进行布置；应减少相互干扰，节约用地。

（4）公共设施用地规划。公共设施按其使用性质分为行政管理、教育机构、文体科技、医疗保健、商业金融和集贸市场六类。

公共设施布置应考虑本身的特点及周围的环境，其本身不仅作为一个环境形成因素，而且它们的分布对周围的环境有所要求。公共设施布置应考虑小城镇景观组织的要求。可通过不同的公共设施和其他建筑协调处理与布置，利用地形等其他条件组织街景，创造具有地方特色的城市景观。

小城镇公共中心的布置方式有：布置在城区中心地段；结合原中心及现有建筑；结合主要干道；结合景观特色地段；采用围绕中心广场，形成步行区或一条街等形式。

教育和医疗保健机构必须独立选址，其他公共设施宜相对集中布置，形成公共活动中心；商业金融机构和集贸设施宜设在小城镇入口附近或交通方便的地段；学校、幼儿园、托儿所的用地，应设在阳光充足、环境安静、远离污染和不危及学生、儿童安全的地段；医院、卫生院、防疫站的选址，应方便使用和避开人流和车流大的地段，并满足突发灾害事件的应急要求。集贸市场用地应综合考虑交通、环境与节约用地等因素进行布置，集贸市场用地的选址应有利于人流和商品的集散，并不得占用公路、主要干路、车站、码头、桥头等交通量大的地段，不应布置在文体、教育、医疗机构等人员密集场所的出入口附近和妨碍消防车辆通行的地段；影响镇容环境和易燃易爆的商品市场，应设在集镇的边缘，并应符合卫生、安全防护的要求。集贸市场用地的面积应按平级规模确定，并应安排好大集时临时占用的场地，休集时应考虑设施和用地的综合利用。

(5) 生产设施和仓储用地规划。工业生产用地应根据其生产经营的需要和对生活环境的影响程度进行选址和布置，一类工业用地可布置在居住用地或公共设施用地附近；二、三类工业用地应布置在长年最小风向频率的上风侧及河流的下游，并应符合现行国家标准的有关规定；新建工业项目应集中建设在规划的工业用地中；对已造成污染的二类、三类工业项目必须迁建或调整转产。

镇区工业用地的规划布局：用地应选择在靠近电源、水源和对外交通方便的地段；同类型的工业用地应集中分类布置，协作密切的生产项目应邻近布置，相互干扰的生产项目应予分隔；应紧凑布置建筑，宜建设多层厂房；应有可靠的能源、供水和排水条件，以及便利的交通和通信设施；公用工程设施和科技信息等项目宜共建共享；应设置防护绿地和绿化厂区；应为后续发展留有余地。

农业生产及其服务设施用地的选址和布置：农机站、农产品加工厂等的选址应方便作业、运输和管理；养殖类的生产厂（场）等的选址应满足卫生和防疫要求，布置在镇区和村庄常年盛行风向的侧风位和通风、排水条件良好的地段，并应符合现行国家标准的有关规定；兽医站应布置在镇区的边缘。

仓库及堆场用地的选址和布置：应按存储物品的性质和主要服务对象进行选址；宜设在镇区边缘交通方便的地段；性质相同的仓库宜合并布置，共建服务设施；粮、棉、油类、木材、农药等易燃易爆和危险品仓库严禁布置在镇区人口密集区，与生产建筑、公共建筑、居住建筑的距离应符合环保和安全的要求。

(6) 公共绿地布局。公共绿地分为公园和街头绿地。公共绿地应均衡分布，形成完整的园林绿地系统。

公园在城镇中的位置，应结合河湖山川、道路系统及生活居住用地的布局综合考虑。方便居民到达和使用。公园的选址应充分利用不宜于工程建设及农业生产的用地及起伏变化较大的用地。可选择在河湖沿岸，充分发挥水面的作用，有利于改善城镇小气候；可选择林木较多和有古树的地段；可选择名胜古迹及革命历史文物所在地；公园用地应考虑将来有发展的余地。

街头绿地的选址应方便居民使用。带状绿地以配置树木为主，适当布置步行道及坐椅等设施。

8.2.4 镇规划的成果要求

镇总体规划的成果应包括规划文本、图纸及附件（说明和基础资料汇编等），规划文本中应明确表示强制性内容。

1. 规划文本内容

(1) 总则：规划位置及范围、规划依据及原则、发展重要条件分析、规划重点、规划期限。

(2) 发展目标与策略：功能定位、发展目标。

(3) 产业发展与布局引导。

（4）镇村体系规划：镇村等级划分和功能定位。

（5）城乡统筹发展与新农村建设：镇中心区与周边地区产业、公共服务设施、交通市政基础设施、生态环境建设等方面的统筹发展、新农村建设。

（6）规模、结构与布局：人口、用地规模，镇域空间结构与用地总体布局。

（7）社会事业及公共设施规划：教育、医疗、消防、邮政、文化、福利、体育等公共设施规划。

（8）生态环境建设与保护：建设限制性分区，河湖水系与湿地，绿化，环境污染防治。

（9）资源节约、保护与利用：土地、水、能源的节约保护与利用。

（10）交通规划：外部交通联系、公共交通系统、道路系统。

（11）市政基础设施：供水、雨水、污水、电力、燃气、供热、信息、环卫等。

（12）防灾减灾规划：防洪、防震、地质灾害防治、消防、人防、气象灾害预防、综合救灾。

（13）城镇特色与村庄风貌。

（14）近、远期发展与实施政策：近远期发展与建设、村庄搬迁整治计划、实施政策与机制。

2. 主要规划图纸

镇规划的主要图纸包括：位置及周围关系图、现状分析图、镇域限制性要素分析图、镇域用地功能布局规划图、镇村体系规划图、镇区现状用地综合评价图、镇区土地使用规划图、公共设施规划分布图、绿地规划图、交通规划图、市政设施规划图、分期建设规划图等。

8.3　乡和村庄规划的编制

8.3.1　乡和村庄规划概述

1. 乡和村庄规划编制的指导思想和原则

制定乡和村庄规划，要充分考虑农民的生产方式、生活方式和居住方式对规划的要求。应当以科学发展观为指导，合理确定乡和村庄的发展目标与实施措施，节约和集约利用资源，保护生态环境，促进城乡可持续发展。制定和实施乡和村庄规划，应当以服务农业、农村和农民为基本目标，坚持因地制宜、循序渐进、统筹兼顾、协调发展的指导思想。

村庄、集镇规划的编制应当遵循如下原则：

（1）根据国民经济和社会发展计划，结合当地经济发展的现状和要求，以及自然环境、资源条件和历史情况等，统筹兼顾，综合部署村庄和集镇的各项建设。

（2）处理好近期建设与远景发展、改造与新建的关系，使村庄、集镇的性质和建设的规模、速度和标准，同经济发展和农民生活水平相适应。

（3）合理用地、节约用地，各项建设应当相对集中，充分利用原有建设用地，新建、扩建工程及住宅应当尽量不占用耕地和林地。

（4）有利生产，方便生活，合理安排住宅、乡（镇）村企业、乡（镇）村公共设施和公益事业等的建设布局，促进农村各项事业协调发展，并适当留有发展余地。

（5）保护和改善生态环境，防治污染和其他公害，加强绿化和村容镇貌、环境卫生建设。

2. 乡和村庄规划的阶段和层次划分

乡规划分总体规划和建设规划两个阶段。乡总体规划包括乡域规划和乡驻地规划。

根据《村镇和集镇规划建设管理条例》，村庄、集镇规划一般分为总体规划和建设规划两个阶段。村庄、集镇规划的编制，应当以县城规划、农业区划、土地利用总体规划为依据，并同有关部门的专业规划相协调。

3. 乡和村庄规划的期限

乡的规划期限与镇的规划期限类似，应与所在地域城镇体系规划期限一致，并且应编制分期建设规划，合理安排建设程序，使建设程序与国家和地方的经济技术发展水平相适应。

一般来讲，乡总体规划期限为20年，近期建设规划可以为5~10年。乡总体规划同时可对远景发展做出轮廓性的规划安排。村庄规划期限比较灵活，一般整治规划考虑近期为3~5年左右。

8.3.2 乡和村庄规划编制的内容

1. 乡规划编制的内容

乡规划要依据经过法定程序批准的上位总体规划，结合乡的经济社会发展水平，对乡的各项建设做出统筹布局与安排。

(1) 乡域规划的主要内容。提出乡产业发展目标以及促进农业生产发展的措施建议，落实相关生产设施、生活服务设施以及公益事业等各项建设的空间布局。确定规划期内各阶段人口规模与人口分布。确定乡的职能及规模，明确乡政府驻地的规划建设用地标准与规划区范围。确定中心村、基层村的层次与等级，提出村庄集约建设的分阶段目标及实施方案。统筹配置各项公共设施、道路和各项公用工程设施，制定各专项规划，并提出自然和历史文化保护、防灾减灾、防疫等要求。提出实施规划的措施和有关建议，明确规划强制性内容。

(2) 乡驻地规划的主要内容。确定规划区内各类用地布局，提出道路网络建设与控制要求。对规划区内的工程建设进行规划安排；建立环境卫生系统和综合防灾减灾防疫系统，确定规划区内生态环境保护与优化目标，划定主要水体保护和控制范围；确定历史文化保护及地方传统特色保护的内容及要求；划定历史文化街区、历史建筑保护范围，确定各级文物保护单位、特色风貌保护重点区域范围及保护措施：规划建设容量，确定公用工程管线位置、管径和工程设施的用地界线，进行管线综合。

(3) 乡的详细规划主要内容。确定规划区内不同性质用地的界线；确定各地块的建筑高度、建筑密度、容积率等控制指标；确定公共设施配套要求以及建筑后退红线距离等要求。提出各地块的建筑体量、体型、色彩等城市设计指导原则；根据规划建设容量，确定公用工程管线位置、管径和工程设施的用地界线，进行管线综合；对重点建设地块进行建筑、道路和绿地等的空间布局和景观规划设计，布置总平面图，并进行必要的竖向规划设计。估算工程量、拆迁量和总造价。

根据《村庄和集镇规划建设管理条例》，村庄、集镇建设规划，应当在村庄、集镇总体规划指导下，具体安排村庄、集镇的各项建设。集镇建设规划的主要内容包括：住宅、乡（镇）村企业、乡（镇）村公共设施、公益事业等各项建设的用地布局、用地规划，有关的技术经济指标，近期建设工程以及重点地段建设具体安排。村庄建设规划的主要内容，可以根据本地区经济发展水平，参照集镇建设规划的编制内容，主要对住宅和供水、供电、道路、绿化、环境卫生以及生产配套设施做出的具体规划。

2. 村庄规划编制的内容

村庄规划要依据经过法定程序批准的镇总体规划或乡总体规划，同时也要充分考虑所在村庄的实际情况，在此基础上，对村庄的各项建设做出具体的安排。其编制内容如下：安排村域范围内的农业生产用地布局及为其配套服务的各项设施；确定村庄居住、公共设施、道路、工程设施等用地布局；确定村庄内的给水、排水、供电等工程设施及其管线走向、敷设方式；确定垃圾分类及转运方式，明确垃圾收集点、公厕等环境卫生设施的分布、规模；确定防灾减灾、防疫设施分布和规模；对村口、主要水体、特色建筑、街景、道路以及其他重点地区的景观提出规划设计；对村庄分期建设时序进行安排，提出三至五年内近期建设项目的具体安排，并对近期建设的工程量、总造价、投资效益等进行估算和分析；提出保障规划实施的措施和建议。

3. 新农村建设的内容和相关政策

我国城乡长期以来呈现出城乡分割，人才、资本、信息单向流动，城乡居民生活差距拉大，城乡关系呈现不均等、不和谐等发展状况。改革开放以来，中央政府非常重视农村问题，先后制定出台了关于“三农”问题的“一号文件”，积极推动了农村改革和发展，有力促进了农民增收和粮食增产，使我国农村发生了巨大的变化。提出按照“生产发展、生活宽裕、乡风文明、村容整洁、管理民主”的要求，协调推进农村经济建设、政治建设、文化建设、社会建设和党的建设。明确提出，要加强村庄规划和人居环境治理。随着生活水平的提高和全面建设小康社会的推进，农民迫切要求改善农村生活环境和村容村貌。各级政府要切实加强村庄规划工作，安排资金支持编制村庄规划和开展村庄治理试点；可从各地实际出发制定村庄建设和人居环境治理的指导性目录，重点解决农民在饮水、行路、用电和燃料等方面的困难。加强宅基地规划和管理，大力节约村庄建设用地，向农民免费提供经济安全适用、节地节能节材的住宅设计图纸。引导和帮助农民切实解决住宅与畜禽圈舍混杂问题，搞好农村污水、垃圾治理，改善农村环境卫生。注重村庄安全建设，防止山洪、泥石流等灾害对村庄的危害，加强农村的消防工作。村庄治理要突出乡村特色、地方特色和民族特色，保护有历史文化价值的古村落和古民宅。要本着节约原则，充分立足现有基础进行房屋和设施改造，防止大拆大建，防止加重农民负担，扎实稳步地推进村庄治理。

8.3.3　乡和村庄规划编制的方法

由于镇与乡同为我国基层政权机构，且都实行以镇（乡）管村的行政体制，随着我国乡村城镇化的进展、体制的改革，使编制的规划得以延续，避免因行政建制的变更而重新进行规划，因此，乡规划的编制可按《镇规划标准》执行。

村庄规划编制的重点是：村庄用地功能布局；产业发展与空间布局；人口变化分析；公共设施和基础设施；发展时序；防灾减灾。

1. 村庄规划的现状调研和分析

现状调查与分析是村庄规划基础工作和重要环节，该阶段的工作直接影响到最后的规划成果质量。

（1）现状调查与分析工作的重点。现场调查：对村庄的基本情况如人口、经济、产业、用地布局、配套设施、历史文化等进行充分调查了解，调查的内容和深度与村庄规划的内容相结合。

分析问题：对存在的问题进行总结、分析和归纳，找出当地社会经济发展、村庄规划建设、配套服务设施等方面的问题和原因，分析问题注意结合当地的经济社会现实情况，分析问题的成因不仅有普遍意义，也要能反映当地的特点，并对后面的村庄规划有指导和借鉴作用。

规划构想：在现状调查与分析之后，应对现状村庄建设的主要问题有大致的了解，对村庄规划主要解决的问题有大致的想法，并与当地村干部和群众充分交换意见，针对现状问题分析和规划构想等进行探讨交流，听取村里的近远期建设想法。

（2）现状调查与分析的具体内容。

1）村庄背景情况：周围关系、自然条件、地质条件、历史沿革等。

2）社会经济发展：产业发展、人均年收入、村集体企业、出租土地厂房、村民福利（儿童、老人、五保户）等。

3）人口劳动力：人口数量、劳动力、就业安置、教育、人口变化情况等。

4）用地及房屋：村域用地现状（包括村庄建设用地和各种农用地）、村庄建设用地现状图、建筑质量（建筑年代）、建筑高度、空置房屋等。

5）道路市政：现状道路情况，机动车、农用车普及情况，停车管理，饮用水达标，黑水（厕所冲水）、灰水（洗漱污水）和雨水的收集处理，供电，电信，网络，有线电视，采暖方式，燃料来源，垃圾收集处理。

6）公共配套：商业设施，文化站，阅览室，医疗室，中小学、托幼机构，敬老院，公共活动场所，公园，健身场地，公共厕所，公共浴室等。

7）现状照片：照片可作为规划调研的说明和参考。除可拍摄上述场地、建筑、设施的照片外，还可拍摄村民活动、民风民俗、座谈访谈会、入户调查（需征得住家同意）、现场工作场景等。

8）相关规划：镇（乡）域规划，村庄体系规划，村庄发展规划设想，有关的专项规划，历史上进行过的村庄改造项目等。

9）其他：历史文化和地方特色（古庙、传说等），村民住房形式和施工方式、室内装修，家电设备、建设成本，村风民俗，民主管理公共事务，村民合作组织等。

2. 村庄规划编制的技术要点

（1）村庄规划应主要以行政村为单位编制，范围包括整个村域，如是需要合村并点的多村规划，其规划范围也应包括合并后的全部村域。

（2）村庄规划应在镇（乡）域规划、土地利用规划等有关规划的指导下，对村庄的产业发展、用地布局、道路市政设施、公共配套服务等进行综合规划，规划编制要因地制宜，有利生产，方便生活，合理安排，改善村庄的生产、生活环境，要兼顾长远与近期，考虑当地的经济水平。

（3）统筹用地布局，积极推动用地整合。村庄规划人口规模的增加应以自然增长为主，机械增长不能作为规划依据。用地布局应以节约和集约发展为指导思想，村庄建设用地应尽量利用现状建设用地、弃置地、坑洼地等，规划农村人均综合建设用地要控制在规定的标准以内。

（4）村庄规划重点规划好公共服务设施、道路交通、市政基础设施、环境卫生设施等内容。

（5）合理保护和利用当地资源，尊重当地文化和传统，充分体现“四节”原则，大力推广新技术。

3. 村庄规划编制应注意的问题

重视安全问题，如河流防洪、塌方、泥石流等；教育设施的规划应分析当地具体情况，不一定要硬套人口规模指标；村庄产业如何发展，用地不一定全都在村里解决，可以在镇（乡）域规划中统筹考虑；消防规划要注重农村的消防通道的规划，可结合村庄道路规划；市政、交通等公用设施的规划应充分结合当地条件，因地制宜；配套公共服务设施的配置不宜缺项（服务全覆盖），但是用地和建筑可以适当集中合并；新农村建设不应以房地产开发带村庄改造，应避免大拆大建，力求有地方特色。

4. 村庄规划的具体内容

社会经济发展规划：人口规模预测，建设用地规模，适合地方特点的宜农产业发展规划，劳动力安置计划。

用地布局规划：村域范围的用地规划，产业发展空间布局和自然生态环境保护；村庄范围的建设用地规划，居住区、产业区、公共服务设施用地布置，合理布局，避免不利因素，宅基地紧凑布置，保证公共设施用地规模和合理位置。

绿化景观规划：村庄景观、景点规划，满足公共绿地指标，对绿化布置的建议等。

道路交通规划：村庄道路网规划，村庄道路等级、宽度的确定，道路建设的调整和优化，停车设施考虑，公交车站布置等。

市政规划：供电、电信、给水、排水（雨水管沟，小型污水处理设施）、厕所、燃气解决方案、供暖节能方案。

公共服务设施规划：行政管理，教育设施，医疗卫生，文化娱乐，商业服务，集贸市场。村庄公共服务设施的规划应体现政府公共管理保障和市场自主调节两方面，综合考虑村庄经济水平和分布特点，可采取分散与共享相结合的布局方式，体现服务全覆盖的思路。

防灾及安全：现状有自然险情（泥石流、塌方等）、市政防护要求（如高压线、垃圾填埋场等）的村庄，应着力调查研究，规划提出可行的安全措施；农村消防（如消防通道）规划建设。

村庄规划中其他参考规划内容如下：

农村住宅设计：应紧密结合当地特点，针对不同地区特点设计有地方特色的农村住宅。结合当地农民的经济状况和生产、生活习惯，综合考虑院落和房屋的有机联系；建筑材料应考虑尽量利用当地材料，建筑风格宜采用当地形式；施工做法应考虑投资成本和工艺上的可行性，在建筑安全、节能保温、配套设施方面适当提高标准。

公共活动中心：充分利用当地景观资源、历史文化资源，结合布置文化设施、医疗卫生、行政管理、教育设施、商业服务等，创造富有活力的村庄公共活动中心。

适合农村的市政设施的设计，例如简易污水处理设施、雨水收集利用设施、污水渗坑过滤层、沼气利用技术、秸秆综合利用方法等。

5. 村庄分类

在镇村体系规划和一定区域的村庄体系规划中，需要对现有的村庄进行分类，在各种限制性要素的基础上，结合村庄现状发展情况，明确村庄的发展动力，确定在体系规划中的级别。

（1）村庄分类的影响因素。

1）风险性生态要素。该因素指那些直接影响村庄居住安全和居民生存的生态要素。受这些要素影响的地区包括：地质灾害危险与水土流失严重地区、地下水严重超采区、洪涝调蓄地区、基础设施防护地区。对于这类地区应采取相应的防护措施，以保证村庄和居民的生存安全。

2）资源性生态要素。该因素指那些直接影响资源保护、生态环境以及保障城市职能要求的生态要素。受这些要素影响的地区包括：水环境与水源保护区；绿化保护地区：文物保护地区。对于这类地区应采取相应的防护和限建措施，以保证城乡资源环境的可持续发展和城市功能的实现。

3）村庄规模和管理体制。村庄规模过小造成配套设施的设置成本大、效益低，尤其位于偏远山区的超小型农村居民点，公共设施配套更加困难，农民生活很不方便。因此，应根据农民意愿和经济发展情况适当迁并一些超小型农村居民点，减少自然村数量，促进农村居民点的合理布局。

4）历史文化资源保护。对于传统风貌特色明显的村落，要积极予以保留、保护并加以延续，合理利用。对城市化建设地区涉及的有保护价值的历史村落，要将村落保护和城市化建设有机结合，使传统文化与现代生活和谐共存。村庄发展要因地制宜，加强自然资源的保护和利用；要传承历史，加强传统风貌的保护和延续；要加强人文精神的保护和发扬。

（2）村庄分类的类别。综合农村居民点的区域功能、管理体制、调整方式、村庄自身规模等因素，按照有利于政府职能发挥、便于规划实施、设施配置、安全保障、产业发展的原则，对村庄进行综合分类，制定区域分类指导的居民点布局调整策略。

1）城镇化整理型村庄：位于规划城市（镇）建设区内的村庄。这类村庄所在地区的特点是：城镇功能集中，建设密度高，土地使用高度集约。城镇化整理型村庄在发展策略上应实现城乡联动发展，将农民纳入城市社会服务体系，将农村社区管理纳入城市管理体制，避免新的“城中村”问题的出现。

2）迁建型村庄：是与生态限建要素有矛盾需要搬迁的村庄。这类村庄多位于受地质灾害、蓄滞洪区、基础设施防护以及水源保护、城市绿化、自然保护区、文物保护等特殊功能区影响的地区，村庄建设受到一定限制。根据限建要素对村庄限制程度的不同，可将迁建村庄分为近期迁建、逐步迁建、引导迁建三种类型。

3）保留发展型村庄：包括位于限建区内可以保留但需要控制规模的村庄、发展条件好可以保留并发展的村庄。可分为三种类型：保留控制发展型、保留适度发展型、保留重点发展型村庄。保留发展型村庄是新农村建设的主体，是未来乡村人口的主要聚集区。

6. 村庄整治规划

（1）村庄整治规划的重点。村庄的长远发展应遵循各级城乡规划的内容要求，村庄整治工作的重点应以近期工作为主，重点解决当前农村地区的基本条件较差、人居环境亟待改善等问题，兼顾长远。村庄整治应充分利用村庄现有房屋、设施以及自然和人工环境，通过政府帮扶与农民自主参与相结合的形式，分期分批整治改造农民最急需、最基本的设施和其他相关的项目，以低成本投入、低资源消耗、不加重农民负担的方式改善农村人居环境。

（2）村庄整治规划的原则。应首先明确村庄整治工作中，农村居民的实施主体和受益主体地位，尊重农民意愿，保护农民利益。必须充分利用已有的条件和设施，以现有的设施的改造、维护作为主要工作内容。严禁盲目拆建、强行推进，必须防止借村庄整治活动侵占农民权益、影响农村社会稳定。

尊重农村建设实际，坚持因地制宜、分类指导的原则。应避免超越当地农村发展阶段，大拆大建、急于求成、盲目套用城镇标准和建设方式，防止"负债搞建设"、大搞"新村建设"等情况的发生。各类设施整治应做到经济合理、管理方便，避免铺张浪费。

村庄整治的选点是非常重要的，应避免盲目铺开。应首先根据村庄规模及长期发展趋势，由县级以上人民政府确定分期分批整治的村庄选点。村庄选点宜以中型村、大型村及特大型村为主，不宜选择城乡规划中计划迁并的村庄。

村庄工程设施整治应综合考虑国家政策、相关专项规划的总体要求，在有条件的地区坚持"联建共享"的基本原则，以实现提高设施的使用效率、提高实施服务水平、节约建设维护成本的目的。当村庄安全防灾、垃圾、粪便处理、给水排水等工程设施采取区域联建共享方式进行整治时，应统筹安排，协调布局，避免重复建设，浪费投资。

村庄整治应综合考虑中心内容的急需性、公益性和经济可承受性，量力而行地选择整治项目，分别实施；确定整治时序，分步实施。应根据村庄经济情况，结合本村实际和村民生产生活需要，按照轻重缓急程度，合理选择具体的整治项目。优先解决当地农民最急迫、最关心的实际问题，逐步改善村庄生产生活条件。

严格保护村庄的自然生态环境和文化遗产，延续传统景观特征和地方特色，保持原有村落格局，展现民俗风情，弘扬传统文化，倡导乡风文明。村庄的自然生态环境具有不可再生性和不可替代性的基本特征，村庄整治过程中要注意保护性的利用。具有历史文化遗产和传统的村庄，是历史见证的实物形态，具有不可替代的历史价值、艺术价值和科学价值，整治过程中应重视保护和利用的关系，在保护的前提下发展，以发展促保护。严禁毁林开山，占用农田、破坏历史文化遗产等盲目建设行为。

（3）村庄整治规划的主要项目。基本整治项目：与农村居民生命安全、必要生产生活条件密切联系的安全与防灾、给水工程设施、垃圾处理、粪便处理、排水工程设施、道路交通安全设施。其他整治项目：公共环境、坑塘河道、文化遗产保护、生活用能。

村庄整治应首先满足各项基本整治项目的相关要求，保证农村居民的基本生产生活条件。在此基础上，可根据当地农民意愿，结合本村实际开展其他项目的整治工作。村庄整治以政府帮扶与农民自主参与相结合的形式，重点整治农村公共服务设施项目，对于农宅等非公有设施的整治应根据农民意愿逐步进行，规划中不应硬性规定。

7. 村庄规划编制的成果要求

村庄规划的成果应当包括规划图纸与必要的说明。规划的基本图纸包括：村庄位置图、用地现状图、用地规划图、道路交通规划图、市政设施系统规划图等。

8.3.4　名镇和名村保护规划

1. 历史文化名镇和名村

历史文化名镇、名村是我国历史文化遗产的重要组成部分，它反映了不同时期、不同地域、不同民族、不同经济社会发展阶段聚落形成和演变的历史过程，真实记录了传统建筑风貌、优秀建筑艺术、传统民俗民风和原始空间形态，具有很高的研究和利用价值。我国文物法规定"保存文物特别丰富并且具有重大历史价值或者革命纪念意义的城镇、街道、村庄，由省、自治区、直辖市人民政府核定公布为历史文化街区、村镇，并报国务院备案。"

从2003年起，建设部、国家文物局分期分批公布中国历史文化名镇和中国历史文化名村，并制定了《中国历史文化名镇（村）评选办法》。规定条件如下：

（1）历史价值和风貌特色：建筑遗产、文物古迹比较集中，能较完整地反映某一历史时期的传统风貌和地方特色、民族风情，具有较高的历史、文化、艺术和科学价值，辖区内存有清末以前或有重大影响的历史传统建筑群。

（2）原状保存程度：原貌基本保存完好，或已按原貌整修恢复，或骨架尚存、可以整体修复原貌。

（3）具有一定规模：镇现存历史传统建筑总面积5 000m^2 以上，或村现存历史传统建筑总面积2 500m^2 以上。

2. 名镇和名村保护规划的内容

历史文化名镇、名村批准公布后，所在地县级人民政府应当组织编制历史文化名镇、名村保护规划。历史文化名镇、名村的保护应当遵循科学规划、严格保护的原则，保持和延续其传统格局和历史风貌，维护历史文化遗产的真实性和完整性，继承和弘扬中华民族优秀传统文化，正确处理经济社会发展和历史文化遗产保护的关系。

保护规划应当包括下列内容：保护原则、保护内容和保护范围；保护措施、开发强度和建设控制要求；传统格局和历史风貌保护要求；历史文化街区、名镇、名村的核心保护范围和建设控制地带；保护规划分期实施方案。

历史文化名镇、名村应当整体保护，保持传统格局、历史风貌和空间尺度，不得改变与其相互依存的自然景观和环境。

3. 名镇和名村保护规划的成果要求

保护规划成果由规划文本、规划图纸和附件三部分组成。

（1）规划文本。表述规划意图、目标和对规划有关内容提出的规定性要求。文本表达应当规范、准确、肯定、含义清楚。它一般包括以下内容：村镇历史文化价值概述；保护原则和保护工作重点；村镇整体层次上保护历史文化名村、名镇的措施，包括功能的改善、用地布局的选择或调整、空间形态和视廊的保护、村镇周围自然历史环境的保护等；各级文物保护单位的保护范围、建设控制地带以及各类历史文化街区的范围界线，保护和整治的措施要求；对重要历史文化遗存修整、利用和展示的规划意见；重点保护、整治地区的详细规划意向方案；规划实施管理措施等。

（2）规划图纸。用图像表达现状和规划内容。包括文物古迹、历史文化街区、风景名胜分布图；历史文化名镇、名村保护规划总图；重点保护区域界线图，在绘有现状建筑和地形地物的底图上，逐个、分张画出重点文物的保护范围和建设控制地带的具体界线；逐片、分线画出历史文化街区、风景名胜保护的具体范围；重点保护、整治地区的详细规划意向方案图。

（3）附件。包括规划说明和基础资料汇编。规划说明书的内容是分析现状、论证规划意图、解释规划文本等。

规划文本和图纸具有同等的法律效力。

8.4 规划方案实例

1. 镇规划实例

（1）现状概况。康驿镇隶属于济宁市汶上县，105 国道贯穿南北，总面积 88.6hm^2，57 个行政村，如图 8-2 所示。全镇总人口为 73 106 人，镇区驻地人口为 9 172 人。2008 年国内生产总值 8.6 亿元，财政收入 2 334 万元，农民人均纯收入 5 868 元。

（2）规划概况。

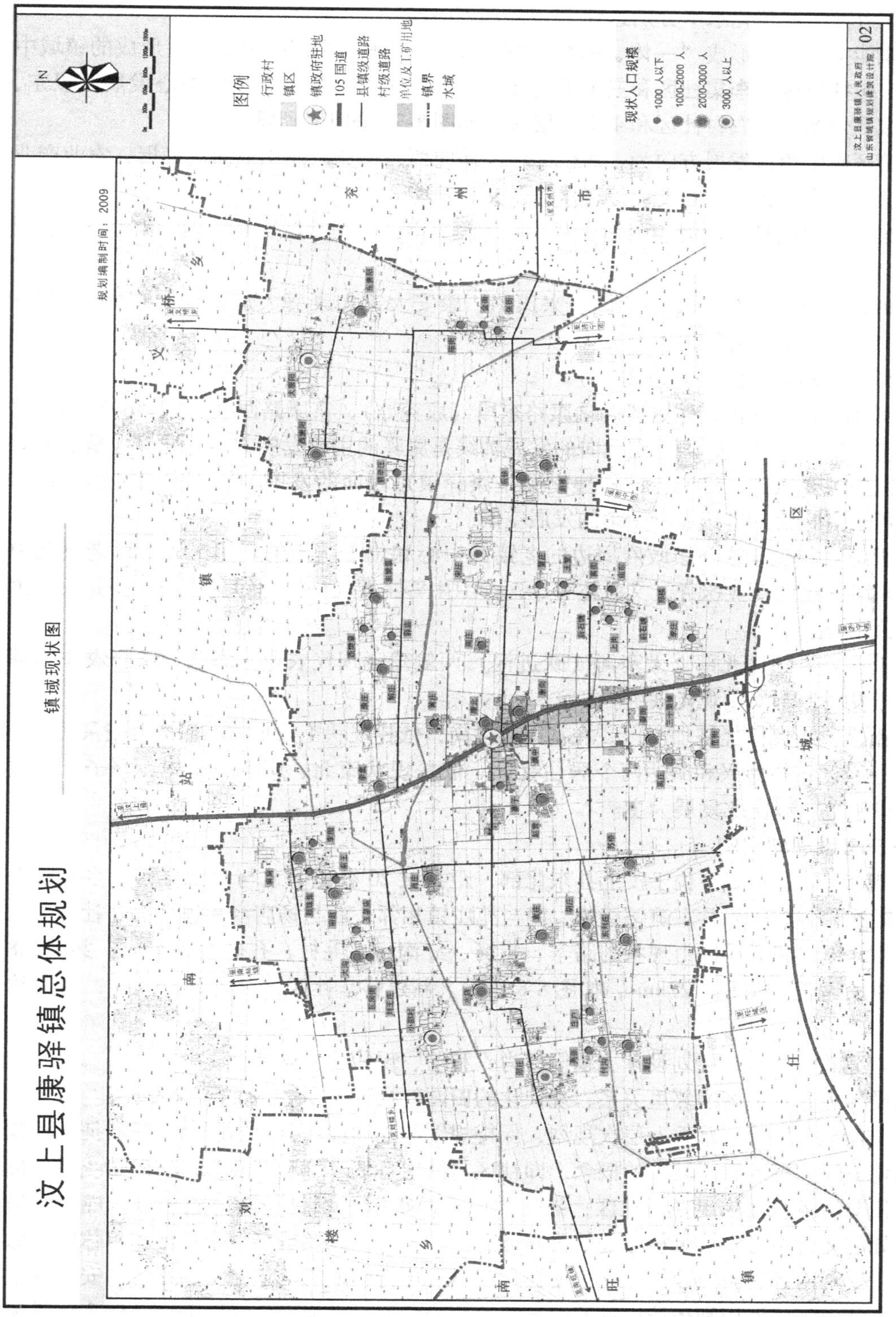
汶上县康驿镇总体规划
镇域现状图
规划编制时间：2009
图例
行政村
镇区
镇政府驻地
105 国道
县镇级道路
村级道路
单位及工矿用地
镇界
水域
现状人口规模
1000 人以下
1000-2000 人
2000-3000 人
3000 人以上
汶上县康驿镇人民政府
山东省城镇规划建筑设计院
02
兖州市
义桥乡
南站镇
刘楼乡
南旺镇
城区

图 8-2　镇域现状图

城镇性质：汶上县南部工贸型城镇。

人口规模：镇域总人口近期为8.0万人，远期为9.0万人。镇区人口近期为2.7万人，远期为4.5万人，城镇化水平分别达到33.7%和50.0%。

镇域职能空间结构形成“一体、两翼”的格局。“一体”指依托105国道形成的镇域中心发展区，包括镇区、李集社区和三十里铺社区。“两翼”指分布于镇域中心发展区以东、以西的区域，包括6个农村社区和4个基层村，如图8-3、图8-4所示。

康驿镇区确定镇区发展方向为：居住生活用地向西、工业产业用地向南发展，农业产业用地向北发展，完善镇区中心商业综合服务及文化功能。

总体布局为“两环、两河、两轴、两心、北园、南区、中社区”的结构，如图8-5、图8-6、图8-7所示。

（1）两环：指镇区外围由熙康路、兴康路、康安大道和康盛大道组成的交通外环路；由康驿老护城河水系形成的内环。

（2）两河：沿大寨河（跃进沟）。

（3）两轴：沿105国道镇区段和瑞康路东段（康兖路）、富康路西段（康南路）形成镇区发展的主要轴线。沿105国道南北向的发展轴线是康驿的主要发展方向，同时也是汶上对接济宁市区的主要通道。沿康兖路和康南路是康驿镇东西向的发展轴线，向东可达兖州市区，向西可至南旺镇，将拓展康驿镇的发展空间。

（4）两心：指位于现状镇政府周边的老镇区中心和位于南部的新镇区中心。老镇区中心包含未来康驿镇的商业服务、文教体育、医疗卫生等主要功能。新镇区中心主要是康驿镇的行政办公中心。

（5）北园：在镇区北部、大寨河（跃进沟）两侧建设现代农业生态园，结合农作物种植，可适当发展生态农业观光旅游。

（6）南区：指民营经济加工区。在富康路以南，依托现状工业加工区以向西发展为主。

（7）中社区：指康兴和康达两个居住社区。依托现状康北、康中、康南、寨子4个驻地村的建设用地，以向北发展为主。

2. 村庄建设规划实例

（1）现状概况。白石乡位于汶上县东北部，距县城20公里，北与宁阳县鹤山乡及汶上县军屯乡毗连，东与宁阳县东疏镇接壤，南与苑庄镇相邻，西与杨店乡相连。路辛社区位于白石乡的西北部。路辛社区由现状的路辛、崔河、红沟崖、毛村、孔辛合并组成，共1 268户。现状村庄建设用地142.27hm^2，如图8-8所示。新建路辛社区，占地26.31hm^2，可节约建设用地115.96hm^2。

（2）规划设计理念。规划设计主题概括为：和谐、现代化、可持续。

规划设计理念：和谐的邻里关系、现代化的田园新社区 、可持续的科学发展。

（3）方案构思要点。尊重上层次规划，保持规划的连续性；突出田园社区的特征，构筑复合的绿化空间，融入田园城市的概念，即社区与周边自然环境和谐共生；反思传统住区模式，以居住街坊组织模式规划新社区；强化“两心两街”的社区公共设施功能。规划布局了西入口处的复合中心和社区核心处的公共休憩活动中心，以及贯穿整个社区的以休闲、绿化为主的主街和南部一条商业街；建立便捷、安全、可持续发展的道路交通系统。安全性主要体现在公共设施的使用和街坊内部的交通组织两个方面；形成点、线、面结合的主体景观构架；人性化的建筑设计。

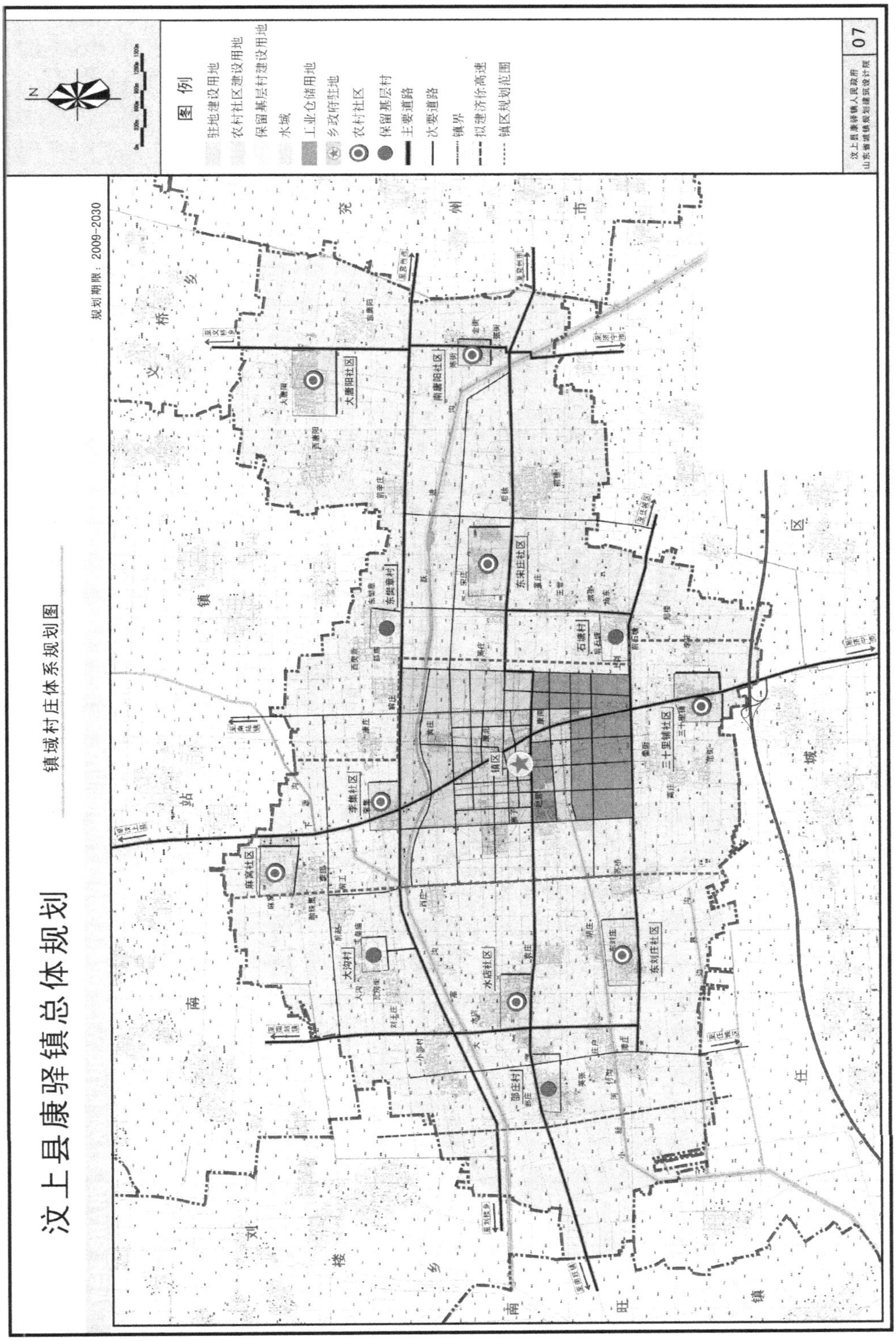

图 8-3　镇域村庄体系规划图

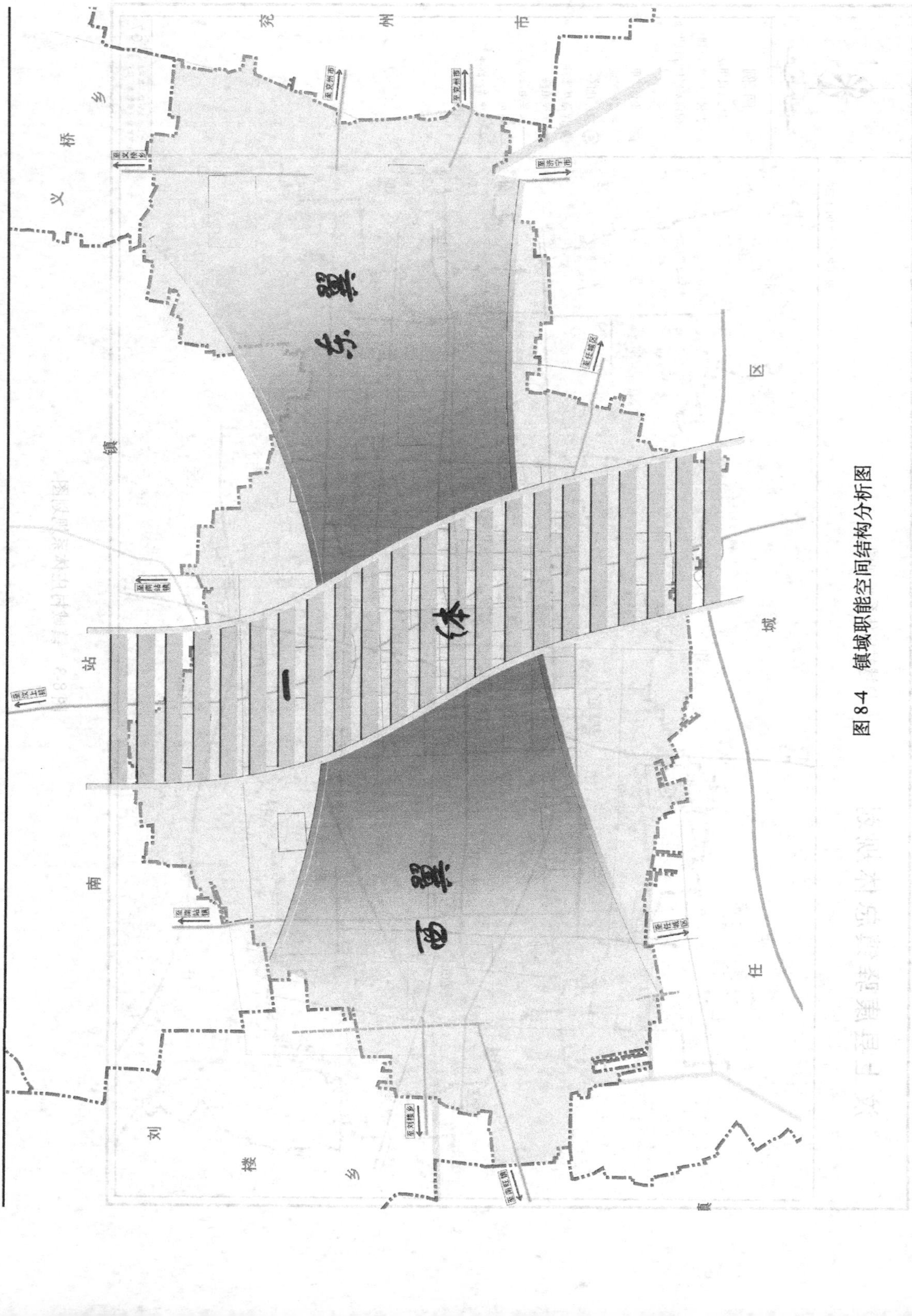

图8-4 镇域职能空间结构分析图

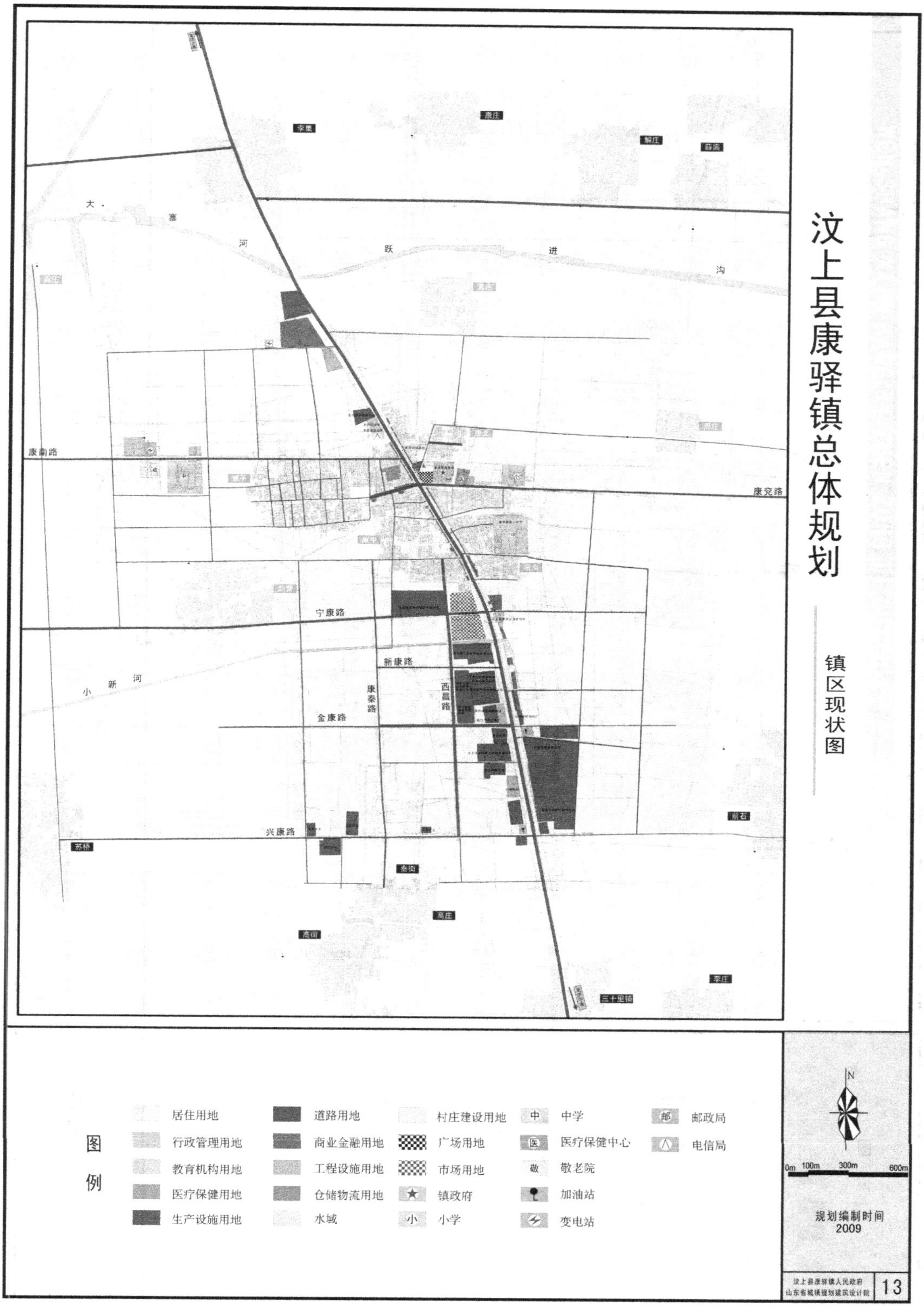
汶上县康驿镇总体规划
镇区现状图
李集
康庄
解庄
大寨河
跃进沟
康南路
康兖路
宁康路
新康路
康秦路
西昌路
金康路
小新河
兴康路
苏桥
前石
秦街
高庄
李庄
三十里铺
图例
居住用地
行政管理用地
教育机构用地
医疗保健用地
生产设施用地
道路用地
商业金融用地
工程设施用地
仓储物流用地
水域
村庄建设用地
广场用地
市场用地
镇政府
小学
中学
医疗保健中心
敬老院
加油站
变电站
邮政局
电信局
N
0m 100m 300m 600m
规划编制时间
2009
汶上县康驿镇人民政府
山东省城镇规划建筑设计院
13

图 8-5 镇区现状图

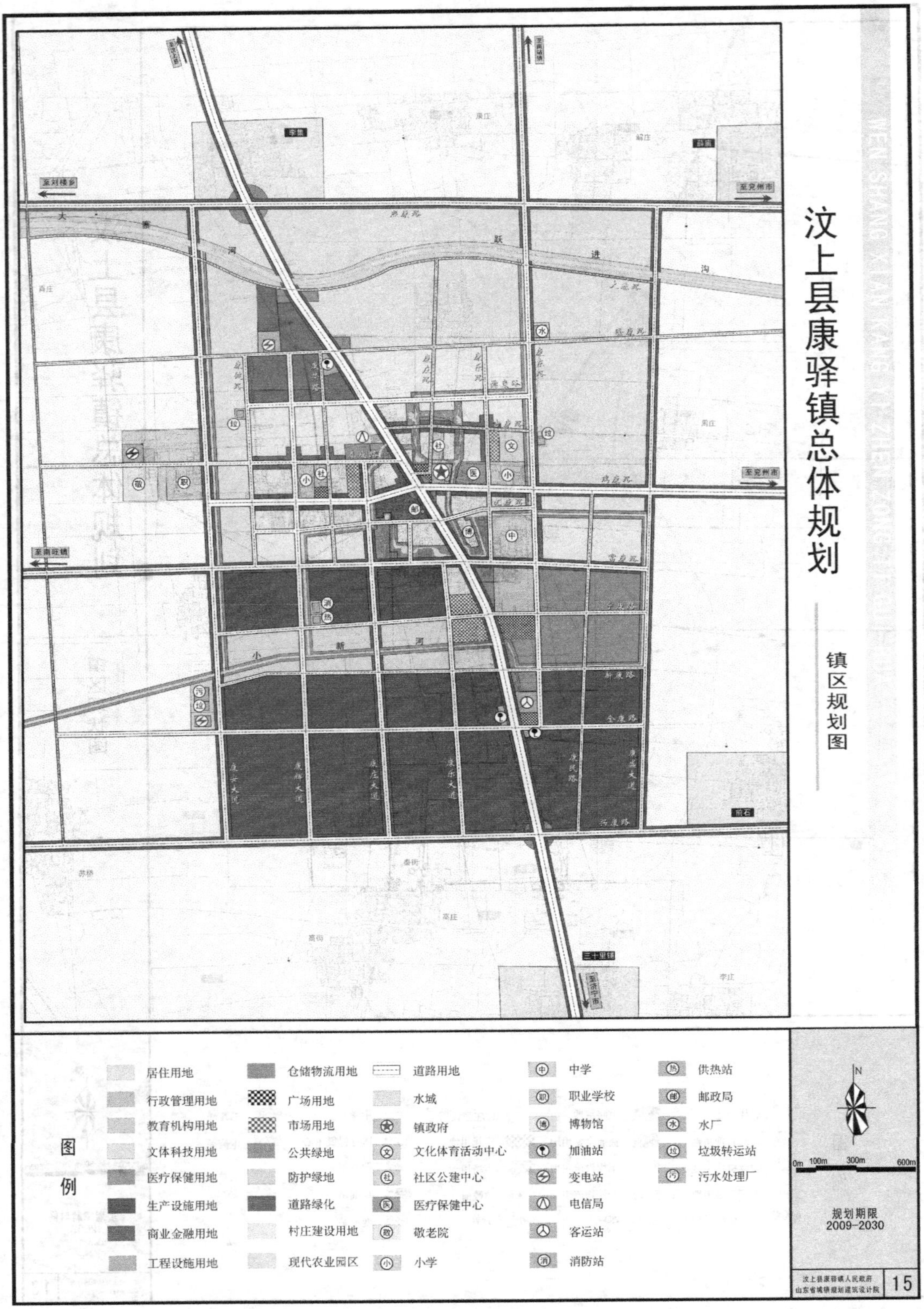
汶上县康驿镇总体规划
镇区规划图
至刘楼乡
至兖州市
至南旺镇
至济宁市
二十里铺
前石
图例
居住用地
行政管理用地
教育机构用地
文体科技用地
医疗保健用地
生产设施用地
商业金融用地
工程设施用地
仓储物流用地
广场用地
市场用地
公共绿地
防护绿地
道路绿化
村庄建设用地
现代农业园区
道路用地
水域
镇政府
文化体育活动中心
社区公建中心
医疗保健中心
敬老院
小学
中学
职业学校
博物馆
加油站
变电站
电信局
客运站
消防站
供热站
邮政局
水厂
垃圾转运站
污水处理厂
0m 100m 300m 600m
规划期限
2009-2030
15

图 8-6 镇区规划图

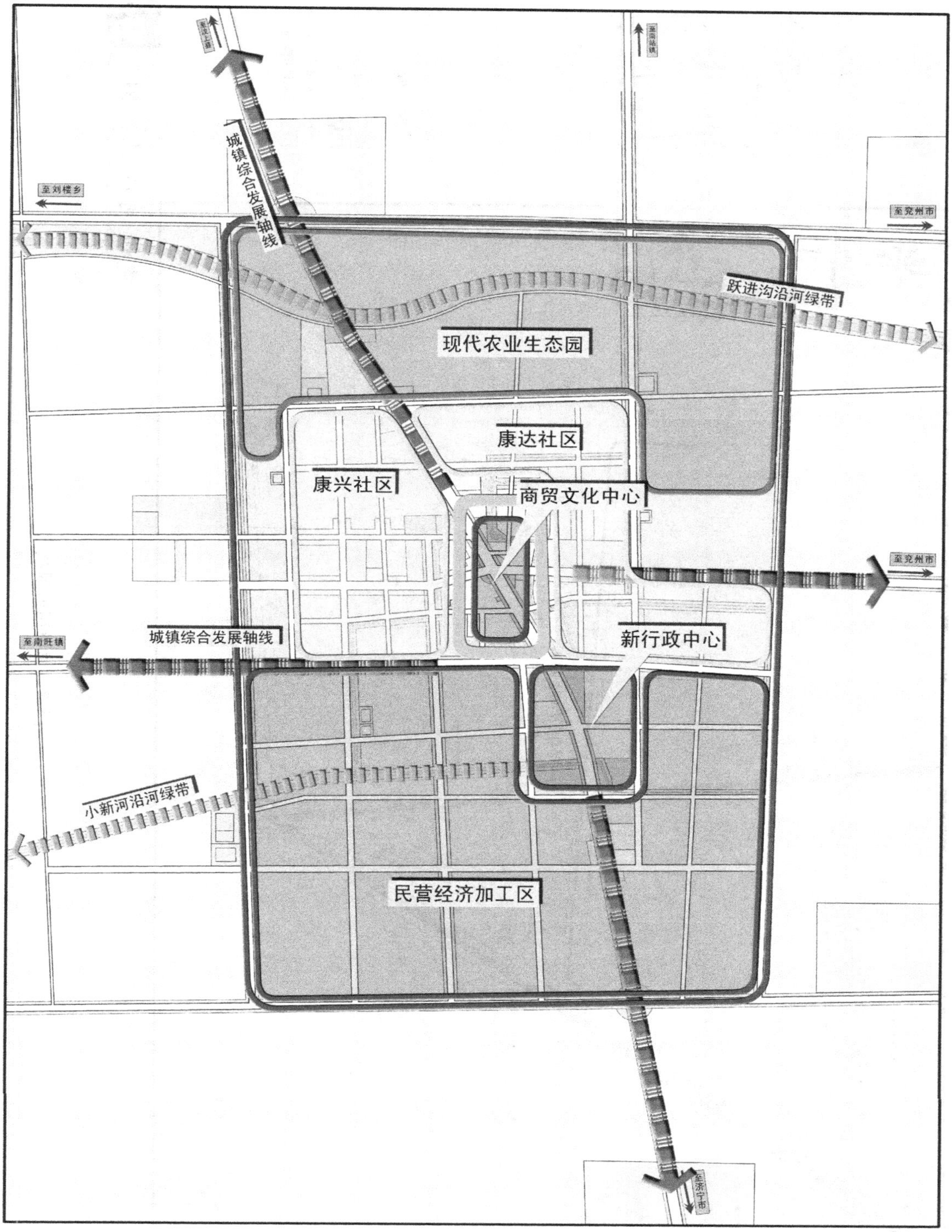

图 8-7　镇区规划结构分析图

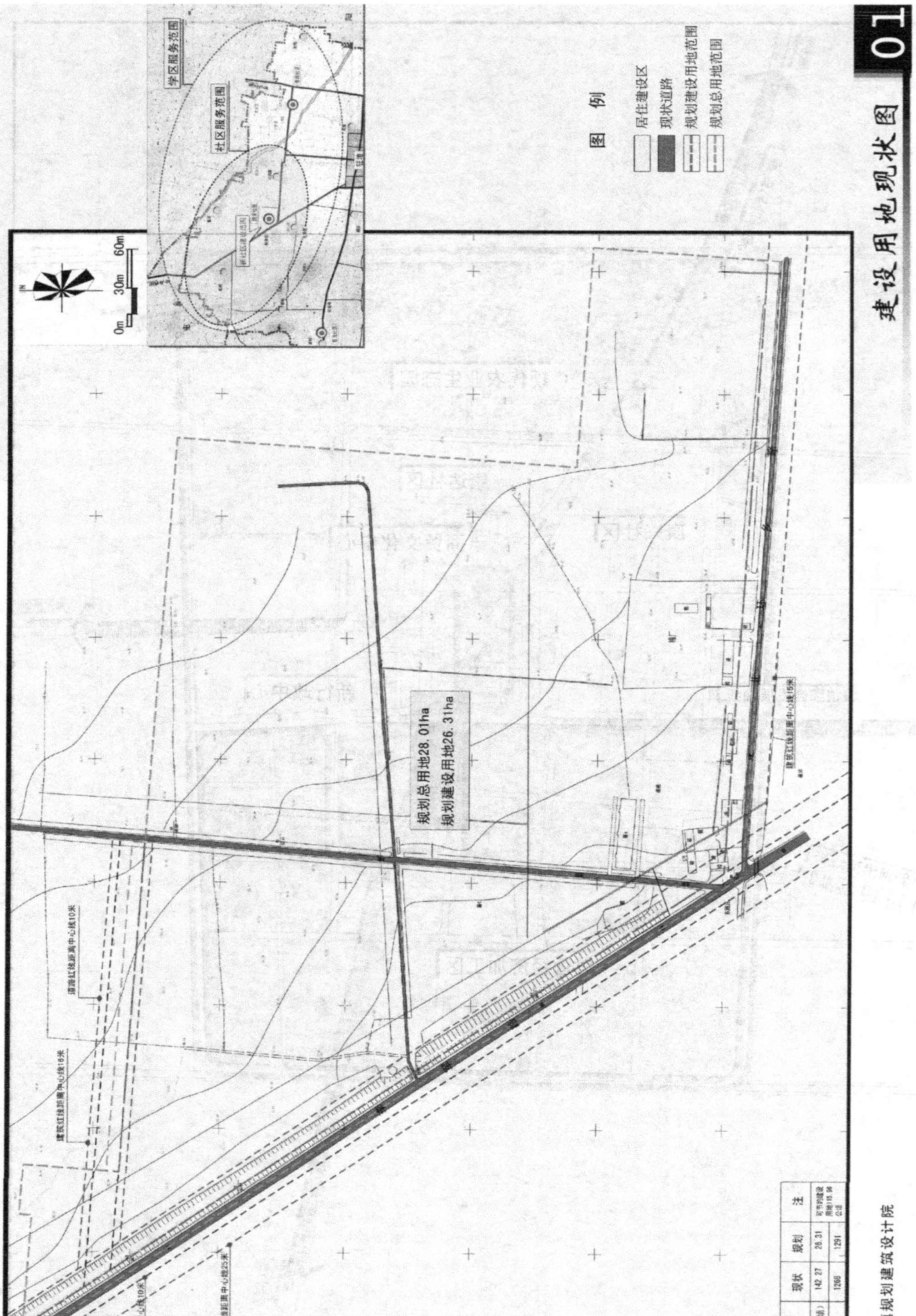

图 8-8 建设用地现状图

山东省城镇规划建筑设计院

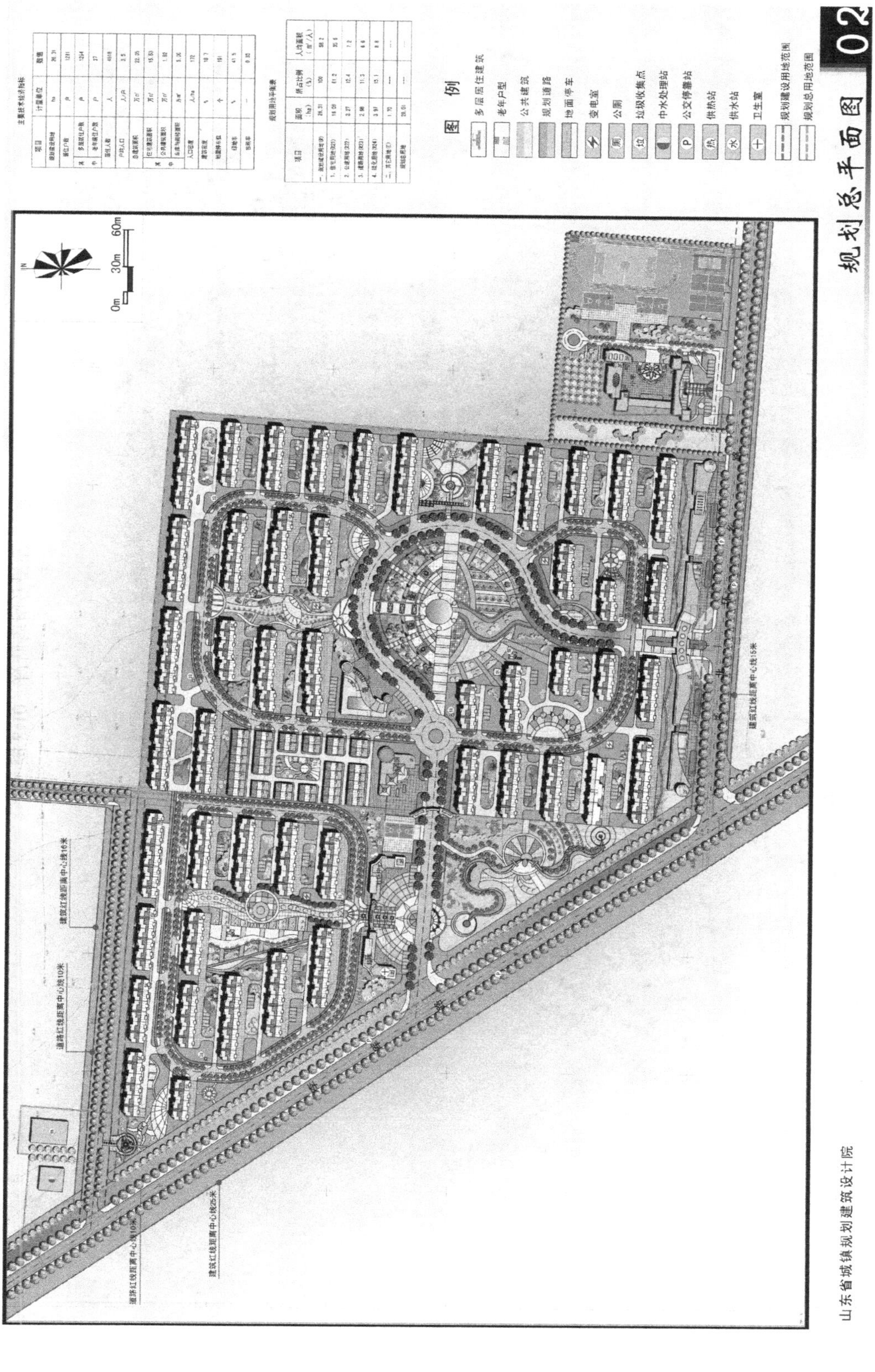
规划总平面图
02
图例
多层居住建筑
老年户型
公共建筑
规划道路
地面停车
变电室
公厕
垃圾收集点
中水处理站
公交停靠站
供热站
供水站
卫生室
规划建设用地范围
规划总用地范围
山东省城镇规划建设设计院

图8-9 规划总平面图

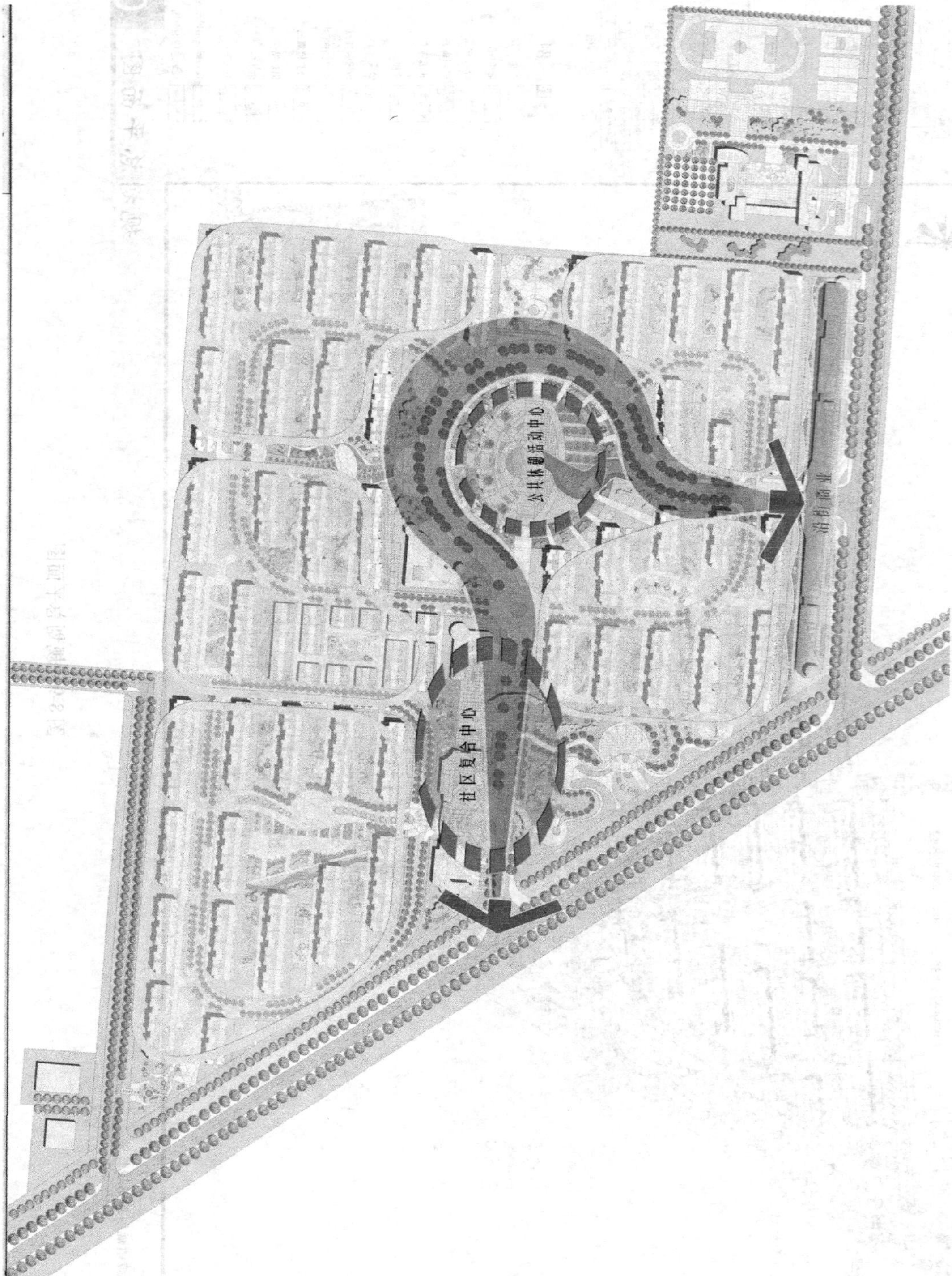

图 8-10　规划结构分析图

人性化设计主要体现在：丰富的户型、宜人的交往空间、现代感与乡土气质结合的建筑造型。

（4）规划结构。规划结构形式为“两心、两街、五组团”，如图8-9、图8-10所示。

“两心”指位于社区西入口处的社区复合中心和社区核心位置的公共休憩活动中心。社区复合中心由社区中心、超市、幼儿园以及公共绿地组成，是社区的重要组成部分。公共休憩活动中心由广场、绿地、健身场地及小品组成，让身在其中的居民有安全感，同时可以让人们在此驻足、停留、休息、健身和交流。广场起到了平衡社区规划与汇聚人气的双重作用。

“两街”指社区的主街和南部一条商业街。贯穿整个社区以休闲、绿化为主的主街，形成社区的主要交通、绿化景观轴线，沿北环乡路北侧布置沿街商业经营用房，形成社区的主要经济发展轴线。

“五组团”指社区级道路将路辛社区划分为五个居住组团。每个组团与周边道路由2～3个出入口相连，人在社区中没有封闭、隔绝的感受。

单 元 小 结

镇、乡、村规划关系到城乡社会、经济的协调发展，有利于促进农村精神文明建设、经济平稳较快增长和社会和谐稳定。本单元立足我国实际情况，阐明了镇、乡、村的概念与范畴；介绍了镇、乡、村规划编制需遵循的法律、法规与条例、规范标准等；详细论述了规划编制的任务、方法、内容、成果要求；简述了名镇、名村保护规划的内容及成果要求。本单元的重点是镇、乡、村规划编制的内容与方法。

复习思考题

8-1　简述我国的设镇标准。

8-2　简述镇、乡、村的规划工作范畴。

8-3　镇、乡、村编制规划的主要内容有哪些？

8-4　简述镇、乡、村编制规划的成果要求。

8-5　村庄整治规划的主要内容有哪些？

8-6　简述历史文化名镇、名村评价的主要条件。

第9单元　城乡规划实施与管理

【能力目标】

(1) 了解公共行政概念和功能，认识政府的城乡规划管理功能及其主管部门的职能。

(2) 认识城乡规划实施的概念、目的、作用与原则，掌握城乡规划实施的内容。

(3) 认识城乡规划实施管理的概念、制度、管理程序和实施管理主要内容。

(4) 了解城乡规划监督检查与法律责任。

(5) 认识城乡规划法规体系，形成对城乡规划管理中法制建设和依法行政的重要意义的基本认识。

【教学建议】

(1) 课程力求遵循以能力为目标、以项目为载体、以学生为主体“三原则”展开教学。

(2) 以培养城乡规划实施内容与实施管理、城乡规划监督检查认识和分析能力为基本出发点。

(3) 以城乡规划主管部门实施、监督检查等工作内容为载体展开教学，在教材案例的基础上，其他具体适宜项目需要教师去发掘和准备。

(4) 充分体现以学生为主体开展教学，如学生（个人或小组）为主体、教师引导对某一城市或乡村规划管理部门进行考察调研，结合具体项目对实施管理工作程序、内容进行、分析讨论、撰写报告等。

【训练项目】

(1) 认识城乡规划管理。走访城乡规划主管部门，进行考察调研，了解城乡规划主管部门设置及其基本职能。

(2) 结合具体项目，认识城乡规划实施、城乡规划监督检查的工作过程与管理内容，认识城乡规划法规体系。

9.1　城乡规划管理与公共行政

9.1.1　公共行政概述

公共行政就是国家行政组织或公共行政组织在宪法和有关法律的规定范围内对国家和社会公共事务的管理活动。作为公共行政活动主体的国家行政机构负有的社会责任和义务，其目的和性质主要是为公众提供服务。

公共行政的功能在于提供公共产品和公共服务，实现社会公平。针对市场失灵的现象，政府有责任进行宏观调控，为社会和市场提供必要的法律和制度。以法律方式对社会发展和市场运行进行规范和管制。

9.1.2 城乡规划管理是政府的一项基本职能

城乡规划管理是城乡规划编制、审批和实施等管理工作的统称。城乡规划管理是政府为了促进城乡经济、社会、环境的全面、协调和可持续发展，依法制定城乡规划并对规划区内的土地使用和各项建设进行组织、控制、协调、引导、决策和监督等行政管理的过程。正确理解城乡规划管理的概念，必须把握以下几点：

（1）城乡规划管理是一项行政管理工作，是政府的职能之一。各级城乡规划管理部门是政府的一个工作部门，在政府领导下开展工作。

（2）城乡规划管理的目的是为了协调城乡空间布局，改善人居环境，促进城乡经济、社会、环境的全面、协调和可持续发展，体现了社会公众利益。

（3）城乡规划管理必须依法管理。城乡规划作为一项行政管理活动，加强法制建设并依法行政是行政管理的基本要求。城乡规划作为政府调控空间资源、指导城乡发展与建设、维护社会公平、保障公共安全和公众利益的重要公共政策之一。其制定、实施必须反映公众利益，通过法定形式把相关内容固定下来，使其成为城市规划管理的准则和依据。

组织编制和实施城乡规划是一项涉及面广且又十分复杂的行政管理工作。城乡规划的组织编制—编制—审批—实施—监督检查是一条连续的完整的工作链。实践证明，城乡规划的编制不当对城乡发展会造成难以挽回的损失，这就要求城乡规划管理工作需要科学的组织和慎重的决策。而城乡规划实施方面的失误，也会对城乡发展造成更直接的损失。

9.1.3 城乡规划行政主管部门

城乡规划管理的行政机关是中国行政机关设置的组成部分之一。《城乡规划法》第十一条规定，国务院城乡规划主管部门负责全国的城乡规划管理工作。县级以上地方人民政府城乡规划主管部门负责本行政区域内的城乡规划管理工作。这就规定了各级政府城乡规划主管部门的职责。

随着经济和社会的高速发展，我国城镇化进程也处于快速发展阶段，社会主义市场经济体制的建立与完善，使得城乡发展建设的投入多元化，这使我国城乡发展建设呈现出空前的活力。与此同时，我国的城乡发展建设又面临着巨大的资源与环境保护的压力。在这种形势下，坚持科学发展观和构建社会主义和谐社会的指导思想，坚持依法行政，严格依据法定的城乡规划，促进城乡建设健康、有序的发展，成为我国城乡规划工作必须遵循的基本原则。为加强规划的实施及其监督，确保区域协调发展、资源利用、环境保护、自然与历史文化遗产保护、公共安全和公共服务、城乡统筹协调发展的规划内容得到有效落实，确保城乡建设发展能够做到节约资源，保护环境，和谐发展，促进城乡社会经济可持续发展，《城乡规划法》对城乡规划的编制和审批程序作了明确的规定。此外，编制城镇体系规划、城市规划和镇规划，都必须明确强调强制性内容。城乡规划主管部门提供规划设计条件，审查建设项目，不得违背规划的强制性内容。针对近年来不少地方违反法定程序随意修改法定规划的现象，导致资源不合理利用、环境破坏，对公众合法权益构成侵害，《城乡规划法》明确规定了严格的规划修改制度，防止随意修改法定规划，对于切实加强城乡规划的科学性和严肃性，全过程把关，以促进城乡建设的可持续发展有重要意义。

9.2 城乡规划实施

9.2.1 城乡规划实施的概念

1. 城乡规划实施的概念

城乡规划实施就是将预先协调好的行动纲领和确定的计划付诸行动，并最终得到实现。城乡规划实施是一个综合性的概念，从理想的角度讲，城乡规划实施包括了城乡发展和建设过程中的所有建设性行为，或者说，城乡发展和建设中的所有建设性行为都应该成为城乡规划实施的行为。

2. 城乡规划实施主体

城乡建设和发展是城乡全社会的事业，既需要政府进行公共投资，也需要依靠社会的商业性投资，公共部门和企业、私人部门在城乡规划实施中都担当着重要的作用。

（1）政府。城乡规划实施作为政府的一项基本职能，政府根据法律授权负责城乡规划实施的组织和管理，其主要的手段包括以下几个方面：

1）立法手段。城乡规划的法制建设主要是通过立法手段，确立城乡规划的法律地位，并通过辅助的立法手段，建立城乡建设和管理的法规体系，使得任何建设都能够围绕城乡实施规划的实施而展开。同时，还要通过司法的手段，维护城乡规划的法律地位和城乡总体规划在决策过程中的权威地位，确保城乡规划对各项城乡建设活动的控制，保证城乡规划的全面实现。

2）规划手段。政府运用规划编制和实施的行政权力，通过各类规划的编制来推进城乡规划的实施。政府根据城乡总体规划，进一步组织编制城乡分区规划和控制性详细规划，使城乡总体规划所确立的目标、原则和基本布局得到进一步的深化和具体化，从而引导和推动具体的建设活动的开展，保证总体规划的内容在具体建设活动中得到贯彻。

3）政策手段。政府根据城乡规划的目标和内容，从规划实施的角度制定相关政策来引导城乡的发展，实现政府的规划管理意图。这些政策主要包括土地供应政策、产业布局政策、旧区改造政策、小城镇建设政策、历史文化遗产保护政策等。

4）财政手段。政府运用公共财政的手段，调节、影响甚至改变城乡建设的需求和进程，保证城乡规划目标的实现。这种手段大致可以分为两种类型：第一种类型是政府运用公共财政直接参与到建设性活动中。第二种类型是政府通过对特定地区或类型的建设活动进行财政奖励，从而使城乡规划所确定的目标和内容为私人开发所接受和推进。

5）管理手段。政府根据法律授权通过对开发项目的规划管理。从管理行为来看，这是根据城乡建设项目的申请来施行管理，其中包括对建设项目的选址、建设用地的规划管理和建设过程的规划管理等来实现的，同时通过对建设活动、建设项目的结果及其使用等的监督检查等，保证城乡中的各项建设不偏离城乡规划所确立的目标。

（2）非公共部门。城乡规划实施的组织与管理，主要是由政府来承担，但大量的建设性活动是由城乡中的各类组织、机构、团体甚至个人来开展的。不可否认，私人部门的建设性活动是出于自身的利益而进行的，在此过程中往往以达到利益的最大化为目的，但只要遵守城乡规划的有关规定，符合城乡规划的要求，客观上就是在实施城乡规划。当然，私人部门也可以进行一些公益性的和公共设施项目的投资与开发，尽管其本身仍然是为了达到一定的私人或团体利益目标，但同样可以起到影响和引导其他开发建设的作用。

除了以实质性的投资、开发活动来实施城乡规划外，各类组织、机构、团体或者个人通过对各项建设活动的监督，也有助于及时纠正城乡建设活动中所出现的偏差，保证规划目标的实现。

9.2.2 城乡规划实施的目的与作用

1. 城乡规划实施的目的

城乡规划实施的目的在于使经法定程序批准的城乡规划得到全面的实施，从而实现城乡规划对城乡建设和发展的引导和控制作用，保证城乡社会、经济及建设活动能够高效、有序、持续地进行。

2. 城乡规划实施的作用

城乡规划实施的首要作用就是使经过多方协调并经法定程序批准的城乡规划在城乡建设和发展过程中发挥作用，保证城乡中的各项建设和发展活动之间协同行动，提高城乡建设和发展中的决策质量，推进城乡发展目标的有效实现。

城乡始终是处于不断发展演变的过程中，城乡功能和其物质设施之间总是处于动态调整的过程中。城乡的功能和社会需求会不断地发展和演变，城乡的物质性设施和空间结构需要不断地更新、完善和优化。城市规划的实施就是为了使城乡的功能与物质性设施及空间组织之间不断地协调，这种协调主要体现在以下几个方面：

（1）根据城乡发展的需要，在空间和时序上有序安排城乡各项物质性设施的建设，使城乡的功能、各项物质性设施的建设在满足各自要求的基础上相互之间能够协调、相辅相成，促进城乡的协调发展。

（2）根据城乡的公共利益，适时建设满足各类城乡活动所需的公共设施，推进城乡各项功能的不断优化。

（3）适应城乡社会的变迁，在满足不同人群和不同利益集团的利益需求的基础上取得相互之间的平衡，同时又不损害到城乡的公共利益。

（4）处理好城乡物质性设施建设与保障城乡安全、保护城乡的自然和人文环境等的关系，全面改善城乡和乡村的生产和生活条件，推进城乡的可持续发展。

9.2.3 城乡规划的实施原则

《城乡规划法》对城乡的建设和发展过程中实施城乡规划时应遵循的原则作了明确的规定。

（1）地方各级人民政府组织实施城乡规划时应遵循的原则。即应当根据当地经济社会发展水平，量力而行，尊重群众意愿，有计划、分步骤地组织实施城乡规划。

（2）在城市建设和发展过程中实施规划时应遵循的原则。即应当优先安排基础设施以及公共服务设施的建设，妥善处理新区开发与旧区改建的关系，统筹兼顾进城务工人员生活和周边农村经济社会发展、村民生产与生活的需要。

城市新区的开发和建设，应当合理确定建设规模和时序，充分利用现有市政基础设施和公共服务设施，严格保护自然资源和生态环境，体现地方特色。

旧城区的改建，应当保护历史文化遗产和传统风俗，合理确定拆迁和建设规模，有计划地对危房集中、基础设施落后等地段进行改建。

城市地下空间的开发利用，应当与经济和技术发展水平相适应，遵循统筹安排、综合开发、合理利用的原则，充分考虑防灾减灾、人民防空和通讯等需要，并符合城市规划，履行规划审批手续。

（3）在镇的建设和发展过程中实施规划时应遵循的原则。即应当结合农村经济社会发展和产业结构调整，优先安排供水、排水，供电、供气、道路、通信、广播电视等基础设施和学校、卫生院、文化站、幼儿园、福利院等公共服务设施的建设，为周边农村提供服务。

（4）在乡、村庄的建设和发展过程中实施规划应遵循的原则。即应当因地制宜、节约用地，发挥村民自治组织的作用，引导村民合理进行建设，改善农村生产、生活条件。

（5）城乡规划确定的公共服务设施的用地以及需要依法律保护的用地在规划实施过程中禁止擅自改变用途的原则。

9.2.4 城乡规划实施的基本内容

1. 公共性设施开发

公共性设施是指社会公众所共享的设施，主要包括公共绿地、公立的学校和医院等，也包括城乡道路和各项市政基础设施。这些设施的开发建设通常是由政府或公共投资进行的。公共性设施开发建设是典型的政府行为；就城乡规划而看，一方面，公共性设施的开发建设是政府有目的地、积极地实施城乡规划的重要内容和手段，另一方面，公共性设施的开发建设对私人的商业性开发具有引导作用，通过特定内容的公共设施的开发建设，也规定了商业性开发的内容和数量，从而保证商业性开发计划与城乡规划所确定的内容相一致，从整体上保证城乡规划的实施。

公共设施的开发，通常可以分为以下几个阶段：

（1）项目设想阶段。政府部门应当根据城乡规划中所确定的各项公共设施分步骤地纳入到各自的建设计划之中，并予以实施。

（2）可行性研究阶段。在确定了所要建设的项目内容的基础上，对项目本身的实施需要进行可行性研究。可行性研究是项目决策的关键性步骤。在项目可行性研究阶段，城乡规划必须为这些项目的开发建设进行选址，确定项目建设用地的位置和范围，提出在特定地点进行建设的规划设计条件。城乡规划的选址和所提出的建设要求，是可行性研究必备的前提条件，也是可行性研究得出结论的重要依据。

（3）项目决策阶段。在可行性研究成果的基础上，政府部门需要对是否投资建设、何时投资建设等作出决策。在项目决策阶段，城乡规划不仅是项目本身决策的一项重要依据，而且，对于不同公共设施项目之间的抉择以及它们之间的配合等也提供了基础。公共设施项目的决策需要以城乡规划作为依据进行统筹的考虑。另一方面，城乡规划的各项设施安排也需要充分考虑政府的财政能力和安排，只有这样才能保证规划得到更为有效的实施。

（4）项目实施阶段。项目实施就是根据预算所确定的投资额和相应的财政安排，从对项目的初步构想开始一步一步地付诸实施，直至最后建成。在一般情况下，项目实施至少可以分为两个阶段，即项目设计阶段和项目施工阶段。

《城乡规划法》规定了公共设施的开发必须办理"建设用地规划许可证"和"建设工程规划许可证"。只有获得"建设用地规划许可证"后方可向土地管理部门办理土地权属手续，只有获得"建设工程规划许可证"后方可办理建设项目施工的开工手续。

在项目施工阶段，城乡规划管理部门有权对实施中的项目进行监督管理，此外，项目建设单位在未经规划主管部门核实建设项目是否符合规划条件或者经核实不符合规划条件的情况下，不得组织竣工验收。

（5）项目投入使用阶段。在项目投入使用后，必须按照项目本身的使用功能使用，不能随意改变用途。

2. 商业性开发

商业性开发是指以营利为目的的开发建设活动。除了政府投资的公共设施设施开发之外的所有开发都可以称为商业性开发。商业性开发是以对私人利益的追求为出发点和核心，而对私人利益的过度追求就有可能侵害到他人利益和公共利益，这就需要政府的干预。城乡规划的重要作用就是要通过开发控制等手段，将对个体的、私人的利益追求引导到对城乡发展和公共利益的贡献上来，既保证私人利益的实现，同时又不造成对公共利益的侵害。

商业性开发的过程，通常可以分为以下几个阶段：

（1）项目构想与策划阶段。在项目构想与策划阶段，商业性开发是由私人部门进行的，为了保证商业性开发能够更有效率的开展，就需要对项目所在地城乡的城乡规划有充分的认识，并在城乡规划所引导的方向上来构想和策划相关的项目。

（2）建设用地的获得。在建设用地获得的阶段，土地使用的规划条件是土地（使用权）交易的前提条件和重要基础，对于土地出让中确定的规划条件，开发商必须严格遵守，不能有任何的突破，以避免对公共利益造成损害；同时政府部门也不能随意改变规划条件。

（3）项目投融资阶段。由开发商进行的商业性开发，大部分都是通过各种途径的投融资来获得开发建设的资金的。

（4）项目实施阶段。项目实施阶段可以划分为项目设计与项目施工两个阶段。

一般情况下，项目设计与投融资活动是同时开展的。项目设计阶段会涉及多方面因素的协调，如土地的规划条件、开发商的意图、投资者的要求以及工程技术方面的内容等等。

在项目实施阶段，城乡规划部门通过对项目设计的成果进行控制，保证规划的意图在项目的设计阶段能够得到体现，避免项目的实施造成对社会公共利益以及周边地区他人利益的损害。此外，在项目施工阶段，城乡规划管理部门有权对实施中的项目进行监督管理，对于未取得建设工程规划许可证或者未按照建设工程规划许可证的规定进行建设的应承担相应的法律责任。在项目施工竣工后，规划部门需对建设项目是否符合规划条件进行核实，在未经规划主管部门核实建设项目是否符合规划条件或者经核实不符合规划条件的情况下，项目建设单位不得组织竣工验收。

（5）销售与经营。在项目建成后的销售和经营阶段，销售的合同应当执行和延续规划条件，即应杜绝不符合规划条件的使用。

9.3　城乡规划实施管理

9.3.1　城乡规划实施管理的概念

城乡规划实施管理是城乡规划行政主管部门依据经法定程序批准的城乡规划和相关法律规范，通过行政的、法治的、经济的和社会的管理手段，对城乡土地和空间资源的使用以及各项建设活动进行控制、引导、管理和监督，使之纳入城乡规划的轨道，促进经济、社会和环境在城乡空间上协调、有序、可持续的发展。

9.3.2 城乡规划实施管理的基本制度

《城乡规划法》规定，我国城镇规划实施管理实行“一书两证”（建设项目选址意见书、建设用地规划许可证、建设工程规划许可证）的规划管理制度。我国乡村规划管理实行乡村建设规划许可证制度。法律规定的建设项目选址意见书、建设用地规划许可证、建设工程规划许可证、乡村建设规划许可证构成了我国城乡规划实施管理的主要法定手段和形式。

城乡规划实施管理制度的建立对引导、协调和控制各类实施城乡规划的活动，保障城乡规划得到有效实施，以及维护公共利益和社会秩序，保护公民、法人和其他组织的合法权益等，都具有重要意义。

9.3.3 城市规划实施管理的主要内容

1. 流程

如图 9-1 所示，城镇规划实施管理一般可以划分为五个阶段：建设项目选址审批阶段、建设用地规划许可阶段、建设项目规划与设计方案审查阶段、建设工程规划许可阶段、建设工程竣工规划验收阶段。其中规划与方案审查阶段又分为修建性详细规划审查阶段与建设工程设计方案审查阶段。

2. 建设项目选址规划管理

建设项目选址，顾名思义，它是选择和确定建设项目建设地址。《城乡规划法》第三十六条规定“按照国家规定需要有关部门批准或者核准的建设项目，以划拨方式提供国有土地使用权的，建设单位在报送有关部门批准或者核准前，应当向城乡规划主管部门申请核发选址意见书。前款规定以外的建设项目不需要申请选址意见书。”建设项目选址意见书反映了规划管理部门对建设项目选址的意见并对建设工程提出规划要求，是建设项目可行性的必要条件之一。

建设项目选址规划管理主要审核以下内容：

(1) 建设项目的基本情况。

(2) 建设项目与城市规划布局的协调。

(3) 建设项目与城市交通、通信、能源、市政、防灾规划和用地现状条件的衔接与协调。

(4) 建设项目配套的生活设施与城市居住区及公共服务设施规划的衔接与协调。

(5) 建设项目对于城市环境可能造成的污染或破坏，以及与城市环境保护规划和风景名胜、文物古迹保护规划、城市历史风貌区保护规划等相协调。

(6) 交通和市政设施选址的特殊要求。

3. 建设用地规划许可与规划条件拟定

建设用规划管理，是指城乡规划主管部门根据城乡规划及其有关法律法规对于在城市、镇规划区内建设项目用地提供规划条件，确定建设用地定点位置、面积、范围、审核建设工程总平面，核发建设用地规划许可证等进行各项行政管理并依法实施行政许可工作的总称。

建设用地规划管理应当遵循《城乡规划法》规定，划分为以划拨方式提供国有土地使用权的建设项目与以出让方式提供国有土地使用权的建设项目分别对待的审核内容。

划拨用地规划管理工作主要包括审核建设用地申请条件、提供规划条件、审核建设工程总平面。根据《城乡规划法》第三十七条的规定：“建设单位在取得建设用地规划许可证

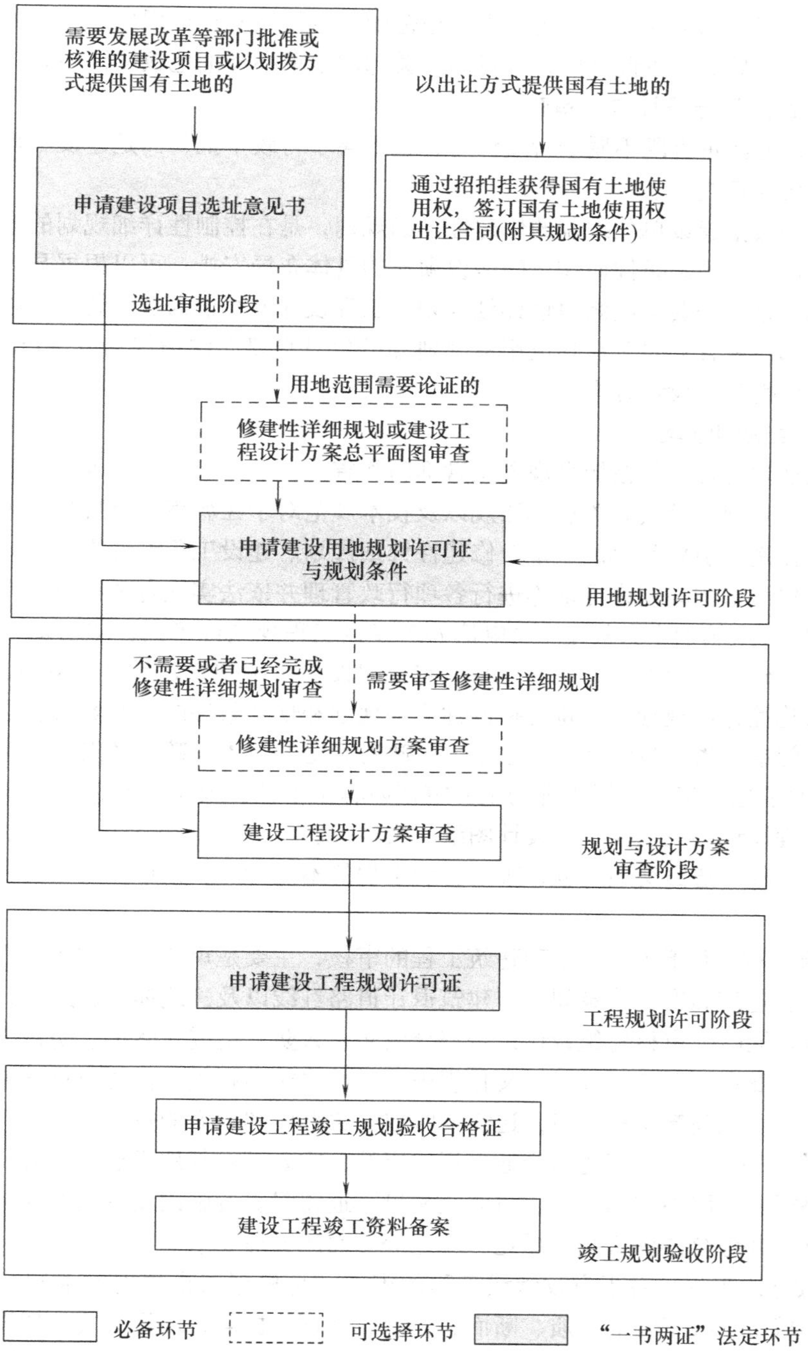

图9-1 规划实施管理总流程图

后，方可向县级以上地方人民政府土地主管部门申请用地，经县级以上人民政府审批后，由土地主管部门划拨土地。”

出让地块用地规划管理主要包括提供规划条件、审核建设用地申请条件、审核建设工程总平面。根据经核验确认的国有土地使用权出让合同中所附的规划条件，审核建设用地的位置、面积及建设工程总平面图，确定建设用地范围，以便核发建设用地规划许可证。建设单位在取得建设用地规划许可证之后，方可向有关部门申请办理土地权属证明。

4. 建设项目规划与设计方案审查

规划与设计方案审查既不属于行政许可，也不属于行政审批，而是建设工程规划许可之前必须进行的技术审查。

规划方案一般指建设单位编制的修建性详细规划，是在控制性详细规划的指导下，依据规划主管部门拟定的规划条件而作出的建设项目的具体布局安排。可以根据具体建设项目的规模和性质确定是否需要编制修建性详细规划。工程设计方案根据实际情况可以一次或分期报送规划主管部门审查；对于在建设用地规划许可阶段修建性详细规划方案已审查通过的，本阶段可直接审查工程设计方案。

5. 建设工程规划管理

建设工程规划管理，是指城乡规划主管部门和省、自治区、直辖市人民政府确定的镇人民政府，根据城乡规划及其有关法律法规以及技术规范对于在城市、镇规划区内各项建设工程进行组织、控制、引导和协调，审查修建性详细规划、建设工程设计方案等，使其符合城乡规划，核发建设工程规划许可证等进行各项行政管理并依法实施行政许可工作的统称。

《城乡规划法》第四十条规定："申请办理建设工程规划许可证，应当提交使用土地的有关证明文件、建设工程设计方案等材料。需要建设单位编制修建性详细规划的建设项目，还应当提交修建性详细规划，对符合控制性详细规划和规划条件的，由城市、县人民政府城乡规划主管部门或者省、自治区、直辖市人民政府确定的镇人民政府核发建设工程规划许可证。"这就指明了建设工程规划管理的主要审核内容是审核建设工程申请条件、修建性详细规划、建设工程设计方案以及工程设计图纸、文件等。

针对建筑工程、道路交通工程、市政管线工程的不同特点，其审核的主要内容是不相同的：

（1）建筑工程。对于每一个单项建筑工程的审核，主要是审核建筑物的使用性质、容积率、建筑密度、建筑高度、建筑间距、建筑退让道路红线以及建筑体量、造型、风格、色彩和立面效果等。同时，审核建筑设计是否符合消防、人防、抗震、防洪、防雷电等要求：对于办公、学校、商业、医疗、教育、文化娱乐等公共建筑的相关部位还应审核无障碍设施的设置等：如果是重大建筑工程项目，还需要听取有关部门和专家的意见。

（2）道路交通工程。对于道路交通工程的审核，主要是对其地面道路走向、坐标、道路横断面、道路标高、路面结构类型、道路交叉口、道路附属设施以及桥梁梁底标高等进行审核和规划控制，并综合协调管线、绿化、航运等方面的管理要求。

（3）市政管线工程。对于市政管线工程的审查，是根据城市规划要求和管线工程的技术要求对各类城市管线工程的性质、断面、走向、坐标、标高、埋设方式、架设高度、埋设深度、管线之间的水平距离、垂直距离以及交叉点的处理等进行审查和规划控制。综合协调管线与地面建筑物、构筑物、道路、行道树、绿化、城镇景观、地下各类建筑工程以及各类管线之间的矛盾。

6. 建设工程竣工规划验收

竣工规划验收是城乡规划实施监督检查中最重要的、不可忽视的环节。竣工规划验收是在建设项目竣工后城乡规划主管部门进行的建设工程是否符合规划许可的检验，主要是对建设工程是否按建设工程规划许可证及其附件、附图确定的内容进行建设现场审核，对于符合规划许可内容要求的，发给建设工程规划核实证明。对于经规划核实，该建设工程违反规划许可内容要求的，要及时依法提出处理意见。如果经规划核实不合格的或者是未经规划核实的建设工程，建设单位不得组织竣工验收。

9.3.4　乡和村庄建设规划管理

乡和村庄建设规划管理，是指乡镇人民政府负责在乡、村庄规划区内进行乡镇企业、乡村公共设施和公益事业建设的申请、报送市、县人民政府城乡规划主管部门，根据城乡规划及其有关法律法规以及技术规范进行规划审查，核发乡村建设规划许可证，实施行政许可证制度，加强乡和村庄建设规划管理工作的统称。乡和村庄建设规划管理工作的审核内容主要包括：审核乡村建设的申请条件，审核建设项目是否占用农用地，审核建设项目是否符合乡和村庄规划，核定建设项目是否符合有关方面的要求，审定建设工程总平面设计方案，审核农业地转用审批文件。建设单位或者个人向城市、县人民政府城乡规划主管部门提交农用地转用审批文件后，经审核无误，才能核发乡村建设规划许可证。

9.3.5　城乡规划实施管理的工作程序

城市规划实施管理的程序，是指城乡规划主管部门核发规划许可证的步骤、顺序、方式和时限，是城乡规划行政主管部门必须遵循的准则。实施管理行为直接影响到建设单位或个人权益的得失，城乡规划行政主管部门对对方的申请批准或不批准，关系到建设单位或个人能否取得建设的权利或资格，能否从事建设活动；而且还涉及第三方的合法权益是否受到侵害，因此，规划实施管理程序应该规范化，其基本程序包括申请、审核、核发三个步骤。

1. 申请程序

建设单位或个人的申请是城乡规划行政主管部门核发规划许可的前提。申请人要获得规划许可必须先向城市规划行政主管部门提出书面申请。

2. 审核程序

城乡规划行政主管部门收到建设单位或个人的规划许可申请后，应在法定期限内对申请人的申请及所附材料、图纸进行审查。对规划许可的审查包括程序性审查和实质性审查两个方面。

程序性审核即审查申请人是否符合法定资格，申请事项是否符合合法等程序和法定形式，申请材料、图纸是否完备等。

实质性审核是针对申请事项的内容，依据法律规范和按法定程序批准的城市规划，提出审核意见。

3. 颁发程序

根据规划分类、分步申请的情况，城乡规划行政主管部门经过审核后，应分别颁发建设项目选址意见书、建设用地规划许可证、建设工程规划许可和乡村建设规划许可，并根据管理需要分别核定设计范围和规划设计要求、审批建设工程设计方案。

9.4　城乡规划监督检查

9.4.1　城乡规划的监督检查

城乡规划的监督检查贯穿于城乡规划的制定和实施的全过程，是城乡规划管理中的一项重要组成部分，也是保障城乡规划工作科学性与严肃性的重要手段。城乡规划监督检查包括：城乡规划的行政法制监督和城乡规划行政执法监督检查。

1. 城乡规划的行政法制监督

城乡规划的行政法制监督，是指享有监督权限的主体对城乡规划行政机关的行政行为和行政机关工作人员的职务行为是否符合依法行政的要求进行监督、检查的制度。

（1）人大对城乡规划工作的监督。《城乡规划法》规定，地方各级人民政府应当向本级人民代表大会常务委员会或者乡、镇人民代表大会报告城乡规划的实施情况，并接受监督。

（2）行政监督检查。行政监督检查是指各级人民政府及城乡规划主管部门对城乡规划管理的全过程实行的监督管理。根据《城乡规划法》规定，县级以上人民政府及其城乡规划行政主管部门对下级政府及其城乡规划行政主管部门执行城乡规划编制、审批、实施、修改的情况进行监督检查。

（3）城乡规划的社会监督。社会监督是指城乡中的所有机构、单位和个人对城乡规划实施的组织和管理等行为的监督，其中包括对城乡规划实施管理各个阶段的工作内容和规划实施过程中各个环节的执法行为和相关程序的监督。

一般情况下，除法律规定不得公开的情形外，有关城乡规划编制、审批、实施、修改的监督检查情况和处理结果，都应当依法公开，供公众查阅和监督。根据《城乡规划法》的规定，任何单位和个人都有权就涉及其利害关系的建设活动是否符合规划的要求向城乡规划主管部门查询。

2. 城乡规划行政执法监督

城乡规划行政监督检查，是指城乡规划行政主管部门依法对建设单位或者个人是否遵守城乡规划行政法律、法规或规划行政许可的实施所作的强制性检查的具体行政行为。

规划行政执法监督检查主要包括对本行政区内城乡规划编制、审批、实施、修改的情况进行监督检查；对建设单位或者个人的建设活动是否符合城乡规划进行监督检查；对违反城乡规划的行为进行查处。

9.4.2 法律责任

法律责任是指违反法律的规定而必须承担的法律后果。它是法律运行实施的保障，是法制不可或缺的要素。没有法律责任作为最后保障，任何法律都将流于形式，成为一纸空文。《城乡规划法》对有关人民政府、城乡规划行政主管部门、相关行政部门、城乡规划编制单位、行政相对方等违法行为做了明确规定，其法律责任包括民事法律责任、行政法律责任和刑事法律责任。

9.5 城乡规划法规体系

法规体系是在国家宪法的统率下，由既有分工，又有内在联系、相互协调的各种法规组成的各种法规组成的统一体系。城乡规划法规体系是用以调整城乡规划编制和规划实施管理方面所产生的社会关系的法律规范的总和。

按照我国的立法制度，我国城乡规划法规体系是以全国人大颁布的《中华人民共和国城乡规划法》为基本法，包括城乡规划的法律、行政法规、地方性法规、部门规章和地方政府规章所构成的体系。与这一体系相联系的还有相关法规及城乡规划技术标准。

9.5.1　法律

1. 城乡规划的核心主干法

2008年1月1日实施的《中华人民共和国城乡规划法》，对于我国城乡规划的制定、实施、修改、监督检查、法律责任等作了系统的规定，是城乡规划法规体系的主干法和基本法，对各级各类城乡规划与规章的制定具有不容违背的规范性和约束力。

2. 城乡规划相关法律

城乡规划相关法律规范是指与城乡规划制定和实施管理关系较为密切的国家有关法律和行政法规，主要有《土地管理法》、《环境保护法》、《城市房地产管理法》、《文物保护法》、《建筑法》、《水法》、《防洪法》、《消防法》、《防震减灾法》、《公路法》、《军事设施保护法》等法律。

9.5.2　法规

在我国立法体系中，法规是指由国务院批准的行政法规，省、自治区、直辖市和具有立法权的城市的人大或其常委会批准的地方法规。

城乡规划的行政法规是指由国务院制定的实施国家《城乡规划法》或配套的具有针对性和专题性的规章。国务院1993年6月发布的《村庄和集镇规划建设管理条例》、2006年9月发布的《风景名胜区条例》和2008年4月发布的《历史文化名城名镇名村保护条例》等就是我国城乡规划法规体系中的行政法规。

城乡规划相关法规主要包括《城镇国有土地使用权出让转让暂行条例》、《风景名胜区管理暂行条例》、《村庄和集镇规划建设管理条例》、《城乡绿化条例》、《城乡房地产开发经营管理条例》、《城乡房屋拆迁管理条例》、《基本农田保护条例》、《城乡供水条例》等行政法规。

城乡规划的地方法规是指由省、自治区、直辖市以及国家规定的具有地方立法权的城市的人大或其常委会所制定的城乡规划条例、国家《城乡规划法》实施条例或办法。城乡规划地方法规是其适用地域范围内的城乡规划行政规章以及城乡规划活动开展的基础。

城乡规划行政法规和地方法规都是《城乡规划法》的具体化和深化，是结合具体的主题内容或地方特征对《城乡规划法》的贯彻和进一步执行的具体规定。与法律的状况一样，其他相关的法规同样会影响到城乡规划工作的开展。

9.5.3　规章

规章主要指国务院组成部门及直属机构，省、自治区、直辖市人民政府及省、自治区政府所在地的市和经国务院批准的较大的市和人民政府，在他们的职权范围内，为执行法律、法规，需要制定的事项或属于本行政区域的具体行政管理事项而制定的规范性文件。

住房与城乡建设部是国家城乡规划行政主管部门，根据《城乡规划法》制定了一系列的城乡规划部门规章，例如《城乡规划编制办法》（2005年12月31日建设部令第146号发布）、《城乡国有土地使用权出让转让管理办法》（1992年12月4日建设部令第22号）等。

此外，还有一些与城乡规划关系密切的部门规章是由建设部和国务院有关部门共同制定发布的。例如：1991年8月，由建设部和国家计委共同发布了《建设项目选址规划管理办法》等。

省、直辖市、自治区和较大的市的人民政府，可以根据法律、行政法规和地方性法规，制定城乡规划方面的地方性政府规章。例如：《湖北省城乡建设管理条例》、《上海市城乡规划管理技术规定》、《天津市城乡建筑规划管理细则》、《天津市违章建设处理细则》、《深圳市城乡建设管理暂行办法》等。

9.5.4 规范性文件

各级政府及规划行政主管部门制定的其他具有约束力的文件统称为规范性文件。这些规范性文件是政府部门针对城乡规划开展过程中为有利于工作有序开展而制定一系列规章制度，是具体工作开展的细则。

9.5.5 标准规范

我国实行技术标准与规范的管理。技术标准、技术规范的制定属于技术立法的范畴。技术标准包括国家标准（规范）、地方标准（规范）和行业标准（规范）。城乡规划技术标准（规范）是为适应城乡规划编制的需要，对城乡规划编制中相关的技术性内容作出规定，用以规范相关的技术行为，保证其科学、合理的技术规范性文件。20 世纪 90 年代以来，我国先后制定了一批国家标准（规范），例如，《城乡用地分类与规划建设用地标准》（1990 年 7 月）、《城乡用地分类代码》（1991 年 9 月）、《城乡居住区规划设计规范》（1993 年 7 月制定，2002 年 3 月修订）等。

9.6 城乡规划实施管理案例

9.6.1 某市外国语高级中学选址

某市一所完全中学是百年名校，为该市教育事业作出了突出贡献，但由于其位于该市古城内，校园用地面积极度紧张且没有扩展空间，优良教育资源难以得到充分发挥，古城保护的压力也日益增大。为既有利于保护古城，疏解城市功能，又有利于教育事业发展，市委、市政府决定，将该中学高中部迁出古城，择址新建寄宿制外国语高级中学，新建学校按 4 500人的规模规划，用地 80 亩。为此，该学校持该项目建议书批复等申请材料向市规划主管部门提出正式选址申请并提交了 4 个规划用地选址意向方案。

（1）城市西南部万山东侧某企业拟搬迁用地。

（2）规划城市综合服务中心地区，紫贞公园西侧的用地。

（3）城市北部新区，城市快速路南侧用地。

（4）汉江江心洲内一处用地。

鉴于该项目为市重点工程，依据地方相关规定，城市规划专家咨询委员会对 4 个选址方案进行专题咨询论证，意见如下：

（1）万山东侧的某破产工业企业用地方案

优势：主要是基地西依万山，北临汉江，环境优美宁静。

劣势：主要是基地内现状建筑工业和住宅建筑密集，拆迁量大，建设成本极高，城市规划确定为居住用地，新建外国语高级中学经济上可操作性差。

（2）紫贞公园西侧用地方案

优势：①临近城市干道与城市公园，交通便利，环境优美；②周边已形成部分居住小区，各种配套服务设施较为完善；③地势平坦，拆迁量小。

劣势：该方案用地位于规划的城市综合性公共服务中心，未来土地增值潜力巨大，在此建设占地较大的寄宿制外国语高级中学既不符合规划要求，又不利于集约土地和充分发挥土地价值。

（3）北部新区邓城大道以南用地方案

优势：①北邻城市主干路，交通等基础设施配套较为完善；②自然环境优美，地势平坦，拆迁量小；③符合批准的城市控制性详细规划，外国语高级中学建设还有利于带动城市北部新区发展。

劣势：①基地位于城市北部新区待开发用地，目前周边配套居住和公共服务设施较为欠缺，但对寄宿制中学影响不大；②该基地位于地下文物埋藏区，应征求文物部门意见。

（4）江心洲用地方案

城市总体规划将江心洲定性为城市绿心、生态绿岛，且是汉江行洪区。外国语高级中学在此选址建设不符合城市规划要求，与洲岛的功能定位不符，且影响城市防洪。

专家咨询委员会结论：原则支持该中学高中部迁出古城择址新建，在征得文物部门同意后，推荐方案（3），即北部新区用地方案。市规划主管部门在选址前征求了文物部门的意见，文物部门同意在此选址，但建设前必须先进行文物勘探。

经市规划主管部门审查，该项目根据相关规定需要发展改革等部门批准，以划拨方式提供国有土地的使用权，需核发选址意见书，建设主体符合法定资格，申请事项符合法定程序，申请材料齐备，建设项目符合批准的城市控制性详细规划和各项城市规划要求，建设规模符合国家规范和相关技术规定。综合专家咨询论证意见和相关部门意见，市规划主管部门决定同意该项目选址北部新区邓城大道以南，用地规模51 424m^2，建筑规模控制在27 000m^2以下，建设前应先进行地下文物勘探，并向该建设单位颁发《建设项目选址意见书》及附件、附图。

9.6.2　某市外国语高级中学建设用地规划许可与规划条件拟定

某市外国语高级中学用地属于划拨土地，在取得建设项目选址意见书后，建设单位持发展改革部门的批准文件等申请材料，向市规划主管部门申请办理建设用地规划许可证。经市规划主管部门审查，建设主体符合法定资格，申请事项符合法定程序，申请材料齐备，建设项目符合各项城市规划要求，决定按程序向建设单位颁发《建设用地规划许可证》及附件、附图，并拟定规划条件如下：

（1）用地情况。

用地性质：中学用地；边界范围：详见用地红线图（图9-2）。

用地规模：51 424m^2，（含代征城市道路面积4 425m^2，公共绿地面积3 114m^2）。

（2）开发强度（规划控制指标）。

容积率<0.55，建筑密度<20%，绿地率>40%，建筑高度<40m；

总建筑面积<27 000m^2，人口容量：4 500人（师生总数）。

（3）建筑退让与间距。

汉江北路绿线控制20m。

建筑退让西侧110kV高压走廊30m。

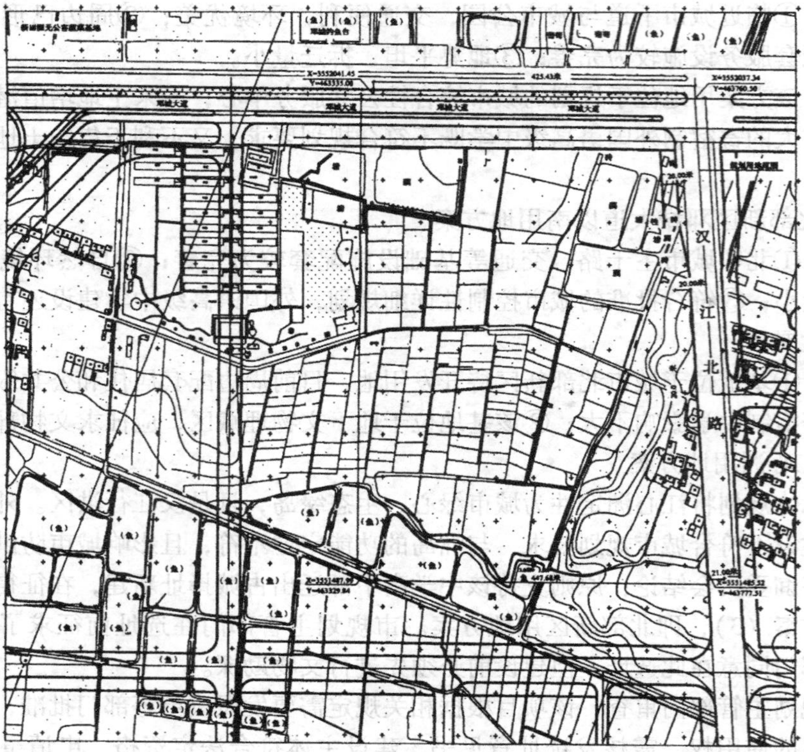

图 9-2 某外国语中学用地红线图

建筑间距符合《中小学建筑设计规范》的要求，条形建筑间距比 >1∶1.2。

(4) 交通组织。

道路开口：距离道路交叉口 >50m。

机动车停车位按 0.5 ~0.8 个/100 名学生设置。

(5) 配套设施：配建垃圾收集点、公厕。

(6) 城市设计。

建筑色彩：浅色调，与周边建筑相协调。

现代建筑风格，规划及建筑设计应体现学校特色。

(7) 公共安全：按消防要求设置消防通道和消火栓，符合抗震、人防相关要求。

(8) 其他要求。

规划与设计方案须报城市规划专家咨询委员会。

9.6.3 某市外国语高级中学校园规划方案审查

某市外国语高级中学取得了建设项目选址意见书、建设项目用地规划许可证后，根据规划条件的内容进行建筑方案设计，如图 9-3 所示，并向市规划主管部门申请建设工程设计方案审查。

市规划主管部门受理后，核实了该建设单位申请材料齐备，规划与工程设计单位具备相应的建筑设计甲级资质，方案的图纸和说明齐备，符合《建筑工程设计文件编制深度规定》（建质【2003】84 号）的要求，在此基础上依据规划条件，对方案进行了详细的审查。

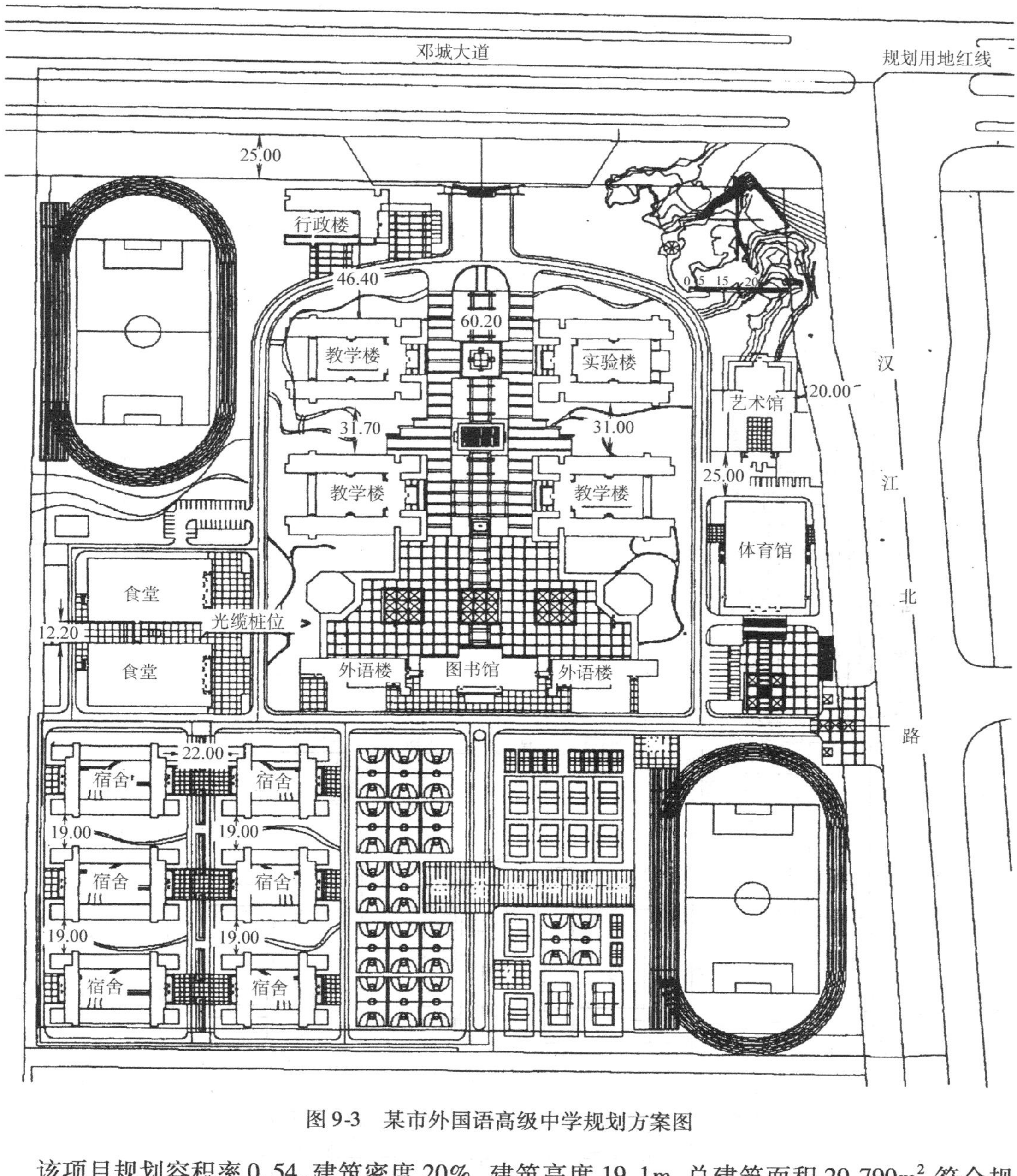

图9-3　某市外国语高级中学规划方案图

该项目规划容积率0.54，建筑密度20%，建筑高度19.1m，总建筑面积20 790m^{2}符合规划条件，但是机动车停车位不足，需要增加；绿地率28%未达到规划条件30%。为此，需进一步修改规划方案，市规划主管部门向建设单位发放了《规划与设计方案修改通知书》。

9.6.4　某市外国语高级中学建设工程规划许可

某市外国语高级中学根据市规划主管部门发放的《规划与设计方案整改通知书》的意见进一步修改完善取得《规划与设计方案批复》后，建设单位继续深化设计方案，完成了建设工程施工图设计并取得相关主管部门审查同意等手续后，根据工程建设计计划，向市规划主管部门申请一期工程教学楼的建设工程规划许可证。

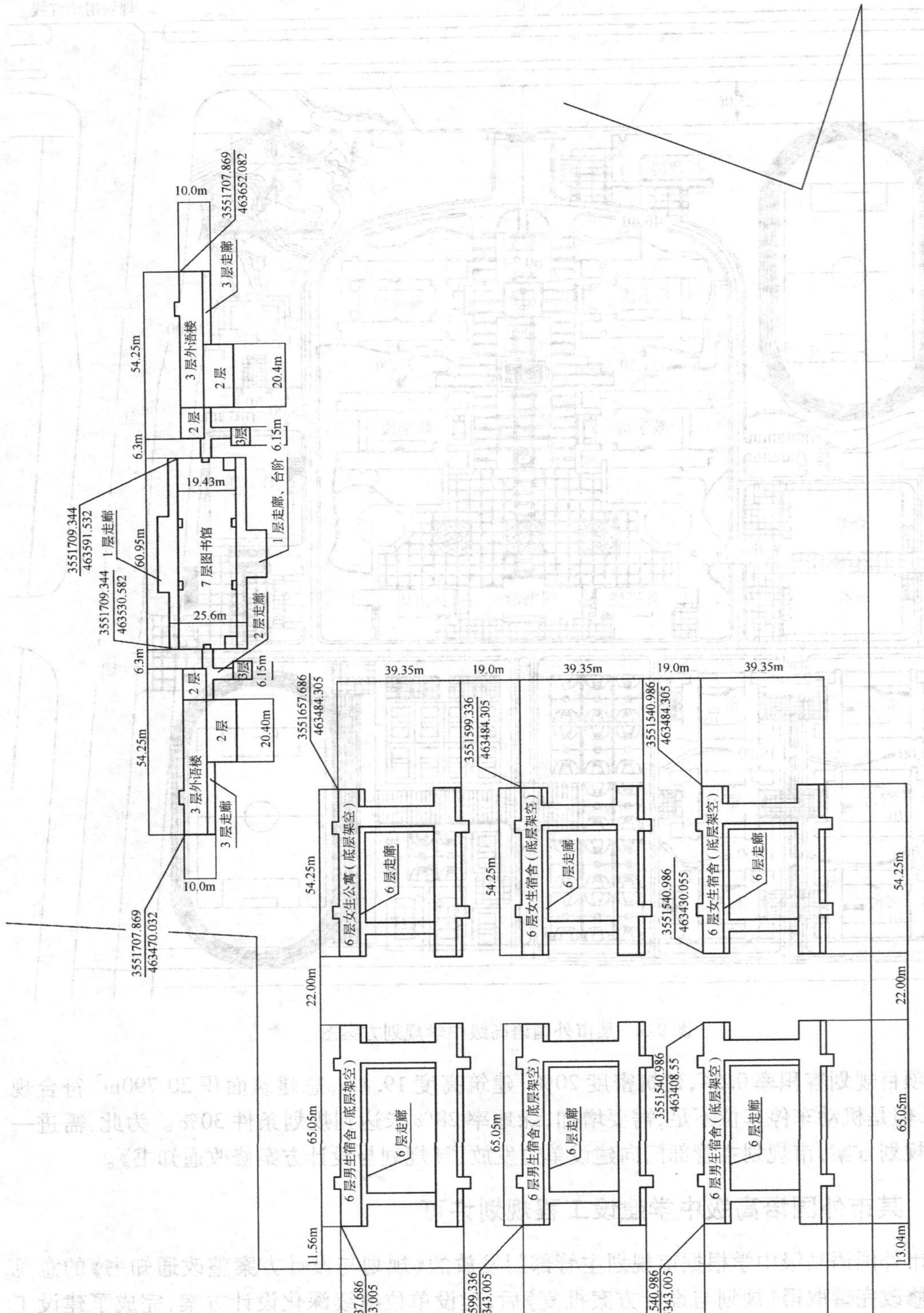

图 9-4　某市外国语高级中学校园一期工程建筑工程红线图

经市规划主管部门审查，该项目建设主体符合法定资格，申请事项符合法定程序，申请材料齐备，建设工程施工图设计深度已达到规范和规定要求并符合经审查通过的建设项目规划与设计方案，建设工程使用性质、容积率、建筑面积、建筑高度、绿地率、停车位、建筑退让等各项指标均符合规划条。市规划主管部门决定向建设单位颁发《建设工程规划许可证》及附件、附图（图9-4）。

9.6.5 某市外国语高级中学竣工规划验收

某市外国语高级中学建设竣工后，向市规划主管部门申请竣工验收。根据规划条件、经审核通过的建设工程设计方案和建设工程施工图，通过现场核查，建筑总平面、建筑单体、配套设施和各项指标等均符合规划条件和建设工程规划许可证的要求，市规划主管部门对该建单位颁发《建设工程竣工规划验收合格证》及附图。

9.6.6 乡和村庄规划管理

某村为发展集体经济兴办了一家食品加工厂，准备利用村集体30亩建设用地兴建厂房，如图9-5所示。企业向镇人民政府申请办理乡村建设规划许可证。镇政府受理该企业申请以后，经办人首先参阅了依法审批的村庄规划和土地利用规划，经过核实该项目已经列入村庄规划，且村委会划定的30亩土地属于集体建设用地，符合土地利用规划。镇政府经过初步审查，申请材料齐备，向县规划部门申请办理乡村建设规划许可证。县规划部门经审核，该项目符合村庄规划，用地规模符合相关规定，按程序办理了《乡村建设规划许可证》。

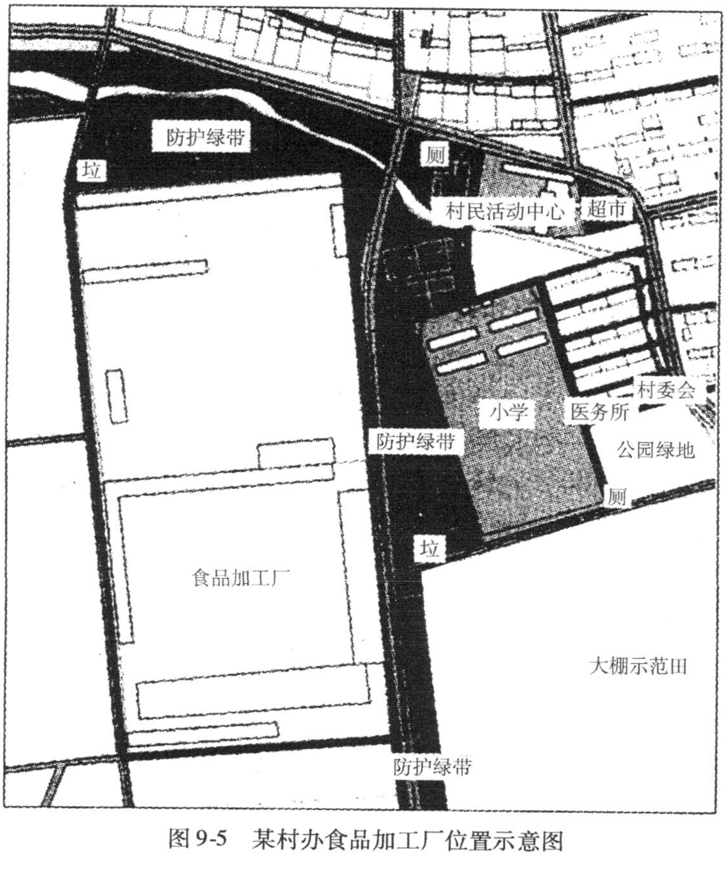

图9-5 某村办食品加工厂位置示意图

单元小结

城乡规划管理是政府职能之一，政府要搞好城镇和乡村的规划、建设和管理。城乡规划管理的核心包括三个方面：一是城乡规划的组织编制和审批；二是城乡规划实施管理；三是城乡规划监督检查。城乡规划的组织编制—编制—审批—实施—实施的监督检查是一条连续的完整地工作链。城市规划管理应当坚持树立依法行政的原则，城乡规划规划管理必须有法可依，我国建立了以《城乡规划法》为核心的城乡规划法规体系，成为城乡规划管理的重要法律依据。通过本章的学习，应当熟悉城乡规划法规体系，了解城乡规划实施的基本内容，初步掌握城乡规划实施管理制度、程序与管理内容，树立依法行政的意识。

复习思考题

9-1 城乡规划主管部门的职责是什么？

9-2 城市规划实施的内容主要指什么？

9-3 “一书两证”是指什么？城市规划实施管理的工作内容主要包括哪几个方面？

9-4 城乡规划监督检查的内容主要包括哪些？

9-5 简述城乡规划法规体系的组成。

参考文献

［1］ 肖唐镖．乡村建设：概念分析与新近研究［J］．求实，2004（1）．

［2］ 胡艳君．我国城乡统筹问题探讨［J］．经济师，2007（2）．

［3］ 袁中金．小城镇发展规划［M］．南京：东南大学出版社，2001．

［4］ 全国人大常委会．中华人民共和国城乡规划法．北京：中国法制出版社，2008．

［5］ 全国人大常委会法制工业委员会经济法室，国务院法制办农业资源环保法制司，住房和城乡建设部城乡规划司、政策法规司．《中华人民共和国城乡规划法》解读［M］．北京：知识产权出版社，2009．

［6］ 中华人民共和国建设部．城市规划编制办法［Z］．北京：中国法制出版社，2006．

［7］ 李德华．城市规划原理［M］．北京：中国建筑工业出版社，2007．

［8］ 全国城市规划执业制度管理委员会．城市规划原理［M］．北京：中国计划出版社，2008．

［9］ 全国城市规划执业制度管理委员会．城市规划实务［M］．北京：中国计划出版社，2008．

［10］ 惠劼．全国注册城市规划师执业资格考试辅导教材——城市规划原理［M］．4 版．北京：中国建筑工业出版社，2009．

［11］ 惠劼，甘靖中．全国注册城市规划师执业资格考试辅导教材——城市规划实务［M］．4 版．北京：中国建筑工业出版社，2009．

［12］ 谭纵波．城市规划［M］．北京：清华大学出版社，2005．

［13］ 王庆海．现代城市规划与管理［M］．北京：中国建筑工业出版社，2007．

［14］ 崔功豪，魏清泉，陈宗兴．区域分析与规划［M］．北京：高等教育出版社，1999．

［15］ 彭震伟．区域分析与区域规划［M］．上海：同济大学出版社，1998．

［16］ 崔功豪，王兴平．当代区域规划导论［M］．南京：东南大学出版社，2005．

［17］ 张沛．区域规划概论［M］．北京：化学工业出版社，2005．

［18］ 侯永利．全国注册城市规划师执业资格考试城市规划实务 100 题［M］．北京：中国建材工业出版社，2006．

［19］ 中国城市规划设计研究院．城市规划资料集第 11 分册工程规划［M］．北京：中国建筑工业出版社，2005．

［20］ 戴慎志．城市基础设施工程规划手册［M］．北京：中国建筑工业出版社，2000．

［21］ 王炳坤．城市规划中的工程规划［M］．北京：中国建筑工业出版社，1997．

［22］ 全国城市规划执业制度管理委员会．城市规划相关知识［M］．北京：中国计划出版社，2008．

［23］ 城市规划资料集第 3 分册——小城镇规划．［M］．北京：中国建筑工业出版社，2005．

［24］ 许和本，许国．对“小城镇”定义及“三农”问题的思考［J］．规划师．2005，21（4）．

［25］ 石楠．小城镇规划地位的历史性转变［J］．北京规划建设．2008（2）．

［26］ 彭和平．公共行政管理［M］．北京：中国人民大学出版社，1995．

［27］ 耿慧志．城市规划管理教程［M］．南京：东南大学出版社，2008．

［28］ 卢新海，等．现代城市规划与管理［M］．上海：复旦大学出版社，2006．

［29］ 全国城市规划执业制度管理委员会．城市规划管理与法规［M］．北京：中国计划出版社，2008．

［30］ 耿毓修．城市规划管理［M］．北京：中国建筑工业出版社，2007．

［31］ 王景慧，阮仪三，王林．历史文化名城保护理论与规划［M］．北京：中国建筑工业出版社，1999．

［32］ 郑毅．城市规划设计手册［M］．北京：中国建筑工业出版社，2000．

［33］ 朱家瑾．居住区规划设计［M］．北京：中国建筑工业出版社，2000．

［34］ 徐循初．城市道路与交通规划［M］．北京：中国建筑工业出版社，2007．